Urknall, Weltall und das Leben

Vom Nichts bis heute Morgen

[德] 哈拉尔德·莱施（Harald Lesch）
[德] 约瑟夫·M. 加斯纳（Josef M. Gaßner）——著

郭瀚——译

关博元——审订

北京联合出版公司
Beijing United Publishing Co.,Ltd.

图书在版编目（CIP）数据

宇宙大历史 /（德）哈拉尔德·莱施,（德）约瑟夫·M.加斯纳著；郭瀚译. -- 北京：北京联合出版公司，2021.5

ISBN 978-7-5596-4599-9

Ⅰ.①宇… Ⅱ.①哈… ②约… ③郭… Ⅲ.①宇宙学—普及读物 Ⅳ.①P159-49

中国版本图书馆CIP数据核字（2020）第189931号

北京市版权局著作权合同登记 图字：01-2020-6507

宇宙大历史

作　　者：[德] 哈拉尔德·莱施（Harald Lesch）
　　　　　[德] 约瑟夫·M. 加斯纳（Josef M. Gaßner）
译　　者：郭　瀚
审　　订：关博元
出 品 人：赵红仕
出版监制：刘　凯　马春华
选题策划：联合低音
责任编辑：闻　静
封面设计：王柿原
内文排版：薛丹阳

关注联合低音

北京联合出版公司出版
（北京市西城区德外大街83号楼9层　100088）
北京联合天畅文化传播公司发行
北京华联印刷有限公司印刷　新华书店经销
字数366千字　880毫米×1230毫米　1/16　29.5印张
2021年5月第1版　2021年5月第1次印刷
ISBN 978-7-5596-4599-9
定价：168.00元

致读者

您解释的时候，我都听得懂，但是让我复述给朋友们听，我就什么都说不出来了。

我可是经常听到这样的话啊！尽管一位科学家并不会被公众用类似这样的话活活淹死，但他也不得不面对一个事实：最新科研成果的复杂内容总是难以清楚、有效地传达给普通民众。想要通过既引人入胜又能确保内容翔实的方式让民众了解科学，往往会以失败告终，因为恰恰是人们最想了解的那些宏观和微观问题——宇宙整体和物质的结构——将我们引入了难以名状的深渊。

在被这些难以理解的抽象理论困扰之前，让我们先把握住头顶上这片深邃的、满是星辰的天空吧！至少星空中的这些气态星球闪耀着的光芒，还没有完全超出我们的想象。然而一旦要弄清楚各种数字时，就有不少人开始头晕目眩了。一颗气态星球，质量是地球质量的数十万倍[1]、半径有70万千米、在内部核心处将原子核相互融合——这简

1 此处应该是指太阳，质量是地球的33.3万倍，半径69.5万千米。——审订

直难以想象。即使是一架现代的大型喷气式飞机，环绕这样的庞然大物飞行一圈，也起码耗时数月。在我们的银河系中，这种体量的气态星球应该有上千亿个，而基于这一数量星体的空间维度，是不是又会延伸出数十万光年？不行，再这么追究下去的话可就离清晰明了越来越远了。

宇宙的形成、旋涡星系、分子云、恒星爆炸的残余物，这些都是相当美妙的。通过望远镜传递回来的图片给每一位观察者带来了视觉上的享受，于是出现了许多关于地外那些数不清的、变幻莫测的神秘现象的猜测，特别是在广袤浩瀚的时空深处出现不可思议的现象的时候。对于这些维度的思考，我们是不能期待在短时间内找到答案的，因为信息抵达我们可以认知的现实边界是需要时间的。这就像阳光，当它抵达我们眼睛的时候，其实距离从太阳发射出来已经过了8分钟。宇宙中切实发生的种种和人类的感知并不是同步的，科学家要想让大众了解这一事实，就不得不面对一张张疑惑的面庞。要怎样才能让门外汉相信，他们有时观察到的天空中的物体其实早已不复存在了呢？比如今晚看到的距离我们最近的一颗恒星所闪耀的光芒，却有可能是我们最后一次见到，因为它可能在几年前已经爆炸摧毁了。要怎样才能让依赖6种感官的人类相信眼前的所见所闻，其实早已发生呢？

更为疯狂的还有物质的内部变化。与地球上的其他物质一样，我们人类也是由原子构成的，而原子的渺小程度是我们无论如何都难以想象的。如果从我们的食指上面取1克物质，组成它的是皮肤里高度结构化的分子，而这些分子又由大约10^{24}个原子组成，每一个原子又是一个极其空荡的空间，里面只有一层极薄的、近乎随机分布的电子云，和一个微小得不能再微小的原子核；仔细观察原子核的话，会再一次地发现里面什么都没有。哎呀，到底要怎么向各位解释这一切呢！

除此之外，还有对人类常识最大的挑战：如果要探究宇宙及其存在，就必须时常将宏观世界与微观世界关联起来。这样的任务要兼顾趣味性是非常困难的。

又或者并非如此，我们在探索这些复杂的时空边界的问题时，不妨也顾及一下人类的内心特质：为了身心健康，还是给这个纷繁复杂的世界增添几分幽默吧！宇宙和物质的抽象模型的不合理性已经众所周知，但这些和我们的日常生活都没有太大关系，所以当我们足以用来应付日常生活的认知愿意挑战更高难度的事物时，我们应该为此感到高兴，而且我们已经取得了巨大的成功。成功的原因是什么呢？为什么作为自然一部分的人类，不仅能自问什么是大自然的本质，还能够找到自身可以理解的答案呢？

这为那些打算面对公众的科学家提供了一个重要视角。将科学的细节如实地展示给大众，并不单纯是为了让大家理解究竟发生了什么，更多的是为大家提供理性分析问题的能力，以及塑造理性意识的可能性，这就对我们的基本能力提出了挑战——抛开我们最熟悉的感官与建立在此基础上的世界观。面对公众做一场以科学为主题的演讲可能因此成为一次思维能力的盛宴。不要只相信你的眼睛和耳朵，不要只追求直接的了解及话语表达出来的意义。你要设想，存在的事物远远超过你的所见、所闻、所感与所触；设想一下，你想象中的事物也可能真实存在。尽管并不是你的所有想象都真实存在，但的确有不少想象中的事物是存在着的！

科学家和公众探讨基础性问题时是可以站在同一个高度的。这就像一个在家里弹奏钢琴的音乐爱好者，他在聆听音乐大师的演奏时会感到开心，并且能从大师的演奏中感受到音乐的美妙，而爱好者本人并不需要成为一名作曲家或者某一种乐器的行家。所以作为科学家的我们，应该尽可能激发公众的思考。如果我们成功了，也就是成功地搭建了一座桥梁，连通了名为“这跟我又有什么关系呢”的思维孤岛；最理想的情况是科学家成为向导，带领游客（公众）畅游在抽象模型的迷人世界之中。

在与约瑟夫的对话中，我的想法比以往进一步深化、具体化了——可以说逼近了我想象力的极限。我们将热情高涨地为大家讲述时间边缘的伟大故事、基本粒子的深奥莫测、宇宙的物质循环，以及宇宙的起源。让我们拭目以待，看看你能否在阅读本书之后向朋友们讲述书中的内容吧！

哈拉尔德·莱施（Harald Lesch）

2014年秋

成功就像一幅马赛克拼图，需要许多个体的参与。

——弗朗茨·施米德贝格尔（Franz Schmidberger）

在一个寒冷的冬日，我和哈拉尔德在录音棚里面对面坐着。哈拉尔德那番鼓舞人心的话语至今回荡在我耳边："不用太紧张，我们就是聊些简单的东西。"想必这是他对我这个媒体新人的一番安慰吧，要知道，我可是需要跟行家直接交流的。

我们计划用60分钟谈一谈"理解宇宙"这个主题。哈拉尔德自称"不能自拔的雄辩家"，于是乎在我们开始之后，不知不觉就过了260分钟，并且不知道什么时候能停下来。我们非常感谢制作人赫伯特·伦茨（Herbert Lenz）先生，他有着高度的灵活性和耐心。在增加了一场录音之后，这本音频书终于圆满完成，所有人都对此充满信心。

随后，音频的文字部分交由卡罗琳娜·豪特（Carolina Haut）处理，她非常贴心地完善了我们的口头语。美国国家航空航天局（NASA）和欧洲航天局（ESA）的诸位同人十分慷慨地提供了大量最新图片资料。我们共同的朋友约恩·米勒（Jörn Müller）以他的专业敏感度为本书把关，并对需要补充说明的部分提出建议。

我们的对话围绕着3个主题：大爆炸假说、宇宙的研究现状及生命现象的研究现状。这3个主题的难度各有不同，在一定程度上相互独立。如果你觉得大爆炸模型的理论背景太过晦涩难懂，大可随时直接跳至《宇宙》这个章节。

大量的反馈信息也鼓励了我们，感谢为我们提出建议和意见的所有朋友，我们已经处理了各位的反馈并将本书更新至第3版。第3版保留了原有的整体内容，在数据和研究现状方面做了更新，并增加了第4个重点，即理论物理学的边界问题。

我们希望你也能跟我们一样享受接下来的对话，并邀请新的朋友加入。但还是得提醒你注意一个风险：科学的魅力就好似特洛伊木马，借助它可以深入思维之中。目前宇宙的平和状态，与从大爆炸开始到现今的发展有密不可分的联系，并且决定了生命现象及我们自身的存在，如果意识到这一点，你也许会用新的视角看待这个世界。可别说我们没有提醒过你哦！

约瑟夫·M. 加斯纳（Josef M. Gaßner）

2015年秋

目　录

序　章

1.1 乔治·勒梅特[1]
(1894—1966)

站在一堆冰冷的灰烬之上，我们注视着夕阳的余晖逐渐褪去，尝试在脑海中搜寻宇宙诞生时万丈光芒的景象。

加斯纳：亲爱的读者朋友们，你们是否从勒梅特的话中感受到了那份强烈的渴望？正是这份渴望激发了一代又一代人，在天文学和宇宙学中不断钻研。这一切都为了一个最初的愿望：探索我们生活的这个世界。

莱施：没错。一切只为了一个问题：万物是从哪儿来的。针对这一问题，要探究和解释的东西可就多了。最重要的一点在于，我们来到这个世界上，而这个世界是业已存在的。不少人在童年时代就开始探索这个世界。

加斯纳：以大爆炸为首要前提而诞生的宇宙，在经过数十亿年的变化后，从没有生命的微观物质，逐渐演化成充满活力的有机体，这对于善于思考的人类来说绝对是一个令人惊叹的大谜题。

1 Georges Lemaître，比利时天文学家和宇宙学家，首次提出宇宙大爆炸假说。——编注

莱施：这就很好地解释了，为什么从远古到古希腊罗马时期，人类要借助诸神及神话来解释宇宙的存在与运作。在那个时候，想对这个复杂世界的方方面面做出解释，需要强烈的意志，并借助一些超越人类的力量。世界何以从无到有、从一片混沌到井然有序，这在过去相当长的时间内，并且至今都是我们没能完全理解透彻的。不善思考的人满足于早期诸神及神话对宇宙的解释，而对于那些具有探究精神的人而言，永恒的宇宙激发了他们进一步探索的欲望。

加斯纳：考古学家发现的内布拉星象盘就是人类早期探索宇宙的证明之一，由我们的祖先在大约公元前2100年至公元前1700年间制作而成，展示了当时人类对宇宙的理解。这个星象盘于1999年在德国萨克森－安哈尔特州（Sachsen-Anhalt）内布拉市（Nerbra）的一个石室中被发现，此后人们对它做了各种各样的解读。

莱施：自古以来，人类一直渴望着探索宇宙。而在4000年以前，人们还要面临许多不同的问题。

加斯纳：古罗马哲学家塞内加（Seneca）曾说过："如果地球上只有一个地方能看到星星，那么人们会不遗余力地前往，只为了能够在那儿看到星星。"

从惊奇诧异到真正理解往往只一步之遥。直到近代，伴随着自然科学的发展及经验的不断积累，人类才开始逐渐对宇宙有了真正的了解。而从那个时候开始，人类对宇宙的探索步伐就再也没有停下，对宇宙的认识也越来越清晰。那些认为宇宙是永恒不变的想法也就不复存在了。

莱施：发展到20世纪20年代，对宇宙的观察越来越多，有学者开始提出宇宙膨胀的观点，向之前的永恒宇宙学说发起了挑战。宇宙膨胀的新观点在当时受到科学界不少举足轻重人物的质疑，如弗雷

1.2 内布拉星象盘是一个重约2.3千克的圆盘形青铜制品，表面为黄金涂层，描绘有日出和星辰的景象。该星盘直径为32厘米，专家根据青铜的受损情况，同时采用放射性铅同位素测年法，判断其制作时间约为公元前2100年至公元前1700年间。这个星盘树立在德国米特尔贝格山上，在每年夏至日（6月21日）的晚上，星盘指向布罗肯峰的方向。[1]盘面上边缘的弧形符号标记了太阳在夏至日和冬至日（12月21日）之间的运行轨迹。而另外一边已经丢失了的弧形符号则用来标记日出的轨迹。这两道弧形符号的角度都是82度。专家推测圆盘下方的弧形符号代表太阳船，不具任何天文意义

德·霍伊尔、马克斯·玻恩、罗伯特·密立根、路易·德布罗意、瓦尔特·能斯特、埃尔温·弗罗因德利希及弗里茨·兹威基。[2]这些质疑宇宙膨胀观点的学者认为，太阳系年龄已经被证实了，而宇宙年龄按照当时的理论推算要比太阳系更小才对。也有越来越多的人对宇宙

1 发现内布拉星盘的地点是米特尔贝格山（Mittelberg），位于德国莱比锡西部60千米处。布罗肯峰（Brocken）在米特尔贝格山西北80千米外，是哈茨山（Harz）的最高峰。——译注

2 弗雷德·霍伊尔（Fred Hoyle），英国著名天文学家；马克斯·玻恩（Max Born），德国犹太裔理论物理学家，量子力学奠基人之一；罗伯特·密立根（Robert Millikan），美国著名实验物理学家；路易·德布罗意（Louis de Broglie），法国理论物理学家，波动力学的创始人，物质波理论的创立者，量子力学的奠基人之一；瓦尔特·能斯特（Walther Nernst），德国物理化学家，因研究的热力学第三定律获1920年诺贝尔化学奖；埃尔温·弗罗因德利希（Erwin Freundlich），德国化学家；弗里茨·兹威基（Fritz Zwicky），瑞士天文学家。——译注

学中的时空辩证关系表现出了极大兴趣。

加斯纳：随着时间推移，对宇宙大爆炸的讨论逐渐蔓延至科学家以外的人群。罗马教皇庇护十二世也提出了他对宇宙大爆炸的看法。

莱施：幸好我们的测距技术随着时间发展不断得到改善，对宇宙年龄的测算也因此变得越来越精准。射电天文学的不断发展则直接向我们证明了：如今的星系较之前是在不断膨胀的。

1.3 弗雷德·霍伊尔爵士（1915—2001）

加斯纳：弗雷德·霍伊尔爵士是稳恒态宇宙理论的重要代表之一，他在一次广播节目中很偶然地提出“Big Bang”，也就是“大爆炸理论”，目的是为了和这一观点划清界限，却反而因此成为大爆炸理论的命名者。[1]如今宇宙大爆炸模型已被世人普遍接受，成为宇宙学广为认可的标准模型。

莱施：这不得不说是一个典型的流派事件。要知道，大爆炸模型在当时还存在很大争议。而你提到的这位霍伊尔爵士可是花了数十年的时间与之对抗。

加斯纳：弗雷德·霍伊尔和他的同人们对大爆炸理论所持的保守态度在当时是完全可以理解的。一个不断膨胀的宇宙，就是昨天比今天小，也比今天热，而在上周还要更小更热。顺着这个思路往回追溯的话，宇宙的温度和密度的数值都在不断增大。而人类必然诞生在一场

---

1 作为流行一时的“稳恒态宇宙模型”提出者之一，弗雷德·霍伊尔认为宇宙从古至今，而且到未来都是一样的，即宇宙时刻处于稳态。当时天文学观测已经表明宇宙在不断膨胀，霍伊尔将其戏称为“大爆炸理论”，之后他便忽略了这一说法，继续坚持稳恒态宇宙模型。——译注

难以想象的、极其炎热且密度极高的宇宙大爆炸中，人类的历史就此展开。这势必引出一长串影响深远的问题。

莱施：我现在已经能猜到读者们在想什么了。人类势必会提出这个问题。如果我现在宣称：宇宙大爆炸是存在的！那么读者朋友们肯定会立刻提出一个最重要的疑问："在宇宙大爆炸之前，到底发生了什么？"你们说我猜得对不对？

加斯纳：这样就无穷无尽了，棘手的问题接踵而来：一个东西怎么可能做到从无到有呢？更何况是我们如今观察到的浩瀚宇宙！那些必要的能量从何而来？宇宙会无休止地扩张吗，还是会在某个瞬间坍缩？最后还有很重要的一点，原子是怎么做到将自己组合成一个个有机生物的？

莱施：问题一个接着一个，一位理论天体物理学家在与亲朋好友聚会时很可能会被团团围住，连小酌一口红酒的机会都没有。所以我们需要寻找一个答案——一个通俗易懂的、不需要专业背景知识也能理解、普通人就能轻松掌握的答案。

加斯纳：但拜托你在简化答案的同时，也要确保内容的准确性啊。

莱施：放心吧，通俗易懂和内容准确是不冲突的。这对专家学者来说也是一个学习过程。简单而又生动直观地解释复杂问题，为我提供了一个不同的理解事物的方式。

加斯纳：在开始向大家讲述最新的宇宙模型之前，我们还要回答一个更高级的问题：我们是怎么知道这些知识的呢？我们为何对热门的宇宙大爆炸这么了解？毕竟发生大爆炸的时候可是没有任何人在场。为此我们得先回到20世纪，那儿是一切的开始。

莱施：就在宇宙学的黄金20年代，一个拳击手或者律师都有可能随时成为自然法则的捍卫者。

第1章

我们是如何知道这一切的

站在巨人的肩膀上

加斯纳：总有那么几个值得纪念的日子，世界观和宇宙观在那一天顷刻颠覆。这就好像一个职业拳击手，献上了直击要害的一拳。[1]爱德文·鲍威尔·哈勃（Edwin Powell Hubble）长达数年一直在观察一组巨星，这组巨星后被世人称之为造父变星。这些变星[2]的亮度非常高，同时，其亮度的变化还呈现出周期性——在短短的几天时间内发生变化。哈勃利用这一规律，在从几百万光年外的地方一直到与我们相邻的星系都观察到了这些变星。利用这些变星的光亮度变化规律，哈勃计算出它们的距离和相对运动速度，并绘制成图。

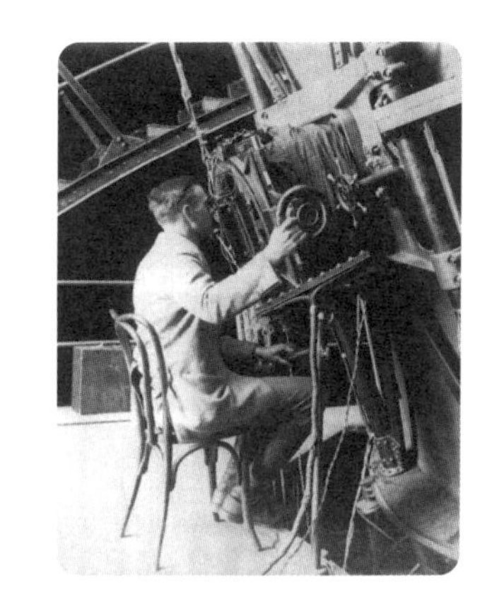

1.4 爱德文·鲍威尔·哈勃（1889—1953）

莱施：且慢！我们还得说说哈勃为什么选择了这些高光度的变星作为观察对象，因为只有够亮才能从足够远的地方被观察到。造父变星不仅很亮，还有一个特点：它们的亮度理论上是可以计算出来的。

加斯纳：哈勃能够利用这个计算理论还要感谢亨丽爱塔·勒维特（Henrietta Leavitt）。

莱施：就是！终于来了位女性天文学家了。话说，在《圣经》里女性出场的速度可快多了啊。

加斯纳：和我们这里要讲的相比，《圣经》里关于“大爆炸、宇宙和生命”的解释可直截了当多了。但是莱施，你还是别打岔了，接下来发生的事情是很精彩的。亨丽爱塔·勒维特可真算得上是一个悲剧

---

1 此处的职业拳击手及前文的律师均暗指天文学家哈勃，因为他在学生时代是一名优秀的拳击手，在牛津女王学院学习法律，并曾在毕业后开过一家律师事务所。——译注

2 指亮度变化较大的恒星。——审订

性的人物。她的听力在年轻时就因疾病严重受损，以至于她不得不放弃原本的事业目标——当一名钢琴家。而就在她学习音乐专业的同时，勒维特还选修了天文学，原因是这门课正好适合她的课表时间安排。随着听力的逐渐下降，她不得不做一些自己能够胜任的工作以维持生计，所以她到哈佛天文台工作，主要是处理天文台的图像底片。勒维特在工作中相当细心专注，效率惊人，仅1912年就处理了上千张天文图像底片，也因此发现了造父变星的光变周期与绝对亮度之间的关系。顺便提一下，勒维特所观察的这颗变星位于仙王星座，被称为仙王座 δ 变星（即造父一），是第一颗被人类观察到的变光巨星。

1.5 亨丽爱塔 · 勒维特（1868—1921）

莱施：由此哈勃可以计算出这些恒星的理论亮度及它们所处的位置。他进一步将其与我们在地球上所能感知到的光辐射强度做比较，通过比例关系换算，便能够计算出距离了。

加斯纳：这个规律就好似我们熟知的篝火。人们距离火焰越远，火光传播到身体上的热辐射就越小；越接近篝火，身体会越暖和。

莱施：当距离加倍，那么照到我身上的光照就要减为1/4。距离增加到3倍，则光照强度为1/9。光照强度与距离的平方成反比。我们就是这样利用两者的光照强度对比关系，计算出距离的。

加斯纳：前提条件是我们得知道篝火火焰的亮度，更确切地说，就是知道直接位于恒星表面处的光照强度如何。亨丽爱塔 · 勒维特在这方面有所突破。通过计算造父变星的光照强度，她绘制出了可以比对星体之间1000万光年距离内的标准光度比色卡。在勒维特发展她的理

1.6 将光照强度与距离的平方成反比这一概念可视化。四根相同的蜡烛分别置于不同位置，由图可见其亮度与距离的变化关系

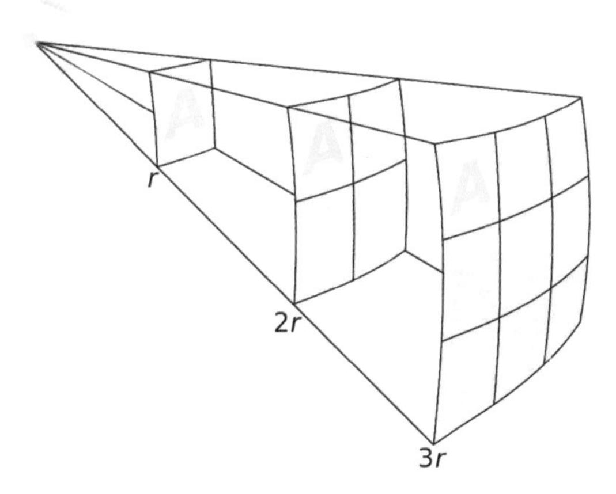

1.7 光源的强度变化。我们在距离光源 *r* 米远处，测得每秒钟进入面积为 *A* 平方米的幕布的光子数量；当距离翻一倍时光子数量是原来的 4 倍，原距离乘以 3 时光子数量是原来的 9 倍。

论之前，人们测量距离的极限是 100 光年。当时的人们并不确定，麦哲伦星云和仙女座星系是否属于银河系的一部分。

莱施：勒维特发明了一个新的测量方法，可惜不是以她的名字来命名，而是取名为 Harvard Standard（哈佛标准）。要知道，20 世纪初女性在科学界的处境还是比较艰难的。

加斯纳：数年后诺贝尔奖委员会才打算为她颁发诺贝尔奖；勒维特一生共发现了2400多个变星，并观察了4个超新星。然而她却在53岁的时候，也就是在诺贝尔奖颁发前的4年死于癌症，而诺贝尔奖是不追授给逝者的。我们之前提到过的，她是一位极富悲壮色彩的人。面对自然科学领域那些闪亮耀眼的发现者，人们往往很容易忘记其后还有许多个体的命运与之牵连。

莱施：说到那些耀眼的发现者，我们又要提到爱德文·哈勃。他除了测试距离，还确定了物体的逃逸速度[1]。这里我们必须先说说光谱分析。不同化学元素的原子，其电子在发生能级跃迁时，只能产生特定数目的能量变化，而且其大小是可以精准确定的。这些光谱线在某种程度上就好像指纹一样，地球上任意一家实验室都能通过它测量出原子的种类。

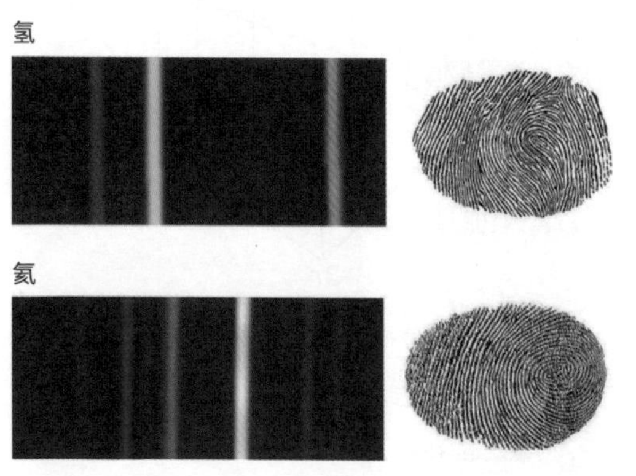

1.8 氢和氦元素的特征发射光谱，如同人类的指纹一样

加斯纳：遥远物体的光谱曲线波长和实验室值相比是有所偏移的，由此我们推导出所谓的逃逸速度，但我们要注意，在处理“速度”这

1 即第二宇宙速度，达到此速度的物体可以脱离地球引力的束缚，进入太阳系。——译注

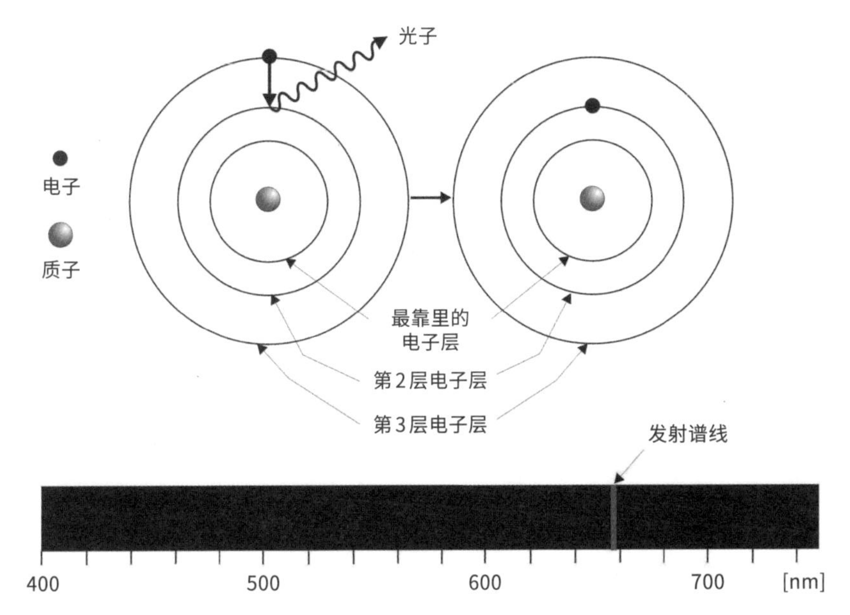

1.9 围绕在原子核周围的电子从一个电子轨道（第三层）跃迁至另一个电子轨道（第二层）之前和之后原子的变化。在较高轨道的电子拥有更多能量，电子向低轨道跃迁时，两级轨道的能量差将以光子的形式释放出来。不同的波长对应不同的能量，波长较短意味着能量较高，波长较长则意味着能量较低。人们把相反的过程，即从给定的光谱中吸收能量并将其分配至自身内部结构中，称为光谱吸收。比如电子从低能级跳跃至更高一层的能级时会吸收特定的能量，并导致原始光谱中与此能量对应波长的光谱缺失。这一特征显著的黑线被称为吸收光谱，发射光谱和吸收光谱统称为光谱曲线

个概念的时候一定要相当谨慎。

莱施：当鸣笛的救护车或者警车从我们身边驶过时，我们会亲身感受到所谓的多普勒效应。当警报声离我们越来越近时，它的频率，也就是音调会逐渐升高，并在车辆距离我们最近时达到最高。随后，由于车辆距离我们越来越远，其频率也会迅速下降。早在 1842 年，奥地利人克里斯蒂安 · 多普勒（Christian Doppler）就预言了这一现象。尽管当时他还不知道汽车警铃是什么玩意儿。

加斯纳：还是让我们把注意力重新集中到爱德文 · 哈勃身上吧。他

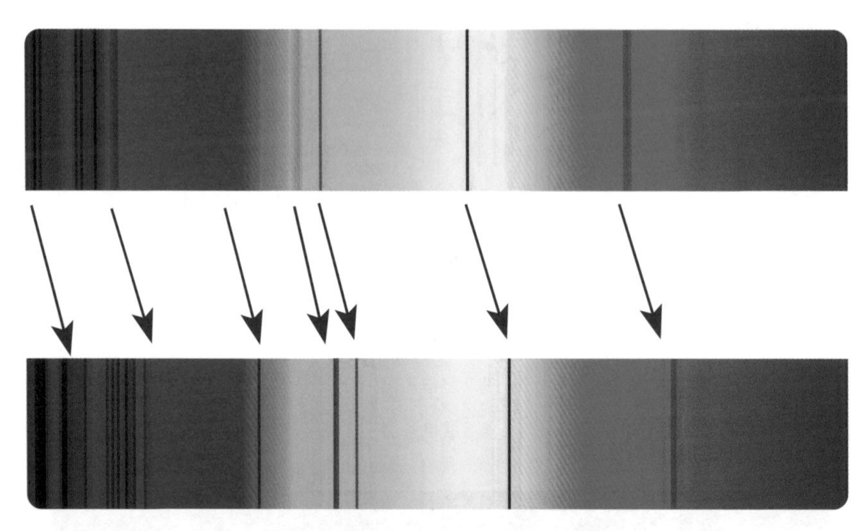

1.10 上方是太阳的光谱，下方是距离我们10亿光年的超星系团BAS11的光谱线图。可以看到远距离物体的光谱和地球上实验室的参考线相比是有所延长的

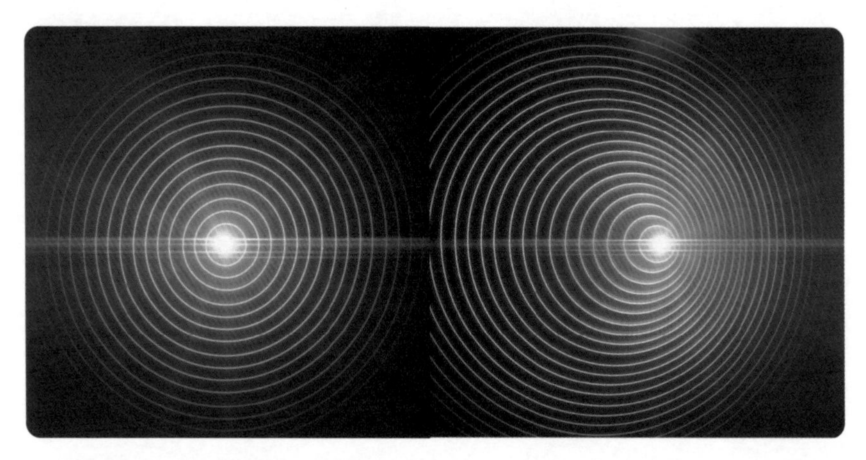

1.11 静止辐射源（左）是围绕中心的球面波，两个同心波面的间距反映了辐射光的波长。如果持续向右移动辐射源，会出现右侧图示。移动方向那一侧的波长会变短（向蓝紫区域偏移，即蓝移），相反的那一侧会变长（向橙红区域偏移，即红移）

1.12 当光源（恒星）离观察者越来越远时，其相对运动会产生多普勒红移的现象；而蓝移则会在其越来越接近观察者的时候发生

利用造父变星的理论发光强度、基本理论及光谱线的移动，得以将所观察星体之间的距离和逃逸速度在图纸上逐点标记出来。利用同样的观察方法，乔治·勒梅特在1927年就判断，遥远的星体有着逐渐离我们远去的趋势。为此，他对已经确立下来的静止宇宙世界观狠狠地唱了一回反调。现在爱德文·哈勃拿着一把尺子，将图上的两个测量点连直线——这正反映了距离和逃逸速度的线性关系。这对于人类而言是一段很短的线条，对自然科学而言却是一段漫长的、富有前瞻性的线条！

莱施：你说得妙极了！那么哈勃到底在这幅图上画了多少个点呢？

加斯纳：要我说至少得有三打吧，而且这些点的分布是没有规律的。

莱施：很给力的成果。哈勃有勇气在这斑驳的点图上直接画出一条直线，并说："就是这样的！"真是勇敢的男人，不愧是职业拳击手出身。

加斯纳：也许我们下一次数据分析应该再邀请上克利钦科兄弟[1]。要知道，拳击手在天文学界还是很有优势的：他们在白天也能看到星星。[2]

莱施：在科学界也是这样的，人们必须敢于冒险。

加斯纳：另一个有名的职业拳手穆罕默德·阿里曾在早年说过："我

1 一个玩笑，哈勃早年曾是拳击手，而克利钦科兄弟是世界著名的重量级拳王，也是拳击历史上第一对同时拥有重量级拳王金腰带的兄弟。——译注

2 暗指头部受冲击时眼冒金星。——译注

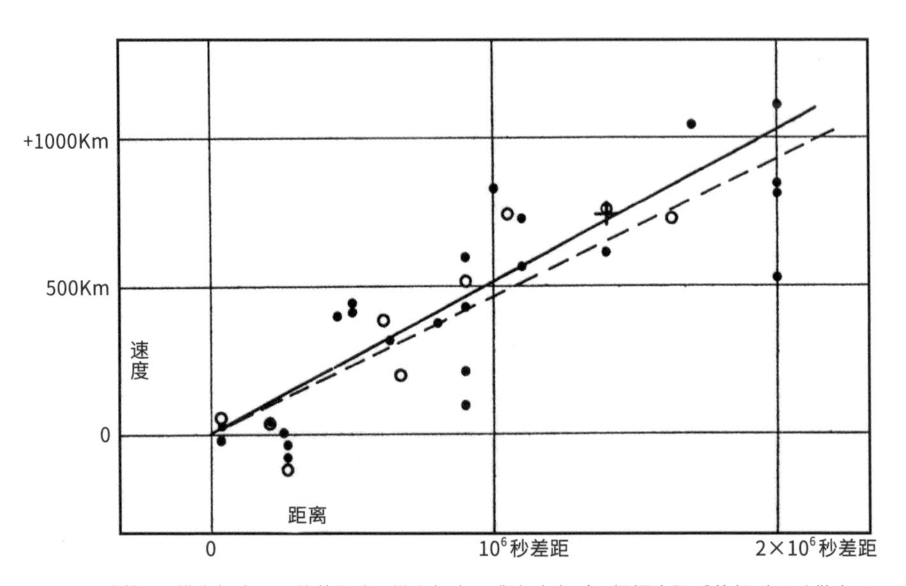

1.13 哈勃图：横坐标表示天体的距离；纵坐标表示逃逸速度（已根据太阳系的相对运动做出了修正）。实心黑点为单个测量的天体；圆圈为星云，其天体无法清晰分辨出来；十字为22个星云的平均速度，无法单独测量其距离。由图可知，虚线是对圆圈的近似拟合，实线则是对实心黑点的拟合。虽然从今天的视角来看，两条直线的斜率不尽准确，但这幅图的基本想法是极具划时代意义的

并不总是知道我在说啥，但是我知道我是对的。”想必这份自信对于哈勃来说并不陌生。

莱施：哈勃的成果绝对可以载入物理学的史册。他这幅打破常规思维的图示——人们以其名字命名为哈勃图——将星体距离和逃逸速度的关系明确地表示了出来。

加斯纳：数据显示，人们在地球上向宇宙的任意方向观察到的天体，距离越遥远，逃离我们的速度就越快。这一论断推翻了静态宇宙模型的理论基础，并用宇宙膨胀论取而代之。在自然科学不断发展完善的道路上，再次出现了名噪一时的明星理论风光不再的现象。

莱施：这跟生物体的新陈代谢类似，自然科学理论也遵从演化法则。

然而理论的敌人并非其他理论，而是科学实验。

加斯纳： 早在哈勃发现的好几年前，阿尔伯特·爱因斯坦（Albert Einstein）就已经提出了广义相对论。其相对论方程预示出，宇宙膨胀应该是必然的。然而当时的爱因斯坦为了让相对论理论不与主流的静态宇宙模型冲突，人为地引入了“宇宙常数”，利用数学手段抵消了方程中的膨胀因素。

莱施： 他直接在场方程中引入了一个常数项（即宇宙常数），结果十分精练，可以再次解释所有问题。

加斯纳： 但就算是广义相对论这样的重量级理论，如果没有客观的实际数据支撑，最终也要臣服于静态宇宙模型，就像没有一个理论可以把牛顿力学拉下神坛一样。

莱施： 再强调一次啊，爱因斯坦是在哈勃之前的。广义相对论发表于1915年，哈勃可是在14年后才有前文所说的重要发现。因而爱因斯坦的广义相对理论在相当长的时间里都是悬而未决的“异端”理论。

加斯纳： 也不完全是这样，他的一些预言也逐渐被观察所证实。例如光线在引力场的弯曲及水星近日点的轨道进动。[1]

莱施： 你倒是慢点儿说呀。一下子出现的东西太多了。爱因斯坦的广义相对论直接而又生动地预言了当光线从大质量的物体旁边经过时，它的路线必须发生弯

1.14 阿尔伯特·爱因斯坦（1879—1955）

1 拱点进动，即行星椭圆形轨道因引力作用而在运行轨道平面内发生旋转的现象，此处的拱点为椭圆轨道长轴的端点，分为近拱点和远拱点，根据其围绕旋转的恒星，可分为近日点、近地点、近月点等。——审订

曲——就像海里的鲨鱼遇到障碍时一样——不得不改变路线。人们称之为“引力弯曲”，这一发现让广义相对论声名大噪。

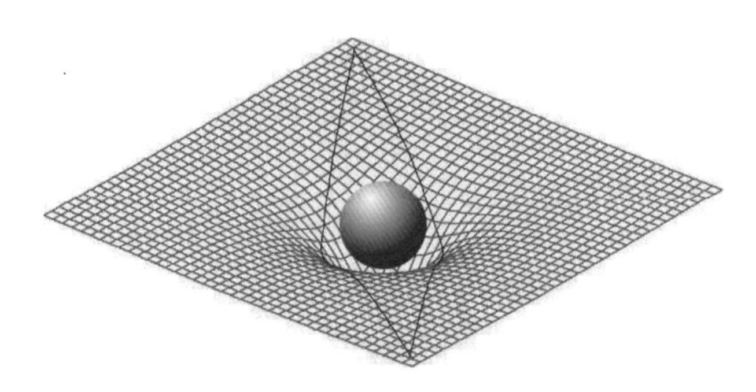

1.15 引力场产生的光线弯曲。广义相对论预言，不仅是质量，根据质能方程 $E=mc^2$ 可以看出，能量也会影响引力场。这就跟牛顿的“大质量物体可以转移光线”的理论相反。此图直观地显示了二维空间因大质量物体的引力场作用而发生了几何弯曲。光子会选择最快的路线。因而在扭曲的时空里，光线不再是一条直线，而是弯曲变形的路径

加斯纳： 而水星近日点进动则跟行星围绕太阳引力场的相互作用有关。围绕椭圆轨道焦点（即太阳）发生的进动旋转会受到金星和地球的干扰，人们在爱因斯坦之前就认识到这一点，但测量数据和理论计算之间依然存在一个误差——大概每100年会反常进动旋转43角秒[1]。广义相对论则终于揪出了背后的“罪魁祸首”：正是太阳的时空曲率给水星带来了额外的轨道进动变化。

莱施： 然而将相对论板上钉钉确立下来的，是引力场内的光线弯曲现象。我说加斯纳啊，我可不愿意在这里跑题，不过你可以想象一下吗，亚瑟·斯坦利·爱丁顿（Arthur Stanley Eddington）爵士在非洲考察之旅结束之后，将收集的日食数据汇报给英国皇家学会，人们的反

1 1角秒即1角分的六十分之一、1个角度的三千六百分之一。——审订

应该是怎样的激动？爱丁顿登上了舞台——这次他可是站在了艾萨克·牛顿（Isaac Newton）先生的肩膀上啊！这是一场好戏！伦敦的公众激动地等待着。毕竟这次非洲观测对验证饱受质疑的广义相对论意义非凡。之前咱们提到了，爱因斯坦预测光线经过大质量物体时会偏离光源发生弯曲。而地球上的我们要观察这一细微变化，就必须先将太阳的强烈光芒遮盖起来——只能祈求日食快来啦！而大自然也相当给力，号角吹响了，同志们快冲呀！不久，爱丁顿爵士带回观测数据，并在伦敦证实了爱因斯坦的这一理论！终于大告成功啦！

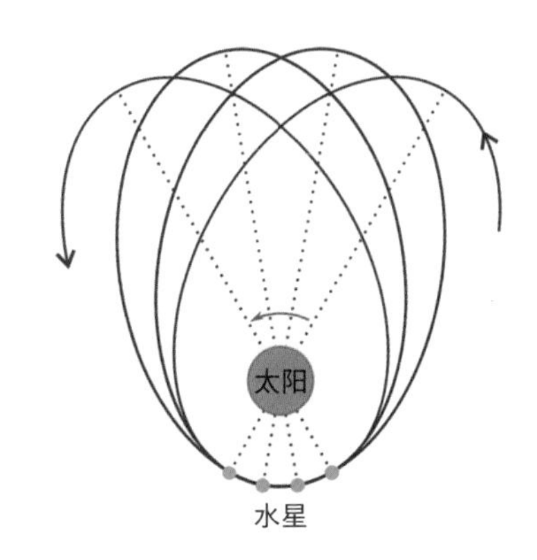

1.16 水星的近日点进动

加斯纳： 时至今日，电磁波在引力场的相互作用已经可以相当精确地测算出来。如今人们也无须等到日食再开展实验观察，而是把合适的测量设备直接放置在太阳的背后。例如发射到土星的卡西尼–惠更斯号探测器，已经证实了欧文·夏皮罗（Irwin Shapiro）的时间延迟效应（即引力时间延迟效应）。也就是按照广义相对论说的，电磁信号在通过引力场时也得有一定的延迟才行。这一延迟效应现在已经得到了证实，而且误差不超过0.001%。

莱施： 广义相对论早在百年前就解释了这一点，但哈勃的观察才让这一理论取得突破性的成功。

1.17 亚瑟·斯坦利·爱丁顿（1882—1944）

加斯纳：广义相对论推翻牛顿力学的方式，在现代自然科学的进步过程中算是比较温柔的。已经建立起来的理论越是很好地得到实验数值的佐证，就越难以从整体上被推翻。这些经典的物理理论，在抨击的声浪褪去之后，仍会重新回到大众视野，不过会加上一定的适用条件。以经典牛顿力学为例，对于质量不大、速度远低于光速的物体，这一经典还是完美适用的！这有点儿像汽车工业领域的翻新，而非改型换代，把相对论称为对牛顿理论的翻新完善更为贴切。

莱施：的确如此，广义相对论完全涵盖了牛顿力学理论，并大大拓展了其应用条件。

加斯纳：正是！因此在还原一场车祸的时候是犯不着用上广义相对论的，一如既往地使用牛顿力学就足够了。

莱施：尽管如此，我还是相当期待看见如何更加全面彻底地调查一场车祸。地球的引力场并不是处处一样的。调查车祸，是不是也得排除掉地球引力场的嫌疑才行——地球引力场的作用相当微弱，但毕竟还是有的。那就可能变成一个随机而又复杂的计算问题，到头来都无法明确责任方到底是谁。

加斯纳：我们还是重新回到刚刚的讨论吧——关键词是用翻新代替换代。

莱施：对的对的。咱们现在阐述的正是一个理论的发展完善。不像哥白尼的日心说革命，他可是直接就把地球从宇宙中心论剔除出去，转而认为地球是绕着太阳转的。而相对论之于牛顿理论，与其说是颠覆性的改头换面，或许称之为理论的进步才更客观准确。

加斯纳：古希腊有个叫阿利斯塔克斯（Aristarch）的天文学家，他早在哥白尼之前1800年就提出了日心说的猜想，而这还是在前人——古希腊哲学家赫拉克利特（Heraclitus）和菲罗劳斯（Philolaos）的理

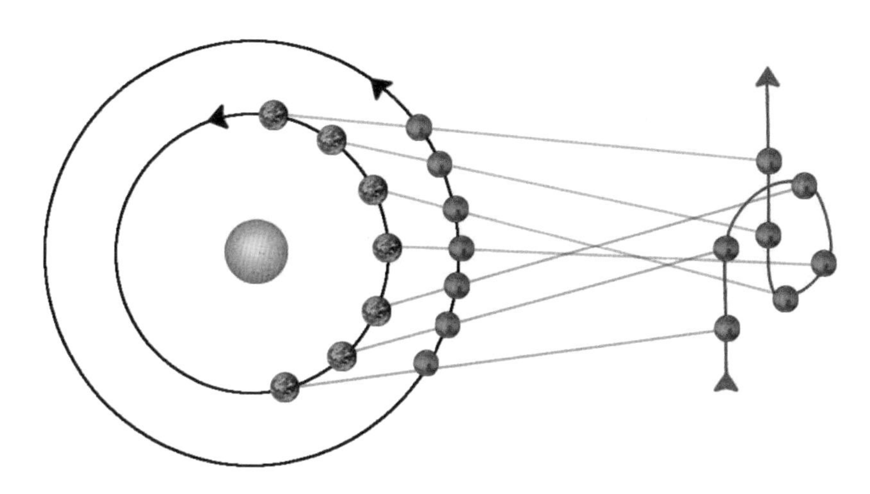

1.18 左图中心是太阳，蓝色的地球和红色的火星围绕着它转动。从地球上观察火星在星空中的相对位置，并记录下右图的七个投影点，可以发现它相对地球发生了两次回转。这正是火星的逆行轨道

论基础上提出的呢。

莱施：可惜呀，不久之后，托勒密就带来了他的本轮理论[1]，而地球也因此再次被置于宇宙中心。我们可以看到，对许多复杂的物理问题，人们都能找到非常简单的理论加以解释，然而有时又是完全错误的。不过圆中圆理论可还真不是那么容易想出来的。

加斯纳：自然科学经历的是持续完善的过程，理论上的一个小小突破就能向成功迈出一大步。随着人类生存环境的大幅改善，工业文明与科学技术取得了巨大进步，轰动性的大新闻时常发生。比如说，爱德文·哈勃观测并总结出来的天体规律，就如同天降一颗“巨大陨石”，撞击在科学的海洋里，造成当时众多的科学理论“物种”灭绝。之后取而代之的，则是以宇宙膨胀理论为核心的新模型。而这

1 即均轮和圆中圆理论，此理论认为行星沿着以“本轮”为名的圆周轨迹运行，而本轮的圆心又沿着称作“均轮”的轨道，绕着地球做圆周运动。——审订

也不断地在被人们推敲、细化，并历经不计其数的科学验证，直至今日。

莱施：这些验证中，有一个特别出名、特别重要的，就是发现了宇宙微波背景辐射（也常称作宇宙背景辐射）。如果宇宙大爆炸是真的，那它诞生初期的温度相当相当高，至今一定还会有它的残留辐射[1]。美国的物理学家拉尔夫·阿尔菲（Ralph Alpher）与罗伯特·赫尔曼早在1948年就有了这个设想。他们预言，宇宙中残留的辐射，因受到当时的引力场红移影响，波长会向长波区发生显著偏移，应该达到了微波区段[2]，辐射能量应该与温度大约为5开尔文（即–268℃）的黑体辐射相当。

加斯纳：俄裔美籍核物理学家乔治·伽莫夫（George Gamov）在这方面也做了许多工作。但这个预言当时并没有引起大家的注意，它能够得到验证实属偶然。20世纪60年代，美国的阿诺·彭齐亚斯（Arno Penzias）和罗伯特·威尔逊（Robert Wilson）正在研究银河系的微波信号，为了尽量准确地接收信号，这两位年轻的工程师在新泽西州的贝尔实验室搭建了一根长达15米的喇叭状天线。然而有一个谜团困扰了他们整整一年：在实验进行到波长约7.35厘米的时候，总会出现一个莫名的信号干扰。这个干扰信号还特别顽强，无论把天线调成什么角度，只要朝向宇宙，它就仿佛无处不在（即各向同性的性质）。他们试遍了能想到的所有办法，甚至把天线犄角旮旯的鸽子粪都打扫干净了，依然还是没辙。无奈，他们只好去普林斯顿大学求助。在那儿

---

1 温度差可以形成热辐射，而辐射又是以电磁波的形式传播的，残留辐射就是宇宙真空温度比绝对零度略高。——审订

2 无线电通信中，微波波长最短，约1×10^{-4}～1米，可见光波长则仅有数百纳米。可见光与微波的本质都是电磁波，而宇宙辐射、家用小太阳的辐射，其辐射的能量也是以电磁波的形式来传递的。——审订

人们很快就发现了，这一现象正是与宇宙的微波背景辐射有关。

莱施： 也实在是造化弄人呀！普林斯顿的罗伯特·迪克（Robert Dicke）教授带领着他的科研团队，在1964年春天就已经架好了天线装置，正是用来探测宇宙背景辐射的。彭齐亚斯和威尔逊无意中竟然抢先迪克证实了这一理论。他们也因此于1978年被授予诺贝尔物理学奖。[1]

加斯纳： 更劲爆的是，威尔逊和霍伊尔爵士还是（共同学习过的）密友呢！要知道，稳恒态宇宙模型可是霍伊尔爵士的成名作，如今就这样被老友推翻了。其实，宇宙背景辐射是十分容易验证的。当我们挪动电视天线的时候，总会有超过1%的电视画面出现噪点。好奇的人们应该能发现，这一扰动的无线信号可一点儿也不像是咱们太阳系的家伙造成的，就是银河系也够呛！因为不管你怎么调整天线的位置，朝着太阳还是朝着火星，都没用！

莱施： 接下来的一年，科学家们紧锣密鼓地投入到了一场（十足的）竞赛中。获胜的规则很简单：在这看似完美的"各向同性"中，找出那个极其微弱的误差。找到这个温度误差最小的人就获胜喽！人无完人，宇宙也不会完美到极致。哪怕极其微小，也一定存在这样一个温度误差的。这蕴藏在看似"各向同性"中的微小不均匀，孕育出了纷繁多样的星辰、浩瀚无垠的宇宙，也只有存在这种不同性，宇宙的诞生乃至星系的成长才能解释得通。

加斯纳： 第一台测量机器是用热气球带上高空的，这样可以减弱地球大气层辐射带来的影响。随后，人们又向地球的公转轨道上发射了

---

1 彭齐亚斯和威尔逊一开始并不知道干扰信号的原因，他们请罗伯特·迪克帮忙解决，而迪克虽然口头上答应了却没有前往，最后彭齐亚斯和威尔逊为了解决这一问题，反而意外地发现了背景辐射的信号源，并因此获得1978年的诺贝尔物理学奖。业内人士认为如果当时迪克愿意前往帮忙，以他的水平应该可以很快取得重大发现。——译注

1.19 阿诺 · 彭齐亚斯（右）和罗伯特 · 威尔逊（左）在位于新泽西州高 15 米的喇叭状天线前

专门研制的卫星，能够测量出精度高达 5×10^{-5}K 的温度偏差呢！这样小的温差产生的宇宙背景辐射，使得光线只是弱弱地红移。而波长增加，对应的是能量的降低。因为红移造成的额外能量损失，导致光子的密度在离开引力场的作用后会略微变大（即被压缩了）。宇宙诞生之初，宇宙辐射的温度波动是与宇宙的密度变化息息相关的。星系的基本粒子们被发现了。在“结构形成”（第 119 页）一节我们将更进一步探讨这个问题。

莱施：要做出这样的精确测量必须在实验前排除所有潜在可能的干扰源，也就是要排查所有已知的微波辐射源。连地球的公转及太阳系在银河中的旋转都要考虑在内，因为这些都会导致光谱的红移和蓝移。

加斯纳：这一结果揭开了宇宙学的新篇章：精确宇宙学。英国物理学家史蒂芬·霍金（Stephen Hawking）在接受《伦敦时报》的采访时，可是用“世纪之最、横贯古今的发现”来形容对宇宙背景辐射温差的测量。诺贝尔奖的颁发也迎合了这一说法：2006年诺贝尔物理学奖的得主是乔治·斯穆特（George Smoot）和约翰·马瑟（John Mather）。

莱施： 类似这样的决定性发现在近年越来越少。现代研究的对象越是远离我们能直观感受的、肉眼可见的世界，就越难以找到合适的验证方法，也难以提出合适的假设，从而验证现有理论正确与否。

加斯纳： 来想象一个不可思议的实验吧！在地下铺设一个周长27千米的环形隧道，其中的超导磁体在接近绝对零度的环境下工作。通过精确调节参数，微小的质子在管内不时发生碰撞。质子的能量为7万亿电子伏特[1]，说得更直白点儿：管道里的质子每秒钟可以绕1.1万圈，速度极快，相当于光速的99.9999991%，也就是说，每小时仅比光速慢了10千米。[2]

莱施： 你说的是大型强子对撞机（LHC），实验物理学家们倾心打造的巨型科研设备，可以给微观粒子提供必要的能量，为的就是揭开这层盖住世界最最微小王国的薄纱，然后好好地探个究竟。人类探索宇宙大爆炸的征途又向前迈进了一步啊。

加斯纳： 这感觉怎么形容呢？我们就像是在“理论物理”的温室里培育热带植物，在人工的环境下，我们已经收获了大量的科学果实。只是目前来说，我们还没法把它们放到温室以外，去接受自然环境的实际考验。自然科学的演化机制此刻仿佛陷入停滞，温室里的植物依然蓬勃地生长，茂盛的枝叶正寻觅着每一个可能的细缝向外蔓延。

---

1 万亿电子伏特即TeV。电子伏特是能量单位，表示1个电子在电压为1V的电场加速下获得的动能。——审订

2 光速为每秒3亿米，即每小时10.8亿千米。——审订

1.20 位于瑞士和法国交界处的长达27千米的大型强子对撞机

莱施： 纵观宇宙长达138亿年的发展历程，有一件事情咱们大可不必担心：演化总能找到它的出路，一直以来都是如此。

加斯纳： 但要建立新理论，难度真的是越来越大了。就像你说的，如今科学家的研究不仅要及时涵盖最新的实验观察数据，还要充分考虑那些之前已经被人们阐释清楚的数据，避免将新的观点变成解释不通的谬误。这有点儿像米卡多游戏棒[1]。你想要对已经建构好的体系做少许改变，然而留给你的空间并不多，只允许你尽可能少地改变原来的体系。这就是真正的进退两难。

莱施： 不是有这么一句妙言吗："我们是站在巨人肩膀上的小矮人。"

加斯纳： 艾萨克·牛顿说的。

---

1 米卡多游戏棒，又称挑棍。首先将许多小细棍杂乱扔到桌子上，然后多个玩家轮流从细棍堆里挑出细棍，既要使其成功脱离，又不能影响其余的游戏棒。——审订

莱施： 科学本身会变得越来越丰富的。实际上，每天都有越来越多的人投身科学之中，同时也获取越来越多的新资讯。

值得注意的是总会有这么一群人，怎么说呢，醉心研究的“私人群体”，他们并不在研究机构工作。这些人认为，他们可以提出自己独创的假说，对宇宙做完全不同的解释。我经常有这样的经历，我们大学的天文台总能收到“划时代的世界构想”，10号字体，没有分段，没有标点符号。而且字里行间的想法往往特别离谱，以至于我们不得不首先扫除大家对量子力学、广义相对论的误解。这当中肯定是存在问题的。对于那些刚刚涉足这一领域的人来说，想要掌握现有的所有信息，彻底弄清各个定律的来龙去脉，的确是越来越困难了，得费好大一番功夫才行。我喜欢把这一切与肖恩·康纳利（Sean Connery）和凯瑟琳·泽塔-琼斯（Cathrine Zeta-Jones）合演过的一部电影做比较，名字我已经忘记了，说的是一伙人去偷博物馆的故事。因为这要求人们把自己训练成杂技能手。

1.21 艾萨克·牛顿
（1643—1727）

加斯纳： 你说的那部电影，是叫《偷天陷阱》吧！

莱施： 你什么时候开始对电影感兴趣了？女主角凯瑟琳必须躲过上千道防盗激光，那是多么令人惊奇的舞蹈表演啊！对天体物理学来说也是一样的：老早以前，在科学殿堂的大门口，或许只有一两道红外激光的阻碍，而如今要想从圣殿内部的密室里盗走科学的宝物，就必须历经重重艰难险阻。当主角身体足够灵巧，才有可能躲过博物馆的防盗激光，而你只有头脑超级灵活，才有希望打破知识宝库的禁锢。

要同时满足所有可能的条件，最终带着探索到的创新理论全身而退，简直太难了。

加斯纳：亲爱的莱施，能否允许我在你又一次跑题之前强调一下，“大爆炸、宇宙和生命”才是咱们的主题。

莱施：当然，你说的对，但是我总得强调一下吧。那让我们现在就正式开始吧：大爆炸。

第2章

大爆炸

今日无昨夕

2.1 一幅示意宇宙大爆炸的艺术画作，由三张分形图叠加而成

加斯纳：“宇宙在不断膨胀”——这本是一句“人畜无害”的论述，看起来就是随口一说、无关痛痒的样子，可它背后所蕴藏的能量却是巨大的。如果咱们沿着膨胀的宇宙时空往回追溯，肯定会惶恐得一身冷汗：倘若宇宙真的一直在扩张，那就意味着曾经的宇宙更小、比现在更热。像这样一直推导到宇宙诞生之初，它的密度之大、温度之高肯定不可想象。没错！按照这样的假设，宇宙应发源于这样一个温度极高、密度极大的起点，科学家们常常将其称作“奇点”。现在要是再仔细揣摩刚才那句话，可就没那么简单啦！仿佛它的每个字都捆绑着无数的烈性炸药，在宇宙诞生的“奇点”，有着开天辟地的能量——大爆炸！

莱施：加斯纳，让咱们的读者朋友们尽情想象一会儿吧。看看好奇的大家会不会同样关注到这一点——没错，像这样的话，宇宙一定有一个前无古日的起点，在宇宙破壳的这天，有着独一无二的“今日无昨夕”，这可是一个不存在“昨天”的日子。

加斯纳：但是，这个论断实在有悖我们的世界观啊。人们常常自我反省，不断回想过去一段时间的所见所闻，总结出一些问题，同时也期待着能够得到答案。因为我们的大脑在演化发展中，要让我们能够适应这个复杂多变的世界，并且最终幸福地存活下来。我们深信因果律的作用，认为许多事情不会无缘无故地发生，这对我们的祖先来说可是有着很大的演化优势。我们生存所依赖的全部经验，都是来自我们的感觉器官，它们和我们的大脑一样，也是经过不断优化才更好地适应了地球上的生活。

莱施：拿咱们人类来说吧，正常情况下，我们的眼睛可以看到波长380~780纳米的光线。巧合的是，太阳的辐射也刚好在这一波长范围达到了峰值。[1]

加斯纳：是啊，这也正好涵盖了人们常说的“红橙黄绿蓝靛紫”七个波段。而且，这个范围的可见光又刚好可以穿透地球的大气层，到达地球表面，被万物吸收；而对健康有危害的伽马射线和伦琴射线（即X射线）则被大气层挡了回去。我们生活在充满空气的“保护伞”之下，这个保护伞被我们称为地球的大气保护层。更为重要的是，可见光波段的光线在水中也能够畅通无阻。可别忘了，咱们的远祖，那些在远古时代演化出视力的生物，可是诞生于海洋的呀！至今，水依然是动物眼睛的重要组分。

莱施：大家可以想象一下，要是咱们能够看见全部波段的电磁光谱，这个世界该会是多么奇妙！

加斯纳：哈哈，想要看到所有光谱有些太贪心了，不过啊，要是人类能额外拥有捕捉红外光的视觉，那我一定举双手赞成，有些鱼类就具有这样的能力。要知道，生活空间越是混浊，生物演化出的这一“纯天然红外探测器”的优势就越明显。不过对我们的祖先而言，即便对广义相对论了然于胸，也不会为他们增添太多的生存优势。坐在高高的山头，时间很可能会过得比接近地心处更快，因为地心附近的时空会在更强的引力场作用下稍稍有所扭曲，时间也因此略慢一些。[2] 但这一相对效果的作用小到几乎可以忽略不计，因此人类完全没有必要大费周章，为此演化出一个新的感觉器官。

莱施：无独有偶，感觉器官同样没有必要在微观领域过于灵敏。这

1 光和辐射同属于电磁波。——审订

2 地球自身物质分布不均匀，地球内部的地核因富含铁镍元素，密度高于地表，在地核与地幔交界的“古登堡面”附近，重力加速度最大，引力场也强于地表，因而“引力时间延迟效应”更明显。——译注

就像著名的“不确定性原理”。一个到处都是捕食者的世界是具有“确定性”的，在这样的世界里拥有灵敏的第六感，并不会给动物们带来什么额外的好处。动物们只需要谨记一个因果原则就够了：爪子先伸过来，疼痛才随之到来。

加斯纳：是这样的！我们如今正被所谓的普世价值观所束缚，困在灵长类动物大脑固有的思维模式里。在深入分析某事的时候，我们的思维只能在很小的适用范围内才能把问题想透彻。对我们而言，事物被区分为是或不是，发生了还是没有发生。空间将事物分离开来，决定了哪些东西该处于何处，或者不处于何处。一切的一切都发生在一个布置好的舞台上，发生在固定的空间之中、绝对的时间之内。

莱施：但为了能够理解宇宙的演化，我们必须打破自己信赖的思维定式，在一定程度上先迈出自我演化的一步。

加斯纳：要是我们真能够做到这一点，可是非常难以置信的成就。这个星球上还没有哪一种生物能做到。尽管人类也是演化而来，但除了保障基本的生存，我们还可以实现更多其他的成就。大自然给人类提供了一个新的模式（或许鬼斧神工的她并不情愿）：人类可以摆脱自己旧有观念的绑架，同时还能通过不断地学习来拓展自己的思维认知，从而去探索未知的领域。

莱施：听起来好像确实如此，亲爱的读者朋友们不妨也来试试看吧！

加斯纳：要想觉察到星际空间[1]的膨胀，咱们可要好好培养自己的“第六感”才行。毕竟，“宇宙膨胀”可意味着硬生生地在肉眼可见的天体之间，于宇宙的虚空之处，凭空衍生出了更多的虚无呀！其实，把宇宙的演化想象成“爆炸”，实在是容易误导大家。因为那样就需

1　指宇宙中、星系之间那肉眼不可见、看似漆黑一片、空无一物的广袤空间。——译注

要先假设宇宙存在一个中心，只有在这儿才能给人们留下这样的印象：宇宙万物都是从这一中心点出发，再向不同的方向离去。这么一来，人们就可以在这个中心点上立个交通告示牌啦：此处曾有宇宙大爆炸出没。然而一定得注意一点：我们是站在地球上来观察星系是如何离我们远去的，并由此得出“宇宙中的每一处都应如此”的结论。

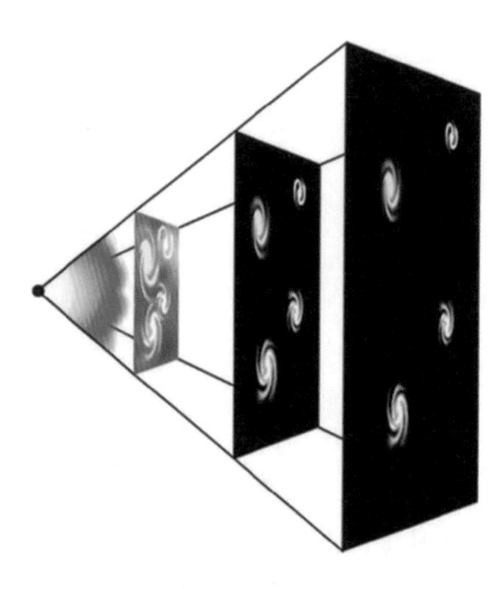

2.2 宇宙的膨胀——利用同一星系区域、3个先后连续的时间片段简化表示的示意图。其中，4个星系的大小保持不变，只是随着时间推移，在它们之间形成了新的星际空间（即新的“虚空”）

莱施：哎呀，说不定并非宇宙中的每一处都是这样的。起码美国的大导演伍迪·艾伦（Woody Allen）就找出了一个反例：“如果宇宙真的膨胀了，为什么找个停车位反倒越来越困难了呢！”

加斯纳：哈哈哈，我的朋友！你可别打岔了，咱们现在说的可是一个烧脑的深奥话题啊！虚无的东西肯定也得有一个源头吧，在那星体之间已有的介质里，于那宇宙缝隙深处的虚空之中，不断涌现出新的“虚无”。这有点儿像大家烤点心的时候，盆里那团新鲜发酵的面团。把盆子放在那儿，过一会儿，在这“宇宙面团”当中就会膨胀出新的空间。星系就像葡萄干一样，畅游在面团的海洋里。面团继续发酵膨胀，不断拓展出新的空间，葡萄干则渐渐被挤向远处，彼此分散开来。

莱施：一个源头，一个可以迸发出新鲜“虚无”的源泉，真不赖。要是这么说的话，那你手上是不是也有点儿虚无呢？我很乐意把它放到玻璃切片上做成标本研究研究。看来，咱们的想象力在这里遇到了很大问题啊。

加斯纳：是呀，还有更意想不到的呢！在相对论的理论中，空间和时间是以“时空”的组合形式登台亮相的。事实上，在刚才的讨论中，发生膨胀的不单单是三维空间，而是一个“四维时空”的整体。

莱施：其实，大家可以隐约地体会到这个相互关系，因为我们早就熟悉“速度”这个概念，身边运动着的小车、活动着的小动物都具有一定的速度。速度是用单位时间内所行的距离来计量的，所以时间也和它们在同一条船上，要一并考虑在内。

加斯纳：然而，人们在考虑星际介质的速度概念时，一定要非常谨慎，因为虚空的星际介质一直在星体间“繁衍”扩张。星系并非真的自己在动。它们彼此远去，只是因为空间膨胀导致的距离增加。在哈勃图中就可以发现，逃逸速度随着距离变大而明显上升。如果星系真的在主动移动，光速就必须有一个确定的上限才行。实际上，只有当星体离我们足够遥远时，我们才会觉察到它们的移动，并且是以某一超光速的速度离我们远去。而从它们星球的瞭望台上远眺过来，我们也在超光速地离它们远去。这种情况下我们使用的“移动”和“速度”等概念，最好都打上双引号。

莱施：亲爱的读者朋友们，你们还在继续阅读吗？是不是心里正在想：什么时候才能再来点儿直观易懂的东西啊？现在到底要拿这个宇宙的“虚空”怎么办啊？你们物理学家的虚空到底是有多虚无缥缈！

加斯纳：虚空，也就是星体之间那“漆黑”的星际物质，是目前物理学界的重大难题之一。我们对此几乎还是一无所知。

莱施：我的天哪……还会有人听咱们说话，或者继续读我们的文字吗！

加斯纳：尽管这听上去很疯狂，甚至还能证明连看得见、摸得着的物质本身也是虚无的。物质只不过是存在一些特殊的性质罢了。我们之后还会进一步说明。

莱施：我定奉陪到底，这真的很刺激，但也许这恰恰就是让我们着迷的地方。咱们人类这一物种，经历了多年的进化，渐渐能够熟练地使用工具，并以此帮助我们在这物竞天择的地球上开辟出一片还算可以的领地，最终也算不错地存活了下来。如今，人类已经探索到宇宙的边缘，这也意味着咱们的大脑迎来了新的挑战。

加斯纳：我前阵子搭火车的时候，两只蚂蚁的活动引起了我的注意。它们好像是在车厢里迷路了，呆呆地趴在我旁边，和我一起透过车窗，欣赏着沿途的风景。这不禁让我想起了地球上的自然科学家们。在这浩瀚无垠的宇宙，我们环绕太阳的速度也是相当惊人的，30千米/秒，一小时就不止10万千米了；而太阳系绕着银河中心的旋转速度达到了220千米/秒。至于银河系相对于“宇宙背景”的速度，则更是高达难以置信的627千米/秒。咱们科学家不也是透过地球大气层这扇“玻璃窗”，眺望着沿途所经过的宇宙吗？咱们一边惊叹着，一边尝试着为我们所观察到的万千现象原理赋一首以科学为韵律的诗。

莱施：这个类比棒极了……

加斯纳：让我们再回到膨胀中的四维时空吧——莫慌，这会儿还不至于十一维呢。量子真空涨落导致了炽热的大爆炸，时空也自此形成。这让我隐约觉得，那两只蚂蚁没准也在探讨宇宙哲学，它们很可能觉察到了，这趟旅途是在一个球体上发生的，而且它们只要朝着一个方向行驶足够远，就能重新回到最初的起点。要建立如此错综复杂又得合乎逻辑、不会自相矛盾的世界观，我们的大脑所做的贡献不得不让我佩服得五体投地。

莱施：我觉得，咱们的大脑在哲学方面也成就非凡呀！哲学可跟我们使用哪种语言无关。我们来到这个世界上的时候，世界就业已存在了，浩瀚的宇宙充满着未知的挑战。然后，人们还要想方设法地钻研、思考，弄明白那些偏离我们认知极远的事物，够了够了，我们还在说四维时空的膨胀呢……

加斯纳：还不是因为咱俩面对面坐着太舒服惬意了，这不就从科学讨论到了哲学嘛！来吧莱施，咱们继续吧：广义相对论的方程式自然也提到了四维时空的膨胀。但那只是方程中一个简单的项——一个不为零的膨胀项。我脑中的数学家倒是能理解这一点。但老实讲，我晚上仰望星空时，尝试去想象星际之间的“虚空”不断涌现、扩展的样子，然后就一下子完全没有头绪了。你可以想象一下吗？

莱施：跟你一样，完全没有办法想象。我不认为有谁能够想象出时空膨胀的画面。

加斯纳：那咱们就和那两只火车上的蚂蚁一样了……

莱施：哈哈，两只天真单纯的小蚂蚁。的确如此。我觉得“项”（Term）这个表达美妙极了，这是一个很好的数学概念。生活中还有个相同发音的单词“温泉”（Therme）。人们可以在一个白雪皑皑的寒冬傍晚，泡个温泉放松一下。也许数学中的“项”也是另一种形式的“温泉”吧，在方程组那温暖舒适的环境中，人们也会获得源源不断的灵感。数学的魅力在于，与它打交道的不必是真实存在的结构。而在物理学中，特别是跟宇宙有关的时候，它所打交道的结构反而需要清晰存在，并且还得逻辑自洽。从这个意义上讲，物理有点儿像是被“驯化”过的数学，也就是训练数学，让其能够适应“自然知识”这一严酷的环境。数学家可以天马行空地思考，至于我们物理学家嘛……

加斯纳：你好像在最开始还提到了这个问题：在大爆炸之前是什么？

莱施：嚯！真是经典的问题！就像在教堂里说“阿门”——绝对忘不了！

加斯纳：哈哈，那就到了接下来的一个问题：那些东西到底是怎样从宇宙的虚无之中诞生的呢？像我这样地地道道的巴伐利亚人就更难理解了。我们家乡有一句土话：小子，啥也没有就啥都不会有啊。

莱施：“啥也没有就啥都不会有”，这对于我这个黑森州北部的人来说也是个问题。但咱哥儿俩，一个南巴伐利亚人和一个北黑森州人，或许可以尝试搞定这个问题。我最近正好在翻阅一本哲学书，它可是探讨“虚无主义”最厚的哲学书之一了——德国文学家吕克特豪斯（Lütkehaus）的《虚无》（*Das Nichts*）。

加斯纳：亲爱的读者朋友们，你们察觉到了吗？这恰恰就是之前咱们提过的“自我演化的一步”，人类通过不断地学习思考，大脑也会具有更敏锐的洞察力。能够站在巨人的肩膀上真的很棒。尽管如此，就连直觉上认为时间和空间必须结合在一起的爱因斯坦，在讨论量子力学的作用时，都把它形容为“像幽灵一样的超距作用”。

莱施：这真是让“光学大师”都感到害怕。

加斯纳：自然科学在应对这个难题的时候会使用一个万能武器：数学。数百年来，我们已经十分信赖使用数学来描述宏观世界的实际存在了，现在我们要用它来继续向前探索，探索人类之前从未用肉眼“看到”的领域。

莱施：只有进一步阐释，才能把宇宙的演变从数学方程式翻译成通俗的语言，把它转换成我们熟知的宏观世界模型。为了尽可能减少其中不可避免的翻译错误，令涉及的概念尽量保持一致是非常重要的，其中包括“虚无”“量子涨落”“希格斯场”“质量”“时间”“相变”及“对称性破缺”。比如我们在探讨宇宙是如何诞生的时候，该如何准确理解“虚无”这个概念呢？

从虚无的星际空间到量子的真空涨落

——虚空之处并非一无所有

加斯纳：咱们最好先从一个具体的情景入手。莱施，你试过徒手推一辆汽车吗？

莱施：没试过！

加斯纳：如果汽车在车位停好了，再靠人力把它推出来是需要相当大力气的，对吧？一个成年人只能勉强做到，一只小老鼠肯定是连出力的资格都没有的，更别提一只蚂蚁或者一个单细胞生物了。就算这些勤劳的小生物成群结队、竭尽全力帮忙，贡献的力量仍旧微乎其微，无法达到挪动汽车所需的最低能量要求，一切都是徒劳无功的。

莱施：这个我能明白。对于一个路边的观察者而言，他是没办法确定到底是谁在推一辆静止的汽车的，是一只小老鼠，一只小蚂蚁，还是一个单细胞生物？只要车还没动，就确定不了。这些小动物可以是独自冲锋，可以用尽洪荒之力，或者在汽车的尾部组团上阵，又或者是分工合作。然而，就算它们使尽浑身解数，都不能改变汽车的“停驻”状态。

加斯纳：就是这样。进一步来说，参与推车的人，或者说是参与的小动物，它们能够做出的功是各不相同的，因此距离挪动汽车所需的最低能量有着各自的差距。这就像期中考试，60分是及格的最低“能量”要求，而不及格的学生呢，有的是差了6分，有的则只得到6分。观察者能否看到汽车移动，最终是取决于所缺的力量是否达标了，也就是说，是否达到了及格分。然而在没有实现之前，一切都是未知的。之所以会存在这份不确定性，是因为这样的系统无法连续地从一个状态过渡到另一个状态。就像小车，只有“动”“静”这两种状态，“岿然不动”跟“差点儿就动了”，其结果都是没有动；而“微微地一动”就已经不再是静止状态了。要是汽车状态是连续变化的，不管出力、做功多么微小，都能给系统带来对应的状态改变，哪怕这个改变也同样微弱，那问题就简单多啦！那样咱们就可以根据车的状态，随时确定出每时每刻有多少只老鼠或者微生物在帮忙推车。

莱施：这样的不连续系统正是可以使用“量化”描述的系统，只有给汽车用的劲儿达到要求的最低份额，才能使其从“车停着”的状态转变成“车动了”的状态。

加斯纳：这就是大家常听到的“量子化”。所以人们需要把最最微小的世界，也想象成量子化的模样。改变微观世界的状态需要的能量同样也有一个最低的门槛。咱们就不继续推车了，来推一推微观的粒子吧！这里说的最低能量份额，涉及“挪动”粒子——与粒子的自旋有关，同时也涉及连接粒子的作用键断裂，或者再通俗一点儿，这还要涉及粒子不同的能量状态。具体为什么会这样，我们目前还不知道，反正比小汽车的静止、运动状态复杂得多就是了。如果我们把量子化的概念，通过一个小因子“h”的形式引入研究模型，以此重新描绘微观世界，我们可以得到一个新的理论，而且这个理论能够很好地被现有的实验验证。我们把这个新理论称为“量子力学”。而在讨论它时，我们必须时刻牢记其并非连续的“量子化”特点。不过啊，凡事都不会绝对完美，量子力学把微观世界展示得绘声绘色，而为之付出的代价则是“不确定性”。在量子化的世界里，不确定性始终如影随形。

2.3 马克斯·普朗克
(Max Planck，1858—1947)

莱施：老鼠、蚂蚁和微生物想要推动汽车——画面真是太美妙了！不过，能把“普朗克的小因子”解释成这样，除了你也真的没谁了！

加斯纳：如果让能量放飞自我地“作用”一段时间，那么这份能量就能够产生奇妙的效果。科学家在研究量子力学时，人为地引入普朗克因子这一概念，也就是普朗克常数“h”，正是利用能量与时间相乘来表示的。要知道，普朗克常数是描绘量子的，已经是对应最小份的能量了，要是有比普朗克常数h更小的能量时间作用——这话我可说不出口。乍看上去，肯定不可能有什么能量比这更凄惨落魄了吧，毕竟h的测量值可只有6.6×10^{-34}焦耳·秒（J·s），简直已经小到极致了。可如果是时间足够短呢？那么对于巨大的能量，也依然是可以满足时间、能量二者之积不超过普朗克常数“h”的。

莱施：一段任意短的时间内，就会产生不确定性，从而诱导出一份任意大的能量。而这份能量又可以依照爱因斯坦著名的质能守恒方程$E=mc^2$，鼓捣出与之对应的物质。

加斯纳：照你这样说，那鬼斧神工的大自然可真是法力无边了！但其实它呀，只不过是不得不遵守基本的规则，也就是对称性原则和能量守恒定律罢了。换句话说，如果产生了带有某种电荷的物质，就必须同时生成对应的某物质，并且带有同等数量的相反电荷，以重新达到电荷守恒。像这样电荷相反的一对粒子，被称为“正反粒子对”。

所以我们刚刚说的推小汽车，可不仅仅有老鼠和微生物，还相应地有很多调皮的“反老鼠”和“反微生物”，它们在拉小汽车，或者从相反的方向推车，和正老鼠、正微生物的作用刚好相抵，达到某种程度的对称平衡。

莱施：这些虚拟的正、反物质只有很短暂的寿命。而且，生成它们所消耗的能量越多，它们存在的时间就越短。

加斯纳：粒子对的诞生与消逝的过程在不断地重复，就像拍打着沙滩的海浪，此消彼长、此起彼伏。我们将其称为量子的真空涨落。

莱施：而这样的量子涨落，在宇宙虚无的星际空间中也同样存在。

加斯纳：慢点儿说！这里可需要很大的想象力。我提议，咱们还是一步一步地来想象，先从一个小型的“思想实验”[1]开始吧。话说我的莱施教授，你好像还是个资深的养鱼爱好者吧？

莱施：老夫就是一个门外汉而已！而且这都是老早以前的事了。

加斯纳：那倒不碍事。我们来想象一下：现在，先把客厅鱼缸里的鱼全都捞出来——当然，我们会把它们妥当安置到其他的地方。就算是在想象里，我们也得保持善待小动物的美好品德呀！接下来，我们把水也倒掉，还有里面的水草、铺设的砂石、水泵，总之一切东西都拿走。然后，我们给水族箱盖上盖子，把里面的空气也抽出来。也就是说，我们制造了一个理想的真空环境。你说现在的这个真空鱼缸，是不是就什么都没有了呢？

莱施：那它的四壁说不定还能热辐射呢。

加斯纳：看到没，这就是思想实验的美妙所在啦！一切不妥之处都

1 德语 Gedankenexperiment 意为“思想实验”，是爱因斯坦发明的术语，用来描述他头脑中的概念性实验。类似于科学领域的“头脑风暴”。——译注

可以在瞬间修复。那就让我们水族箱四壁的温度，用最先进的方法冷却至接近 0 K吧，也就是−273.15℃，这样就不会再有热辐射啦。

那现在，在鱼缸这个理想的真空环境中，在这个特定的地点、特定的时间，是不是就真的制造了一个什么东西都没有的“虚空”环境，并且能量正好为零呢?

莱施: 你这个问题，刚好有人已经用一个独特的表述解答过了:“测不准原理”把我们拦了下来，给出了一个否定的答案。也就是所谓的“海森堡不确定性原理”，排除掉了这种零能量的绝对虚无状态。

加斯纳: 没错，这正是问题的关键所在。自然法则，尤其是量子力学的规律，是我们无法从这真空的水族箱里面拿走的。根据量子力学规律，特定的某一对数值，是无法同时被精准地确定出来的。普朗克常数给它们设定了一个极限。此外，这一对数值之一通常是某个物理量，而另外一个则是这个物理量随时间的变化率。其中，最有名的一对，就是位置和速度——在物理学的实际应用中，更准确点儿说，就是粒子的位置与它的动量（即速度与质量之积）。类似的组合，还有场的强度和其时间变化率。沃纳·海森堡（Werner Heisenberg）还使用了数学方法，证明出最小的不确定值为h/4π，并且不是“能够”如此，而是“必须”如此。[1]

2.4 沃纳·海森堡（1901—1976）

我们之前提过的能量和时间，也是遵循不确定性原理的一对物理

1 也就是位置的不确定性与动量的不确定性，二者之积不可能小于普朗克常数与4个圆周率之商。此处的不确定性，指的是对应物理量的标准差 Δx 和 Δp。——审订

量。[1]对于很短的一段时间来说，能量，特别是虚空之中的能量，是无法精准确定的。好啦！现在终于可以结束这个话题了，咱们想象中的那些推小车的老鼠、蚂蚁和微生物，以及不在鱼缸里的小鱼，都可以退场了。我们可是费了好大劲儿，才用量子涨落把想象中的虚无空间填充满。

莱施：说起来很简单：能量和时间配成一组物理量，遵循不确定性原理。可这在我们宏观的经验世界里，完全没有对应的类比啊！你能看到随便一个东西出现了，然后转瞬就又消失了？

加斯纳：能看到白驹过隙算不？哈哈，当然不行啦。和量子世界比起来，我们人类简直就是宏观世界的庞然大物。我想我会这么来做比较：从一个很高的高度俯瞰大海，比如透过飞机的舷窗，你会觉得海平面就像地板一样平坦。而你若是站在离海岸线很近的礁石上重新观察大海，那就是完全不同的景象了。这里的海浪，在海平面的上下跌宕起伏——一切都是运动的。现在，咱们就像这样再凑近一些，重新审视量子世界，就会看到类似的变化。前面说了，能量和时间这对物理量，也要受到“不确定性原理”的束缚，两者之中有一个确定下来，另一个物理量就得发生变动。如果我在某一确定的时间点，观察一个什么都没有的虚空环境，那么我就必然会得到一股波动的能量。根据方程$E=mc^2$，这份能量可以转化成某些东西，也就是产生了所谓的“量子真空涨落”。高能量的量子涨落转瞬即逝，而较低能量的涨落则可持续更长的时间。想要从虚空之中实体化出来宏观尺度的物体，消耗的能量可是难以估量的。原则上来说，在你那个空鱼缸里，或者就

1 能量与时间相乘，单位是J·s，也就是N·m·s；而位置与动量相乘，单位是m·kg·m/s，考虑到力的单位是质量与加速度之积，1N=1kg·m/s²，由此可见，能量与时间之积在某种意义上是和位置与动量之积等价的。——审订

干脆在我们身处的这间屋子里，都可能在某一瞬突然出现一条鱼及一条“反鱼”。不过呀，强大到这种地步的“量子涨落”，存在时间极短，仅凭咱们的双眼就想亲自见证，那可真是异想天开。所以即便我们在这里一直坐到死，也不可能看到类似的事件发生。

莱施：以后你可千万别再跟其他人讲你的这个“思想实验”了。尤其不要讲什么在水族箱里，凭借着什么涨落的理论，就出现了小白鼠，甚至还是“反”小白鼠。关键是它们还想推动我停得好好的汽车。我可什么都保证不了——保不准哪天你就挨揍了。

加斯纳：哈哈，都是科学的玩笑嘛！让我来总结一下吧，否则读者朋友们都要跑掉了——量子涨落真是太不像话了。在微观世界里，我们一直讲的那个虚空环境就像波涛汹涌的海面，在其中波动的是存在于虚空中的能量。正、反粒子对为了自己的物质享受，也就是“物质”化，一点一点地把“虚空”兜里的能量往外掏。物质化后的正物质与反物质之间会产生引力吸引，这相当于凭空产生了一股正的能量。[1]在虚空意识到自己的疏忽之前，它们会抓紧相拥，含泪告别这短暂的世间走一遭，然后湮灭[2]成为能量，并把这份“临时贷款”产生的能量偿还给“虚空大师”。这些虚粒子的质量越大，形成它们所消耗的能量也就越多，其寿命也就越短。

莱施：诚然，这听起来有点儿像理论物理的变戏法，但是这些虚无世界中的波动是可以被测量出来的。若把一个原子放置到虚空环境之中，那它的能级就会受到量子波动的影响。这可以通过光谱加以证明。美国物理学家威利斯·尤金·兰姆（Wills Eugene Lamb）[3]因此在1955

---

1 相当于凭空增加了引力势能。——审订

2 湮灭反应是正反物质相遇时，产生的由物质到能量的转化过程。——译注

3 量子光学和量子电动力学领域的奠基人。——审订

年获得诺贝尔奖。

2.5 威利斯 · 尤金 · 兰姆
（1913—2008）

加斯纳： 如果放在我们刚才的思想实验里呢，这就好比是咱们让某个人推汽车，这个人的力气是已知的，正好就差一丁点儿的劲，就能把车推走。尽管如此，他最终还是成功推动了汽车，那也许就能够间接证明这些虚拟助手的存在了吧。

莱施： 刚才说的这些，能量都是从“真空”中汲取出来的。不过，量子涨落能够用到的能量并不局限于此。如果用人工的方式，从外界注入足够的能量，同样会有正、反粒子对形成。然而，研究最微观的结构是非常不方便的。比如，人们想要确定一个电子的大小，就得借助特殊的仪器，将光的波长当作测量的量程范围。要想测量得更精准，就要让波长足够短，这可需要消耗更多的能量。现在，咱们拿着这样一把凝聚了极高能量的“尺子”，慢慢靠近一个电子，那么在电子的周围空间就会出现新的电子、反电子的量子涨落。正常的电子带有负电荷，反电子是电子的反粒子，带有正电荷，也因此被称作“正电子”。这一瞬间，原来的电子附近会出现很大混乱，也就是发生了所谓的“真空极化”，而我们也不再能够辨别出原来那个电子的作用范围了。

加斯纳： 这个“真空极化”可给科学家带来了不小的麻烦呢。要知道，在微观世界中并不存在“君子动眼不动手”。在观察、测量粒子或者其他物质微观结构的同时，人们不得不借助特殊的测量工具，就像刚才说的那把“有能量的尺子”，而这在很大程度上影响了人们想要测量的对象。每一次测量都意味着对其天然状态的干扰，而这与有没有人类观察无关。自然中的每一次相互作用都相当于一次测量。

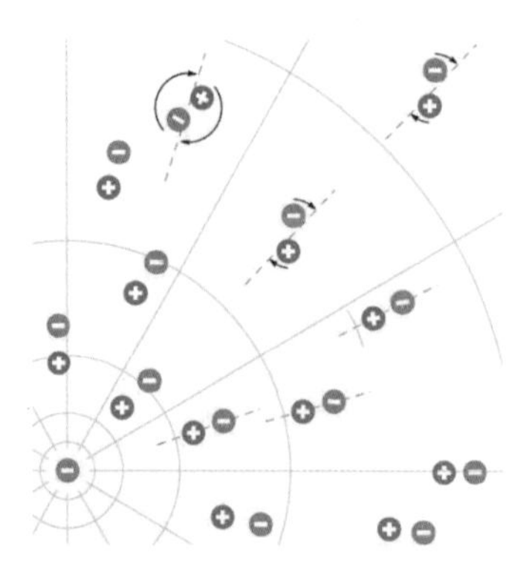

2.6“真空极化”示意。一个电子（位于图中左下角的中心处）由于带有负电荷，其周围会产生辐射状的电磁场，电磁场的方向指向中心的电子。这个电磁场会将电子附近真空极化，从而使得因量子涨落而出现的虚粒子对，根据其所带电荷不同，呈现出镜像对称的分布（即粒子对关于中心电子对称分布）

莱施：如果虚无的空间并非一无所有，那么它到底有些什么特性呢？

加斯纳：局部来看，在任意的一个小体积单元中，都存在这样的小家伙儿：它们顽皮地溜到当地最富有的“虚空”家院子里，偷偷地摘取能量，然后留下张纸条就跑掉了。这些小家伙儿马上就将自身化虚为实，成为实体粒子。此时的它们，身上总能量之和大于零。而被它们欺负的“老债主”，也就是虚无的量子真空，将这笔能量债以“负能量”的形式，默默地记到了自己的本上。这样，放出的能量贷与记下的能量债暂时正负相抵，满足了“总能量守恒”这一基本定律。而老债主每天起床后，看着本子上满满的欠债，心里不是个滋味儿，于是就挨家挨户地去讨债，给粒子施加压力。正、反粒子撞到一起，小家伙儿们就“湮灭”回了虚虚的原型，并把借来的能量偿还给了虚空。虚空债主再一次失而复得，满意而又疲惫地回去了。而负债的小家伙儿们，则自然而然地把这当作是消极的“负面压力”。

莱施：这个比喻真是妙极了！我再帮你简单补充两句吧。现实生活中的债主肯定步步紧逼，简直就要骑到你的脖子上，真是会让人喘不过气来。而在物理学中，这种“负压力”的表达方式也是一针见血：物理学中的能量密度代表单位体积中具有的能量，用标准单位制来表达的话，就是“焦耳/立方米”，也就是“牛顿·米/立方米”（即J/m^3或者$N \cdot m/m^3$），让我们把分子和分母同时约掉一个“米”的单位，就能得到一个新的单位——“牛顿/平方米”（N/m^2）。这正好对应了单位面积上的作用力，也就是“压强”。[1]能量密度和压强在单位上是统一的。一个被压榨了的虚无空间，其单位体积所具有的负能量，作用效果刚好和施加一个“负压”等价。

加斯纳：恐怕这一切让大家很难理解。让我们重新回到刚才的思想实验吧！现在，大家再想象出来一个完全封闭的虚空环境，我们最好给它起个名字，就叫作“量子力学”的真空，这样更方便理解——毕竟这里头充斥着量子的涨落。让我们假设它的一面容器壁是可以活动的，就像活塞一样。这样，我们就可以拓展产生量子的虚无空间，例如可以将其体积扩大两倍。局部来看，我们容器内部的状况并没有什么变化，尤其是量子涨落，它并没有因体积扩张而被稀释——这可和气体完全不同！空间的膨胀只是扩展了量子涨落的“活动场地”而已，新形成的正、反粒子对自动填满了新扩充的虚无空间。气体会因为体积膨胀而冷却，气体压强会降低，也就是单位体积的能量会减少。在量子真空中，这些物理量却是恒定的：双倍的体积就会具有双倍的能量；膨胀了两倍的空间，也将我们最初的虚无环境扩大了一倍。只要它的能量在零值点附近摆动，就像波浪于0米高的海平面上下起伏那样，一切就不会太糟糕了：两倍的零不也还是零嘛！

莱施：如果出于某种原因，虚无的量子真空环境处于一个具有“正能量”的错误状态之中，会发生什么事呢？

---

1 生活中常常用“压力”表示“压强”。但在物理学中，压力是一种作用力，单位为牛顿（N）；压强则是单位面积上作用的压力，单位为“牛顿/平方米”（N/m^2），并且等价于压强专属的单位“帕斯卡”（Pa），此处需注意加以区分。——审订

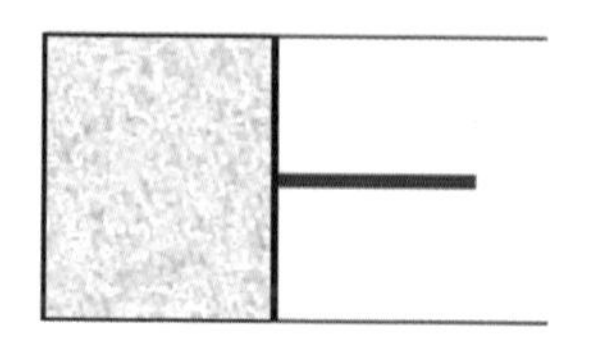
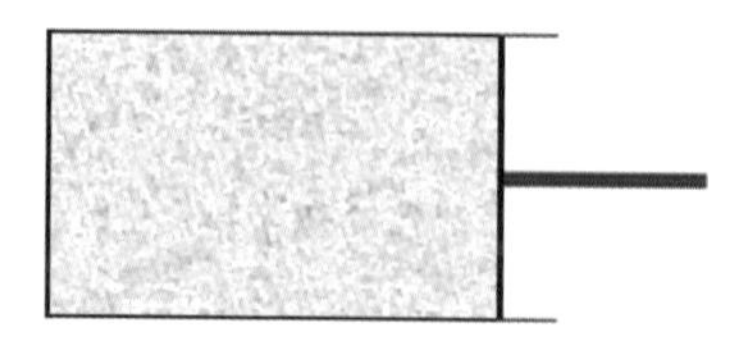

2.7 量子涨落（蓝）不会因为体积膨胀而被稀释，因为在新增加的体积中，瞬间就形成了新的正、反粒子对

加斯纳：那样的话，我们拔出活塞的同时就会把这正能量翻倍啦。当然，能量无法平白无故地产生。如果想要向外抽出活塞，我们就必须提供少许额外的能量，并且要与活塞内部获得的那部分能量同样多才行。换句话说，这种“错误”状态的量子真空，在我们膨胀它的过程中，会一直反抗，产生与抽出活塞方向相反的作用力——它可是铆足了劲儿“倒吸”，对活塞运动施加反向推力（即拉力）[1]。还有啊，量子真空涨落的这个拉力可是恒定的，完全不受所处空间膨胀的影响。

莱施：虚空世界还真像是跨年夜的江滩烟花，独特而耀眼啊！大爆炸正是一朵最原始的大“烟花”！[2]

加斯纳：自爱因斯坦以来，人们已经了解到正的能量可以根据质能方程 $E=mc^2$ 与一定质量的物质相对应，从而产生引力场的作用，由此或强或弱地吸引着其他物质。同样地，量子真空中的“负压”对应着单位体积的能量小于零，也就是一个单位为“负”的能量密度。与前

1 生活中的“负压”常指空气的相对气压低于标准大气压，文中将压强等效为压力；德语原文中，此处则是物体受到的“压力”小于零，负的压力在一定程度上也就表现为物体受“拉”。——审订

2 德语原文中的烟花、爆竹是“Knaller”，而大爆炸是“Ur-Knall”，前缀Ur-可以表达“原始”的意思，在此处刚好一语双关。——审订

者相反，负的能量最终会诱发一个“斥力场”，排斥周遭的物质。

莱施：我们在这里讨论的，可是反引力场的、从真空中释放能量的过程，它还不会因剧烈的空间膨胀而稀释、减弱。在我们找寻大爆炸的“烟花”之前，再来重新回顾一下吧！

加斯纳：好的好的！亲爱的读者朋友们，我已经能猜到你们的怀疑了：虚无的世界真可以施加负的压力？你们科学家有证据吗？没问题！请大家笑纳证据：早在1948年，荷兰物理学家亨德里克·卡西米尔（Hendrik Casimir）就描绘了一个实验场景，以此来解释引力场的作用。他假设在真空中面对面地放置两块可作为导体的平板，如果它们靠得足够近，彼此就会相互吸引。而且，这个吸引作用比引力场（即万有引力）自身能够产生的引力还要强一些（见图2.9）。两块平板之间之所以能额外产生拉力，与电磁波无法钻入导体介质的内部有关，也就是跟“静电屏蔽”效应有关。在两块平板之间的空间可能存在的量子涨落，因此会受到形式和数量的限制，而平板之外的量子涨落则没有这种限制。所以相比之下，外面的空间有更多的涨落可能，外界的量子涨落在数量上占据更大的优势，并因此对平板外侧施加更强的斥力场，表现出更强的压力作用。得益于越来越精密的测量设备，人们可以更精准地测量出这个“可能的压力”，从而证实了卡西米尔效应。手掌面积大小的两块平板，在万分之一厘米的距离上所产生的负压力，差不多相当于一滴小水滴的重力。卡西米尔效应甚至还有一个更实际的影响：它为不断进步的微型机器划出了理论上的极限，一旦超过这个极限距离，活动的微型部件就会被紧紧

2.8 亨德里克·卡西米尔（1909—2000）

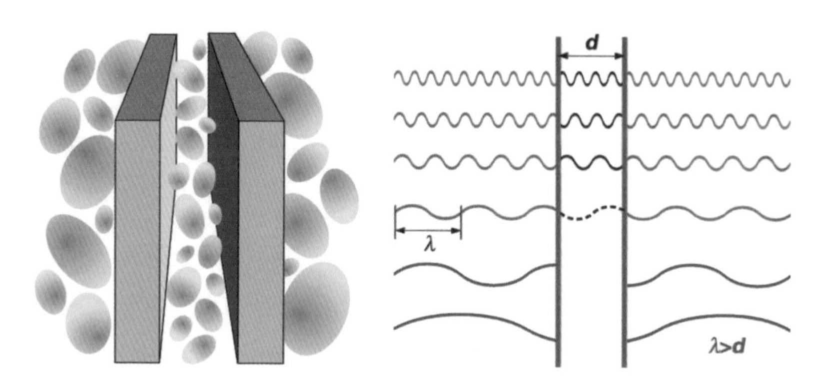

2.9 在真空中人为地给定边界条件，比如两块平行的导体平板，那么两块平板之间的量子涨落就会因此受到限制，而这个限制在平板之外则是不存在的。如果把这些涨落以波的形式呈现出来，就会更加直观（右图）：两块平板之间的距离为d，这个距离很短，只容得下数个波长的量子涨落。还要特别注意的是，距离d一定是波长λ的整数倍（蓝色部分），这是因为波在导体表面始终是由零开始、到零结束。在放置两块平板之后，其间可能发生的量子涨落要比外部更少，由此会在平板的内外两侧产生一个压力差。这个可能的压力差可以被测量出来，并且与距离的四次方成反比，即以$1/d^4$的幂函数形式，随距离的减小而显著升高

粘在一起。

莱施：尽管受到限制，但是在两块导体平板的中间，仍然存在着无穷多的量子涨落，两平板之外的涨落同样是不计其数的。同样都是数不过来，为什么外部的能够比“无穷多”更多呢？

加斯纳：没错。内外的量子涨落都是无穷多的。话虽这么说，但是外部可能发生的涨落还是要比内部多。举一个例子：整数是数不尽的，像–3、–2、–1、0、1、2、3等。如果在这些整数前添上一个“小数点”，就会有同样数不尽的小数，如0.2、–0.6……现在，再把这些无尽的小数逐一加到同样无尽的整数后面，得到的数虽说同样数不过来，但仔细斟酌后不难发现，其数目比之前无穷的整数更无穷。比如此时的2.3、2.33、2.3333等都只对应着同一个整数“2”，却有了更无限的可能。

🎤**莱施：**噗，哎哟！这角度也太刁钻了吧！一种数不尽的“无穷大”，竟然还能比其他的“无穷大”更大。量子真空涨落可以从真空中“反引力场”地释放出能量，最后再让两个钢铁直板相互吸引。

🎤**加斯纳：**谁要是觉得这个可能的压力太晦涩了，咱们也可以从能量的角度来理解。两块平板靠得越近，彼此之间的空间就越小，可能发生的量子涨落就越少，也就降低了量子真空的零点能量。[1]这个内外的能量差，就会以动能的形式传递到平板上，对它们做功，由此产生了负的能量密度。然后你就又回到反引力作用（即斥力作用）上来了。

🎤**莱施：**你这么解释一通，并没有把一切变得更简单啊。而且，两块平板都快被压在一起了，还怎么证明宇宙的膨胀呢？

🎤**加斯纳：**“卡西米尔效应”只是先证明了确实有负压力存在，并且这个负压力可以由量子涨落理论很好地加以阐释。由此，人们可以利用这对假想的导体平板，把真空划分为高真空能量（外部）与低真空能量（平板中间）两个区域。两边的压力差使得两块平板相互靠近，就像由高气压区向低气压带飘去的云朵。

我们想要探讨的宇宙膨胀，可是在真空中发生的，无需平板，也无需压力差。不管压力是正是负，也无论压力的绝对大小如何，只要它在到处都是一样的，那么首先在纯力学层面，就不会移动任何东西。但是——现在可是具有决定意义的“但是”——“压力”总是同“能量密度”等价的；而能量呢，也总是可以经由物质化带来引力上的影

---

1 如上文所述，真空中的能量并非绝对为零，而是因量子涨落或其他未知因素的作用，存在少部分的能量。一个系统可能具有的最低能量，也就是基态、量子真空状态的能量，称作“零点能量”，或者“零点能”“真空能量”。就像0米的海平面，量子真空的能量涨落，也是基于这个零点能量而上下起伏的。——审订

响：正能量可以产生引力吸引作用，而负能量则会反向排斥。[1]正是这一“负压力”独特的反引力作用，推动了宇宙的膨胀。

莱施：好在这不再只是纯理论层面上的思考而已了。现在已经有实验证据，可以证明真空的特殊性质，这还是比较安慰人心的。

加斯纳：量子力学最重要的两样东西就是实验和计算。在研究量子力学的科学家之中，流传着一句著名的智慧箴言：闷声动手算。这就相当于是在说：“只管给我瞧瞧你计算出来的东西，别以为用语言就能说服我、打发我。”另外，不得不再提一句，若是人们为了更直观地理解量子状态而不断深入接近微观的物质，就注定会失败——因为量子力学可是见不得“光”的。[2]

莱施：加斯纳，那你知道人们在谈论量子力学的时候，究竟会讨论什么吗？人们围坐着，一讨论就是好几个小时，最后呢，却全都摇着头离开了房间。

加斯纳：量子世界中，一切都在摆动，其中也包括了那些讨论量子力学的脑袋吧。没准儿这正是他们几个小时的收获呢！

莱施：哈哈，真没准儿。不过，哪怕是科学先驱们，也在尝试直观化量子世界上失败了。奥地利的物理学家埃尔温·薛定谔（Erwin Schrödinger）曾说过：“如果还要一直跟这个该死的量子纠缠在一起，我应该会后悔自己

2.10 埃尔温·薛定谔（1887—1961）

1 中文的引力或者引力场是广泛的统称概念，可泛指正向的引力及反向的斥力；就像文中的粒子，通常都是指正常的粒子，但同时也可指反粒子、虚粒子等。——审订

2 如上文所说，微观研究所使用的仪器设备，如同一把带着能量的尺子，会极大地干扰欲测量量子的微观状态。——审订

居然会爱上量子理论。”

加斯纳：阿尔伯特·爱因斯坦也有一句家喻户晓的话，人们至今记着浓缩的版本：“上帝不会掷骰子。”这句话看似表明了他对量子力学及随机特性的否定态度。实际上，他的原话并没有那么简明扼要，而是更谨慎一些的：“量子力学是如此庄严神圣，令吾等凡人心生敬畏。可是，我心中的一个声音却在对我说，总觉得哪里还差了点儿味道。量子力学这个理论本身，另辟蹊径地给我们提供了另一种认识世界的可能，但好像并没有让我们更接近上帝的终极秘密。无论如何我都宁愿相信，上帝不会掷骰子。”

莱施：是啊，有些事真的很难。人们在思考着，必须用什么东西的波动来描述我们最初的宇宙，而这东西本身又是虚无缥缈的。人们无法抓住它，甚至无法确切地把它描述出来——哪怕它并不在那儿，那里依旧有什么东西在波动。如此晦涩，也就自然而然地把现代宇宙学理论塑造成了一个个难以被人理解的“数学艺术品”。科学家们唯一还能牢牢把握的东西，就只剩下实验了吧。在这些实验里，人们才能找到那些与理论相符的东西，那些为了理解、描绘宇宙之初而不可或缺的种种效应与作用。如果没有了实验，这一切理论设想都是徒劳的！

加斯纳：是啊，实验就像悬崖边上的一道护栏。当我们站在理论的巨峰上迷茫无助之时，还能扶着它，以免坠入科学知识的无底深渊。

莱施：人们也可以这么说：在善与恶的彼岸，还有实验这个爱的围栏哟。这句话尼采应该会喜欢。[1]

---

1 德国哲学家尼采于1886年出版了著名的《善恶的彼岸》一书，书中提到很多人们至今耳熟能详的人生哲理，比如“久久凝视深渊，深渊亦将回你以凝视”“与恶龙缠斗之勇士，勿使汝亦为恶龙”“凡是不能将我毁灭的，必将使我强大”等。——审订

加斯纳：不过呀，这句话实验物理学家们可不一定乐意听，你都把他们移民到善和恶的彼岸去了！我的概念里，这栅栏可还是在此岸的——实验可还在咱们科学家的手上，不是吗？

认知的边界

——到普朗克的世界中去！

加斯纳：你提到的这些波动，恰恰是我们正站在悬崖上的原因。究竟为什么，人们对物理的探索与认知会有边界？每每思考这样的问题，我的心里就有点儿小激动呢。人们也许会认为：好吧，如果我们还不能十分准确地了解某一事物，那就造一个更大的设备、一个更好的仪器，继续往小数点之后测量，我们肯定可以知道得更多。

莱施：是啊，这听上去好像真挺简单的。

加斯纳：实际可并非如此！这里，我们就遇到悬崖上带着棱角的岩石了。之所以会有这个棱角，是因为量子力学中存在着“涨落”这一假设，而广义相对论这个普适原则，本应该包罗万象地适用于所有的领域，却偏偏容不下这个小小的“波动”。在这里，离散的量子理论和连续的经典理论发生了碰撞。通常来讲，两个理论本应相安无事、和睦相处——量子力学主内，负责最细微的微观领域；而广义相对论主外，适用于最宏大的能量尺度。在宇宙大爆炸中，则刚好是一个基于微观粒子层面，同时又涉及巨大能量的状态。这就是悬崖上那最硌手的岩石棱子了！

莱施：沿着这嶙峋的悬崖边缘缓缓踱步，我们仿佛还可以寻到德国物理学家马克斯·普朗克昔日的踪迹。他是第一位注意到这个自然科学知识存在边界的人。所以，人们把边界线那边的未知领域（Terra incognita）[1]称为“普朗克世界”。

加斯纳: 到了那个世界，首先问候欢迎你的，就是海森堡的测不准原理——或者称“不确定性原理”更好：位置和速度无法同时精确地确定下来，也就是说，人们越想清晰地观察某一微观位置，就越难精准地测量出此处的速度，以及与这一速度对应的动能。位置观察精度的改善，对应着速度测量，也就是动能的恶化。而且，按照质能方程$E=mc^2$，每份能量都会同某个确定的质量一一对应，并且还会产生与这质量相符的万有引力作用。这可就闯下大祸了！在我们好奇的这个位置，我们越是仔细地一探究竟，动能就越是不确定，对应的引力不断上升，最后一直到连光线都无法从这个地方逃脱。这份不确定性的能量就产生了一个小“黑洞”。

此情此景，可以再用巴伐利亚的一句方言来表达：“别老钻那些隔路的牛角尖儿。”或者用物理学家更讲究的表达：在这个位置“翻进了”它的事件视界[2]。

莱施: 人们目前还能打交道的最小长度是1.6×10^{-35}米，这个数值已经小到不可思议了，原子核都比这个数字大10^{20}倍。这个比例关系，就好像用地球和太阳之间的距离和1纳米做比较。

加斯纳: 然而就算它如此之小，这个被称作“普朗克长度”的值依旧不是零。这个长度是物理学能够实际研究探测的极限，低于这个长度极限，宏观的经典力学理论将失去效力。人们的研究在跨越这

---

1 拉丁语，“未发现的地域”，后引申为“(知识上的)未知领域”。——译注

2 一种时空的曲隔界线，在事件视界以外的观察者无法利用任何物理方法获得事件视界以内的任何信息，或者受到事件视界以内事件的影响。——译注

个界限时，必须要谨慎提防思想谬误。英国物理学家迈克尔·贝里（Michael Berry）为此虚构了一个非常直观的例子：他一口吃掉了一半的苹果，之后在剩下的一半苹果里竟找到了半条虫子。这可真恶心啊！因为他由此不难推测：自己已经将不见的那半条虫子吃进肚子里了。要是剩下的是四分之一截，可就更恶心了。所以在极限的情形下，也就是吃剩下的一半苹果中，连一丢丢虫子都没有的时候，这份恶心就是最大化的。我们可以看到，在临界处使用这种外推法，并不能确保将极限真的过渡到零。不单普朗克长度存在这一问题，热力学温标的最小尽头也一样——“绝对零点”同样面临类似的问题。

莱施：对咱们而言，这样的世界边界实在是“太不人道”了。我想说，咱们人类根本就不属于那个世界。虽然咱们可以偶尔窥探那个世界，并且还可以尝试着去研究它——没准儿真能搞出点儿什么名堂来。但是，要真让我们身临其境，体验其中的生活，那可太强人所难了，在量子世界面前，人类的想象力实在贫乏得很哪。人类脆弱的心灵经量子波动一直折腾，肯定也会崩溃、绝望地陷入疯狂！

加斯纳：类似的方法除了适用于普朗克长度单位，还能推导出普朗克质量（2.2×10^{-5}克）、普朗克温度（1.4×10^{32}开尔文）和普朗克时间（5.4×10^{-44}秒）。其中，普朗克时间刚好是光线以光速通过一个普朗克长度的距离所需要的时间。普朗克对这一系列的单位有非常美妙的说法：“只要引力法则、光的真空传播规律，以及热力学的两大定律都还适用，这些物理量就依然具有自然意义，这些都能够被高智商人士通过各种各样的方法加以测量，但最后得到的结果都必须，也必然是一样的。”

莱施：真别说，渐渐地，我觉得自己都入戏了，仿佛真就融入了魔幻的普朗克世界，身边不时掠来量子波动的涟漪。咱们进入下一个话题吧，这个我更精通一些。我的意思是，每天早上起床之后，我往体重秤上一站，立马就能知道这一夜改变了我多少的质量——啊不对，是我的“体重”。

质　量

——组成物质的并非物质

加斯纳：读者朋友们，我们来看看下一个很重要的概念——质量。在宏观世界，我们早就对这个概念相当熟悉了。我们的世界由各种各样的物质构成，这些物质都有特定的质量——这不是显而易见的嘛！然而，你若盯着质能方程$E=mc^2$仔细思索一会儿，肯定很快就得诧异：质量竟然还可以和能量等价！这两者之间，还有一个换算“汇率”，大小为光速的平方。像“能量”这么抽象的现象，怎么能和我们再熟悉不过的质量扯上关系呢？我们有时会不小心把头磕在某些坚硬东西的棱角上，疼得钻心。怎能想象，这幕后黑手——有着具体质量的“物体”——竟和“能量”是一体两面！要想把这个看着很难想通的疙瘩解开，就必须从微观层面深入理解物质的结构才行。

莱施：没错！现在咱们就随便找一小块物质，比如说本书，让它在咱们智慧的凝视下无限放大，直到可以看到它的亚微观结构。其原本光滑的表面被放大得粗糙不平，变成了奇异的“峡谷”地貌。渐渐地，又清晰地出现了由分子组成的晶格结构，而这些晶格分子又是由更小的原子构成的。

好了，让我们再把注意力集中在某个小原子上，我们能够在它的

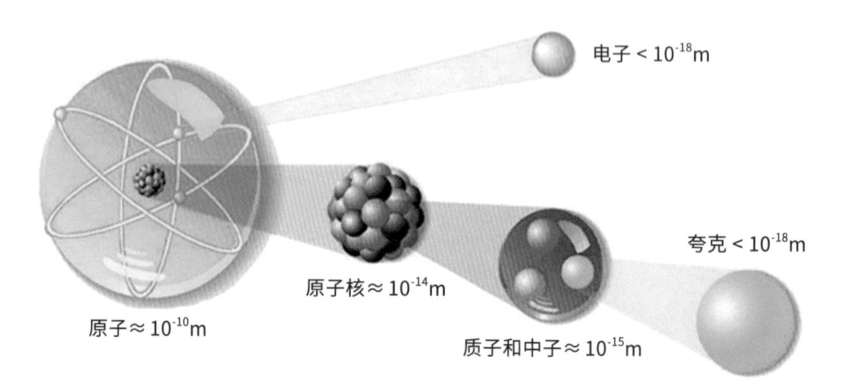

2.11 一个原子包括位于壳上的一个或数个电子，以及位于中心、由质子与中子结合而成的原子核。质子和中子又由三个点状的、带有电荷的（+2/3及-1/3的基本电荷[1]）夸克组成，夸克之间通过强核力[2]的作用紧密结合，位于质子与中子内部的“胶子”则是传递夸克之间强核力的媒介粒子

内部找到一个极小的原子核，原子的几乎全部质量都集中于此。在原子核的周围，还能看到不少电子围着它转圈。和这些粒子的大小相比，它们彼此之间的距离可是相当大的。让我们继续把这颗原子想象成一个足球场那么大，而由质子和中子构成的坚实原子核，不过是这个球场中心的一颗米粒罢了。

加斯纳：我们的探寻越来越像是在拧开“俄罗斯套娃”，一个大娃娃里面包着另一个新的小娃娃。让我们把原子核的一小部分取出来，丢到放大镜下仔细观察——可以随便选，质子还是中子都无妨——我们将会看到什么样的亚结构呢？实验物理学家有现成的答案：质子和中子都是由3个夸克及许多没有质量的点状微小粒子构成的，这些微粒可以产生一种黏黏的吸引力，因此被称作“胶子”。我们在拆娃

1 基本电荷是1个电子所带的电荷，大小为$e=1.6\times10^{-19}$库伦。——审订

2 即“强相互作用”，目前已知的四种宇宙间相互作用，强核力是最强的，其余三种分别为电磁力、弱核力（弱相互作用）、引力，其作用力依次递减。——审订

娃——也就是探寻“质量”成因的旅程中，终于来到了套娃最里面的那个小娃娃：夸克（更确切地说，其实还有“上夸克”和“下夸克”之分）。然而不巧的是，这些夸克的质量还不到质子或者中子质量的百分之一。更甚者，如果理论物理的推论正确的话，那么夸克的微小质量，就会和所有的基本粒子的质量一样，实际上大小为零。人们之所以会认为基本粒子应该是有质量的，是因为在现实中，粒子的四周到处存在着“有黏性的”某种东西，阻碍着粒子的加速。我们将这个黏性的环境称为“希格斯场”，这是以该理论的六名构建者之一、苏格兰的物理学家彼得·希格斯（Peter Higgs）的名字命名的。

莱施：在黏性的介质中运动，物体就会受到阻力，这在我们的宏观世界里是非常熟悉的现象。许多人都曾拿着勺子在蜂蜜罐里搅拌，或者把手伸到水中搅动，是吧。

2.12 彼得·希格斯（生于 1929 年）参观大型强子对撞机

加斯纳：那可要当心点儿啊！这些介质万一有小情绪，没准儿还会产生摩擦阻力来给你减速，阻碍手的运动。不过，在真空中的粒子们即使受到“希格斯场”的作用，只要不受到其他外力，就仍会保持恒定的速度不变——这里的关键是“动量守恒”。希格斯场并不针对“速度”起作用，只会抵消“加速度”的影响。当某些粒子加速时，它们受到希格斯场的阻碍会更强，这些粒子更趋向于保持原来的速度——也就是它们的惯性更大，我们这时会说，希格斯场跟这些粒子的相互作用更强，它们之间发生了耦合；而在另一些粒子的速度发生变化时，受到希格斯场的影响较弱，这个场对粒子改变速度的阻碍更少，这些粒子保持原有速度的惯性就更小。这一针对加速度的惯性作用，我们称为“质量”。[1]

莱施：就像我们搅动蜂蜜罐里的勺子，匀速的时候就不怎么费劲。但要突然加速，就会感受到一股不小的阻力，而且加速的越突然，阻力就越大。直到让勺子的加速过程稳定下来，达到一个比刚才更快的速度继续匀速搅拌时，阻力才会消失。这里的“蜂蜜”场，就跟“小勺”粒子发生了很好的耦合。在咱们这个充满阻力的直观世界里，应该没有比这更具有可比性的例子了吧。

加斯纳：我们在物质结构这一领域研究得越深入，“质量”这个物理现象就更加会像从指缝间溜走的细沙，留在手中的就越少。我们一开始提的那个矛盾被自然而然地解开了，因为物质的质量并不是由微观粒子的质量累加形成，而是源自物质亚微观结构里的动能与结合能，以及与那神秘的希格斯场的耦合。

---

1 此处可参考牛顿第二定律的定义：力的大小等于质量与施加其上的加速度的乘积，即$F=ma$；将其变换后，可得到描述质量的表达：$m=F/a$，质量越大，惯性越大，使物体的速度发生同样改变所需要的外力也就越大。——审订

别忘了这样一个概念：在 $E = mc^2$ 这个方程里，质量可不仅与特定的能量相符合，更进一步，质量就是能量。而这之中，没有质量的胶子的动能所占有的能量份额最大。根据这个思路，我们可以猜得出，（打量莱施的体重之后）莱施你现在必定十分精力充沛嘛。就像密宗的信条那样：一切皆是能量。

莱施：那要是再用硬物撞击下脑袋会怎样呢？

加斯纳：你怎么突然又想起这个了？

莱施：就是说说而已嘛。既然大家明白了，无论是我们的脑袋，抑或是一本书，它们的构成到头来都与能量有关。亲爱的读者朋友们，没准儿你还将信将疑，不妨现在就来验证一下吧！你试着用手里这本漂亮的小书，轻轻地拍下自己的额头。察觉到了没？你肯定能感受到一股阻力——先别说话，再好好感受一下！这种感觉真的有可能吗？

加斯纳：恩里科·费米（Enrico Fermi）发现，微观的基本粒子，根据各自的量子力学属性，也就是"自旋"不同，可分为两种不同的状态。其中的一种"玻色子"，可以被随意地塞到最狭小的空间里。而另外一种"费米子"，则完全不爱凑这样的热闹。它会对接近的其他同种粒子施加费米压力（简并压力），把它们赶走。这有点儿像"幽闭恐惧症"患者，他们需要自己独处的空间，其他人要保持适当的距离才行。除此之外呢，带有同名电荷的粒子也会相互排斥。这两种效果作用到一起，就会产生一层阻碍，这就是我们的头部被撞击时所感受到的"阻力"啦！

2.13 恩里科·费米
（1901—1954）

将能量、电荷、到处存在且可以耦合的希格斯场，以及两种粒子中更不合群的费米子所具有的“幽闭恐惧症”行为“凝结成”一个像是固体的东西，我们便可称之为“物质”了。

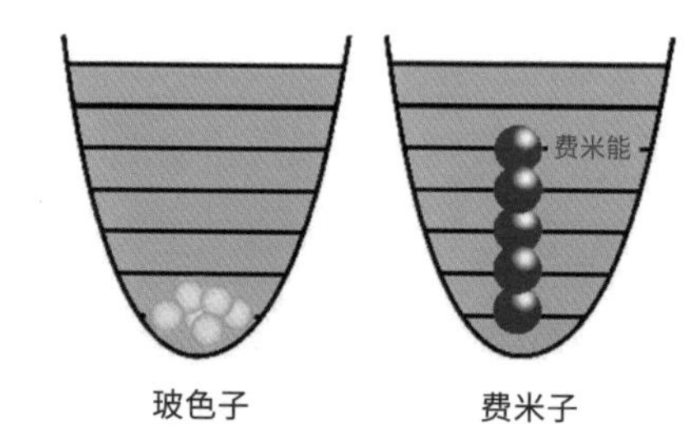

2.14 任意数目的玻色子都可置身于同一个能量最低的状态，因此不需要额外的能量来安置其他的玻色子。费米子则始终需要一个独占的量子状态，这里容不下其他伙伴。这个基本的量子力学性质由沃尔夫冈·泡利（Wolfgang Pauli）在1925年推导出来，因此也被称为“泡利原理”。如果最低能级的量子态已经被某个费米子占据了，那么其他后来的费米子就必须消耗“费米能量”进入能级更高的其他量子态。当费米子被非常紧密地压缩到一起时，安置它们所需的能量将产生一个向外的排斥力，这就是我们所说的费米压力，即“简并压力”。

将左侧两图看作一间没有电梯的旅馆会更加直观，玻色子（左）和费米子（右）分别住进这间旅馆里。如果有一位新客人想要住进来，招待费米子的旅馆前台肯定更费事

莱施： 但愿我们的小小实验没有给读者朋友的头上留下一个大包。

加斯纳： 我们最好加个小字注释：试验有风险，动手需谨慎。在思想实验中遇到的任何毒副作用，请同您的“主治”物理学家联系。

莱施： 本来，宇宙中虚无的星际介质就够让人费解的了，现在就连“物质”也没简单到哪儿去。最美不过孩提时啊！咱们刚出生的那会儿，什么都不必知道。现在呢？咱们在这些关乎“存在”的问题上钻研得越多（目前还没到人类存在的问题，但毕竟还是存在本身的存在与否问题），出现的事物就越奇特。这些都还是抽象的概念，完全没有直观点儿的见解呢！事实上，让我喝一瓶法国白兰地，我肯定就醉

了！可如果瓶子里什么都没有的话，我又怎么能喝醉呢？

🎤加斯纳：不，瓶子里有原子之间的相互作用，还有气体分子间的作用。

🎤莱施：是的，你说的当然没错。但我想说的是：我们一直都在讨论的这些抽象的粒子模型，就好像世界本身真的就是这样似的。实际上我们所说的都得使用第二虚拟式（德语有这个表达真是棒极了），也就是加上“假如、要是、可能、应该”这些字眼，而现在我们都在用“比喻句”打比方，仿佛就跟真的一样。这个必须得跟读者朋友们说明白。

🎤加斯纳：幸好这些抽象的事物、这些人们在理论物理学的范畴中想方设法做出解释的算法，最后也能很好地被一些实际存在的效应证实。在探索科学的世界里，救命的栏杆始终把好奇的我们保护在了安全地带。我们不仅可以测量这些效应，工程师们还可以借由这些现象发明出新的仪器设备或是工具，让我们可以在宏观层面使用。比如我们的手机等消费类电子产品，就是以量子力学效应为理论基础的，而且没有人会怀疑电流中真的有电子在电路板上不停掠过——尽管并没有人亲眼见过。

🎤莱施：想来这可能就是世间真正的奥秘，同时也是一个令人惊叹的奇迹：地球上会有人类这样的生物，我们发展出如此奇特的方法，并如此行之有效地探索现实世界的边界。

🎤加斯纳：真实世界的最小边界在量子波动中产生。与此同时，量子波动也是物质稳定存在的前提条件。传统观点认为，一个带有正电荷的原子核会通过电磁作用牢牢地吸引住电子。这听上去好像还不错。但这个电磁力会对带负电荷的电子施加一个加速度，电荷加速运动时会向外辐射能量。如果真是这样，电子的能量就会以电磁辐射的形式不断流失，从而在 10^{-9} 秒之内坠入原子核内。而它们之所以还能在轨道上正常运行，正是因为量子力学。根据量子力学的理论，电子实际上不仅具有“粒子”的特性，同时还有着“波”的特性。

莱施： 它们已经不是单纯的粒子，或者单纯的波那么简单了，而是“粒子与波的结合体”[1]——我觉得，就好像雌雄同体那样，你中有我、我中有你了。

加斯纳： 如果用波的形式描述电子分布的概率，就会出现一些驻点，也就是在这些位置几乎没有电子出现。要是考虑到整个三维空间，那就会存在一个“禁止进入”的区域，电子分布在这里的概率为零。原子核正是这样的禁入区域。就像肉铺门口会挂着“宠物不得入内”的告示牌一样。电子们也必须待在原子核的门外！

莱施： 物质的稳定是以微观的量子波动为先决条件的。而不确定性则受到结构的坚固性与长期性的限制。

加斯纳： 我们可以渐渐理解爱因斯坦所说的“像幽灵一样”是什么意思了。我们也由此来到了真实世界的边界。

莱施： 我们每天早晨洗漱时就可以察觉到这个边界。站在镜子前看看自己，就能发觉容颜易老，光阴似箭。时间应该算得上是最深刻的一种体验了，岁月的长河造就出了人类，又给我们的存在长度加上了界限。不过物理学的时间概念，跟我们平时所说的时间是完全不一样的。

---

1 此处的德语原文使用了一个文字游戏，对调了“粒子”与“波”两个德语单词的首字母，意指二者密不可分。——审订

时　间

——秩序是生活的一面

莱施：时间是一个很难理解的概念。奥古斯丁在《忏悔录》中对时间做出了哲学思考："只要没有人问我，我好像还知道时间是什么。但要是有人问了我，而我又想对提问者解释，那么我就什么都不明白了。"

加斯纳：在宏观世界，我们对时间的感知是一种时钟频率，在"滴答滴答"中，一些事情便得以开展。每一下时间脉冲，都会从未来无数种状态中挑选出一个留给当下，并在下一瞬间就又被当作"过去"写进史册。而且这种时间映射是无法反向的。在物理学中，这种过程被称为"不可逆的"，因此它给事件刻上了发生的时间方向：所谓的时间之箭。

为了能够从物理角度理解这一现象，人们使用了"熵"这个概念来衡量系统的混乱程度。这是一个蒸汽机时代就开始使用的概念，那时人们就已经意识到，时间的流逝与混乱的加剧有着必然联系，直到达到混乱的最高层次状态——"平衡"。这一热力学第二定律（第一定律是能量守恒定律）并非表示了一个不可辩驳的自然法则，而是描述一些具体事例发生的可能性，同时还必须满足一些条件。

莱施: 请读者朋友们跟着我一起再做一个思想实验吧：让我们把本书的前100页按顺序逐页复印。此时，这沓打印稿的混乱程度最小，也就是说，它的熵值最低。结果一个不小心，这沓书稿散落到了地上，而我们必须重新把它们收集起来。现在有两种可能：第一种，这沓书稿已经重新按照顺序整理好了；第二种，这沓书稿处于一个更高熵值的状态，比如其中有两三页或者许多页纸的顺序被打乱了。

原则上讲，第一种情况是完全可能发生的。然而跟其他大量可能存在的状态相比，这一可能性实际上是极其微小的。如果我们有东西掉到地上，通常要么摔坏了，要么就是变得乱七八糟，需要花费很大工夫才能恢复原貌。

加斯纳: 这可不是什么自然法则。如果我们把第二种情况作为实验的自然结果，也只不过反映了一种统计概率，或者说是一种可能性的表述。

莱施: 确实如此。我们检查了这沓捡起来的书稿，发现有10张纸的顺序排错了。现在，我们可能会有这样的想法，要是把这沓书稿撒到空中，接着再从地上把它们收集起来，会不会更接近一开始没有打乱的状态呢？但这一大胆尝试成功的机会依旧很渺茫，因为相比较低的混乱程度而言（即没有排错顺序，或者只有几张的顺序是错误的），出现更无秩序（即多于10张）的可能性更大。我们这个实验的第三种情况，它的熵值比第二种更高。事实上，我们的实验最后总共出现了22张排序错误的纸。熵值在逐步增加。人们只要按照这个熵增的规律，即使不直接参加扔纸的实验，也能把上述三种状态按照时间发生的先后正确排序。

加斯纳: 热力学第二定律的弱点也十分明显：当我们越接近最大熵值时，其理论说服力就越差。而且这个定律也需要——正如每一个统计学的表述都需要的——一个足够大的样本容量。如果刚才那一沓书稿只有两页的话，统计就没有意义了。

莱施：在我们非常熟悉的宏观世界里，你这样的限制真是十分钻牛角尖的。热力学第二定律判断的是一些事情能否发生。熵增的这个原理，避免了可逆过程自发地发生，同时也否定了一些江湖上道听途说来的“永动机”。

加斯纳：为了后面的内容，我必须事先指出一点，某一状态出现的概率是可以因为外力的作用而完全改变的。假设在一个不存在力的空间中，从某个角落释放出大量的粒子，这些粒子将逐渐填满整个空间。当这些微小的粒子均匀分散开来的时候，就是熵值达到最高的状态。如果接下来我们能够在这些粒子之间安插一个吸引力，比如说万有引力，那么整个局面就会转变。原来处于均匀分布状态的粒子，现在更可能会被迫挤到一起。在粒子杂乱分布的时候，这一状态的熵值是最低的，而随着粒子受力之后逐渐主动靠拢，整个系统的熵值也在不断增加。这样的变化过程，也正好指明了刚刚所说的“时间之箭”的方向。这根箭的归宿到底位于何方呢？是这样的，如果这些粒子的总质量足够大，它们的前途就将一片黯淡。在引力的作用之下，熵值达到最大时的终极状态——也就是时间足够久之后的状态，应该会是一个黑洞！

莱施：每一个物理过程的发展历程主要都受参与其中的作用力影响，而这也确定了其发展的主旋律：永远往熵值增高的方向走！

加斯纳：这可真有些棘手。物理学在蒸汽机时代还是相当直观形象的，甚至可以说人们只要亲自动脚踩踩油门，就能感受到推背力、加速度这些概念。这可跟那些晦涩难懂的小宇宙、大爆炸，还有那什么希格斯场相差甚远。

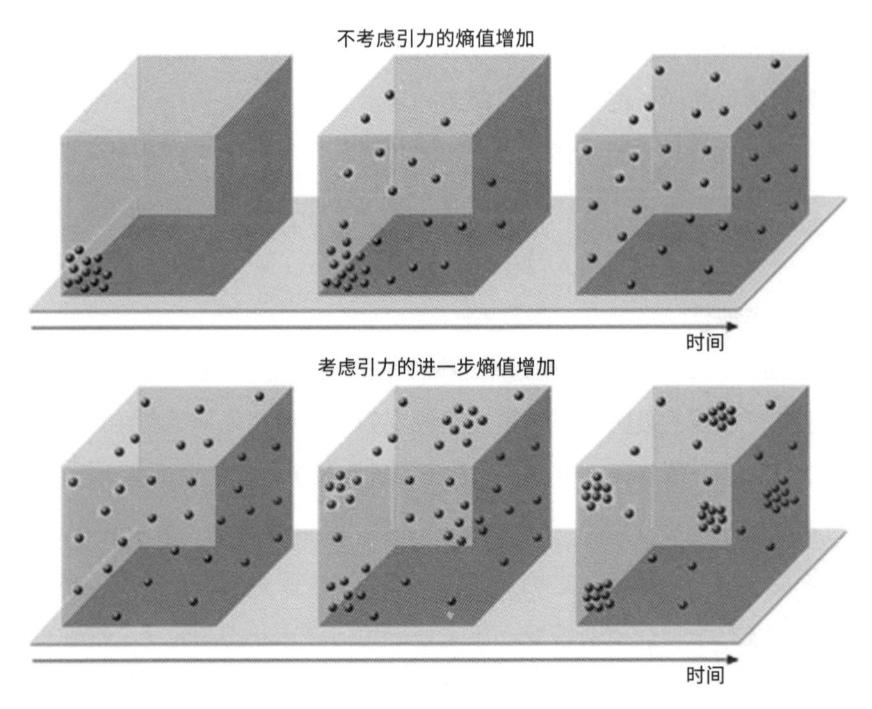

2.15 在容器的角落释放出一定量的气体分子，这些分子会随着时间的推移，即熵值不断增大的方向逐渐扩散至整个空间中，直至均匀分布。如果容器中的粒子有质量之分，并且考虑引力的因素，那么粒子则走上了新的熵增之路，由均匀分布变为分散集中

即便说了这么多，但我还是觉得，把这样的“时间之箭”理解成只是一种可能性的表述，还是有些困难。在空间上，我们可以向各个方向活动——向左或向右、向上或向下，又或者倒退回去。而在时间的领域里，一切都只能朝前走，绝无法倒退。到头来，这还是要取决于熵值吧。

莱施：原则上是这样的，但实际生活中倒还真的未必。毕竟还有“墨菲定律”[1]：一切有可能发生的事情，到头来都会发生，而且绝大多

1 指一件错事即便发生的概率再小，只要随着时间不断地重复做，它也一定会发生。时间跨度越长，小概率事件发生的概率便越接近1。——审订

数情况下，还总是会发生些不好的事情。这才是生活中的规则吧。

加斯纳：那这可太糟糕了。不过，如果那条时间倒流的道路没有被封锁起来该多好,在电脑里我们还能够操作“编辑和撤销”呢。我常想，要是日常生活中也能这么干就好了，说错的话能收回来，做错的事情也能加以修正。但是，生活就是生下来，再活下去，并没有双重保险这种东西。也正因此，生命才是如此的珍贵。最后，还是让我们牢记：时间就是书写变化的记录员，而出现的作用力则决定了变化的具体模样。

从相变到对称性破缺

——您相中了哪个小猪储钱罐？[1]

加斯纳：现在可以说是“万事俱备，只欠东风”了。前面科普的这些理论，已经帮咱们扬满了帆、起好了锚，在启程前往“大爆炸”的征途开始之前，咱们还需要再解释最后一个概念——相变。这里，咱们终于大可以放心地利用自己的生活经验喽！其中最熟悉的例子，莫过于水蒸气凝结成水，再结成冰。随着水蒸气的冷却，水分子的热运动逐渐减弱，其动能也越来越低，直至“轻薄如纱”的氢键成功地将水分子彼此连接起来。

莱施：且慢！难道大家都知道氢键是什么吗？让我来插一嘴吧。这个分子之间的连接是一种天然的电磁特性，它之所以会产生，是因为氧原子将两个氢原子的电子吸引到了自己的身边。氧原子这样做，是为了让自己的电子层充满电子。水分子通过这样的内部电荷移动，使得氢原子一侧略带正电，而氧原子一侧则略带负电。这样，不同水分子的正负极两端就能彼此吸引，将物质的结构连接起来。[2]

---

1 此处表述源自20世纪50年代至80年代，风靡德国的一档智力问答节目《我是干啥的》，观众通过描述来猜测嘉宾的职业，获胜者可以带走一个小猪存钱罐。——审订

2 水分子由1个氧原子和2个氢原子组成，氧原子最外层有6个电子，距离该层8个电子的稳定状态还差2个；而氢原子最外层有1个电子，失去电子后同样可以达到稳定的状态。——审订

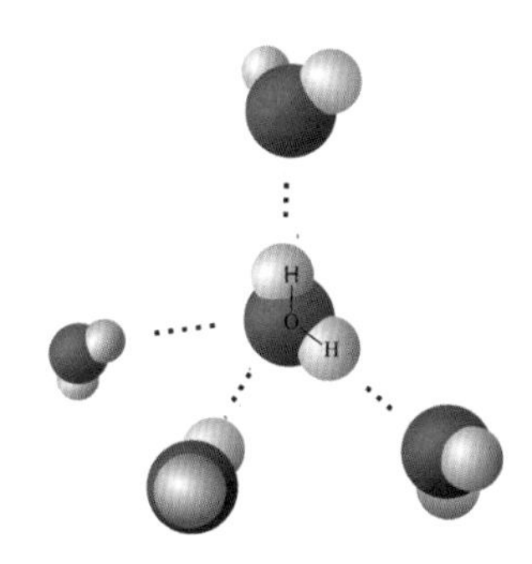

2.16 氢键：氧原子将两个氢原子的电子吸引到身边，由此 H_2O 分子在空间几何上的夹角变成了 104.45 度。水分子这个偶极子的正负两极，会通过电磁吸引作用形成作用键，与另外的水分子（即氢键，典型的键长为 0.18 纳米）或者其他分子连接

加斯纳： 没错，这就是氢键的成键过程。当越来越多的自由水分子被这种氢键结构束缚住时，就会慢慢凝聚形成小水滴。在 100℃的临界温度以下（当然了，临界的沸点会根据大气压的高低有所变化），就会实现水由气态转化成液态的相变。人们应该可以很好地认识到，相变的产生总是伴随着“对称性破缺”的出现。蒸汽状态的水分子本可以自由地选择任意一条对称轴，并绕着它对称旋转。而一旦自由的水分子被别的分子抓住，形成了新的结合物，那原来水分子剩下的自由旋转轴就要受到整体旋转的限制，不再那么自由。这就是我们所说的对称性破缺了！

莱施： 没错，而在水凝固为冰的过程中，这些水分子形成了新的晶格结构，原本只是受到限制的旋转自由度，在这样的结构中直接就消失了。这也是更进一步的对称性破缺，而且，每一次这样的相变都会释放出能量。在水的这个例子中，这份能量指的是“汽化热”与“结晶热”，而与之对应的，则是在这个过程中系统动能的损失。这些能量是为了形成更牢固的物质结构所付出的代价。

加斯纳： 可以说，对称性破缺是以一个“抉择”作为前提的，那就是分子在即将失去自由、形成新结构的刹那之间，从众多可能的姿态中决定到底该选哪一种。

莱施：这让我想起小时候懒惰毛驴的故事。[1]你说如果把这头毛驴拴在树上，而它懒到总是尽可能原地不动，我们在它左右两侧分别放上一堆草料，而且到它的距离完全相同，都是一转头就够得到的地方，那它最后肯定一口未动，被活活饿死。因为它一定要选择最短的距离，估计它奄奄一息的时候还在想：这完美对称的两个草堆，到底哪个才是最佳选择呢？

加斯纳：我们的水分子也同样面临类似的两难境地：它到底应该跟哪个分子结构连接呢？当初始状态的对称性越高，而外部环境的变化越小时，就越难做出这个“决策”。这一点在宏观层面上其实是具有重大意义的。比方说，我们将高纯净的水尽可能小心、缓慢地冷却，它就可以在温度降到咱们已知的冰点之下时仍能保持液态。目前，利用这种操作可以达到的最低纪录是-17℃。为了更好地将这种温度的水与普通水区分开来，人们使用了“过冷却水”的概念，毕竟它是一种并不正常的状态。

莱施：为了救一救我们那头毛驴的性命，现在改变下苛刻的完美假设：当毛驴饿到极限的时候，它克服了选择困难症，饥不择食地冲向某一堆草料；而水分子也会慌不择路地主动选择打破对称。这样，毛驴才能填饱已经饿瘪的肚子，而水则会突然结成冰。液态水的结晶热也在延迟了一段时间之后，终于顺利地释放出来。

加斯纳：与水类似，物理学中的“场”也可以发生相变。如果将空

1 讲的是主人用麻袋装好盐，让毛驴驮着到集市上去卖。出门不远的地方需要跨过一条小河，有一天，河水水位上涨，毛驴不小心在河里打了个滑，背上的盐也浸在了河水里。上岸后，毛驴惊奇地发现，背上一下子就轻了，主人也不再去集市，而是直接把它牵回温暖的驴窝。接下来的几天，小驴就故意在河里蹲下来，把背上的盐全部浸湿，以此逃避漫长的赶集之路。最后毛驴的主人发现原因，把盐换成了棉花。从此主人和毛驴过上了幸福的赶集生活。——审订

间的每一个点都标上一个数量值——数学家把它称为“标量”，那么我们就会得到一个所谓的“标量场”。例如，可以把一个音乐厅内每个座位接收到的声音强度（音强）测量出来，用“分贝”来表示，这个强度就可以解释为声音这一标量场（声场）的场强。

莱施：标量场简直是现代物理学和宇宙学最喜欢用的理论研究工具。

加斯纳：幸好我们对于早期宇宙的观察，只需要用一个非常简单的标量场就够了，这个标量场内每一个位置的场强都是一致的。我们可以把它想象成一个理想中的音乐厅，在每一个座位上——无论是靠近舞台中心，还是离中心较远的地方——声音的强度都是一样的。同样，在音乐会开场之前，音乐厅里的背景杂音强度也是各处都一样的。可以说，此时的声音场正处于基态——只不过涉及量子力学的物理法则时，还需要考虑到一个微小的扰动。接下来呢，姗姗来迟的女歌手登上舞台，唱了首暖场的歌。我们可以用希腊字母Φ标记她唱歌的用力程度（势），她唱得越卖力，在每个座位上测到的声音强度——也就是场强E——就越高。而且，这两者之间的关系并不一定是线性的。也就是说，我们听觉感受到的声音能量好像大了一倍，但是衡量声音强度的分贝值并不一定也翻了一倍。场的强度在一定程度上是不情愿发生变化的，它更想安安静静地待在场强最小的基态里。就像歌手如果不是因为演出的需要，也就不必在台上费力地大展歌喉了。根据场的这一执拗的特质，人们用“势”来描述它不情愿的程度，也就是偏离某个参考状态（比如基态）的程度。势的变化过程是随机且复杂的。比如它可以是谐振子那样。

莱施：可以把振动的弹簧振子[1]当作谐振子的一个例子。与小球运

---

1 一种基础的物理模型，将弹簧一端固定，另一端与具有质量的小球相连，以此研究小球的运动规律。——审订

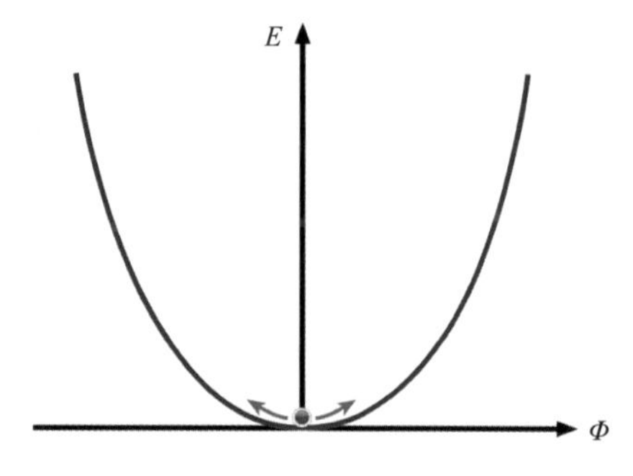

2.17 谐振子模型。物理学家很喜欢应用这条势能曲线来描述量子力学的波动。对于图中的红色小球，始终存在着一个与运动反向的作用力，场强因此在基态附近呈正弦波动

动方向相反的作用力，其大小始终与小球离开弹簧原始长度这一“基态”的距离成正比。若沿着与小球振动相垂直的方向匀速拉动一条感光的纸带——假设这个小球可以发光，把每一时刻的位置“照”在纸带上——那么小球在纸带上留下的轨迹就是一条正弦曲线了。

加斯纳：但是可要当心（这非常重要！）我们在谈论空间中的弹簧振动时，要说的主要是其不情愿性，也就是存在“阻力”的作用。当一个场的强度相对于基态的状态将要有所升高时，在空间中每一点都会受到阻碍。空间中当然并没有什么真实的东西在来回摆动，这里是想说在每一处的场强大小上下波动。真空反映了能量最低的状态。

这个势能曲线还可以受其他因素影响，比如温度。在一个温暖的音乐厅里，歌手发声所用力气的大小与各个座位上声音场强弱的关系会发生变化（见图2.18）。红色的曲线轨迹代表一个温度非常高的场，随着场的温度降低，场的势能曲线也逐渐挪到平坦一些的绿色曲线上，这一过程中，真空作为函数的最小值，始终保持在原点不变。当温度继续下降，达到了临界温度（浅蓝色曲线）时，曲线进一步展开，最低能量的位置也由起初的原点不断向横轴拓展。而当温度低于这个临界温度时，势能曲线上将会出现一个新的最低能量点（深蓝色曲线）。

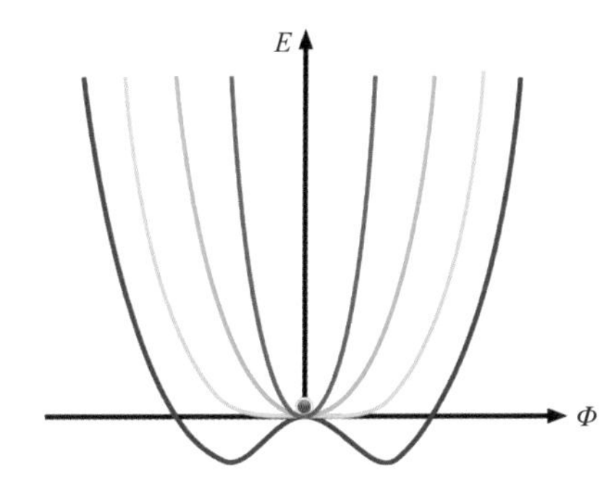

2.18 不同温度下的势能曲线（红：更热；浅蓝：更冷）

从数学上来看，这条曲线可以很容易地通过函数 $a\Phi^4+b(T-T_{临界})\Phi^2$ 近似表示出来。Φ 大于 1 时，由于 Φ^4 这一项的权重更高，函数的值可以随着 Φ 的增加而增加，无论是 Φ^4 和 Φ^2 的符号同为正数，还是出现了 $\Phi^4-\Phi^2$。但 Φ 小于 1 时，情况则不同了，因为一个小数乘以自己三次之后，反而比原来的小数更小了。若是此时的 Φ^2 前面变成负号，那么在基态附近的函数曲线反而会被拽到零值点之下，也就是函数的最小值小于零了。这个函数第二项的符号，正是在温度 $T=T_{临界}$ 时发生的转变。

莱施：加斯纳，你竟然搞出了这么多条曲线！这些都是我们理解接下来内容所需要的吗？

加斯纳：也不一定。只需要注意，在某一临界温度以下——无论出于什么原因——曲线形状发生了改变，都会出现新的势能最低点（图 2.18 中的深蓝色曲线）。在原来的对称状态，也就是坐标轴原点的那个状态，此时此刻已不再是新曲线的基态位置了，而是在一个错误的、比现在的基态能量更高的状态。这就像我们音乐厅里的一个工作人员，他大步迈上舞台，宣布演出即将开始。这个时候，大厅里的背景杂音突然变小了，刚才还在闲聊的观众，如果还用同样的声音说话，那肯定特别突兀！

莱施：那么，背景声没之前嘈杂了，新的声音场强度就是一个新的基态喽？

加斯纳：是的。现在我们也差不多快到目的地了。不过还有一点需要考虑，就是影响势能曲线走向的因素有很多。比如，有两位歌手Φ_1和Φ_2同时登台演唱，那么图2.17的二维函数曲线就会变成图2.19这样，同一个音场强度（E轴）被两个歌手（Φ_1和Φ_2）共用。

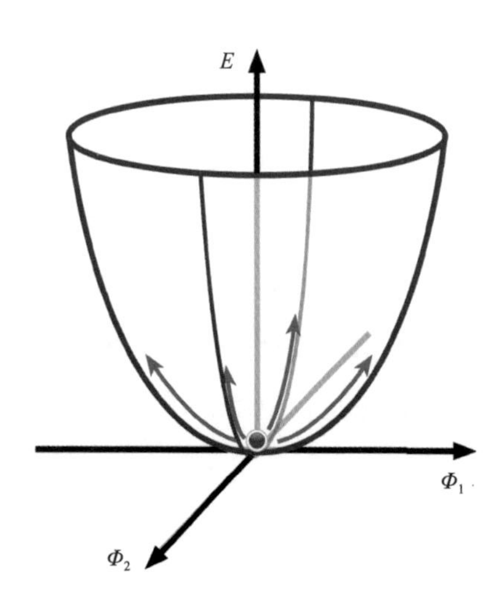

2.19 具有两个变量Φ_1和Φ_2的势能曲线

加斯纳：在图2.18中的深蓝色“W形”曲线，同样可以旋转为三维形状，看上去就像中间顶起来的墨西哥帽（见图2.20）。在品酒师的眼里，可能觉得它更像是一瓶精酿葡萄酒的酒瓶底部。好了，从它此刻对称轴的这个位置（也就是一直以来的旧基态）过渡到新的基态时，就会出现一个问题。人们从图中也可以辨认出来：在帽子的槽沟底处有许多落点，不分彼此，都可以作为新的基态。系统必须做出决定，也就是要选出跌落的方向：这同样是一种自发的对称性破缺。

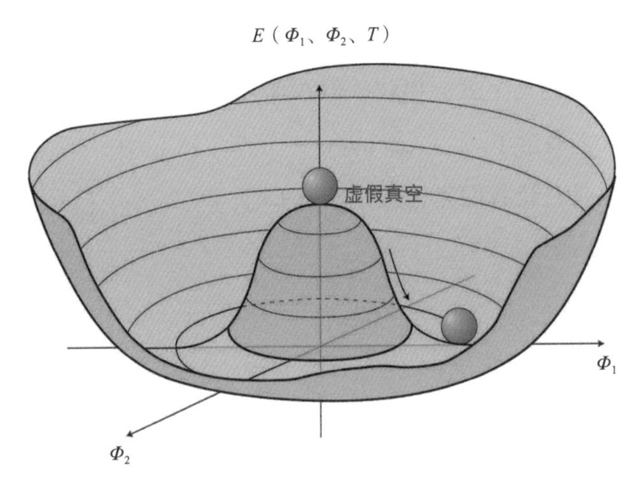

2.20 所谓的“墨西哥帽”形状：场的势能E（Φ_1、Φ_2、T）在临界温度之下形成一圈凹槽，这个凹槽是新的最低能量点。帽子对称轴上是真空在之前所处的最低能量状态，同它如今的新基态相比，则是一个错误的、能量更高的状态，因而被称作虚假真空

莱施：我们的那头毛驴是不是又要上场了？

加斯纳：不用！我们只要用刚才的方法，重新介绍真空在早期宇宙中的发展就好。图 2.20 中的蓝色球体就代表真空，它在一小段时间内还能坚守在对称轴上的错误位置保持不动，但它必须在片刻之间做出决定，朝着某个方向打破这份对称——也就是说，这个球体应该选出一条路，好能滚动至下面真正的能量最低状态。在真空做出决断的这段时间，或者更确切地说，直至“虚假真空”抵达新的基态为止，这段时间里的这个“虚假真空”始终相对于基态那“真实的真空”具有一个正的能量，而且空间中的每一个点都是如此。

莱施：说得很不错，但是这条与温度相关的势能曲线竟有这样的特性，这是不是有点儿太矫揉造作了？

加斯纳：是有点儿。等会儿会有一只猴子亮相，它可以告诉我们这个问题的答案。

莱施：一只什么？

加斯纳：我们马上就会揭晓，但在那之前我还想再总结一下，因为我们谈到太多概念了。

莱施：也是，让我们先稍微休息一下吧。

中场休息

——我们身处何方，又欲去向何处

加斯纳：在我们动身开始探索（认知的边界）这一高峰之前，应该先建立一个思维上的大本营。让我们来整理一下现有的工具和装备：

- 虚无就像一个人声鼎沸的运动场，场上一切源于能量的事物都在最短时间内诞生与消逝：粒子、场，还有许许多多我们至今不知晓其存在的东西。
- 虚无中的能量如果不是围绕零值点波动，而是在一个错误的、更高能量值的附近波动，那么虚无就会不断地逆着引力的方向加速膨胀。
- 宏观上聚合在一起的物质，主要由微观粒子间的结合能组成，这些粒子中的大部分是没有质量的胶子。换句话说，物质并非由物质构成。
- 与我们的测量数据相违背的是，基本粒子是没有静质量的。之所以会产生它们带有质量的印象，是因为与无处不在的希格斯场发生了耦合。希格斯场一定是无处不在的，至少在有基本粒子存在的地方是这样的。

- 每一种自发的变化过程都会向熵值增高的方向发展。宇宙是拥有一个时间之箭的。
- 相变可以通过对称性破缺释放出能量，在此过程中，有可能短暂出现“虚假”的中间状态。

莱施：你很巧妙地把之前提到过的概念都简洁扼要地总结了一遍。只是需要注意一点，无论我们是否乐意，如果没有外力的作用，每一个物理学的过程都会被假设接受、采纳，倾向于相当微小的能量状态，也就是我们所说的基态。而当我们尝试将永久的虚无吸引至大爆炸的冒险征途时，这一点却给我们带来了莫大的阻碍。

加斯纳：我们把虚无的环境描述成量子力学的运动场，这样的比喻乍一看是非常有帮助的。毕竟总是持续不断地有新东西产生，就像运动场上的少年们做着各种各样的活动。而当我们打算看第二眼的时候，它却已经消失了，没有留下任何蛛丝马迹。在一个可逆过程，也就是可以回到最初状态的过程中，熵值是恒定不变的，时间之箭还停留在弦上。用这支箭，我们还是能够捕到第一个“猎物”——获取“大爆炸之前是什么”这个问题的答案。然而答案却并非预期那般，“之前”这个概念也是无意义的，因为在那之前的时间并不会流逝。

莱施：对此，美国的理论物理学家李·斯莫林（Lee Smolin）有一个非常形象直观的比喻：“南极的更南边是哪里呢？”

加斯纳：那里再往南，可不就是虚无了嘛！哈哈。如果要符合逻辑，那么宇宙演变（当然也包括这之后的生命演变）的第一步，应该是创建一个专门的时钟节拍器，把时间初始化。在大爆炸之前，宇宙处于没有时间概念的状态，尽管这个状态也持续变化着，却又在某种程度上是一种永恒的存在。就像我们出生前和去世后的世界，虽然仍在变化，但却与我们无关了。

莱施：棒极了。那现在就让我们松开弦，射出这支时间之箭吧！我希望亲爱的读者朋友们能够明白这点，或者请多阅读几遍吧……就像《土拨鼠之日》一样，脑海中有一只土拨鼠日复一日地重复着“啊，啊，噢”来提示您！[1]迟早有一天，您能把这个死结打开的。有些东西就是要多读两遍甚至n遍——用数学可以这么表达。“n”这个符号可以是任意的自然数字。

加斯纳：时间的诞生，对于我们追求因果的人类大脑而言实在是一个理解上的大挑战。每每想到这个问题，奥古斯丁的远见卓识都会让我惊叹，他在公元5世纪时就写道：“世界与时间有相同的起点。世界并非在某一时间诞生，而是与时间同时出现的。”

然而，莱施你还是不能让我完全明白。希望我们不会把大家说得云里雾里的。亲爱的读者朋友们，从大爆炸到发展出生命的这段故事，特别像我们登山徒步时的难度路线图。一开始，我们的路途非常陡峭——大爆炸可真不是什么轻松的事情，但是接着就是一段比较平缓的山路了，大家的心情也更轻松。越往上走，我们观赏到的景色就越美。所以正处在半山腰的您可千万别在这个时候放弃呀！

莱施啊，或许我们应该早点儿对大家这么说。

莱施：实在不行，读者朋友们还可以跳过大爆炸这一章——就像坐上缆车，越过崎岖的路途直接抵达山顶。但现在大家已经走上了这

---

1 土拨鼠日：每年的2月2日是美国传统的土拨鼠日，在这一天，冬眠的土拨鼠苏醒过来，从洞里出来预测春天。一般来说，土拨鼠要看自己的影子，如果看到影子了，就回洞里接着睡大觉，因为春天还要再等6个星期才能到来，如果土拨鼠看不到自己的影子，就说明春天就要到了。《土拨鼠之日》是1993年的美国电影，男主角在采访土拨鼠节时意外陷入了不断重复某一天的时光隧道中。——审订

条路，要不还是既来之则安之吧！咱们继续“一切来自虚无的诞生”，我已经迫不及待了。终于正式开始聊些令人兴奋的内容了。

加斯纳，你也要跟紧呀！

加斯纳：莱施，放心，我会跟你一起的！我们已经引入了这么多的概念——这些都是不得不提的。这些概念我们都会使用到。因为我们需要全副武装上阵，才能够将虚无从虚拟的幻想中引到现实。时间从此以后便开始了流逝，因为从松开这支箭的弦开始，也就同时存在了熵的概念。熵值从最低的状态，在往后数十亿年间一直逐步升高着。

莱施：快点儿，让我们的小宇宙快点儿炸裂开来吧！

加斯纳：这个表达倒是挺到位的。然而，这个炸裂却是“悄无声息”的——我们马上就要说到了。

一切来自虚无的诞生

——伴随着无数只猴子的宇宙暴胀

加斯纳： 让我们想象一下，我们是宇宙大爆炸的目击者。我们耐心地观察着虚无的量子涨落的不断形成与不断消逝，直到某个东西产生，这个东西在消失之前发生了相变：比如水蒸气，它凝结起来并通过相变释放出了能量。不幸的是，形成水蒸气这一物质，可需要比它发生相变多得多的能量。这样的话，水蒸气实物化的过程所需要的能量——假设是临时贷款吧——就无法通过相变偿还。我们就会陷入“能量破产”，再次回到虚无状态。游戏重新开始。

莱施： 读者朋友们，你们发现了吗，我们的概念装备包现在派上用场了。

加斯纳： 马上就需要动用我们的整个装备库了。刚刚毕竟只是一次预演，只是简单看看一切是如何进行的。我们还需要某个东西，在发生相变的时候，用这个东西可以释放更多能量——比物质形成时需要的能量要多。物理学家把这个东西称为“暴胀场”（类似图2.20墨西哥帽中发生的那样）。

莱施： 此外，在虚无的这一幻想世界里，还是需要遵从大家熟悉的四大基本力。

加斯纳：是的，至少万有引力和一个统一装进“压缩包”的力，也就是所谓的大统一理论（Grand Unified Theory, GUT）[1]是必须要遵从的。在温度较低的时候，电磁相互作用力、强核力与弱核力，都会从这个包里“被解压出来”。

莱施：从虚无中应该会诞生一些东西，它们所能提供的，要比诞生它们所消耗的更多才对——这不禁让我想起不久前在欧洲债务国发生的经济危机。

加斯纳：哎呀，可别再牵出什么欧债危机了。一听到这个词我就头皮发麻……

莱施：不不，这可是很有必要的！这些物理学的理论可是和经济危机有着很大的联系，就比如说量子力学吧。那些金融操作员在此期间都是用电脑工作的，而现在我们用的很多电脑都是量子力学设备。如果我们没有发现这个疯狂的量子力学理论的话，那些贪婪的人今天也不会损失得如此惨重。是因为有了量子力学，一切才变得有可能。而储户和纳税人也不需要再亲自理解金融世界是什么，因为他们甚至已经不能理解自己了……

加斯纳：事实上，我们应该把这个也归功于天体物理学家的。以前我们只是接触几百万的数值，不是有个老电影叫《百万英镑》嘛！而如今的“天文数字”意味着我们在谈论的数字都是几十亿或者几万亿了。在这期间，债务也早就达到银河系的规模了。

莱施：还是让我们回到开头再重新梳理一遍。我们还一直停留在大统一理论，以及像通货膨胀一般的宇宙膨胀。

---

1 又称为万物之理。物理学家希望通过这一理论合理解释强相互作用、弱相互作用及电磁相互作用所涉及的物理现象。目前而言，“引力”尚不能被该理论所涵盖。——译注

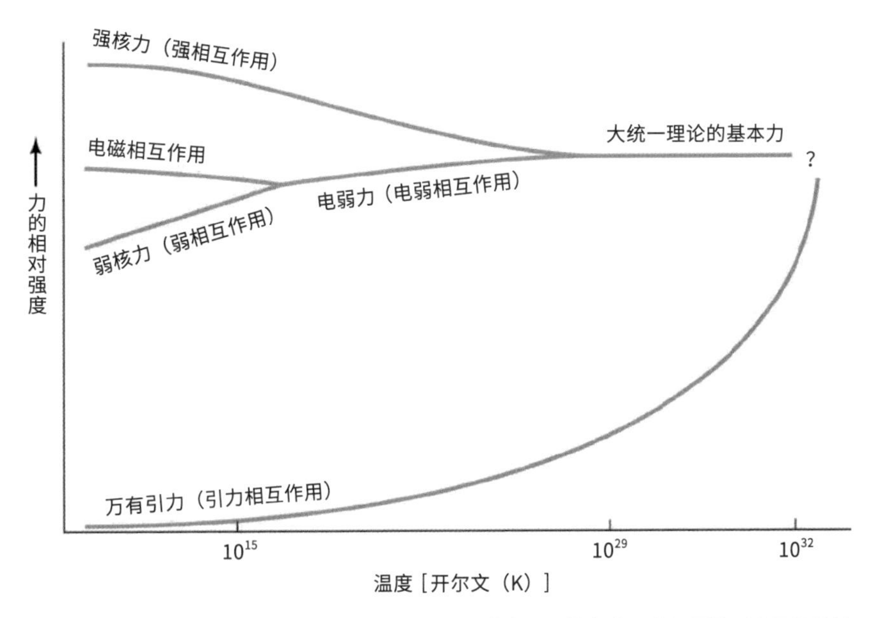

2.21 宇宙由四种基本力确定：(1) 万有引力是最弱的力。尽管如此，它还是能对大面积的结构产生影响，因为其作用范围是不受限制的，可以覆盖至所有粒子，同时无法被屏蔽。(2) 电磁力的作用范围也是无限的，但是只能对带有电荷的粒子起作用。带有同种电荷的粒子相互排斥，相反电荷的粒子则相互吸引。尽管电磁力的大小约是万有引力的 10^{36} 倍，但它对于大面积结构的影响受到辐射过程、电流及磁场的制约。而大粒子群的表面是中性的，因为它是由相同的正电荷与负电荷构成，总体上看不会显出电性。(3) 强核力负责将原子核聚集起来。它能够克服带有同名电荷的核子之间的电磁排斥，因为它所施加的作用力强了 100 倍。但其作用范围是 10~15 米，这也决定了原子核的直径大小。(4) 弱核力的作用范围更小，局限在核子内部 10~18 米的范围内，从而能够实现不同种类夸克之间的转变。弱核力通过放射性衰变作用至外部。

这四种基本力由于本质上几乎没有区别，根据大统一理论，它们最初应该是由同一股原始的力形成的。随着温度的下降，也就是沿着横轴一点点向左演进，万有引力会与统一的 GUT 力相互分离。后者会进一步分离出强核力与电弱力，最终从电弱力中通过进一步的相变形成电磁力和弱核力。至少这最后一步已经被理论物理学家谢尔登 · 格拉肖（Sheldon Glashow）、阿卜杜斯 · 萨拉姆（Abdus Salam）及史蒂芬 · 温伯格（Steven Weinberg）的理论所证实，而他们 3 位也因此获得 1979 年的诺贝尔物理学奖

加斯纳: 这么说吧，目前一切都还很“好”[1]。让我们再陪宇宙大爆炸中的这几个小宝贝玩一会儿吧。我们要耐心仔细地观察，直到正确的物质真正从这不断冒泡（量子涨落）的世界中诞生。“正确”意味着：在紧接其后的相变过程中，它可以释放出更多能量——比它诞生时所需的能量更多,同时又包含一个遵从大统一理论的力的“压缩包”，随后可以从这个“大统一的力”之中解压出几种已知的基本作用力。

莱施: 放心吧，我肯定能够耐心等待的，就像等科隆队成为德甲第一。

加斯纳: 我必须承认，这是个非常有地外异域风情的量子涨落，我们之前本来不打算考虑它了。既然你都说了，那我们就要耐心等待比较长的时间。但是，就算我们真的已经等了一段“永恒”的时间，我们将要面对的会是什么呢？时间之永恒与空间之无尽，和这样的东西打交道，于我们人类而言都是陌生的。我们可不习惯观察那么长时间，而且还是要等这样一件几乎完全不可能发生的事情出现。

这就好像我们把一只猴子放在机械打字机前，等它去按下一个按键。你说，他能够选中“d”这个字母的概率是多大呢？我们也不去管它按出来的是大写字母还是小写字母了，就算大小写没有区别。假设我们的打字机有50个按键，那么按到字母“d”的概率就是1/50。这个概率不是零，也就是说，它迟早会有发生的时候。那么在猴子按出字母“d”之后，我们希望它能够按出字母“a”，这又是一个概率为1/50的事件。所以刚好打出“da”这一组合的概率是1/50乘以1/50，也就是1/2500，即（1/50）^{2}。猴子能够完整拼出“u、r、k、n、a、l、l”（大爆炸）这8个字母的概率就是（1/50）^{8}。这样的概率即便很小很小，

---

1 此处一语双关，大统一理论的缩写“GUT”正是德语里“Good”的意思。——审订

但依旧不是零。当然了，这只猴子会有很长一段时间都只是打出一些没有意义的字符，但是世上无难事，只要我们等待的时间足够长……

莱施：你慢点儿，加斯纳！先给读者朋友一点儿时间，感受一下一段任意长的时间长度所带来的奇妙可能性。

加斯纳：读者们应该已经感受到了：只要我们等待的时间足够长——漫长到一定的境界——那么这只猴子其实是能够把本书书名都打出来的。无论这个事件发生的可能性多么小，只要发生的概率大于零，并且我们还能够永远地等待下去，那它迟早会发生。同样，一次任意复杂的量子涨落能够发生的道理也是如此。人们把这个具有典型性的代表模型称为“无限猴子定理”。

2.22 无限猴子定理：无数只猴子或者一只猴子在无限的时间内，在打印机上不断地随机按下按键，最终肯定能够完整地打出一篇本来不可能的文章

莱施：一个关于一只不停打字的猴子的定理——像神话一样！

加斯纳：严格的数学证明要追溯到法国数学家埃米尔·博雷（Emile Borel）与弗朗西斯科·坎泰利（Francesco Cantelli）共同创立的概率引理，但是用猴子的说法应该更容易让人理解。

莱施：好吧——无论我们的“期望量子涨落”多么别有风情，也无论需要什么装备，只要我们有足够长的时间等待，它就会发生。

加斯纳：让我们再一次埋伏起来静静观察，并且耐心地追寻量子涨落的活动。过了一段永恒的时间——无须考虑“时间”这个概念的合理性——最后，终于等到了：没有昨天的那一天开始了！一个宇宙，一个存在暴胀场与GUT原始力的宇宙，终于诞生了。接着，在10^{-35}秒之后，宇宙场发生了相变。不过，对称性的破缺并没有立刻发生，而是出现了大约10^{-32}秒的延迟。在此期间，量子力学的虚无环境处于一个本不该属于它的错误状态中——类似于温度已经低于凝固点的过冷水，也就是我们一直所说的虚假真空。只要相变没有彻底完成，零值点的能量就会一直在错误的基态（也就是能量比新的基态更高的原始状态）附近波动。

莱施：而我们现在已经知道这究竟意味着什么了：量子真空逆着引力作用发生膨胀，并且膨胀还在不断增强。这一指数型的膨胀速度，让宇宙在极其短的10^{-32}秒内迅速暴胀，其体积更是难以想象地扩大了约10^{50}倍。

加斯纳：这就是宇宙大爆炸无声的炸裂！是的，的确存在无声的爆炸，因为在这个宇宙里，还没有介质能传递声波。物理学家把这个阶段称作“宇宙暴胀”。

莱施：先是没有时间概念，然后在无尽的永恒之后又是一个无声的爆炸！亲爱的读者朋友，你们还好吗？我的伙伴刚刚向你们展示的，算是最细致入微的宇宙理论了。

加斯纳：谢谢你的美言，莱施！但这份夸奖应该留给美国的宇宙学家阿兰·古斯（Alan Guth）与安德烈·林德（Andrei Linde），他们在20世纪80年代就提出这种想法了。对了，宇宙可能还是一如既往地没能打破“能量破产”的魔咒——这一点我们刚刚提过了，一眨眼的工夫，之前的一切努力都有可能灰飞烟灭，重新回到虚无。但这一次通过相变，它终于赚得了足够的能量，不仅顺利偿还了诞生时欠下的能量债务，偿还后剩余的能量还作为有形资产供给宇宙自用，这也就是基本粒子了。

莱施：这里我们也能看得出来，金融危机可不是通过人们不断省钱就能够解决的。人们需要的是不断增长财富，创造收益。我们的宇宙也一样，没有能量增长就什么都不会发生。我真想去了解一下，导致我们陷入大范围经济危机的欧洲央行行长叫什么名字。反正宇宙的能量赚得盆满钵满，不仅有了盈余，还能成为有形资产。这种处理方式在金融危机中也很值得提倡，但我想那些“大人物”或许缺乏这样的眼光。

加斯纳：既然你提到了“大”：随着这10^{80}个基本粒子的诞生——这可是1的后面带着80个零——宇宙的熵值也急剧上升了相当大的数值。尽管如此，这些粒子还是能够均匀地分布在膨胀后的宇宙空间中。而我们宇宙的钟摆这时也上好了弦，开始摆动起来了。这一均匀分布的状态与万有引力作用一起，使得此时状态的熵值极低，而在随后的数十亿年，熵值则逐渐上升（见图2.15）。也正因为最初的熵值如此低，才有足够多的时间让宇宙发展成现在的模样。如果最初的熵值很高，那么时间之箭必定只需要更短的时间就能抵达终点，宇宙也会很快达到终极平衡。当这支加速了的时间之箭划过我们人类历史的长河时，也许那时的地球连同其上面的生命压根儿就没有诞生的机会吧。

莱施：那在这个时间段里是否就已经有质量的存在呢？

加斯纳：我猜你想说的是静质量。在这一点上我们要教条主义一些，因为根据$E=mc^2$，一切能量不为零的事物原则上都是带有质量的，比如光子也有相对论质量。然而静质量这一概念却有所不同。我们已经提过，对于这些结合在一起的粒子，静质量很大程度上是与组成它的微观粒子的动能及结合能相符的。目前而言，这些微观粒子只是指那些基本粒子，而不是由它们结合而成的合成粒子。所有的基本粒子都只有在与希格斯场发生耦合并有能量变换时，才会得到它们的静质量。如果没有希格斯场的作用，这些基本粒子就会一直保持没有质量的状态，而静质量这个概念也尚无用武之地。

莱施：在这之后最迟10^{-10}秒之内，随着继续发生的对称性破缺，情况也出现了变化。从大爆炸明朗的星空中，出现了遍布整个空间的希格斯场。从现在开始，加速基本粒子就必须克服阻力才能进行。这是怎么发生的呢？这些力是怎么通过对称性破缺产生的呢？

加斯纳：事实上它们并没有这时才形成，希格斯场也并不是突然出现，它们早就存在了，只是用另一种形式不再站到台前而已。

莱施：可你刚刚还说了，基本粒子都还是没有质量的，因为希格斯场还不存在。

加斯纳：那只是因为它还没有发挥作用。当天上的云朵遇到强冷气流作用时，云中的水蒸气会受冷凝结，因而开始下雨。这雨里面的水分子啊，同样也并非落下来才现形成的，而是在此之前就已经以其他的形式存在了。刚才提到的力，或者说希格斯场的场线同样也是这个道理，而且之后温度变高时，它们还会重新“蒸发”回去。磁铁就是一个很好的例子，它在低于临界温度时会形成磁场，并对铁磁性物质施加磁场力的作用。人们用磁场的场线（磁感线）来描述磁场的分布。

在温度升高到这个临界的“居里温度”之上，磁感线就会再次消失，而原本的磁铁此时就会处于一个磁中性状态（消磁）。不过，它的磁性特质还是烙印在体内的，只要将其再次冷却至临界温度之下，磁场就又会神不知鬼不觉地重新出现。

莱施：你的意思是说，在某个特定的温度关口，就会有谁把控制着场的开关打开或者关上是吗？

加斯纳：可以这么理解！同样地，希格斯场、强核力、弱核力及电磁力也会在大统一理论的“原始力压缩包”达到相应的临界温度后，逐步地解压缩，也就是从这个无形的压缩包里“结晶”出来。正粒子、反粒子及光子等共同构成一个膨胀着的“宇宙热泉”[1]，而在这之中的四大基本力，也纷纷撸起袖子开始干活了。

莱施：“撸起袖子干活”可真是太形象了，是很好地描述了这个状态，因为的确从这个时候开始，一切都在不停地“有所担当”。宇宙原始热泉中的各个成分持续相互转换，利用宇宙辐射中的光子可以涨落出粒子–反粒子对，而在其他地方，又会有正、反粒子对重新湮灭成光子。

加斯纳：再准确一点儿说，正粒子和反粒子碰撞时发生湮灭，产生的能量反而比生成它们所消耗的能量还要多，因为此时的它们除了静质量对应的能量，还拥有彼此吸引加速带来的动能。不过，每一次湮灭过程都会产生两个光子，共同分享这些多出来的能量。处于临界温度之上的那一时期看起来并没有太大意义，因为宇宙热泉的所有组成成分会反复地互相作用，在一定程度上相互“拆台”，从而保持一个相对统一的高能级水平。

---

1 此处借用了海底热泉的典故。现代自然科学认为，物种起源于海洋深处的“海底热泉”之中。——审订

莱施：我们再次看到幸运女神是如何降临的。当然，这是有科学解释的，这里讨论的是热平衡：当能量较弱的光子在发生逆康普顿散射时，就会通过与其他高能粒子的“碰撞”作用获得能量。这样的说法听上去是不是就学术一点儿啦。

加斯纳：是的。如果宇宙的温度降到上述的临界温度之下，碰撞的次数和强度都不足以让光子获得足够的能量，从而也无法在真空涨落中为粒子对的形成提供充足的能量补给。准确地说，对于不同的粒子种类——夸克、胶子和电子等，都有不同的临界温度水平，这主要取决于粒子在涨落中形成各自的粒子对时所需的能量。当温度低于某种粒子对应的临界值时，平衡就会被打破，也就会有越来越多的光子存活下来。渐渐地，所有的正粒子都和它们的反粒子湮灭殆尽，而这宇宙热泉也可能因此变成一大锅只有光子的清汤。可如果事实不是这样呢？如果不是的话，那就说明宇宙对于物质而言有着无法解释的小嗜好。事实上，在充满了背景辐射的宇宙海洋里，最终还是剩下了一些物质的。差不多10亿个粒子中，就有一个粒子没有它的反粒子，从而幸存下来。所以有人称之为自带的系统错误，有的人则称其受到了后天的信道污染。事实上，正是从这些神秘的过剩物质中，在那些特别的日子里，诞生出了漫天的璀璨星辰与绚烂的银河，诞生了蔚蓝的地球，也诞生了我们人类。

莱施：这么说，我也是宇宙的一次失误的产物喽？这听上去可真不讨人喜欢。

加斯纳：嗯……我们得再好好整理一下逆康普顿效应的历史。也不知道到底谁最清楚康普顿效应到底是什么，但如果康普顿效应也是可逆的话……谁对热力学的可逆过程很在行来着？

莱施：……可别，这要是也跟热力学扯上关系，那就有点儿太反常了。

🎤**加斯纳：**好吧，那我就简单解释一下：当物体相互碰撞，就会对彼此产生影响。能量会因碰撞在两者之间传递，而原来的运动轨迹也发生了改变，我们就称它为“散射”。同样，光子也能够跟粒子发生“碰撞”，比如跟电子。通常来讲，能量较高的光子会通过碰撞将一些能量传递给电子，人们把这个过程叫作康普顿效应（康普顿散射）。如果是电子的能量更高，那就会发生相反的一幕，也就是光子会从电子那里获得能量，这一过程被称为逆康普顿效应。第一种情况下物质会被加热，而后者则会向外发出辐射。

🎤**莱施：**这些当然都是具体细节了，但这一发生在正物质与反物质上的系统错误，已经（我是这么觉得的）相当震撼了。这一切都只是因为如此细微的偏差，只是那么一丝的不对称、那么一点儿的不平衡。而仅仅因为这一极其细微的大意，就有了我们人类。这简直神奇。

好了，还是让我们来聊聊宇宙的历史吧。

原初核合成

——等待敏感娇气的一方

加斯纳: 要强调一下，直到现在我们所描述的这一切，都是在宇宙大爆炸之后不到1秒的时间内发生的！最初的那锅“夸克–胶子–电子”热汤中已经产生了第一批有质量的质子和中子。而若要持续不断地再由这些粒子形成原子核，宇宙就必须再冷却3分钟。按照咱们现有的时间尺度，这短短3分钟也算得上是半个永恒了。

莱施: 这期间合成了最简单的核——“氘核”，也称作“重氢”，因为氢核通常只有一个质子，而重氢，也就是“更讲究一点儿”的氢，其原子核内除了一个质子还有一个中子。重氢的化学键是非常脆弱的，很容易断裂，甚至脆弱到了光子刚做好“碰瓷”的准备，稍微挨上它，它就咔嚓倒地上变成两半了……在宇宙的早期，当很结实的光子到处都是的时候，重氢完全没有存活下来的机会。

加斯纳: 而这样的重氢，恰恰对温和的宇宙十分重要。它是十分敏感的一员。倒是在之后整个聚变反应的过程中，都要仰仗重氢作为聚变的中间产物。只有在宇宙微波背景辐射足够冷却，以及有了足够的重氢之后，所谓的“原初核合成”（质子与中子第一次融合形成原子核）才踏上了漫长的赛程。电光石火之间，聚变骤然放开了脚步，产生了诸如氚、氦、锂及铍元素的原子核。但是这会儿想要聚变成更重的原子核，就有点儿行不通了，因为铍的衰变非常快，那些潜在的聚变伙伴还没来得及和铍原子碰上一面，它就已经不在了。

莱施： 原初核合成阶段也面临着巨大的时间压力。自由的中子平均寿命只有 15 分钟左右，之后就会衰变成一个质子、一个电子及一个反中微子，这也就是所谓的 β 衰变。为了避免衰变到家破人亡的惨剧发生，中子必须跟质子结合才能幸福下去。为了和单身的中子以示区分，人们把在原子核内稳定生活的中子叫作“束缚态中子”。

加斯纳： 可惜并没有足够的时间让足够多的自由中子逃进原子核这个安全的港湾。大约 20 分钟后，计时的“分表”按下了停止键。自由中子衰变之后，就轮到那些带着电荷、可以一起聚变的搭档上场了。只可惜宇宙的热情已经冷却下来，没办法再去消弭它们之间不和睦的排斥力，撮合它们继续聚变到一起了。我们宇宙中最热闹的一场聚变派对到此戛然而止。而在这最后一舞中合成的物质，在此后很长的一段时间，大概直到第一颗恒星诞生，都不曾发生改变。当然，这期间出现了数次相对次要的衰变过程，就先忽略不计了。

莱施： 第一次的核合成就这么发生了。场面应该很大，但应该也没有什么动静——反正隔着真空，也听不到声音。读者朋友们还记得之前提过的没有声音的爆炸吧。

加斯纳： 在最初的 20 分钟，形成了元素周期表上几个轻元素的原子核：氢、氦、锂和铍，以及一点儿硼。从此，宇宙主要由氢、氦两种元素以大概 3∶1 的质量比例构成。而其他的元素加在一起，自始至终也未超过 1%。

莱施： 一切都美妙极了。一个新的纪元从此开始。

加斯纳： 对于科学家而言也是很美妙的！对于宇宙大爆炸之后的几

秒钟，其实只有理论上的模型，这一点我们还是需要再次明确说明。这是真的没有实验证明，也没有观察数据，对于这一时期，咱们脚下的理论基石看上去可并不十分牢靠。宇宙早期的一切也都是摇摆不定的。而随着原初核合成，我们也终于能够搭建一个牢固的地带，毕竟即使在今天，我们仍然能确定这些元素出现的频率。当然，某些元素在宇宙中占的比例，在这138.2亿年间肯定会发生一些变化，但是至少，这之后的所有过程我们都很熟悉了。我们能够掌握宇宙在这之后的发展脉络，并可以修正我们的观察数据，使得它们能够与理论值更好地相符。在探索知识的世界里，保护我们的理论不会出格的那个围栏，这下终于放对了位置。

莱施：就是这样，这些观测可是建立理论自信的第一步措施，这也是我们的物理模型应该没有“错得离谱”的第一个间接证据。话说回来，一旦它们也是错误的，那可就真的从上到下、从里到外，错得无药可救了。

加斯纳：如果要为此提供一份直接的证据——比如早期宇宙的照片——那还需要等到“宇宙复合”的阶段。[1]而且宇宙也必须充分地冷却下来才行。

而在这期间发生的事情是相当无聊的——毕竟是大概38万年的时间啊。这个枯燥的过程只能用两个词来概括：膨胀，冷却。在掺了原子核和电子的一大锅“宇粥”中，只要出现一点儿小的扰动，粒子就会相互碰撞而立刻瓦解。当然，无所不在的高能量辐射同样会促使它

---

1 复合（英语：recombination）：按照宇宙大爆炸学说，早期宇宙复合时期是指大爆炸之后，电子与质子首次结合形成电中性的氢原子的阶段。科学家在提出“复合”这一概念时，大爆炸学说并未完善。而虽然此后“复合”与“首次结合”有所冲突，但人们习惯上仍保留了“复”这一称谓。——审订

们发生衰变。在这漫长的夜里，物质必须严格遵守“宵禁”，绝不可以出来聚集，哪怕是偷偷摸摸地幽会成功，也会像冰碴儿掉进沸水中一样，瞬间便从宇宙中消失。原子核正在耐着性子，等待着温度的下降，直至降到一个魔幻的临界值——大约4000K的时候。

莱施：然而这份耐心可要等上整整38万年！这对我来说倒也不算什么。不过我突然想起件事，加斯纳，你是否知道在自然科学界，曾有一个无聊至极的实验？

加斯纳：你想说什么？难道你打算用一个无聊的故事来打发等待宇宙冷却这段无所事事的时间不成？

莱施：无聊与碰壁能够教会我们很多，我说的是一个叫作“沥青滴漏”[1]的实验。这是物理学家托马斯·帕内尔（Thomas Parnell）于1927年在澳大利亚的昆士兰大学用漏斗装满沥青做的一个实验。他希望证明，看上去很坚硬的沥青实际上是黏度极高的液体。他花了3年时间把沥青锁在漏斗里面。1930年进入加热阶段，漏斗的底部也被打开。1938年12月，第一滴沥青滴了出来，落到烧杯里。而往后每一滴沥青滴落的时间间隔大约为100个月。瞧瞧，这就叫有耐心！

加斯纳：那是，我听说过这个实验。大概20年前，人们还在这个实验装置前架起了相机，目的就是为了能够抢拍到一张沥青滴落的照片。但人们还是缺乏运气：直到2000年11月28日，这一滴落过程才被顺利拍摄到。

甚至还有个乐队的名字就叫作“沥青滴落实作”（The Pitch Drop Experiment）。他们的作品就叫作“第一滴”“第二滴”和……

莱施：“第三滴”吗？

---

1 沥青在德语中也有“倒霉”的意思。——译注

加斯纳: 你可真聪明。

莱施: 那可不！物理学家都是既能讲故事又能数数的。[1]好了，现在还是回到我们的主题吧。

加斯纳: 你说得对，回到刚刚说的“大爆炸38万年之后的宇宙复合”吧。

2.23 澳大利亚布里斯班市，昆士兰大学的沥青滴漏实验装置

1 此处一语双关，德语中erzählen是“解释”，zählen是“数数”。——审订

复 合

——原子登上舞台

加斯纳：早在温度低于16 000K的时候，质子就已经开始利用电磁作用来捕捉自由的电子。毕竟到了这个时候，电子的动能已经降得足够多了。不过，质子每每努力着把电子捕到身旁，下一个瞬间，满是能量的宇宙微波背景辐射就会把这松垮的结合体打散，之后再继续尝试，然后继续失败……这很像希腊神话中西西弗斯[1]的工作。原子上所结合的电子被再次夺走，这一过程被称为“电离”。只有温度降到4000K以下的时候，宇宙辐射带来的电离威胁才能被克服。而此时，质子和电子才能够首次稳定长期地结合在一起。

莱施：请自行想象胜利的号角吹起！宇宙冷却下来，一个新的纪元开始了：第一位能够长期稳定存在的氢原子登上了历史的舞台。

加斯纳：让我们掌声欢迎！这个瞬间可是诞生了对所有生命至关重要的元素之一。每一种植物、动物都含有水（H_2O），一个水分子都由两个这种古老的氢原子及一个氧原子结合而成。而这里的氧原子，要

---

1 希腊神话中的人物，被神惩罚去推石头，每将巨大的石头推上山顶，石头就会滚落下来，他只好下山再重新推，周而复始，也比喻无效又无望的劳作。——译注

很久以后才会在恒星内部形成。咱们人类体内，大概有8%是氢原子，而它们全部来自这一早期阶段的宇宙。如果它们乐意的话，我们可以邀请它们讲讲这130多亿年来的所有故事。我想，它们应该会从恒星和它的兄弟姐妹们开始讲起，然后就会轮到各种各样的有机物、生命体了，没准儿它们还会告诉你，哪个星球还存在生命。其实，我们的身体也不过是这些原子一个短暂停留的中转站而已。宇宙可真是一个回收再利用的大师，一切东西都会被回收，然后再重新赋予价值。就这样周而复始，一丁点儿都不会被遗落。我们应该在地球上也树立这样的榜样。

莱施：是啊，不然它们还能跑到哪里呢？毕竟宇宙就是这个世界的全部了吧。就像整理得井井有条的卧室，就不会有什么东西找不到了。

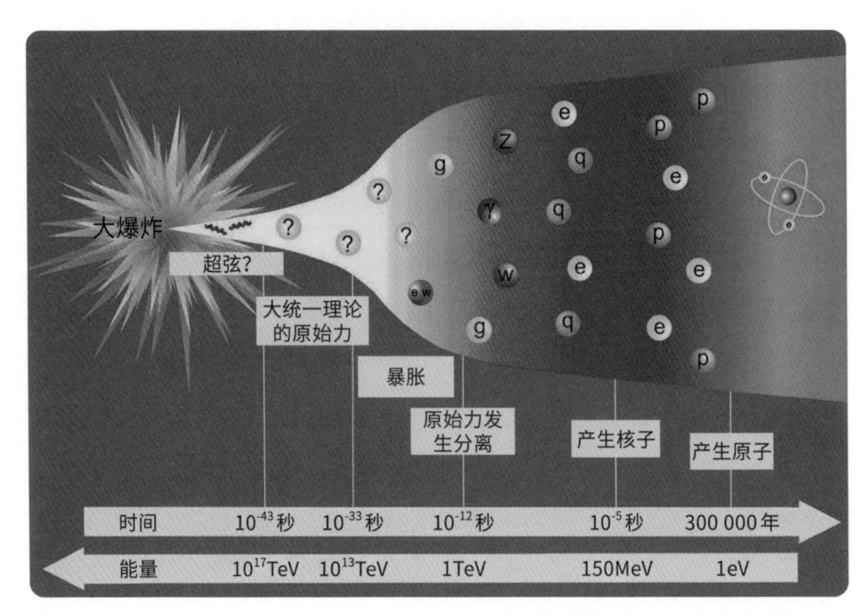

2.24 宇宙从大爆炸到复合之间的事件时间顺序表，各个时期宇宙中的成分如下：W玻色子(W)、Z玻色子(Z)、胶子(g)、光子(γ)、电子(e)、夸克(q)及质子(p)

在早期的宇宙中，需要做的事实在有很多。从这个时候开始，光子失去了陪它相互作用的最重要伙伴——电子。光子与自由电子发生碰撞的可能性，要比它与原子或者原子核发生碰撞的可能性大数百万倍。乍看之下可能十分令人惊讶——因为原子，哪怕它的原子核个头都比电子大很多，实际上也确实如此。而且，当被原子捉到的时候，电子也并没有消失，只不过是跟原子核通过作用拼接到了一起。到底为什么，光子不准和原子核里的电子“幽会”呢，为什么这两者就再也见不了面了呢？

加斯纳：要解开这个谜题，关键在于“相遇”，毕竟微观世界中，相遇并不意味着撞到一起，而更多的是在描述一种“彼此之间微妙的相互作用”。因此这里就必须先提一下相互作用。如果我们说在城里“碰见”某个人，也并非意味着见到对方时，就必须跟对方碰上一下，撞得鼻青脸肿。相遇可以利用“相互作用”的影响，从而有可能延伸到对面街道，而不受空间距离的限制。这里也有不同的相遇方式，比如友好地挥手打招呼。同样地，光子和电子之间的相互作用，也可以是没有近距离接触的。它们并不需要通过言语或者动作交流，而是只利用“电磁”的作用。因为电荷的原因，电子其实是被一个电场包围着的。电场里的场线（电感线）就会与光子相互作用——在一定程度上可以想象成光子来回“拉扯”这些想象出来的线。

莱施：这种反复的拉扯会让电子加速，而每一个加速运动的电荷都向外产生特定波长的辐射。像我们熟悉的收音机和手机，应用的就是无线电波。

加斯纳：当这些拉扯的强度达到一定程度后，就会让电子产生振动，并由此释放出足以影响原来这些光子的电磁辐射，这就是我们所说的相互作用了。当光子的能量完全转化成电子的振动能，它就会短暂处于滞止的状态。而后电子以刚好同样波长，但是方向改变了的电磁辐射反作用回这个光子，将光子从冻结的状态释放出来。就像见面寒暄后继续各行其道一样。这个时候就可以算得上是一次“充分的会晤”了。[1]

对于一个站在远处的观察者而言，上述这种情况就像光子真的和电子相遇了一样，仿佛通过实打实的碰撞而被推到了其他的轨道上，使得原来的运行轨迹发生了偏转。这样我们就能够理解，为什么自由的电子更容易跟光子发生相互作用了吧。当电子与一个笨重的原子核连成一体后，如果还想仅凭这点儿能量，是不足以让核也一起发生有效的振动的。严格来讲，光子与小伙伴相互作用的强度，与小伙伴质量的平方成反比。

莱施：在早期的宇宙，自由电子的消失意味着背景辐射中的光子得以畅通无阻地活动。帷幕缓缓拉开，一场盛大的分别宴会即将举行，你也相信是这样吗？

加斯纳：这是完全可能发生的。在38万年之后，光子告别了进入原子的自由电子，原子（电子）与辐射（光子）第一次走上不同的道路，而这意味着它们各自的温度发展将会有所不同。宇宙辐射的背景温度从一开始就比物质的温度下降得更剧烈，因为一方面随着空间的膨胀，光子密度不断稀释；另一方面，宇宙辐射的波长也在逐渐增大。辐射能量与波长成反比，也就是说，波长的增大意味着辐射传递的能量减少。辐射与物质必须通过彼此不断的相互作用，才能够维持整体的温度不变。平均下来看的话，就是物质向宇宙辐射来传递能量

莱施：我们之所以提到平均，是因为在某一特定温度下的辐射是

---

1 光子是电磁辐射的载体，而并非像电子那样的“实体”粒子。波长相同、方向变化的电磁波，就相当于光子“运动”的速度不变，而运动方向变化了。——审订

以连续光谱的形式存在的，而能量和波长相关。也就是说，单独一个光子就能够对应一份任意大小的能量，只是不同大小的能量所占的比重有所不同。从统计学的角度来看，大部分光子的能量起初都分布在一个狭长的带状区域，随着温度下降，这条曲线会不断往能量变低（波长增大）的方向推移。

很快，之前还具有极大破坏力的宇宙辐射，在急剧冷却后也失去了它的威力。物质开始通过自身引力的作用，在不同的位置联络附近的其他物质，充满干劲地建设自身的家园，直至星系形成。

加斯纳：等会儿，你说得太快了，稍微慢一点儿吧！这些东西到底是怎么形成的呢？我指的是一开始还是些无规则的、有点儿像种子粒的微小物质，怎么就能变成气体云、恒星还有星系了？空间的膨胀应该是把一切都驱散开才对啊。

莱施：原则上是你说的这样，但是宇宙的膨胀也是有克星的，那就是万有引力。一个区域的密度越高，引力就越强，而一旦达到最低密度要求时，万有引力就能够战胜空间的膨胀。万有引力是唯一一种无法被屏蔽的力，它无时无刻不在吸引着与它邂逅的东西，毫无节制——索取得更多、再多一点儿，还有多得多，然后就更重、越来越重，直至重到超乎想象。话说回来，如果宇宙想要造点儿什么出来，那在最初就必须先额外多给这里一点儿东西，来打破这份平衡。至少得让这里的密度比周围的地方高那么一点儿，才能开始把它们吸引过来。你赞同我的这种说法吗？

加斯纳：我赞同。这可是一个大问题：在如此和谐又规律的世界里，如何才能够揉进去哪怕一点儿多余的砂粒呢？我们真是希望能种下第一颗小种子，这样才有随后的生根发芽，一个能够打破平衡的小干扰……

莱施：干扰——对的，我还专门研究过。

加斯纳：那我们要怎么找到干扰？之前我们已经解释过，宇宙是在极短的时间内迅速膨胀的。如果你现在拿来一个满是褶皱的气球，然后一口气吹到10^{50}倍大……

莱施：……那这些褶皱肯定就都没了！

加斯纳：正确。这就是我们的问题。在如此猛烈的宇宙暴胀之后，原来的东西也就不会还待在那儿了。

莱施：在宇宙后续的发展中，越来越多的物质卷入干扰之中，干扰会不断增强，但是第一场干扰又是从何而来的呢？

加斯纳：这就是膨胀本身——膨胀的发生来自量子涨落，这个过程中就带有随机的干扰了。例如，暴胀场内的涨落会使得不同地方从“虚假真空”到“真实真空”的速度不同。

莱施：即使膨胀本身也无法完全均匀地发生。在一些地方胀得多一点儿，另一些地方胀得少一点儿。话说，我们胃胀气也是这样的……我的天哪！我可要当心点儿，可别在这里因为胃胀气而突然“气沉丹田”……你也知道，屁也是无法均匀分布在房间各个角落的。

加斯纳：那就让我们忘了它吧！一切都在波动，量子涨落也随时随地都在发生。现在我们就从这一信条出发，剧烈地膨胀能够将最细微的量子涨落放大许多数量级，直到可以在宏观上形成对物质世界平衡的干扰。

莱施：趁着这次机会，可以向读者朋友们提个问题：古希腊哲学家赫拉克利特（Heraklit）说过一个非常著名的句子“Panta rhei”，翻译过来就是“万物皆在流动”。那么，“万物皆在涨落”的希腊语又该怎么说呢？这肯定能找到答案。

一切都在波动——事实上，这就是隐藏在背后的东西。一切能够掌握的波动都将在最后证明，赫拉克利特是正确的。某物发生改变，并因此进一步发展。这位古希腊哲学家用一句话就道出了万物发展的秘密——事情就像河流，源源不断地流淌。如果在最初的源头，能量和物质没有发生波动的话，那历史的长河也就干涸了，现在就什么都不会发生。也不可能有什么东西可以通过自身的引力聚合出来——不管是亮物质还是暗物质。

加斯纳：你提到了一个非常有趣的点。从事公共事务的亚里士多德坚信，每一种物质的自然状态都是静止的。有谁能让天上的物体活动起来呢？即使真的有这样的移动者存在，又是谁让这个移动者能够活动的呢？亚里士多德认为不可能存在第一位移动者，因为无法找到使其活动的原因，而没有原因就不可能实现。

莱施：的确如此。即便是我们最棒的宇宙理论也无法从根本上绕开这个问题。我们如今需要一个扰动。所以我们伸出手：去吧，量子力学！然后在那里，一切都涨落了起来。而当一切都在涨落，一切就真的动起来了。膨胀的宇宙本身也在波动，所以干扰从何而来也就清楚了。我觉得这多少有点儿可怕。要是没有量子力学，那就真的一无所有了，连宇宙都不会有。

加斯纳：就是这点让我对我们的世界观很不满。我们必须提出量子力学的法则，而这早就已经存在。我差点儿都要说出“在大爆炸”之前了，但是实际上并没有“之前”这个概念——也就是大爆炸的原因。量子力学就是上帝之手，就是它移动了我们刚才说的第一个“移动者”。所以它并不是一动不动的，而是在波动着的。

莱施：只要攻克了这个难题，宇宙的编年史就可以成功地用自然科学模型记录下来。为了成功真是又一次绞尽了脑汁。

加斯纳：宇宙大爆炸后历时38万年，宇宙微波背景辐射终于可以畅

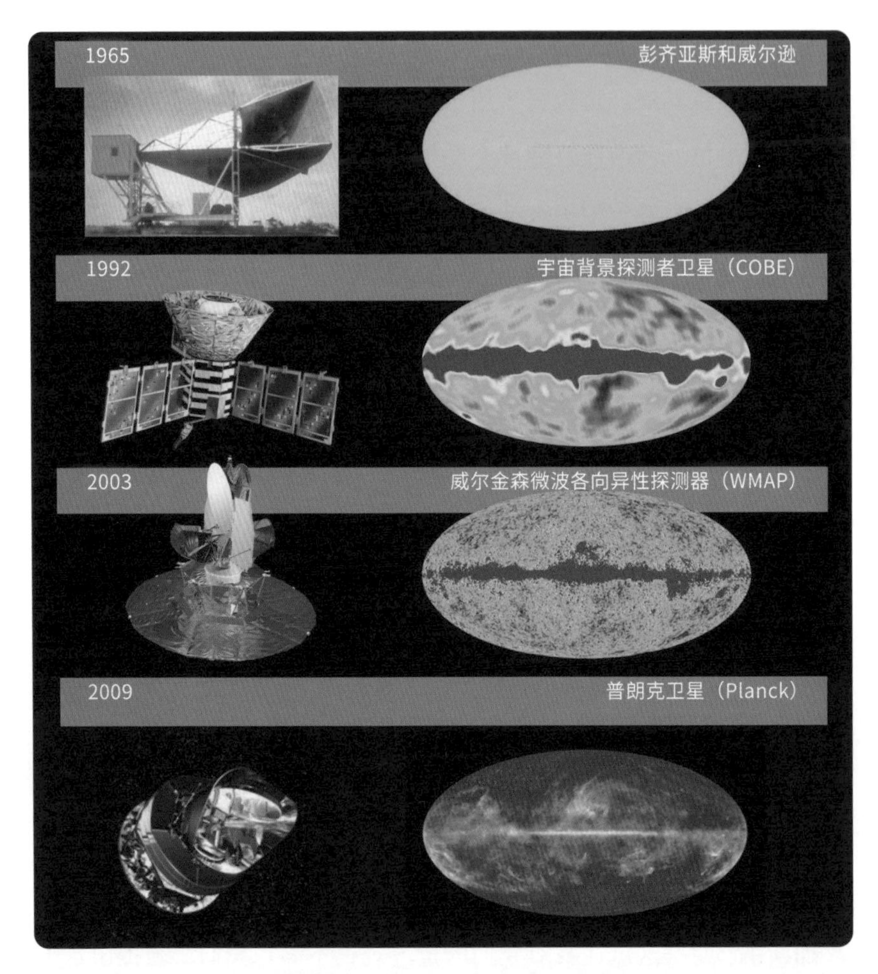

2.25 当人们朝向各个方向（各向同性）测量约2725K的微波辐射，将得到一幅高度红移的宇宙图像，这是来自大爆炸发生的38万年之后。这可是人类能够回溯的最古老的图片，因为光子从这个阶段开始（复合阶段）才能够畅通无阻地远距离移动。本幅组图以时间顺序展示了宇宙背景辐射的二维投影影像，以及它的分辨率是如何一步步改善的。自从彭齐亚斯和威尔逊发现了背景辐射，宇宙背景探测者、威尔金森微波各向异性探测器及普朗克卫星就开始利用大型喇叭天线拍摄图像。椭圆形图像是利用墨卡托投影法绘制的（即“正轴等角圆柱投影”），咱们现在的地图就是用同样的方法将地球表面投影到二维地图上。不同的颜色可标记出高达两万分之一开尔文的温度差异（蓝色表示更冷，红色表示更热）。位于图像中心的水平杆状区域，反映了银河对实验的干扰，因此，要准确地绘制出“宇宙的背景”，就必须排除银河及其他潜在干扰源的微波辐射干扰

通无阻了。美国的射电天文学家彭齐亚斯和威尔逊发现了背景辐射，而美国天体物理学家斯穆特（Smoot）和马瑟（Mather）两人则将其中的温度波动“拍摄”了下来。

莱施：这些作为证据的照片好像在说：我们的宇宙在复合时可终于被摄像机逮了个正着！迷雾终于被拨开。在此之前，想看到照片根本是不可能的。这像是单纯地来回搅动，直至重要一刻的来临……

加斯纳：对宇宙背景辐射的分析至今仍是一座研究宝库。早在1967年，雷纳·库尔特·萨克斯（Rainer Kurt Sachs）和阿瑟·迈克尔·瓦福（Arthur Michael Wolfe）就发现，早期宇宙的第一次压缩便给背景辐射中的光子留下了标记。原则上来讲，光子在接近大质量物体的时候会获得能量，而一旦离开就会失去这份引力势能。更直观的说法是光子“跌入”坑中，就像一个势阱，接着又“爬”了出来。[1]而光子在势阱中短暂逗留期间改变了形状，例如这个凹坑因为空间的膨胀而变得更加平整，因此光子往外爬所需要的能量更少，就会出现净能量盈余。相应的测量验证了“萨克斯-瓦福效应”，并且支持时空膨胀这个假设。

莱施：2014年年初，人们甚至还希望马上就能够得到宇宙暴胀的证据。迄今为止，我们只能得到一些针对这个宇宙早期阶段的间接暗示，说明在这一时期，宇宙应该是以超光速膨胀的。这个假说还特别解释了观察到的宇宙膨胀带来的“平整”，以及一些明显的矛盾——各区域有自己特定的温度，彼此间隔了138亿光年。因此在最大膨胀的时候光速无法建立有效联系。此外，在左边的直径460亿光年的大体积，如何能够知道它右边的外界温度是多少呢？

1　就像前文提到的墨西哥帽，势函数达到局部极小值的区域，此处更加稳定，如同陷阱。例如位于低处的物体重力势能更低，弹簧原长时其弹性势能更低，都可保持长期稳定存在。——审订

加斯纳：南极的科研人员在一年前就已经测量过了，他们做好准备等待，直到结果显现。在过去的3年中，科研人员特意利用了南极上空2800米处的干燥空气，目的是为了观察这仅占宇宙2%的范围内的背景辐射样本。最初使用的是Bicep1望远镜（98台探测器，服役时间为2006—2008年，频率为100GHz~150GHz），之后使用Bicep2望远镜（512台超导探测器，服役时间为2010年年初至2012年，频率为150GHz）而未来将使用Bicep3望远镜[1]（2560台频率为100GHz的探测器）。

莱施：科研人员要长达数年地盯着天空中的一小块区域。Bicep望远镜如今到底在观察什么？

加斯纳：观察背景辐射的特殊模型，所谓的B模偏振。有可能一次性证明两种现象：早期宇宙的膨胀阶段及引力波的存在。

2.26 位于南极的宇宙泛星系偏振背景成像（Bicep）研究小组（左边的建筑）

1 Bicep3望远镜最早于2014—2015年南半球夏季投入使用，2015—2016年完成了升级。——编注偏振是电磁辐射的特点，也就是更偏好朝一个方向振动。物质的相互作用对偏振有影响，由偏振也可以证明物质分布。引力波也会影响偏振，例如当大质量的物体急剧加速时，会产生强烈的引力波，比如超新星爆炸或中子星的碰撞，又比如黑洞……

莱施：……或者就在宇宙暴胀期间。

加斯纳：就是这样。这些来自宇宙膨胀的引力波在理论上应该是背景辐射发生极化后遗留下来的特殊模式。人们将其区分为E模偏振与B模偏振。尽管如此，这个被信以为真的轰动事件还是化为了灰烬——这是语言能够表达的最真实的感觉了。当时的人们错误地推断，认为所观察的区域几乎没有银河系尘埃，而这又对光子有相似的作用。事实上，一年后，普朗克探测器及在夏威夷的凯克望远镜获得的数据都显示，Bicep2测量的天空区域数据极有可能受到银河系尘埃的影响。因此，人们在更高频率的波段开始新的测量。结果发现在353千兆赫兹的频率，极化基本只受尘埃的影响。而如果不考虑Bicep2获得的数据，那么剩下的成果并没有足够的说服力。

莱施：但这并不意味着宇宙膨胀被驳倒了，只是寻找证据的工作进入到下一个阶段。

加斯纳：E模偏振在2002年——也是在南极——通过度角尺度干涉仪（DASI）被测量出来，并提供了能够区分物质密度的信息。目前在分析的辐射背景中的旋涡状B模偏振则提供了关于时空扰动的信息。

莱施：哈哈！先是萨克斯-瓦福效应，然后是宇宙背景辐射的偏振——你说的这些太难消化了。

加斯纳：幸运的是，我们宇宙的历史现在变得更加直观了。马上就有一些我们能够轻松掌握的内容啦。

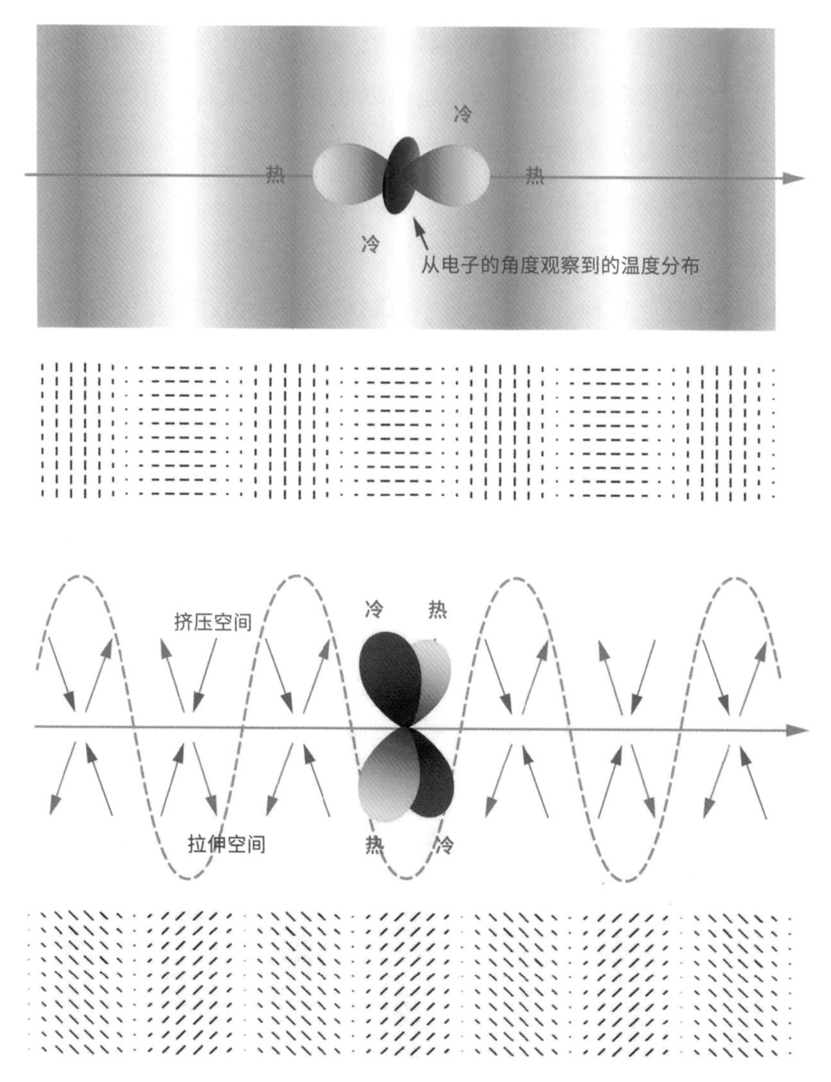

2.27 上图：一个密度波位于垂直于轴的平面上，沿着轴从左边进入，在任意空间点内造成温度分布的改变及有代表性的偏振。虚线表示E模偏振。下图：引力波从左边进入，导致在偏振中形成旋涡状B模偏振（图示形状可想象为绕在一根轴上的弹簧），因为空间总是被不断交替地挤压和拉伸（压缩时热，舒张时冷）

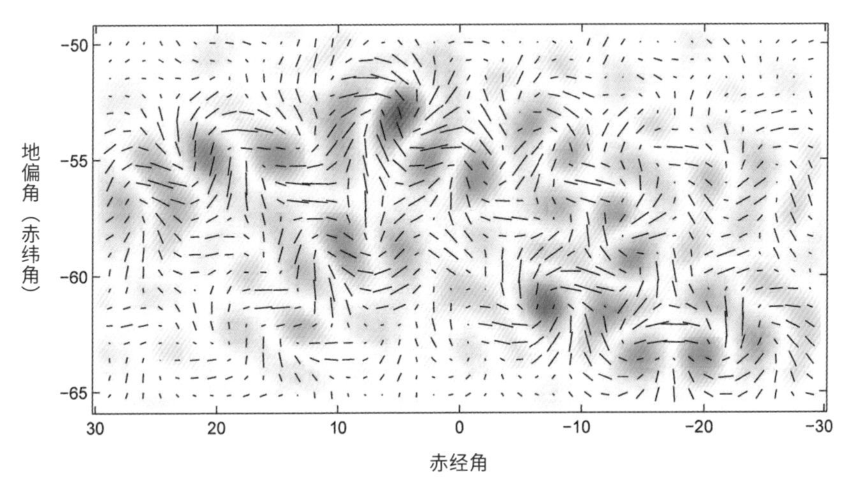

2.28 Bicep2 项目在极坐标系下的测量结果。黑色线条的方向代表光子在宇宙背景辐射中的偏振方向。红色或者蓝色的颜色越深，顺时针（蓝）或逆时针（红）方向的偏转就更强烈

莱施： 新内容一波接着一波。我现在最喜欢的词语是“折腾”，用在我们这里非常合适。可惜我们平时在学术表达中很少用这个词，尽管还挺合适的。我把“折腾”这个词想象成一个手工作坊——有时候是这儿需要雕刻一下，有时候是那儿需要打磨一番。而现在我们提到的宇宙，也就是当时发生的事情，就是在折腾。它正在折腾自己的结构建构呢。

第3章

宇 宙

该有的一切，不多也不少

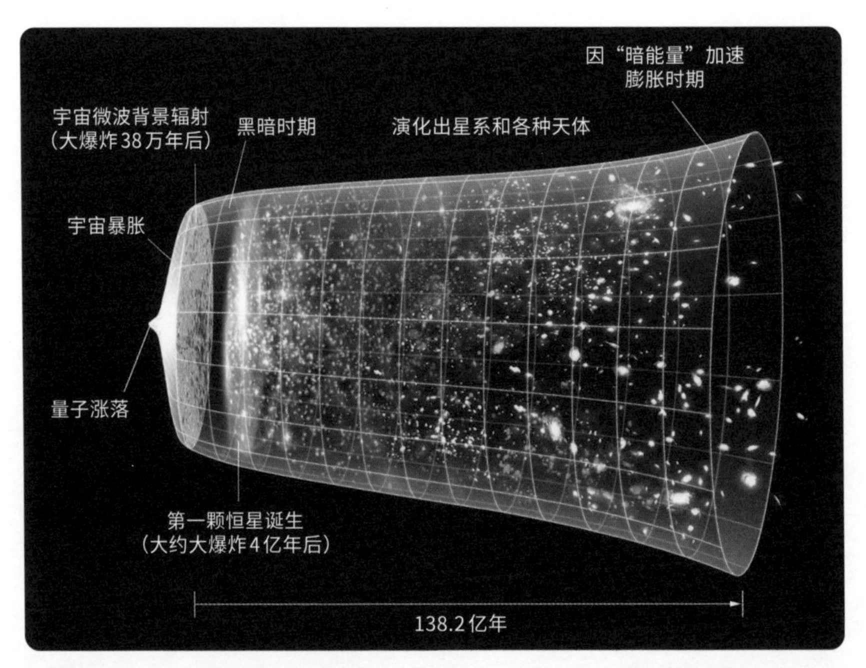

3.1 以图像的方式展现宇宙的发展过程。每一层垂直切面都代表了处于某一特定时间点的宇宙，而每一个圆形截面的面积则反映了对应的宇宙大小。可以看出，宇宙的半径在早期宇宙暴胀过程中急剧增大，随后的增长则逐渐变缓。大约在宇宙的中后期，膨胀再次加速

结构形成

——恒星自碎屑中产生

加斯纳：是呀，这实在太让人兴奋了。宇宙空间本身在不断地膨胀扩张，而与此同时，物质却能浓缩聚集，这究竟是怎么发生的呢？

莱施：这就是宇宙的宿命！物质是该聚集还是不聚集呢？这在天地初始的时候肯定是个难题。

加斯纳：可不是嘛！这真是个很重要的岔路口，结构的形成过程，就像是行走在刀刃上，一着不慎就会满盘皆输，万劫不复。当低温气体云的分子密度超过每立方厘米5000个的时候，气体云就会在自身的重力，也就是万有引力的作用下发生坍缩。[1]物质不断地向内聚集，最终，恒星由此诞生。要注意，这里可有一个前提：只有空间的膨胀足够缓慢，坍缩才能发生。如果膨胀过快，气体云的密度就会迅速降低，即使重力的吸引作用能够在一定程度上增加其密度，也无法与膨胀带来的影响相抗衡。

莱施：宇宙也是为了咱们着想啊。它选在一个物质密度足够高的位置，让万有引力的"收缩聚集"作用在同"膨胀稀释"的斗争中胜出。

---

1 我们常说的重力，也就是所谓的地心引力，是万有引力的一种体现。——审订

于是那些起初均匀分布的物质，这时便开始有序地重组起来。而且这个机制一旦启动，就能持续下去，自发地强化这一过程。万有引力将气体云向内部压缩，同时释放出热量，气体核心处的压力也随之上升。然而，这一由内向外作用的气体压力，仍无法平衡向内作用的万有引力——内部产生的热量会因热辐射而不断损失，气体的压力也会在一定程度受到削弱。

加斯纳：没错！咱们不妨这样来看，每当气体云内部向外的气压与向心引力势均力敌之时，这一瞬间就会达到短暂的受力平衡。万有引力这时只需稍作休息，眨眼之间，对手就会因热辐射的散热损失而变得足够弱了。待这压力放弃了抵抗，万有引力就可以乘胜追击，开始新一轮的压缩。[1]就这样，气体云核心的“物质小岛”不断地吸附越来越多的气体，并将边缘的空间逐渐清空，形成一个真空的环境。力的女王——万有引力，彻底统治了这里的一切。倘若这样的剧情发展至最后，气体云就该演化成一个吞噬万物的黑洞了。这样的话，就更不会有生灵站出来质问：“为什么世界是如今这副模样？”或者说：“假如没这个黑洞，我……”“万一我还是活着的，我……”……别担心，宇宙再一次高抬贵手——它对我们可真是仁至义尽呀。肆无忌惮的向心力持续变强，变本加厉，在大约2000万年之后，终于遇到了一个旗鼓相当的对手。这是一个只有当原子核足够接近才会起作用的力。

莱施：在急剧收缩的气体云中，极高的温度使得氢原子解体成带正电荷的质子与带负电荷的电子，电子和氢原子核（即质子）彼此独立

---

1 依据热力学原理，对于一定体积的气体，其温度降低，则气体压力也会随之下降。宏观上看，气体的体积应由于压缩而不断变小。为方便理解，可将整个变化过程拆分为若干短暂的阶段，这样则可先假定气体体积在这一阶段内保持不变，待其他物理量（如温度、压力等）达到稳定平衡后，再做下一阶段的分析。这一过程在热力学的分析中常被称作“准静态”过程。——审订

3.2 位于巨蛇星座的鹰状星云（亦称“星之皇后星云”），距离太阳系约7000光年，是银河系中一个比较典型的恒星诞生区。该星云主要由氢分子构成，范围大约20光年。鹰状星云的核心，即图中3个柱形的气体与尘埃区域（长度约1光年）充当着恒星的巨大孵化器，被天文学家称作“创生之柱”。柱体边缘向外散出的丝状纤维区域，正是新恒星不断形成的地方，这些恒星的平均年龄不到100万年

存在。这样的物质状态被称为“等离子体”。[1]

🎤加斯纳：现在，万有引力将质子们靠得如此近，以至于本该是质子内部夸克之间的吸引力——也就是作用范围极小的强相互作用（强核力），此刻却能够对其他质子的夸克产生影响。一旦某一质子抓住了其他质子，强核力就能够轻易地克服它们之间因同名电荷带来的电磁排斥作用，并将其融为一体。只要二者反应并形成一个稳定的新合成态，就会释放出巨大的能量。这一过程我们会在“恒星核合成”一节中进一步讨论。被释放出来的核聚变能量，就像是一位英雄救美的白马王子，跳到坍缩至几近崩溃的气体云身旁，将它从那毫无胜算的战斗中解救出来，并将无法无天的万有引力驱赶进围栏里，长久地封印起来。这种情形下的气体云绝处逢生，被我们称为“恒星”。

🎤莱施：故事还没有结束呢，加斯纳。笼中的万有引力会耐心等待，直至核聚变耗尽了恒星的燃料，产生的聚变不再足以维系对它的封印，它就会逃出牢笼，再次出现。呵呵，谁笑到最后，才笑得最好！不过，这个过程很漫长，动辄就是数十亿年呢！这个时间的长短，则是由恒星质量决定的。在这段漫长的时间内，万有引力还会继续压缩无数个类似这样的恒星核聚变反应堆，形成许多星系与超星系团。空荡、虚无又几乎没有边界的星际空间将它们分隔开，这就是我们今天观察到的浩瀚宇宙了。

🎤加斯纳：这也正像莱施你所喜欢的样子！哈哈，看来现在终于回归你的老本行了。

🎤莱施：还好啦，不过这真的很令人神往！人们可以观察天上的一切，只要一抬头，就能看到漫天绚烂的繁星。而人们确实能够真切地看到它们，因为那里空无一物，连一丝光线都无所遁形。不过虽说那里相

---

1 在宇宙中，等离子体是物质存在的主要形式，占宇宙中物质总量的99%以上，这与地球上以固、液、气三态为主显著不同。——审订

3.3 仙女座星系（M31）范围大约14万光年。至少有10亿颗恒星围绕位于中心处的“超大质量黑洞”旋转，黑洞的质量大约是1亿个太阳的质量。在邻近的河外星系中，它是我们眼睛能够直接观察到的最遥远天体，距离地球约250万光年

当空旷，但还是存在我们仅用双眼就能看到的东西。

现在，咱们终于不用再讨论之前那些“虚无”的概念啦。你说，从我们此刻所处的位置望向天空，能观察到什么样的星系呢？

加斯纳：你要说的应该不是银河系吧？麦哲伦云的话，只能在南半球才看得到。除此之外，应该还有仙女座星系。但是要看到仙女座，必须得在天空足够暗的时候，说不定还得喝得醉醺醺的才能看到。

莱施：是啊，现在总算是我们目光所及的星空和天体了，这可又向前迈进了一步。

加斯纳：如此一来，我们就不得不提恒星的诞生，以及它产生能量的过程：恒星核合成。

恒星的诞生与消亡

——一场大戏！

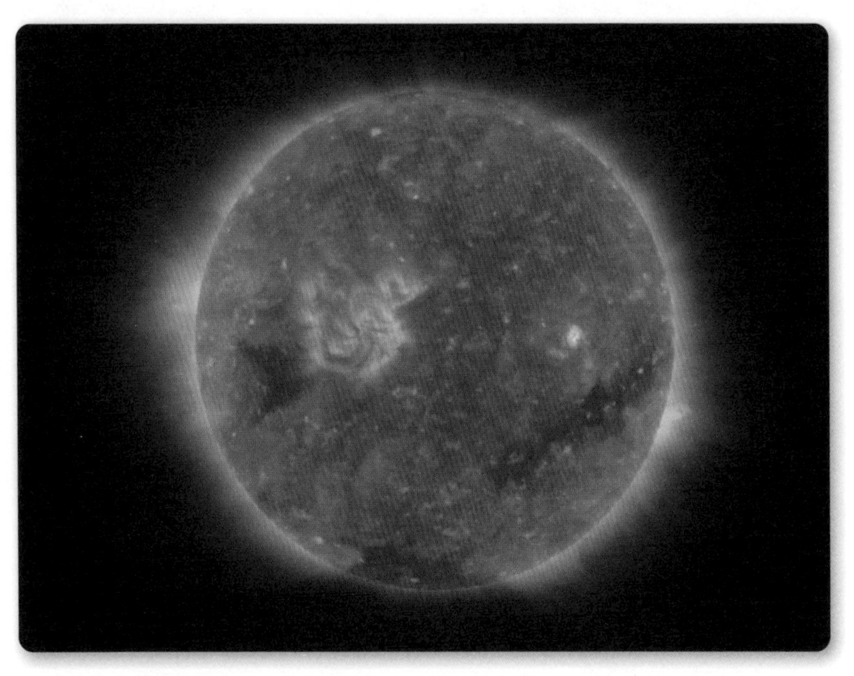

3.4 太阳的合成图像，由“日地关联日冕和太阳风层探测器”（SECCHI）[1]上的极紫外成像仪（EUVI）拍摄的三幅图像合成而来，拍摄波长分别为304埃米、195埃米及171埃米[2]。由此可以清晰看出太阳表面的温度差异

---

1 全称是Sun Earth Connection Coronal and Heliospheric Investigation，是“日地关系天文台”太阳探测卫星搭载的主要仪器，该卫星由美国国家航空航天局于2006年发射。——审订

2 长度单位，是纳米的十分之一。——译注

★ 恒星核合成——要有光

莱施：恒星值得人们重视，毕竟它们是孕育生命的孵化场，能够提供生命诞生所必需的基础物质。在恒星出现之前，宇宙中的元素种类并不多。而星体内部发生的核聚变，也就是所谓的“恒星核合成”，才真正形成了我们现在熟知的诸多化学元素。

加斯纳：大概有92%的人体成分可以在星体尘埃中找到，例如碳、氮、氧、磷、铁、钙、锌、硒及一些其他的元素。德国浪漫主义诗人诺瓦利斯（Novalis）曾经说过：“抚摸身体宛若抚摸星空。”现在我们知道了，他描述得太准确了。

莱施：恒星核合成产生的重元素，单纯从数量上来看是非常少的——毕竟宇宙99%是由氢、氦两种元素组成。但对于生命的诞生而言，重元素则不可或缺。这也正是恒星核合成的重要所在。

加斯纳：随着4个质子融合出1个氦核，恒星开始了它的元素合成。这样的一个核反应要想继续下去，必须得先克服质子间因同种电荷而产生的电磁排斥力。这可怎么办呢？别急，强相互作用，也就是强核力，是能够胜任这一工作的，只是它的作用范围很小。这个时候，恒星核心处的高温高压环境则刚好可以把质子送入强核力的作用范围。通过强核力作用，质子将牢牢抓住彼此，并结合成原子核。具体来说，就是每个质子里有那么几个夸克，它们原本在单个质子的内部通过“核内胶水”——也就是胶子彼此黏合。现在呢，这些夸克在强核力的作用之下，与其他质子也很接近，胶子就会把其他的质子一起粘起来。弱核力则负责一些其他的事，它可以将两个质子衰变成两个中子，最终再通过聚变形成一个氦原子核。这个聚变过程有若干中间步骤，被我们称作“质子-质子链反应”：从氘（重氢）的原子核经中间产物氦-3，最终转化为氦-4原子核。到此为止都还很好，至于这个过程为什么会释放能量，这些能量又是怎么来的，还得往下看。质子和中子在氦原子核中被胶子粘在一起，如果想把原子核重新拆成原来的组成成分，当然是需要消耗能量的。在氦核聚变的过程中释放出的能量，正好足够用于原子核的分解。这样的一份结合能，人们是能够在氦核中察觉到的。因为能量和质量可以按照质能方程$E=mc^2$对应起来，聚变后的氦核重量，要比组成它的原成分的重量之和轻上0.66%。让我们想象一下：通过这样的方式，我们的太阳每秒钟将5.64亿吨的氢原子核（质子）聚变成接近5.6亿吨的氦。每秒钟相差的430万吨质量，则被太阳转化成了3.85×10^{26}焦耳的辐射能。这个数额的能量可比整个人类发展历程释放出的能量还要大得多。

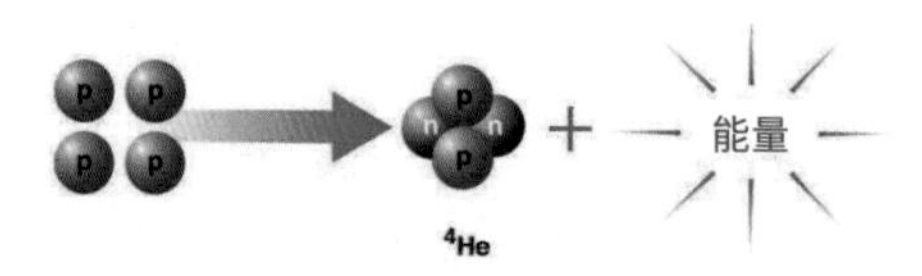

3.5 在质子-质子链反应中，4个氢原子核（即4个质子）经过若干中间步骤，最终聚变成一个氦原子核。这个氦核的重量比组成它的原成分的重量之和轻了约0.66%。这一减少的质量对应着释放出的能量

莱施：45亿年以来，我们的太阳从它的中心处——只有那里的压力和温度才足够高——以伽马辐射的形式向外传递了巨量的能量，这些能量是由无数个氦核聚变产生的结合能。伽马辐射直接作用在周围的等离子上，对这些粒子产生压力。这由内向外的压力一旦与等离子体本身的重力达到平衡，便进入一个相对稳定的状态。

加斯纳：光子的每一次撞击，都会把能量传递给它最喜欢的小伙伴——自由的电子。这些电子又会通过撞击把能量继续传递给其他的

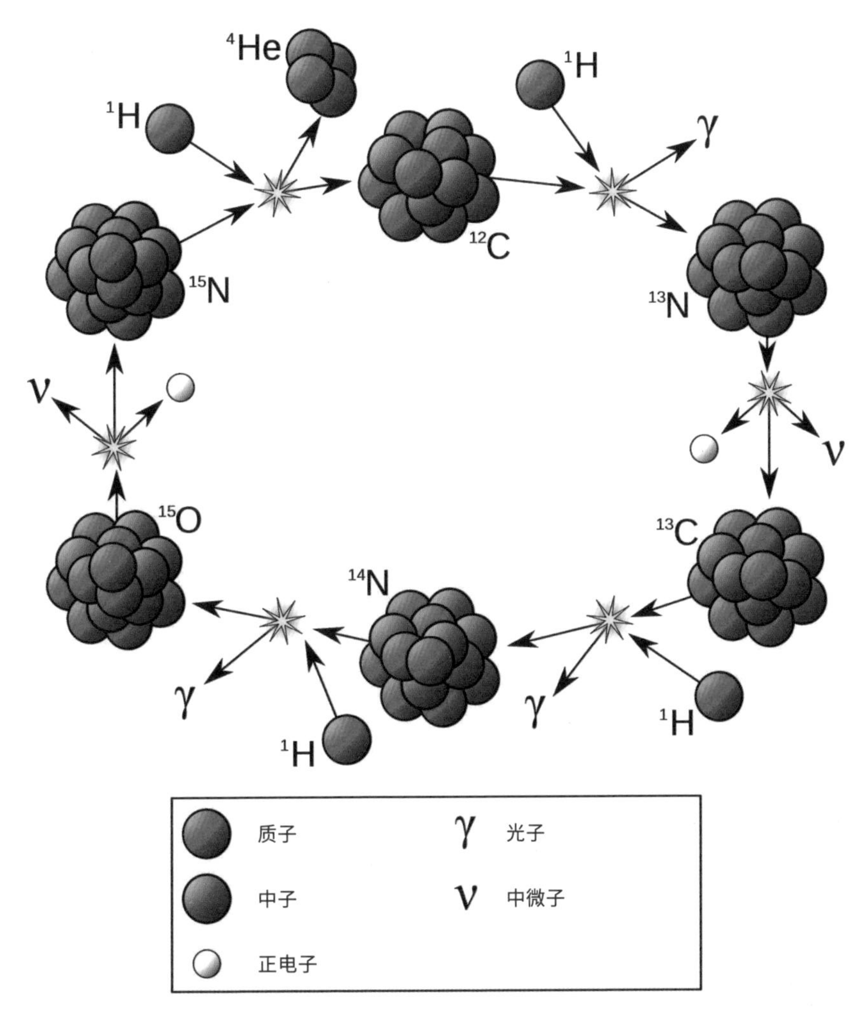

3.6 在质量较大的恒星中，氦核聚变主要是通过“碳-氮-氧”循环的。需要注意的是，这个循环过程对温度变化极其敏感，其反应速率甚至与反应温度的20次方相关。在一条封闭的反应链中（例如从图中正上方的^{12}C开始），4个质子依次被捕捉到碳、氮、氧三种元素的同位素上。其中两个质子转化成中子，并同另外两个质子结合，最终以氦核（即α粒子）的形式从这三种元素的同位素循环中分离出来。这一额外的氦核聚变循环大幅缩短了较大质量恒星的寿命，不过，恒星内部的高温环境本来也会加速这一衰老的过程。氦核聚变循环是恒星内部将氢转换为氦（即“氢燃烧”）的两种主要方式之一，有时也被称为“贝斯-魏茨泽克循环”，以此纪念其发现者。在质量相对较小的太阳内，该循环发挥的作用只在0.8%~1.6%之间

等离子体。不过，在太阳内部的这些等离子体的粒子（即“等离体子”）严重阻碍了辐射直接向外传播。这些带有能量的辐射只好在太阳内部四处乱跑，无数次碰壁，再无数次地换个新方向，迷路了差不多几百万年。要注意，我们这里说的乱跑可是用的光速！话说回来，如果没有这些等离体子对辐射设下的重重障碍，让辐射历经长途跋涉才得以从太阳内部逃窜出来，地球上的生命也就不可能出现。要知道，这些刚刚从太阳中心发射出来的伽马辐射可是相当致命的。正是它们在不断挣脱太阳束缚的漫漫长路上几乎失去了原有的全部能量，才能在投射到地球表面上时只剩下最后一口气，成为对生命有益的、慈祥和蔼的可见光。伽马辐射与等离子的热辐射一道，让恒星的能量有效地传递到星体之外。恒星体内剩下的那部分聚变的能量，则用于与重力对抗。当然，这其中还有些许中微子的能量，就可以忽略不计了，因为它可以不受阻碍地离开星体。

★ 中微子——轨道上的幽灵

🎤**莱施：**神秘的中微子也属于基本粒子，因为它的结构已经无法再进一步分解了——也就是没有亚结构。中微子的质量接近零，并且不带电荷，通常产生于放射性的衰变过程。前文咱们提到了氦的聚变，这一过程中不仅质子转变成了中子，中微子也同样以接近光速的速度从中释放出来。

🎤**加斯纳：**这个害羞的家伙在我们宇宙中就像个不谙世故之人，什么都不在乎，什么事都不放在心上。它还是个小透明，几乎不会和谁扯上关系，发生点儿什么相互作用。也正因如此，中微子才可以轻松从太阳内部最深处浮到太阳的表面，几乎不受阻碍。从太阳高密度的核心到红彤彤的太阳表面，这大半个穿日之旅只需要不到3秒钟的时间。它的离去，大概也就让核聚变的能量流失了差不多1%，顶多再多一点点。

莱施：一旦逃到太阳表面，无论是光子还是中微子，要来到地球就像小猫蹦几下那么简单了——差不多8.3分钟之后，它们就能到我们这儿。中微子可以毫无阻碍地在地球上穿行，不过光子则早就被植物盯上了，因为植物借助水、二氧化碳及自身的叶绿素，就能在光子的加持之下进行光合作用，分解出氧气与糖分。

加斯纳：顺便再说一下中微子。在我学习物理的过程中第一次接触到它时，我就在想：这玩意儿简直太疯狂了！如果你举起大拇指，正好朝着太阳的方向，那么一秒钟穿过你手指甲的中微子数目，就有我们这颗星球上总人数的10倍多——每秒足足有700亿个中微子！

莱施：这听上去的确挺疯狂的。我们在讲原初核合成的时候提到过，一个自由的中子可以通过β衰变分裂成一个质子、一个电子及一个反中微子。然而在20世纪初，人们在发现这个衰变过程的时候还不知道中微子的存在，尽管那个时候的人们已经能够在实验室里证明质子和电子的存在了。在衰变反应前的这一侧，人们已经知道了中子的能量，所以能够按照能量守恒定律清楚地推算出另外一边的衰变产物应该具有多少能量。可以做个比喻：如果我点了一份半熟的牛排，那么我期待端上来的，肯定也是一份五分熟的牛排，至少肯定不会是全生的牛排。然而在观察β衰变的过程中，人们却发现最后产生的粒子，还真就没有达到五成熟，反而是有点儿“生”的。好像差了一些火候，使得它们并没有获得理论上本该拥有的能量。于是人们开始寻找解释，要么是还有能量没被找到，要么——这当然是很一个荒唐的想法——

就是能量守恒定律在这微观世界的衰变过程中不再好使了。在当时，人们已经认识到了衰变过程在“原子-原子核”这一微观层次里。正当焦灼之时，我们的一位英雄出现了：奥地利物理学家沃尔夫冈·泡利。他上来就是一脚远射得分！泡利干脆利落地创造出“中微子”这一物理概念。原因也很简单，因为只有用上它才能解救能量守恒定律。真是勇敢的男人啊！

加斯纳：在泡利充满勇气地提出中微子设想20年后，它的存在终于被证实了。想必这时的泡利应该会说：“所有的事物都在期盼着能够理解它的人。”在此期间，我们证实了三种不同的中微子及其反粒子，它们是真实存在的。整件事情的疯狂之处在于，无数颗中微子就这么在众目睽睽之下穿行，而我们却一无所知，也几乎感受不到一点儿害怕。我们已经习惯把一切可能有危害的东西屏蔽，与我们隔离开。如果我们要屏蔽伽马辐射，只需要建造一堵厚度合适的铅墙。可如果要用同样的想法建一堵墙来掩护我们躲开中微子的攻击，那就有意思了。哪怕我们在地球和太阳中间塞满了铅，估计还是无法得到有效的保护。

莱施：众所周知，铅是密度非常大的元素，但是在中微子面前也是无可奈何啊。就算铅原子布下密不透风的天罗地网，可如果中微子就是能轻易钻过去，怎么也不上钩，我们又怎么能够捕捉得到它呢？

加斯纳：在如此低的捕获概率之下，依然要让中微子和物质发生点儿相互作用的话，就一定要先准备好质量足够

3.7 沃尔夫冈·泡利（1900—1958）

大，也就是粒子数目足够多的物质才行。所有这些实验尝试的老前辈是神冈核子衰变实验，也就是在1982年开始建设的神冈观测站。它位于日本岐阜县下属神冈町的一个废弃矿井内，距离地表1000米。起初，科学家向井内灌入3000吨高纯度的水，而在随后的1996年升级为超级神冈观测站中的水量则加至5万吨。

莱施：也只有当时的日本才能够开展这个实验吧——放到现在，估计它很难有足够的财力支撑。可是，为什么要在地下如此深的一个废弃矿井内做实验呢？

加斯纳：因为测量过程对外部环境相当敏感，在地表处，宇宙射线随时会跑过来干扰我们的实验，所以必须要尽可能完全隔绝宇宙辐射。

加斯纳：美国人在南达科他州起了个头，那里有一个1500米深的霍姆斯特克金矿。他们把那里改建成地下实验室，里面安放了一个大容器，然后装进去38万升的四氯乙烯——干洗剂的主要成分。氯元素的一种同位素^{37}Cl会在这里与中微子反应，转变成具有放射性的^{37}Ar（氩）原子，只是这一反应发生的概率很低，要等很久才会有一次。还有一个类似的衰变过程，发生在意大利大萨索山下的隧道系统中。在这里，中微子将^{71}Ga（镓）转变成^{71}Ge（锗）。这个实验室在大山深处，人们需要经过一条高速路才能抵达那里。

莱施：加斯纳，为了保险起见，容我先向读者朋友们解释一下元素符号前的“核子数”，因为这实在容易让人犯迷糊。每一种元素的原子核里所包含的质子数量都是确定的，这是由该元素的种类，也就是它在元素周期表中的位置确定的，比如氯元素的一个原子核含有17个质子。而它们所含的中子数量却是不确定的。大多数氯原子由18个中子组成，但每4个氯原子中，就有一个原子含有20个中子。为了能够区分这些质子数相同、中子数不同的“同位素”，人们在元素的前面

3.8 废弃砷矿井内的神冈观测站，位于地下1000米深处。在搭建中微子探测器时，总共使用了超过1.1万根光电倍增管

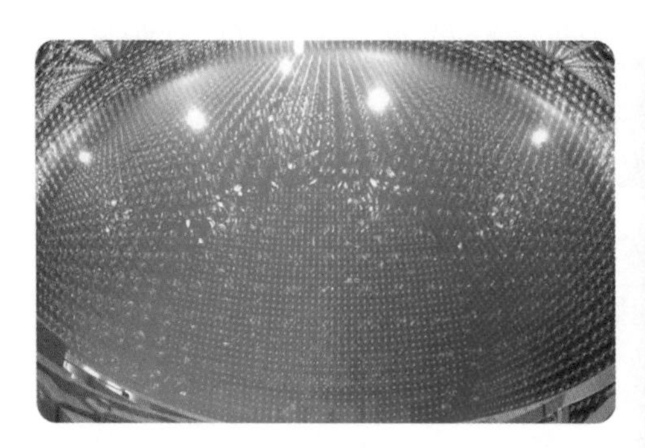

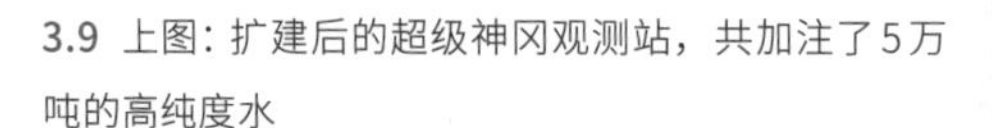

3.9 上图：扩建后的超级神冈观测站，共加注了5万吨的高纯度水
右图：注水之前的检修工作：清洁光电倍增管

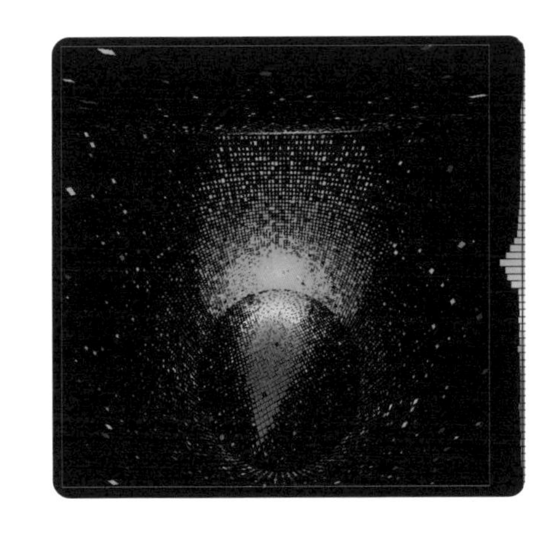

3.10 繁重实验工作的回报——一张由中微子反应形成的光子雨原底照片。在不同的反应中会产生不同的中微子（电子中微子或者渺子中微子），它们在水中传播的速度比水中的光速更快。这与“宇宙中可以达到的最大速度为真空中的光速（即3×10^{8}米/秒）”并不矛盾，因为光在水中的传播速度打了折扣，只有2.25×10^{8}米/秒。所以中微子以一个低于真空光速的速度，在水中比光更快是不矛盾的。这些中微子经过水分子时，会导致水分子中的电子发生偏离，并跃迁至基态，同时释放出光子。这种光辐射以光速向外传播，很快就会同附近的中微子相遇。通常，光子会因中微子的干扰而遭到毁灭性的破坏，也就是说，这些光子会转瞬间失去光芒。而当中微子以超光速在介质中传播，这些光子在被激发出来后，因为此时的光速低于中微子的速度，光子无法立刻追上它们，从而光辐射也就没有立刻受到干扰。看起来仿佛是中微子将它所到之处的光子沿着圆锥的形状挤到旁边并抛到身后。这样的光锥跟超音速飞机在空气中造成的激波很像。最后形成的带有蓝色的光，被人们称为“切伦科夫辐射”（亦称切伦科夫光），以此纪念其发现者帕维尔 · 切伦科夫（Pawel Cherenkov）

标上一个质量数（核子数）作为说明，即质子数与中子数之和。比如^{37}Cl（氯-37），指的就是带有17个质子和20个中子的一种氯同位素。

加斯纳：谢谢你的补充，莱施。此刻我对中微子的狂热与兴奋，让我觉得这些知识都是大家耳熟能详的了。在废弃矿井中搜捕中微子的行动，最终在几年之前，被一个位于南极的“冰立方中微子天文台”取代。人们在那里准备了1立方千米的冰块，并在其中布置了测量设备。人们最开始用开水浇出86个深洞，然后陆续埋进去5000个设备。这些装置会探测到前面提到的光锥，虽然信号极为微弱——这也是中微子穿过时所能留下的为数不多的痕迹了。整个实验在冰面下1.5~2.5千米处进行，因为在那里，冰块被重力压得足够密实，也才会有足够高的透光率让我们的测量装置看清。可是，光线在这样的环境里，只能不受影响地穿透大约100米的距离。彼时，其中埋伏好的诸多光电倍增管就会挺身而出，将衰弱了的切伦科夫光信号放大，一段接一段地护送到探测器那里。令人不解的是，在实验过程中还发现极端高能的中微子甚至会在冰中发出爆裂声。这样的信号是否有助于中微子的探测，目前还没有证实。人们在世界范围内使用了很多类似的探测器，日复一日，不断证明一个又一个中微子的存在。

莱施：一个接着一个！这是每隔几天都能遇上一个呀！人们可以和它握手问个好。“嘿，我是人类，你就是中微子？快进屋聊会儿。”这样人们也可以更好地认识中微子，没准儿聊得开心了还可以把它介绍给诺贝尔换个奖赏呢……

加斯纳：只可惜，实际上被探测出的中微子还不算特别多。哈伊姆·哈拉里（Haim Harari）是一位以色列的基本粒子物理学家，他曾经说过：“中微子物理学在很大程度上需要人们锻炼一项技能，那就是观察虚无的技能。”或者就像你曾经在一次学术报告中很巧妙地对卡尔·克劳斯（Karl Kraus）[1]的一句名言做的加工：“中微子物理学是一项在秃顶的脑袋上烫出卷发的技艺。”

莱施：卡尔·克劳斯肯定还说过很多更美妙的句子，尽管他对中微子应该一无所知。

加斯纳：我们聊的是这样一种粒子，它最初是为了解释某些现象而被人为虚构出来的。然后神奇的是，这种粒子还真的被发现了。在中微子被名义上“创造”出来的20年后，人们开始了第一阶段的实验。随着物理实验的推进，天文学家们也凑过来附和道：“是的，如果真的发现了中微子，那它们必然是在恒星内部的核反应中产生的。”如果能够证实中

---

1 20世纪早期奥地利著名作家。——译注

3.11 埋在南极地下1450~2450米的光电倍增管，类似这样的设备共有5000个

微子的存在，那我们的研究也就能触及太阳的内部了。进一步说，我们也终于能够拿到直接证据，证明我们的太阳本身就是一个聚变反应堆。

莱施：人们把冰立方中微子天文台安放在南极而不是北极，是因为北极的气候变化剧烈，很可能某天冰块就完全融化了。你看看，就连基本粒子物理学家都要时不时地关心未来的气候问题。

加斯纳：不过要知道，就算是在南极，冰立方实验装置也不可能永久工作。由于冰川缓慢地自然漂移，这个实验可能在10年之后就无法继续了。

莱施：但愿到那时，我们测量到的实验数据已经足够了。那么当下，人们对中微子质量的研究到底到了什么程度呢？日本天文学家梶田隆章（Takaaki Kajita）和加拿大物理学家阿瑟·麦克唐纳（Arthur McDonald），正是因为中微子的研究获得了2015年诺贝尔物理学奖。[1]

1 两人发现了中微子振荡，从而确认了中微子具有质量。——审订加斯纳：确实非常厉害。现在，我们知道中微子并不是完全没有质量的，它们只是会在不同种类之间相互转换，这被称为中微子振荡。中微子家族一共有三种不同类型：电子中微子，渺子（μ）中微子和陶子（τ）中微子。在计算中微子转换概率的时候，有一个因素和它们彼此间的质量差有关。也就是在中微子家族中，不同类型中微子的质量必须是不同的，否则它们彼此发生转换的概率就为零。这样的话，三种类型的中微子中，没有质量的最多只能有一种。

莱施：我们又是怎么知道中微子彼此真就发生了转换呢？

加斯纳：整件事情的发展是这样的。一开始，人们统计观察到的电子中微子时，发现数量比太阳内部因元素衰变而计算出来的理论中微子数量少，而且少了大概三分之二。理论上说，太阳应该完全没有辐射 τ 中微子和 μ 中微子，然而萨德伯里中微子观测站的麦克唐纳研究团队却同样在一个废旧的矿井内证实了 τ 中微子和 μ 中微子的存在。科学家们在这里注入的并不是高纯的蒸馏水（H_2O），而是重水（D_2O）——它的氢原子核中多了一个额外的中子。尽管还不能准确区分中微子的具体类型，但是人们可以得出一个大致的判断，“这是一个电子中微子”，以及“不，这只是其他某一种中微子”。利用这种探测结果的差异对比，就可以得出“非”电子中微子的数量。通往成功的第二步要归功于梶田隆章的“超级神冈探测器”。尽管还无法证明 τ 中微子的存在，但是根据水中的辉光痕迹，人们可以确定 μ 中微子与电子中微子的入射方向。值得一提的是，要让中微子能够产生这样的“切伦科夫光”，需要为它们提供超过5MeV（500万电子伏特）的能量才行——这可是相当高的能量值。一旦能量低于这个阈值，在这个水箱里是观察不到中微子的。在氯转化为氩，以及从镓转化为锗的化学反应过程中，人们可以计算出需要的临界能量阈能更低一些，通常在几百keV（几十万电子伏特）。当宇宙射线穿过大气层时会发生相互作用，形成μ中微子。日本科学家梶田隆章从统计学的角度证明了，天上降下来的μ中微子比穿透地球、从地底钻出来的μ中微子出现的次数更多。这两个实验合在一起能够得出结论：中微子可以相互转化——比如就在我们地球的内部。

莱施：真是名副其实的幽灵粒子！

加斯纳：我再说件怪事吧：据我所知，中微子是宇宙中唯一能够辨别左右方向的。如果有朝一日，我们要同外星人交流，并向它们解释我们的时钟是怎样顺时针（向右）旋转的，那么我肯定会想到中微子。因为中微子的特性就是永远沿着前行的方向逆时针旋转。即中微子左旋，而反中微子则右旋。

莱施：你是说中微子永远都不会向右旋转吗？

加斯纳：是的。这也是中微子的量子力学特性之一，被称为“螺旋度”。这一特性是由美籍物理学家莫里斯·戈德哈伯（Maurice Goldhaber）发现的。

莱施：就像螺丝上的螺纹一样——朝着某一个方向旋紧螺丝就能将它连接牢靠。粒子物理中有很多粒子具有这一特性。其中的疯狂之处在于，需要一种方法证明其正确性。

加斯纳：只要我们的物力和财力足够就行。我现在要注意使用“我们”这个表达，因为自然科学取得的所有成就，都离不开“我们”大家的合作。而之所以能够取得成功，是因为有很多失败之母。我还记得那个大型中微子振荡实验“OPERA”[1]，这个实验让人们误解了整整半年的时间，认为中微子真能够超光速运动。当时，人们为了开展实

1 Oscillation Project with Emulsiont-Tracking Apparatus的缩写。——审订

验，特意从瑞士到意大利大萨索山之间量出了一段730千米长的距离。中微子肯定会穿透地球表层，选择距离最短的直线路径运动。尽管如此，中微子实际上仍然比预计的早到了60纳秒，它的速度竟然超过了真空光速，达到了光速的1.0025倍。

莱施：结果实验的最后发现，这只是因为设备光纤接头松动导致的计时错误。这对于整个科学界而言都是十分尴尬的。如果我们的研究能够更加严谨、专业，应该是可以避免这样的错误的。加斯纳，你可别误会我啊，我们做实验当然是会经常出错的，有时候错误的尝试甚至成了科学的动力呢。但是在我们通过学术期刊将成果告知公众之前，还是应该先把一切做到最好、最稳妥。

加斯纳：那你肯定能够理解埃里希·卡斯特纳（Erich Kästner）[1]的话："错误总归是有价值的，但也并非总有价值。并不是每一个驶往印度洋的航海家都能发现美洲新大陆。"尽管如此，我还是不能理解，为什么这个硬件上的错误会持续如此长的时间。我们天文学家完全能够用一个明显的观察结果加以反驳的：超新星1987 A爆发产生的中微子和光子是几乎同时到达地球的，如果在从超新星到地球这长达16万光年的马拉松中，中微子的完赛时间都与光子不相上下，它又如何能在实验室这区区730千米的短跑比赛中一下大幅领先呢？

莱施：所以科学界一定要吸取教训。如今，科学家们过于追求经济效益，科研工作也因此出现越来越多的恶性竞争，大家挤破了脑袋去争当某某研究的第一人，都希望尽可能吸引公众的注意。可这样一来，代价就是牺牲了我们严谨的科学标准和体系。这看上去更像是在公共关系领域的追名逐利，而不再是纯粹的科学探索、批判性的理论研究

1 德国著名儿童文学作家。——译注

了。真是好莱坞的科幻胜过了实验室的科学。

加斯纳： 不过起码纳税人还能知道，自己交的钱都花到哪里去了，并且得到了哪些成果。

莱施： 估计这也是仅有的一点儿意义了。这也确实有点儿像经济领域，有些数字多多少少是被美化一番的。而且偶尔还有学术间谍呢。也许在未来做学术讲座的时候，还得要求与会者不得拍照、录音，或者不得保留其他的电子备份。估计这也就到了基础研究透明化的末日了。

加斯纳： 但是我们又能怎样做，来应对这种科学经济化的危机呢？我们希望把知识作为学术上的财富积累起来，而不是把它们折算成经济领域的钱币或钞票。但是做学术也是要花钱的。

莱施： 我想，只要我们不是抱着竞赛的心态去做研究就可以了。当我们把其他团队的科学家仅仅视作竞争对手，而非学术同人时，我们研究的动机也就不纯粹了。最严重的时候，我们甚至还得小心翼翼地隐瞒自己的成果，防止其他对手从中获益。所以最重要的是在学术体系内建立一个公开透明的，或者说是有些“幼稚”的机制，来防止身为科学家的我们受到外部机构的金钱诱惑。所以，在做学术研究时，我们要先在学术界内部公布并讨论，来接受同行对整个研究过程、结果的检验，尤其要让大家知道研究内容中的关键要点，然后等待同行的评价反馈，大家确保没有问题之后才能公之于众，敲锣打鼓地向社会大众公布最新的研究成果。

加斯纳： 五花八门的学术奖项和荣誉更是在火上浇油。比如俄罗斯的投资巨头尤里·米尔纳（Yuri Milner）一人就捐赠了300万美元，而诺贝尔奖的奖金也早就冲破了100万欧元。这一切都刺激学术人员争先恐后当第一，要知道，科学家也是凡人啊。

莱施： 在科研的过程中，总有些不道德的事情发生，有些科学研究也渐渐演变为野蛮的活动。在这里我还是要称赞一下我们历史悠久的天体物理学，毕竟恒星是无论如何都贿赂不了的。4个质子聚变成1个氦核，人们都知道聚变的结果是什么。天体物理在某种意义上就是核物理。

加斯纳：你可真像在说绕口令，文学家卡斯特纳都该忌妒你了！还是让我们重新回到恒星的核合成吧。

莱施：也对！我们刚刚探索到了太阳光线在等离子星体内部形成。现在让我们想象一下：我们就是恒星内部的一个伽马（γ）量子（即光子），带着极高的能量，野蛮地想要穿透这个世界。然后我们从太阳的上部成功穿出，随之也失去了一切。一开始还拥有那么多能量的我们，现在却被扫地出户，一下就萎靡不振了，真是个十足的失败者啊！尽管如此，在我们转瞬飞到太阳系那第三颗行星的时候，这颗星球上的植物还是会夹道欢呼："你可终于来了！我早就想给自己合成糖分子了。"这难道不是一个美妙的故事吗，一方面是个十足的失败者，另一方面也是受到拥戴的人生大赢家。这真的很伟大！这一切都让人无法平静地描述出来。

加斯纳：我想最吸引我的，还是每次晒太阳时，我都能直接感受到光子带给皮肤的温暖。有时候我就会想，这些光子在那漫长的时间里，到底经历了多少波折，不断地被误导、不断地偏离原有的轨迹，磕磕绊绊数百万年之后，才从太阳内部闯了出来，然后再历经长途跋涉扑在我们的脸上。我有时也会不禁问自己：此时此刻，正在太阳内部准备出发的光子，等到未来抵达我们的星球时，又会同谁相遇呢？

莱施：你指的是那些现在刚刚上路，还要在太阳里面挣扎数百万年才能到达地球的光子吗？

加斯纳：嗯，就是它们。你说到了那时，这颗星球上还会有人类存在吗？

莱施： 也许还有一些会抱怨被紫外线晒伤的人类？如果人们从微观世界中看待这个问题，那么很快，他的脑袋里就会嗡嗡响个不停。人们会发现，我们跟宇宙的演化联系是多么紧密，也会发现，我们本身也处在能量的流动与物质的新陈代谢之中。有一个美妙的说法：我们可是这些星体的孩子！我们身上的每一个原子都来自恒星，也终将回归于恒星。所以，一切自有安排吧。不过话说回来，这样一个宇宙之间的联系也确实很奇特吧？从一颗恒星上发出的缕缕光线，竟能够影响一朵盛开在另外一颗行星上的玫瑰花的命运。倘若恒星中央的所有质子消耗殆尽，全部转换成了氦，会发生什么事情呢？

加斯纳： 幸好我们的太阳最快也要等上50亿年才会发生这样的事情。我们应该好好感谢弱相互作用，它让两个质子转化成两个中子的效率如此之低，以至于需要约 10^{18} 次尝试才能成功实现一次核聚变过程。如果人们观察恒星内部的某一个特定质子，等待它最终发生核反应，那他差不多要等上整个宇宙的寿命那么久。这虽然很煞风景，但却不失为确保太阳长寿的好办法。不过刚才说的发生某一具体的核反应需要等待的时间，到底是不是真的比宇宙诞生至今走过的时间更长，还是值得商榷的。但这颗恒星可真算得上是一头固执的老黄牛。虽然成功率很低，可是它带上了体内的全部质子上阵——少说也有 10^{56} 个，每一秒都反复地进行无数次尝试。在这样大的一个基数面前，核聚变发生的概率也终于达到了一个足够高的程度。

莱施： 当然，这场派对迟早是要结束的。随着归营号角吹起，最后一批质子也赶回了恒星的中心，并发生核反应消耗殆尽。这时，恒星也陷入了老年危机——一场能量危机。因为如果没有聚变释放出来的热能，万有引力就会重新占据上风，它会打破力的平衡，让恒星巨大的球体在自身重力的影响下剧烈坍缩，而恒星中心的密度和温度又会由此重新上升。

加斯纳：当温度超过大约1亿摄氏度时，核聚变过程就会加速。此时，较重的氦核之间会发生核融合，主要的反应产物为碳和氧。这一核反应过程释放出来的能量，将会阻止恒星进一步向中心收缩。此时的恒星重新稳定下来，不过在这一阶段，恒星只能坚持几百万年，直至所有的氦被用尽。因为恒星内部每一轮新元素聚变过程，都比上一轮的聚变效率更低，聚变的能量也逐轮递减。

莱施：接下来的过程主要由恒星的质量决定——质量决定了元素产生的速度。恒星质量越高，万有引力就会对恒星中心的核熔炉施加越大的压力，核融合率也就越高。我们的太阳此时将不会再有继续燃烧的阶段了，毕竟它还不够重，只是一个中端配置的恒星体。想要进入下一阶段继续燃烧，只有在那些顶级配置，也就是质量更大的豪华恒星上才会发生。

加斯纳：比如质量是太阳两倍的豪华恒星，寿命只有10亿年。反观我们的太阳，则可以照耀100亿年——虽说它到现在差不多已经过了寿命的一半了。甚至还有些更奢华的恒星，要比太阳重50~100倍。这些星体的寿命只有短短的几百万年。

莱施：看来体重超标会影响寿命。这个道理对恒星和人类都适用！

加斯纳：质量越大的恒星，其内部核心处加热得也就越明显，而受温度影响的聚变速率也会显著提升。尽管大质量的星体拥有更多的反应物质，但是这些燃料撑下去的时间反而更短。这一点与高档跑车挺像的。一些豪车油耗很高，需要更多的燃料，油箱也比普通小轿车更大，尽管如此，其加满油后行驶的里程反而比其他小型车更少。谁让跑车的车速动辄就两三百迈，而车身又那么重呢。

莱施：那么你知道，目前我们已知的最重的星体，到底有多重吗？

🎤加斯纳：2010年，欧洲南方天文台在大麦哲伦云——更确切地说，是在蜘蛛星云中，发现了R136a1恒星。年纪轻轻的它仅诞生100万年，就能在科学家的星谱里留下光亮和质量。这颗恒星活得相当大手大脚：至今它已经消耗掉55个太阳质量了。尽管如此，它剩余的质量还抵得上265个太阳。

🎤莱施：在这样的恒星内部，几乎可以很轻易地引发所有类型的聚变反应。相比之下，太阳这个娇小的能量捐献志愿者在烧尽氦之后就将寿终正寝。太阳最终会膨胀成一个巨大的红球，紧接着发生坍缩，作为一个直径只有几千千米的大物质球缓慢地冷却下来。

★ 从红巨星到白矮星——格列佛游记

🎤加斯纳：我们到目前为止还没有解释清楚，为什么一颗恒星会突然剧烈膨胀，加速老化。我觉得应该好好说明一下，你觉得呢，莱施？

🎤莱施：没错，是有这个必要。这个任务就交给我吧。原则上讲，只有在恒星的内部核心处，温度才足够高，聚变也才会成功发生。然而核心处的燃料已经耗尽，也就是说，这里所有的氦元素都已经通过聚变转换成了碳或者氧。没有了聚变带来的由内向外的热膨胀，力的平衡稍有变化，万有引力就会再次压缩星体，并将其加热。而在碳、氧的新核心周围，由于温度还相对很“清凉”，存在尚未发生聚变的氦，也就是还有核燃料。在核心附近的氦壳层温度高到足以诱发核聚变之前，这一通过引力的压缩来加热的过程就将一直持续。

只要这一壳层的核燃料用尽，恒星的重力将再次压缩星体并对内部加热，直至紧邻其外的壳层也能够发生聚变。燃烧就是一个壳层接一个

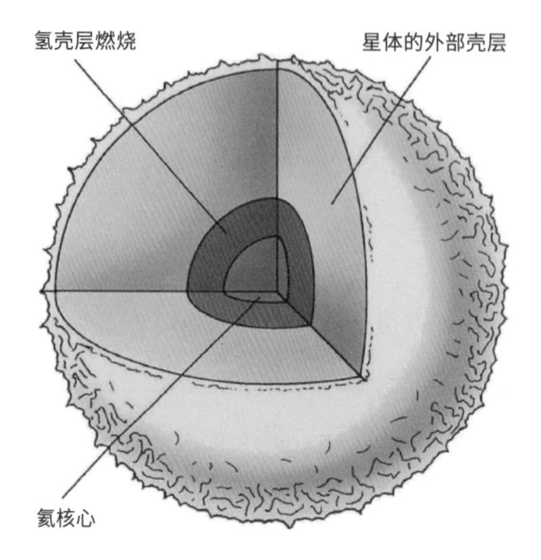

3.12 氢壳层燃烧：恒星中心的氢全部聚变成氦之后，引力压缩将再次成为主导，并在压缩的过程中加热星体。当星体的这一氦核心区域温度达到1亿摄氏度的临界温度，聚变就将进入第二阶段。此时，恒星中心的氦元素将聚变成碳，同时释放出巨大的能量，点燃原氦核心周围的氢壳层，使氢发生壳层燃烧而聚变成氦。同时，巨大的热膨胀压力由内向外逐级传递，使星体不断膨胀

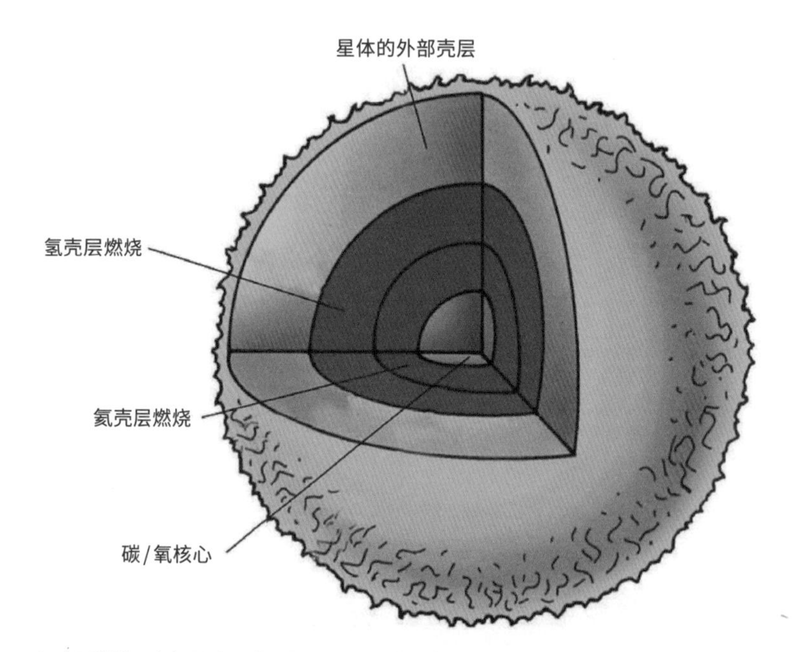

3.13 氦壳层燃烧：在恒星中心的氦核心区域，当氦发生核融合并聚变成碳和氧后，引力坍缩造成的温度升高会再一次点燃碳/氧核心周围的氦壳层。氦壳层的聚变反应让星体再次膨胀。而从氢壳层燃烧突然转变为氦壳层燃烧，会让星体变得不稳定，令其偏移原来的轨道，甚至直接炸裂开来，变成行星状星云

壳层地向外部传递的——压缩一层、聚变一层，再压缩更靠外的新壳层。

加斯纳：氦壳层的点燃十分突然，其核燃烧不仅由内向外逐个壳层传递，而且还时断时续。像这样的氦爆燃现象被称作“氦闪”。“氦闪”发生的位置越接近恒星外层，由外层向内挤压这里的星体质量就越。与此同时，等离子也会随着压力波一起传递，直至向内的作用力在恒星每一处都和向外的力重新达到平衡。到了这时候，恒星的形体将变得更大，成为一颗红巨星。我们需要稍微想象一下，这一阶段的太阳将会膨胀到与地球相当靠近，几乎近到贴在一起。所以那个时候，地球肯定是晒得喘不上气，非常难受，而地球上的生命也会到达尽头。正如英国经济学家约翰·梅纳德·凯恩斯（John Maynard Keynes）的那句名言：“从长远来看，我们都死了。”[1]

莱施：所有不爱旅行的普通百姓，到那之前也不得不搬离地球才行。不过，我们没准儿可以从道格拉斯·亚当斯（Douglas Adams）的小说《银河系漫游指南》中找到一个绝妙的逃离路线。届时，整个银河系的通道都将打通，而我们将离开家园到外太空流浪，寻找新的居住场所。我们全速前进，最终至少能够找到一颗适合我们居住的星球——这是毋庸置疑的，因此最可能出现的问题反倒不是这个。要知道，计算机的发展相当迅速，其智慧程度已非我们所能控制。那时候，狡猾的计算机可能希望自己逃离这个星球，反而我们人类只能被抛弃在这儿。

加斯纳：且让我们先不要这么悲观吧。不妨设想一下，或许在几百万年后，银河系房产中介的广告中会出现这样的海报：“瞧一瞧看一看，在格利泽（Gliese）恒星系里有一颗小行星667Ce，这里四季如夏、

1 在20世纪经济大萧条时期，凯恩斯主义认为，市场虽然可以自我调节，但是调节周期缓慢，等到调节机制发挥显著效果时，社会大众很可能早就撑不下去了。因此凯恩斯主义倡导政府用看得见的手来干预经济。——审订

风光正美，是你们人类理想的第二栖息地！”格利泽667是一个三星系统，三颗恒星绕着同一个中心共同旋转，环境与地球相近的小行星“格利泽667Ce”位于其中一颗恒星的星系系统内。它几乎总是同一面朝向它的恒星——除了偶尔会受到轻微的外界扰动而稍有改变。谁要是喜欢温暖、爱晒太阳，就抓紧时间到那里买块地皮，给自己盖个小别墅。就是清晨人们要从床上起来可不是一件容易的事情——除非他们已经适应了这颗星球上更大的吸引力。而到了傍晚，这里会同时出现多次日落，我们也得见怪不怪才行。

莱施：我们故乡的太阳好歹会在它红巨星时期的最后一刻，为我们这群流离失所的人类准备一场宇宙灯光秀——行星状星云，安慰我们笑着去流浪。“行星状星云”这个名字其实有点儿不准确，因为它实际上跟行星的关系不大。红巨星膨胀得体积越大，其最外层受到的引力作用就越小。与此同时，恒星还会在氢壳层燃烧过程中突然发生数次氦壳层燃烧。这些都使得星体变得不稳定。恒星的最外壳层会逐渐远离内部的星体，甚至完全脱落，只有高温的星体内核区域以“白矮星”的形式存留下来。白矮星表面温度可达10万摄氏度，由此产生的热辐射会让脱落的外层物质形成宏伟壮丽的光影奇观，这一状态通常可以持续近5万年。

加斯纳：我们至今已经观察了超过200种这样的行星状星云，它们的每一场演出都各有特色，绝不重复。我最喜欢的是螺旋星云，它是距离地球最近的行星状星云，即使如此，距离也有700光年。

莱施：所有星云都是迷人且不寻常的。至于它们如何能够出现如此吸引人的形态，我们还不能给出完整的解释，有人推测是磁场在其中起了很大的作用。不管它了，如果要我选一种喜欢的行星状星云，那我应该会选“南环状星云”。

3.14 哑铃星云M27位于狐狸星座中，距离地球1360光年。哑铃星云是法国天文学家查尔斯·梅西耶（Charles Messier）于1764年发现的，这也是他发现的第一个行星状星云。其两侧的哑铃形状很可能是受磁场作用形成的，这一观点目前还在研究中

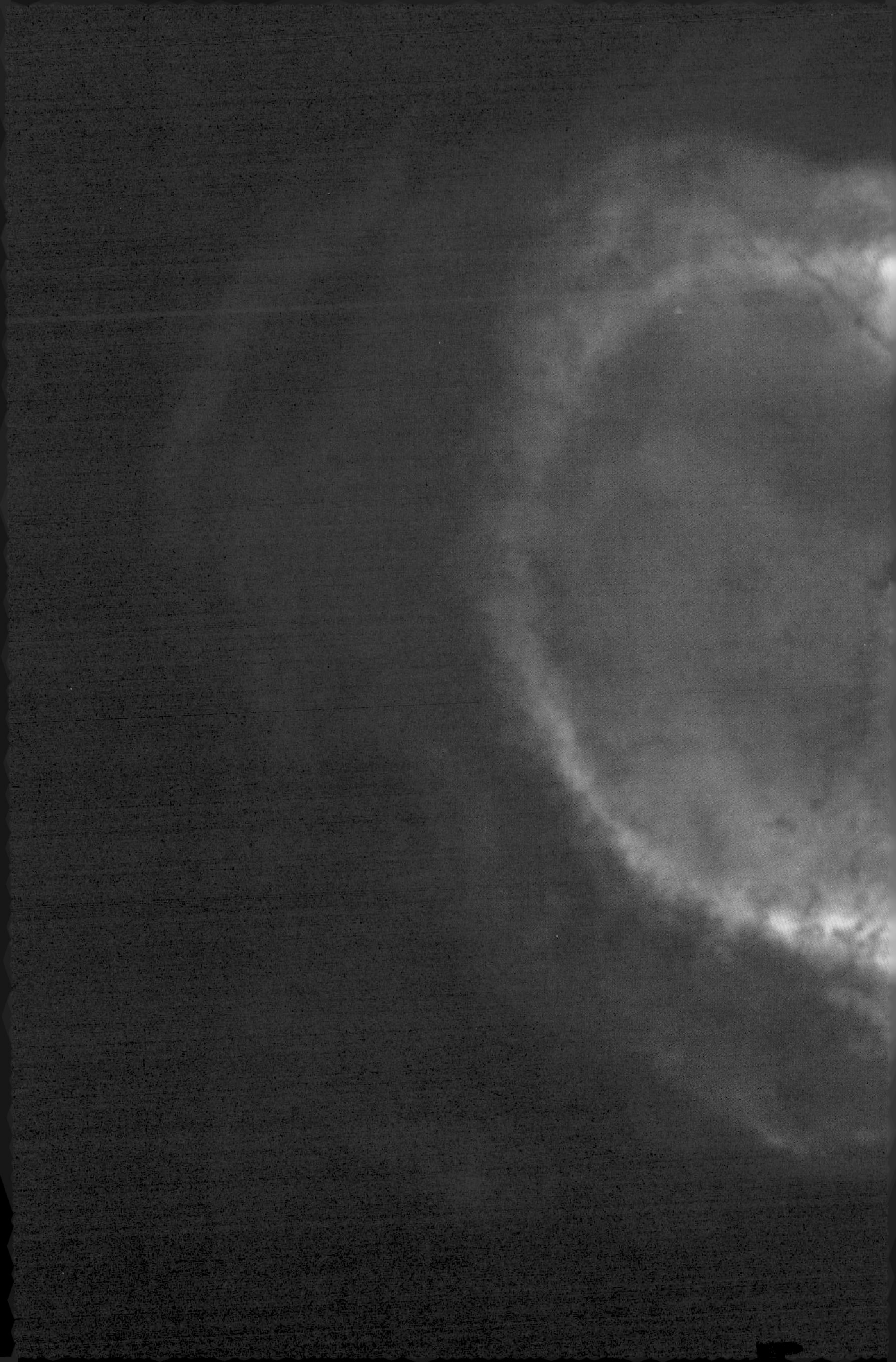

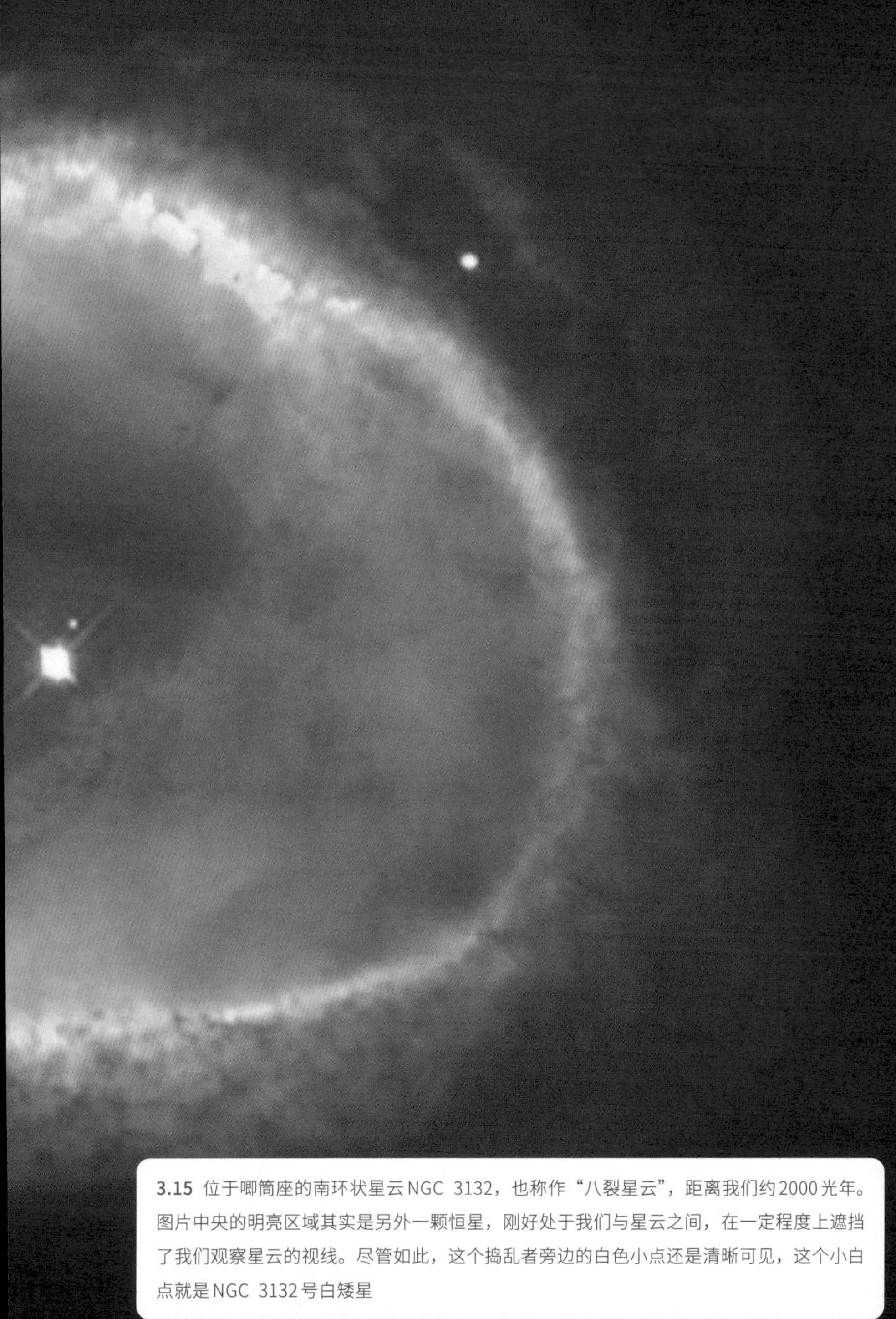

3.15 位于唧筒座的南环状星云NGC 3132，也称作“八裂星云”，距离我们约2000光年。图片中央的明亮区域其实是另外一颗恒星，刚好处于我们与星云之间，在一定程度上遮挡了我们观察星云的视线。尽管如此，这个捣乱者旁边的白色小点还是清晰可见，这个小白点就是NGC 3132号白矮星

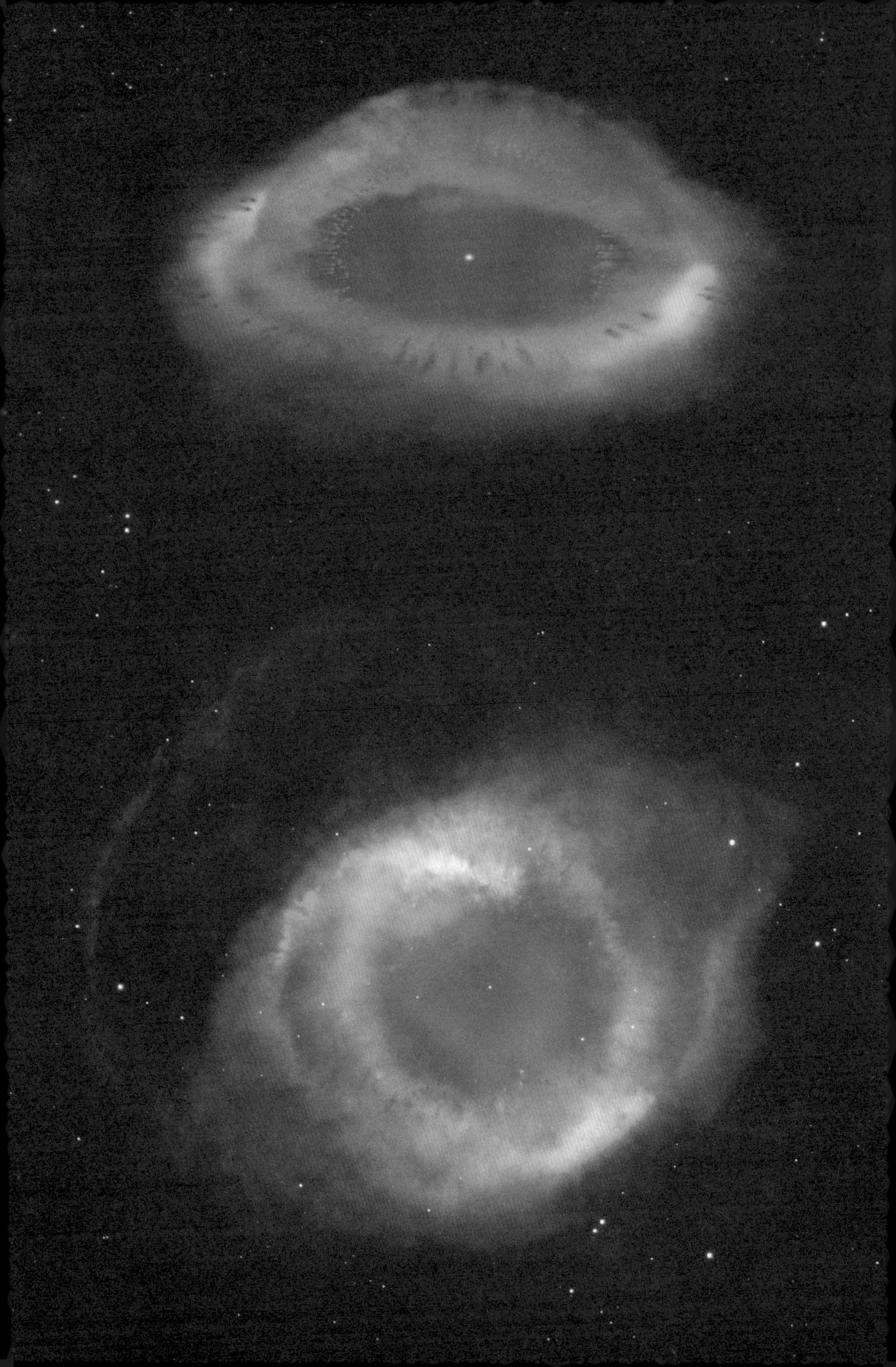

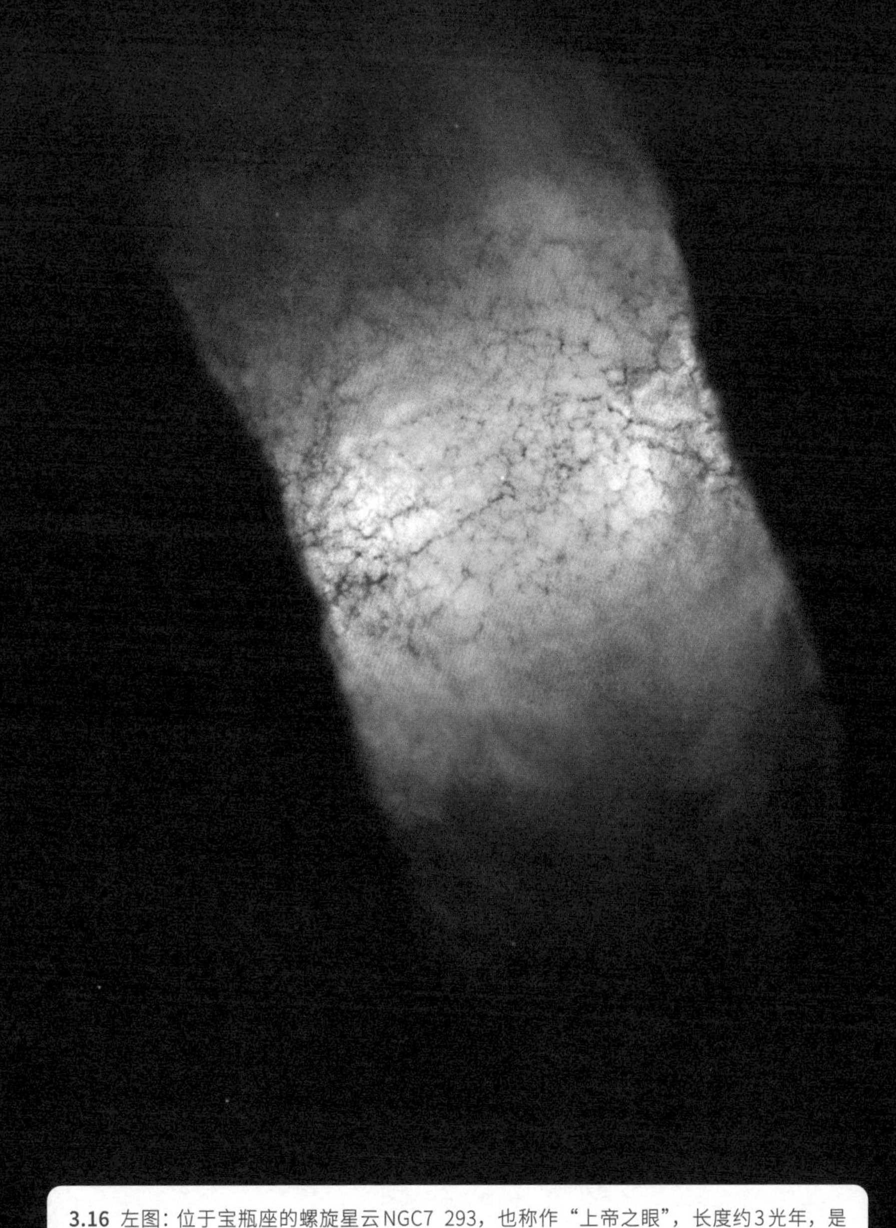

3.16 左图：位于宝瓶座的螺旋星云NGC7 293，也称作“上帝之眼”，长度约3光年，是距离我们最近的行星状星云（约为700光年）。位于星云中心的白矮星向四周强烈辐射，将其周围的氧映成了蓝色、氢映成了黄色，而氮则在强辐射作用下呈现红色，这一光景至少持续了1.2万年。借助多架望远镜共同分析，可以建立该星云的侧向模型（左上图）
上图：位于豺狼星座的视网膜星云IC 4406，这是一个环形曲面的行星状星云，被其环绕的中心恒星已经燃尽。利用哈勃太空望远镜可以展示出该星云的侧视图

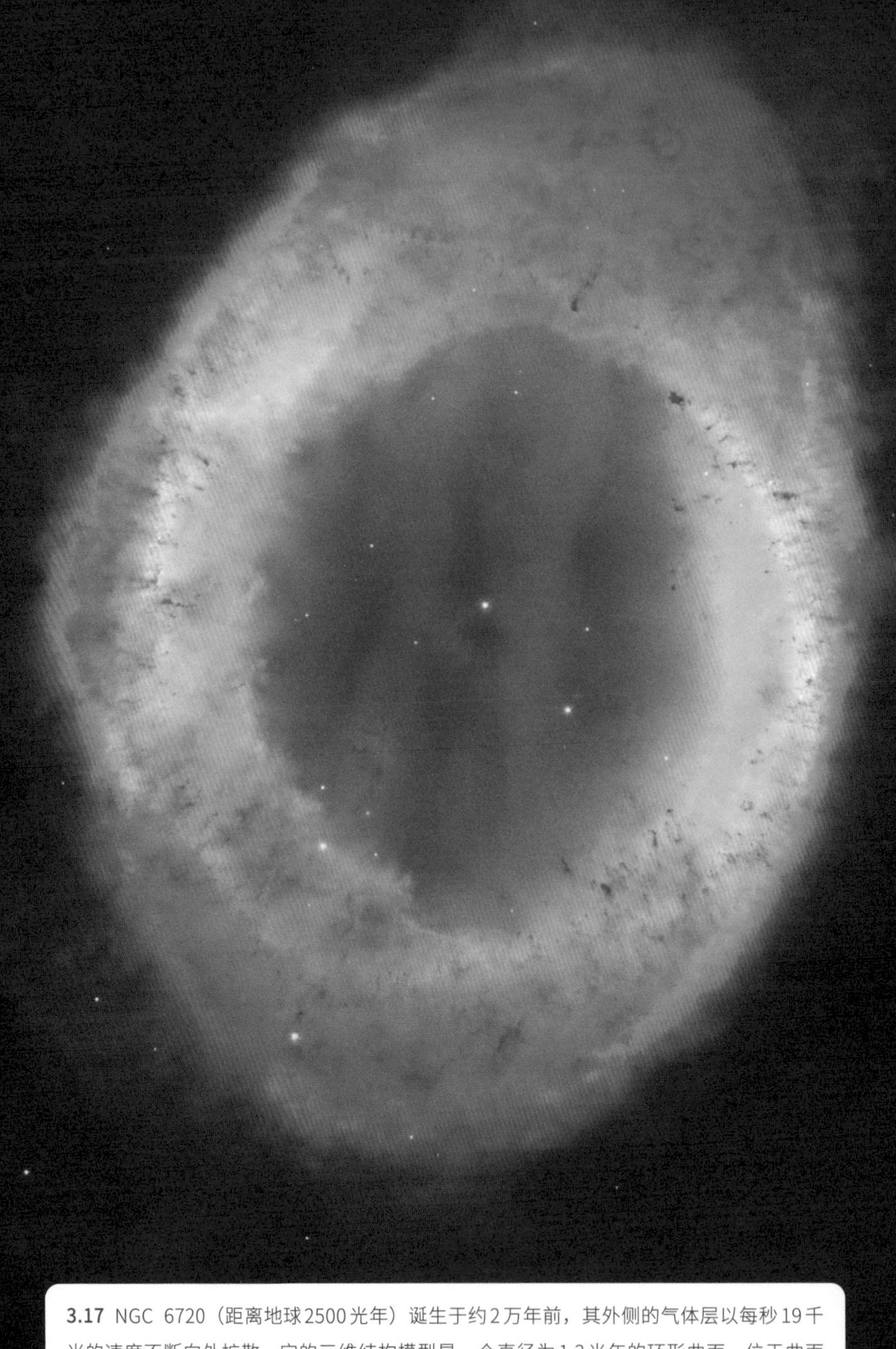

3.17 NGC 6720（距离地球2500光年）诞生于约2万年前，其外侧的气体层以每秒19千米的速度不断向外扩散。它的三维结构模型是一个直径为1.3光年的环形曲面，位于曲面中心的白矮星表面温度达到了7万摄氏度

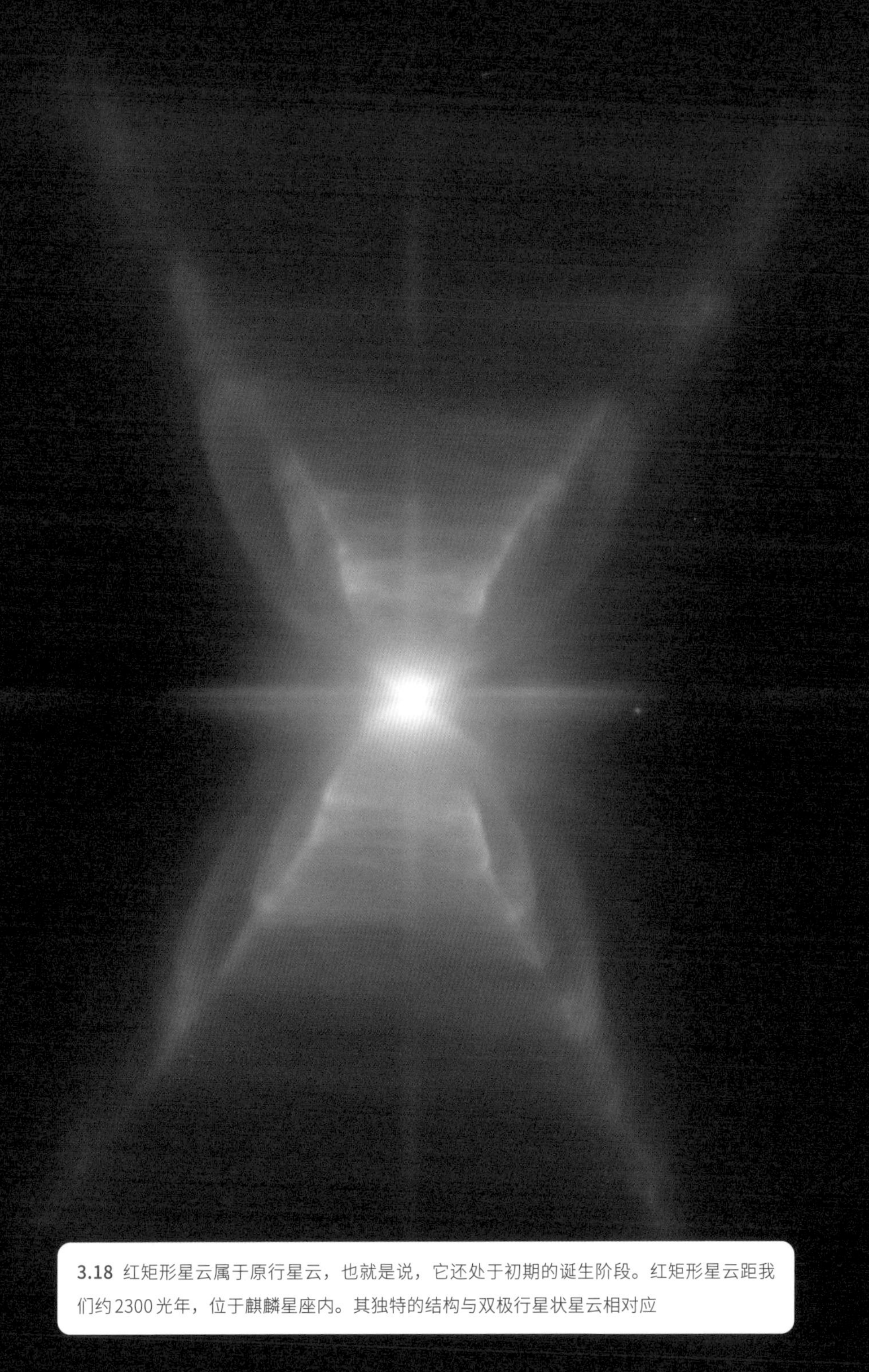

3.18 红矩形星云属于原行星云，也就是说，它还处于初期的诞生阶段。红矩形星云距我们约2300光年，位于麒麟星座内。其独特的结构与双极行星状星云相对应

3.19 位于矩尺座的蚂蚁星云（Menzel 3，Mz3），距离地球3000光年，直径为1.6光年，并以每秒50千米的速度向外扩散。由美国天文学家门泽尔（Menzel）于1922年发现

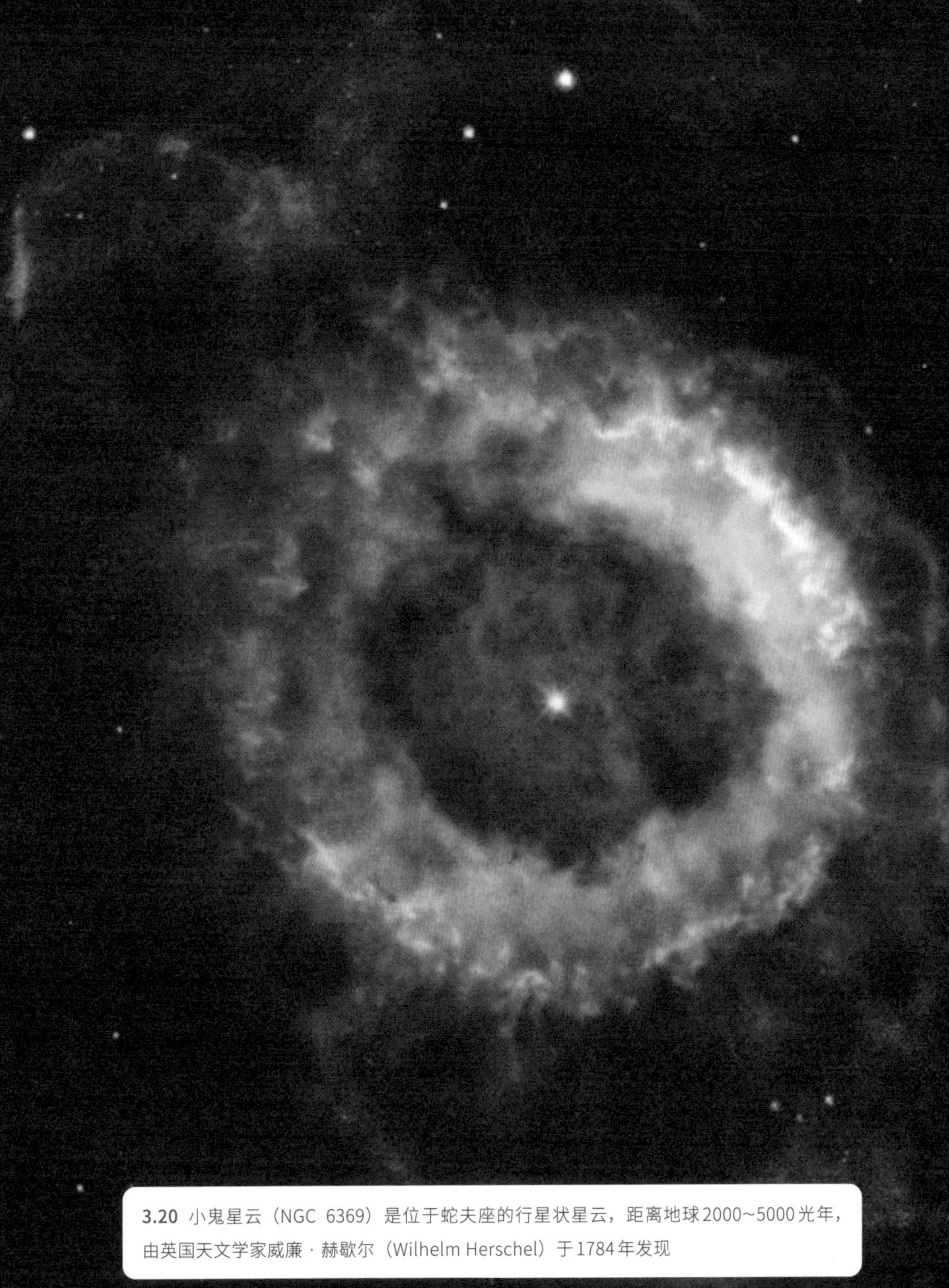

3.20 小鬼星云（NGC 6369）是位于蛇夫座的行星状星云，距离地球2000~5000光年，由英国天文学家威廉·赫歇尔（Wilhelm Herschel）于1784年发现

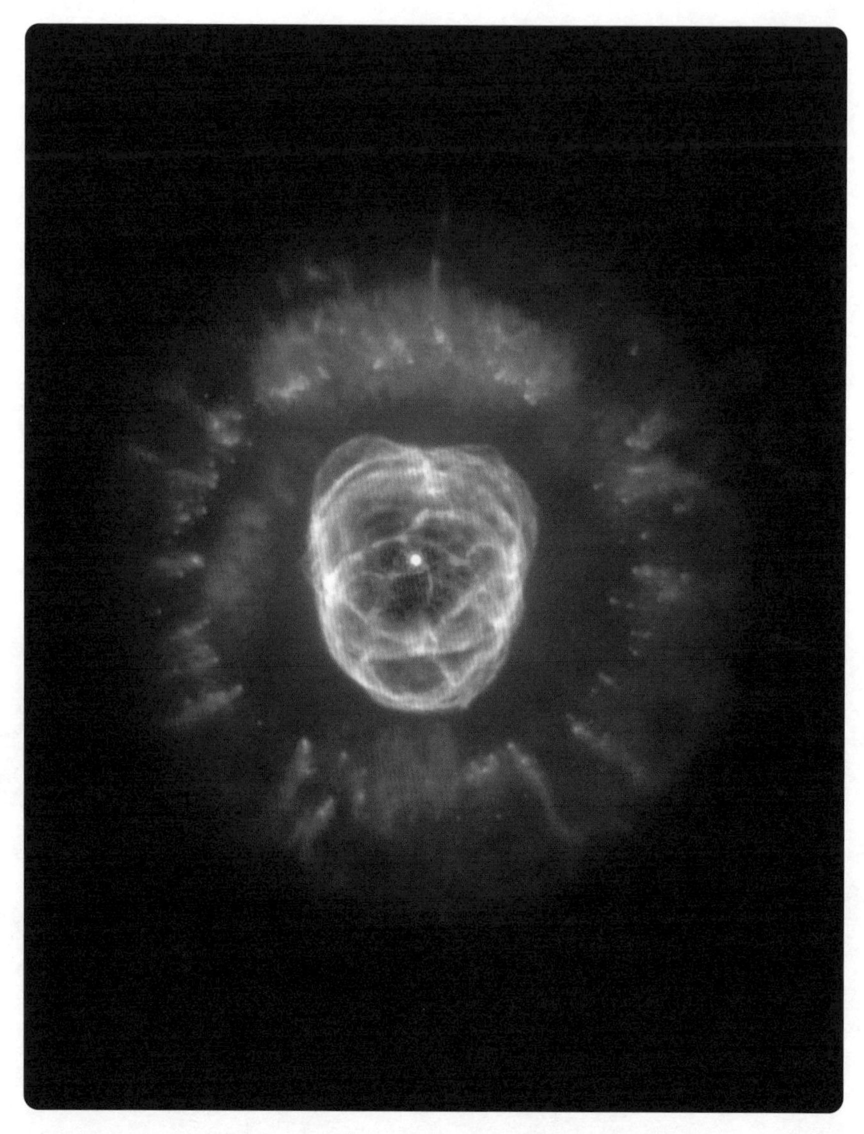

3.21 爱斯基摩星云（NGC 2392）位于双子座中，距地球约3000光年，由英国天文学家威廉·赫歇尔于1787年发现。这个大小为0.7光年的星云大约诞生在1万年前，中心处有一个和太阳差不多大的恒星，与它最外层的气体分离开来。在中心炽热的白矮星辐射下，不同距离的气体层也被映成了不同颜色。据估计，不同气体层向外扩散的速度也有所不同

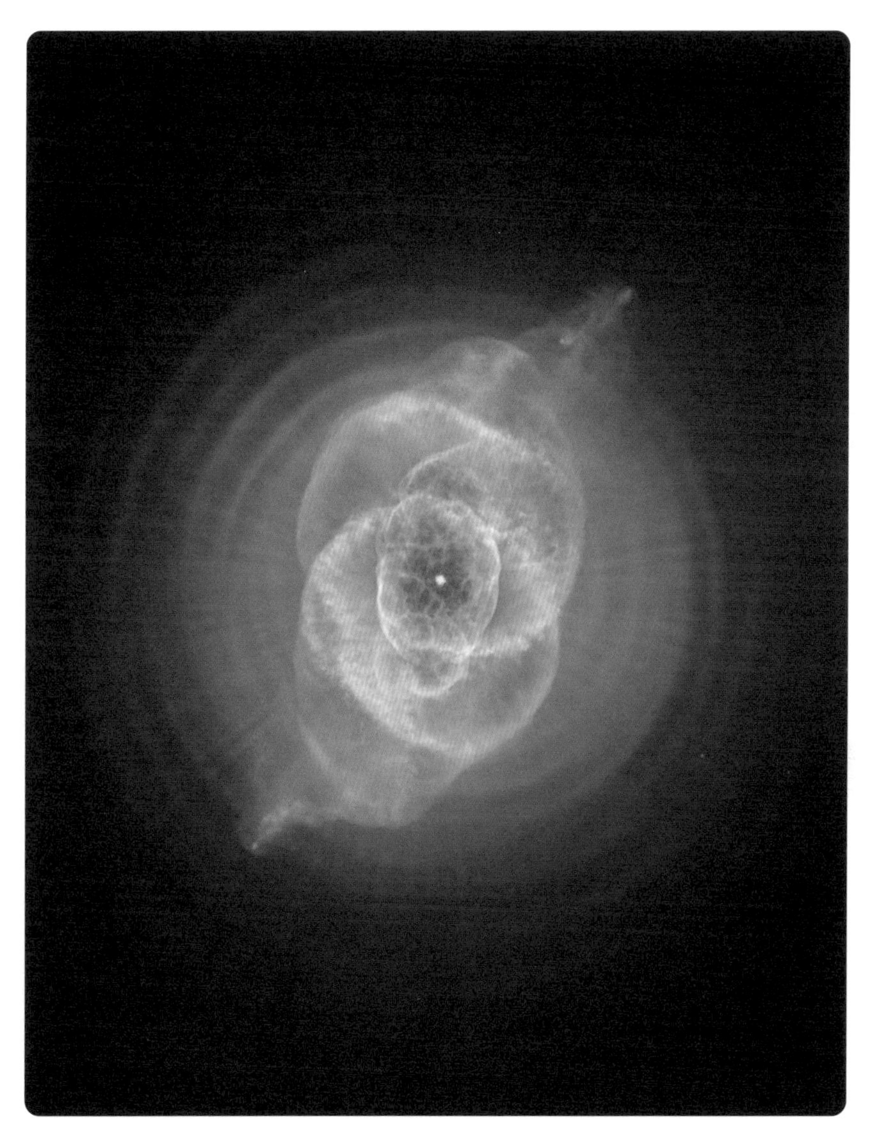

3.22 距离地球约3000光年的猫眼星云（NGC 6543）。中心恒星的大小虽然不足太阳的一半，但其表面温度却高达8万摄氏度。它可能是某个双星系统的一部分，其外层气体有规律地振动，以及附近伴星和剧烈的恒星风带来的干扰，一起使得它产生了这一奇怪的形状

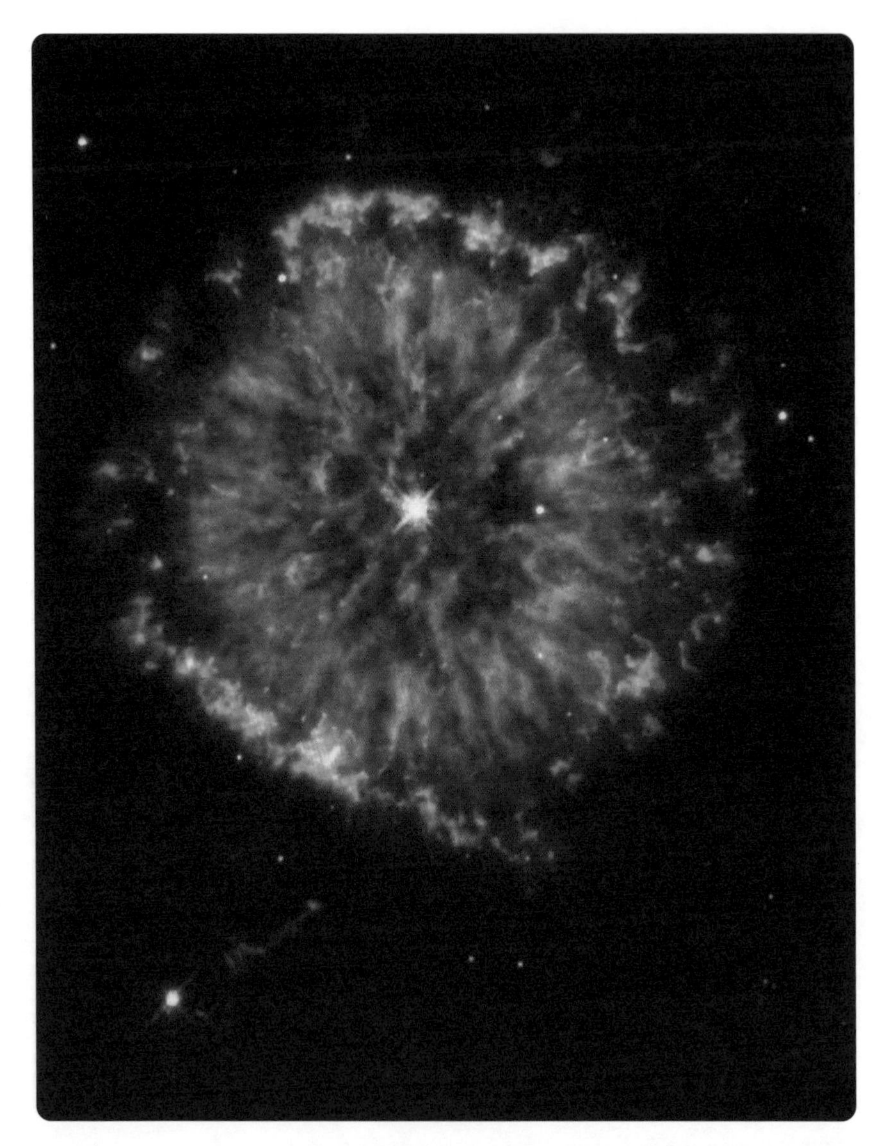

3.23 亮眼星云（NGC 6751）是位于天鹰座的行星状星云，是从星云中心炽热的恒星上剥落下来的气体物质。它距离地球约6500光年，直径为0.8光年，向外扩散速度为400千米/秒。由德国天文学家阿尔伯特·马尔夫（Albert Marth）于1863年发现

3.24 蝴蝶星云（NGC 6302）位于天蝎座中，距离我们约4000光年；此图由哈勃天文望远镜拍摄，星云中心的白矮星（隐藏在了浓密的尘埃环中）表面温度高达25万摄氏度，异常高的温度使其向外辐射波长很短的紫外光

★ 超新星——嘹亮的归营号角

加斯纳: 关于太阳我们就先谈这么多吧。不过，那些质量比太阳重得多的恒星又会发生什么呢?

莱施: 对于那些质量超过太阳8倍的更重星体，其元素还会继续融合下去，乐此不疲——碳、氖、氧和硅元素相继被点燃。星体的核心将会一次次因为燃料不足而停下燃烧的脚步，再一次次因为引力坍缩而引发新的元素种类发生核融合。这一聚变循环的旋转木马越转越快，到了最后，反应仅需要短短几个小时的时间。

加斯纳: 其化学反应一直到铁元素出场才会停止，因为重元素发生聚变时不会再向外界释放能量。最后，星体的核心将变成一颗巨大的铁球。而核心的外部将由数层物质包裹起来，各层泾渭分明，各层的温度也刚好高到足够各自壳层内的元素发生相应的聚变反应。所以从某种意义上看，一颗大质量恒星的构造与洋葱十分相像。

莱施: 现在读者们估计要提出反对意见了:“等等，有些元素不是比铁还要重吗? 比如金、银和铅。”的确如此，但是这些元素只在星体某个特定的阶段才会出现: 超新星爆发。

加斯纳: 一旦星体内部的铁球形成，而且不再出现其他的燃烧阶段，那恒星也就离寿终正寝不远了。在引力作用下，恒星的外部壳层与核心区域相互碰撞，并持续压缩星体核心的微观物质结构——主要是铁原子核与它的核外电子。现在发生的事情，我们之前已经用相对缓和的方式给大家介绍过了。读者朋友们是否还记得，我们之前拿一本书砸头来着? 当时一方面是在讲费米压力——我们还把它称为一种幽闭恐惧症，也就是电子在被压缩的过程中需要一个最低限度的距离; 而另一方面，则是讲到同名电荷会相互排斥。两种效果共同产生了一种阻

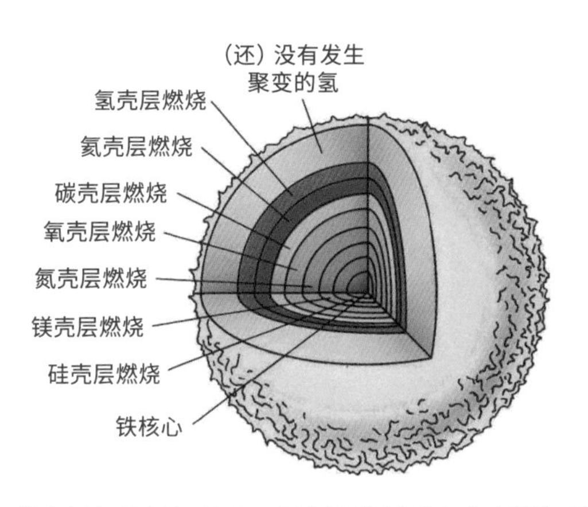

3.25 超大质量恒星的全部聚变过程。聚变一直进行到星体核心处出现铁元素。星体的温度是由核心向外部逐渐降低的，不同壳层处在不同的温度之下，并且力所能及地发生与其温度对应的聚变反应。最终的结果就是形成一个类似洋葱的结构

碍作用，使得我们的头部无法陷入书本中，哪怕穿透那么一丁点儿都不可能。简单总结就是：我们把书砸向自己的头部，估计还有点儿疼。

🎤**莱施：**正在坍缩的星体壳层与你用书砸头十分类似，而且，星体核心之外的这些壳层，同样无法陷入由铁原子核与核外电子构成的星体核心区域中。

🎤**加斯纳：**接下来发生的事情与跳蹦床的原理很像。原则上讲，有那么一处平衡位置，这里向内、向外的力量刚好相抵，就像一名体操运动员安静地站在蹦床上，蹦床的弹力布相应地张紧变形，与运动员的体重达到平衡。而当这名运动员从高处回落时，由于她具有额外的动能，将“冲破”之前蹦床上的平衡位置并随着惯性继续下坠。对于坍缩的星体壳层而言，这意味着壳层突破平衡位置后继续“下坠”的速度，仍可高达每秒数千千米。这一过程会进一步挤压恒星上的物质。此时，星体被急剧加热，在短短几分钟内，剧烈的爆炸燃烧产生了许多比铁还重的元素。只有发生这种强度的爆炸，才能提供足够的能量

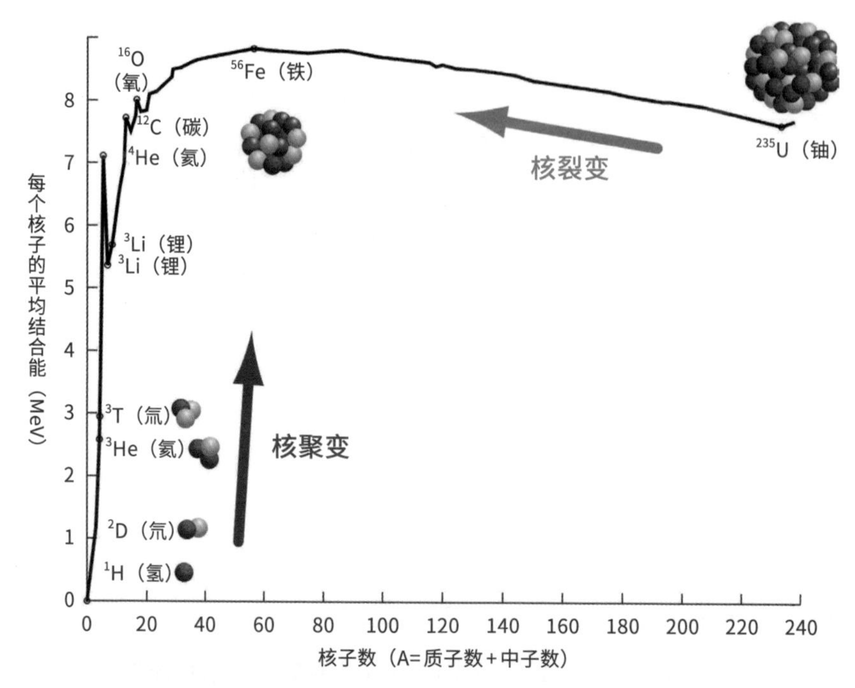

3.26 核反应释放出的能量，大致与核反应物转化成最终生成物前后的结合能之差相对应。每个核子的平均结合能由氢至铁逐渐上升。也就是在这一区域，核聚变产物（核子数更高的右侧元素）具有的结合能，要比聚变反应的反应物（核子数更低的左侧元素）所具有的结合能之和更高，这份能量差就可以通过聚变反应释放出来。而从铁元素继续到铀元素的这一方向，每个核子的平均结合能又在逐步下降。单从能量角度上看，让重核裂变成更轻的核是可行的，因为在此时的裂变过程，反应物位于横轴的右侧，生成物则挪到了左侧

让重核的聚变反应得以进行。这一过程同时释放了大量中子，并且直接附着在核心上。在接下来的衰变过程中，产生了各种各样的元素。最终，这颗Ⅱ型超新星产生了元素周期表中的所有元素，并卸下了不需要的货物——将这些重元素抛到了宇宙之中。

莱施：那么在蹦床中，啊不，我说的是在原来星体中心会出现什么呢？

加斯纳：超新星中心的铁球在坍缩壳层的剧烈挤压之下受到了毁灭性的破坏，巨大的压力将核外的电子们硬生生地压入了原子核中，与

核内的质子发生结合。质子与电子带有相反的电荷，发生逆 β 衰变后则变成电中性，并在这一过程中变成了中子。质量为1.5~2个太阳质量的中子星，通常会被压缩至半径只有10千米——这是我们宏观上能够观察到的密度最高的物质形态。巨大的万有引力作用在中子星上，它表面不同位置的半径只有几毫米的偏差，可以说它的形状几乎就是一个标准的球体。

莱施：那么中子星又是如何让自己与万有引力对抗，来达到稳定的呢？它已经不能发生任何聚变了，没有办法从聚变中获得用来抵挡万有引力作用的能量了啊。

加斯纳：中子星和白矮星一样，都是借助"费米压力"让自己稳固下来的。不过啊，这次可不再是因为电子的幽闭恐惧症，而是中子的。中子也属于费米子，同样会感到恐惧。

莱施：我一直对这种无须大费周章就能解释清楚问题的方式感到欣慰，印象也很深刻。读者朋友可能还无法完全相信，但是这整个过程确实已经被研究透彻了，而且也确实都解释得通。让我们再强调一遍：天文物理学就是核物理学，而核物理学是我们在实验室里就能够研究的。这是我们可以足不出户——至少不出地球——就能了解远在光年之外的其他对象的关键条件。我觉得这样也挺好的。

加斯纳：是挺好，但是还有另外一个问题，你说我们又要怎么讲述一个时间跨度超过了数百万年的故事呢？很明显没人能够亲眼见到这些。实际上，人们只能分散观察到这一历程的多个中间步骤，然后再用"蒙太奇"的手法，将它们像电影剪辑一样拼接起来，最后才能得到一个完整的剧情发展。

莱施：没错，宇宙还真就像一个大剧院。可以在里面看到各种好戏，观察到各种各样的东西，而且不同的对象还处于不同的发展阶段，纷繁复杂。尽管人们在观察超新星的时候，不得不等上很长时间，直到真找到一个非常非常密的……

加斯纳： 理论上讲，在宇宙范围内，每秒都会发生很多次超新星爆发。但在我们的银河系里相对就少一些——大约每一两百年才会发生一次超新星爆发。

莱施： 谢天谢地！

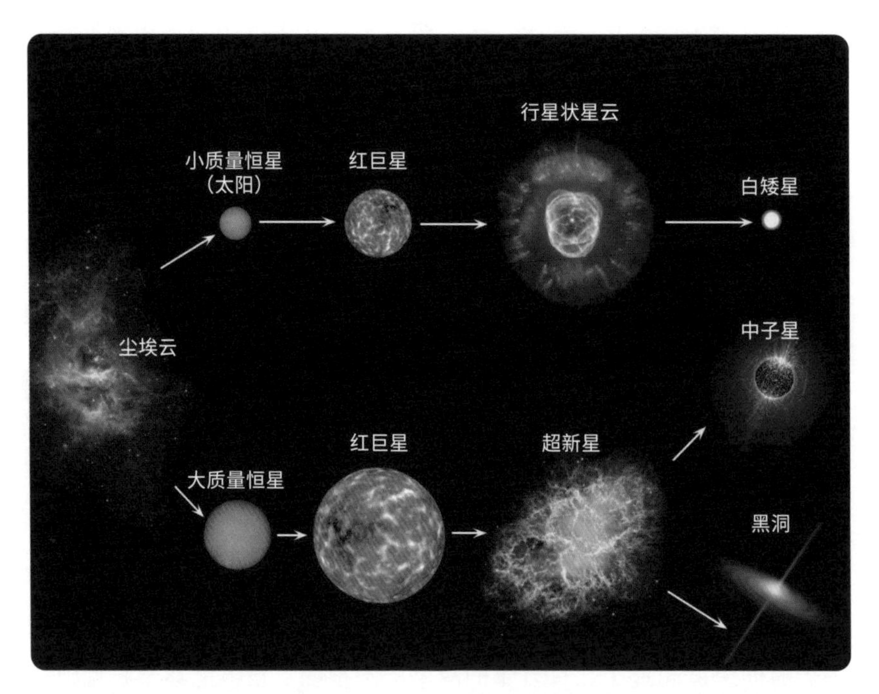

3.27 恒星演化的生命周期取决于它的初始质量。在成为红巨星的过程中，恒星的光亮会持续上升。我们的太阳会在成为红巨星之后，将其外层的物质剥落下来，变成行星状星云；而剩下的核心区域则变成一颗白矮星。大质量的恒星则在超新星爆发之后成为一颗中子星，或者变成一个黑洞

★ 从力量平衡到恒星残骸——从长远看，我们都已经死了

莱施： 一些有趣的附带边缘现象几乎要让这场物质表演的大戏戛然而止。这里说的是星体中包含的那些力量的意义。让我们再来回想一下：万有引力是宇宙所有力量中最弱的。

加斯纳： 我们真要发自肺腑地感谢这份弱小。如果万有引力的作用没有那么微弱的话，恒星也就无法达到今天这般庞大的体积。而正因为万有引力很微弱，一颗恒星必须将至少 10^{56} 个质子聚集到一起，才能够发出光亮。因为只有聚集这样多的原材料，整个气体球的重力才会大到足以使自身发生引力坍缩，并在球体内部达到足够高的温度和密度，使原子核发生核聚变反应，并融合到一起。

莱施： 如果万有引力的作用更强一点儿，那气体球只需要更少的原子就能演化成恒星了，这样一来，恒星拥有的物质也将更少。尽管在万有引力更强的情况下，恒星的核心也能够达到相同的温度及相同的核聚变率，但由于燃料变少了，它的寿命将缩短很多。所以如果宇宙的万有引力作用更强，我们赖以生存的地球，这个在数十亿年内将生命从单细胞生物孕育至高级动植物的蔚蓝色星球也就不会存在了。因为能够给予我们能量的太阳根本无法存活这么长的时间。

加斯纳： 对于其他作用力而言，相似的推演同样十分有趣，因为恒星本身就是各方力量竞争并最后妥协的结果。也就是说，影响恒星演化的除了自身重力，还与星体中心由于核聚变产生的辐射压力有关。核聚变的效率取决于核力及电磁力的相对强弱，当质子彼此十分靠近的时候，核力就会起主导作用。具体来说，就是在弱相互作用（弱核力）下，两个质子中的一个会转化成中子，并与另一个质子结合，形成新的原子核。电磁力则保证质子之间极难靠近，正如大家所知，带有同

种电荷的粒子是会相互排斥的。只有这两种相互作用达到均衡，像太阳这样的恒星才能够长久地为各种生命供应能量。

莱施：有了这样的基础认知，我们现在就可以发挥想象力了：倘若带有同种电荷的粒子，彼此之间的电磁斥力稍微弱上那么一点儿，那么将有更多的原子核相遇，更容易发生核融合，从而使得星体的燃料在更短的时间内耗尽；而另一方面，如果核力比现在稍微强上一些，也将导致原子核更快地聚变融合到一起，星体同样也将更快燃尽。

加斯纳：植物、动物，乃至我们人类，生命之所以能够存在，正是因为宇宙中的若干力量恰到好处地达成一致，使得恒星演化成今天的模样。要知道，恒星可是生命最重要的能量源泉。如果这些力量达到的是另外一种平衡，我们也就不是现在的我们了。

莱施：是这样的。如果小猫的眼睛变成了一对藏在浓密皮毛里的鼻孔，想必人们应该也不会感到太过惊奇吧。但有趣的是，这四种基本的物理作用，到底是怎样做到合作得如此默契的呢？物理学的世界真就是如此和谐、如此细致入微，达到了一个异乎寻常的平衡，世间的美好真是环环相扣啊。

加斯纳：是的，真的很迷人，乍看之下，宇宙好像对生命非常不友好，其间充斥着无数令人恐惧的东西：温度极高的等离子恒星、带有破坏性磁场的脉冲星，以及永远饥饿的黑洞——贪婪地觊觎着靠近它的一切，并将它们彻底吞噬。

莱施：更严重的是，在这些威胁之间的浩瀚天宇里，不仅虚无缥缈空无一物，温度更是极低，深邃而冷峻，无时无刻透露着恐怖。

加斯纳：而恰恰是这样令人恐惧的宇宙，孕育出了智慧生命的家园。宇宙中的各种作用力通过恰到好处的比例，彼此精准地分工协作，并在适当的初始条件下形成了现有的物质结构，以及复杂却足够稳定的化学连接。刚刚提到的那些看上去对生命不友好的宇宙结构（等离子星、脉冲星等），实际上只是最微弱的万有引力占据主导时才有的现象。万有引力还必须与其他作用力量达成一致，才能平衡状态。因此它们需要不计其数的质量，这样一来，星体也会成长为很大的规模。如先前所说，需要至少10^{56}个质子，才能够与质子间同种电荷的电磁排斥力抗衡时占据上风。所以恒星是如此大、如此热、如此重。然而这样的庞然大物，到最后却又无法善终。一切无法脱离的物质，最后都会遗留在密度极高的恒星残骸中——一颗白矮星或者一颗中子星。而这一次，万有引力与量子力学的其他作用力达到了一个平衡状态。

加斯纳：中子星是一个可以让我们深入理解物理学守恒定律的好例子。花样滑冰运动员如果把展开的双臂快速收回，按照角动量守恒定律，他就能够加速旋转。对于一颗正在发生引力坍缩的恒星，其外壳在引力作用之下距离星体中心越来越近，速度越来越快，也会发生与花样滑冰运动员类似的现象。与此同时，恒星的磁场线总数保持不变，而坍缩星体的表面积却在持续变小。因此，磁场线的分布就会越来越密，使得恒星磁场的场强随着坍缩而增强。两种结果综合在一起，最

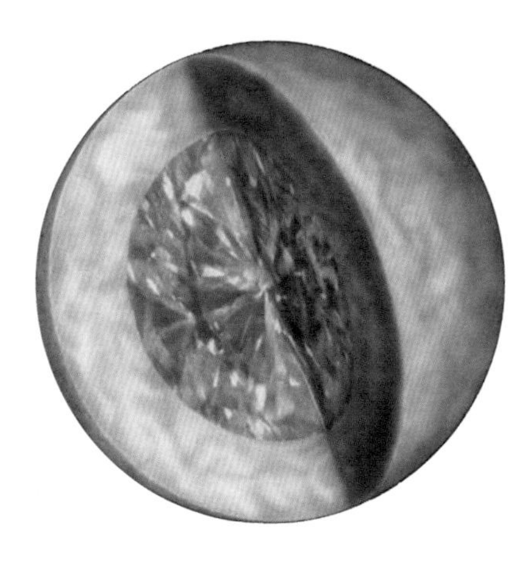

3.28 白矮星通常与地球大小相当，然而它的质量却接近太阳的质量，也就是说，它的物质密度非常高。而且在白矮星诞生初期，其表面温度超过25万摄氏度，它也因此向外发出白色的光亮。随后，白矮星将逐渐冷却，温度也不断下降。根据模型估算，白矮星应该主要由氧和碳两种元素主导。星体中心由氧元素形成的“氧核”被厚厚的钻石层（碳元素）包裹，而外壳则由一层薄薄的氦和氢覆盖

终便会形成一个具有巨大磁场并急速旋转的恒星残骸——脉冲星。

莱施：据我所知，自转速度最快的纪录保持者是一颗位于射手座的脉冲星，每秒自转716圈，实在令人难以置信。这已经相当接近理论上的最高极限值——每秒约1000次旋转。一旦超过这个临界转速，脉冲星将在强大的向心力作用下被撕裂。

加斯纳：除此之外，脉冲星自转轴还与它的磁轴不一致。对于观察者而言，这个倾斜的大陀螺会在旋转过程中，周期性地变换磁场方向，产生一个忽强忽弱的脉冲信号，就像海边的信号灯塔那样。所以脉冲星的名字还意味着“发射无线电波的脉冲信号源”。当磁轴正好指向观察者的方向时，它的脉冲信号最为强烈。

莱施：强烈的电磁辐射源于在视线范围内急剧加速的带电粒子。具体的过程相当复杂，但其基本原理与我们熟知的自行车发电机类似。当装在轮子上的磁铁随车轮一起旋转时，金属导体就会切割磁铁的磁感线，从而在导体中感应出电流。对脉冲星来说，高速旋转的星体同样对应着一个高速旋转的磁场，由此感应出大量带电荷的粒子，它们沿着自转轴像喷流一样涌入恒星间浩渺的星际介质中。喷流中的带电粒子由于剧烈地加速运动，产生了所谓的“同步辐射”，而这正是我们能够用天文望远镜观察到的。

加斯纳：脉冲星是恒星可以逃离死亡高速的“最后一个出口”，一旦错过了这个机会，就将万劫不复。也就是说，如果恒星上残余物质的质量过大，那么四种基本作用力就无法达成共识。按照先前的类比：超新星的“蹦床”再也无法承受引力作用下急剧坍缩而“下坠”的外壳，从而被彻底撕毁。这个时候，疯魔的万有引力将势不可当。一个黑洞也就诞生了。

莱施：黑洞就是对生命不友好的典型，扼杀一切靠近它的物质。

加斯纳：除了你说的这个恒星黑洞，还有星系黑洞。星系黑洞能够从周围吸引更多的物质，变得越来越重。从远处看去，黑洞就像宇宙的排水口，那些濒临死亡的物质不断地涌进这个下水道的旋涡里，最终排入黑洞之内。

莱施：只有通过万有引力对周遭环境的作用效果，我们才能够间接识别出黑洞。这是因为没有任何光子能够从黑洞中逃脱出来。不过，要是刚好有东西正被吸进黑洞，就会出现一场超一流的光影秀。因为在物质越过事件视界之前，黑洞的潮汐力就已经将其彻底撕碎，并在这一过程中将物质43%的静止质量转化为能量，以辐射的方式释放出来。人们称之为物质濒死前的最后哭泣。

加斯纳：需要向大家稍微解释一下"潮汐力"。质量一定的物体，受到的万有引力大小与其距离的平方成反比。对于一名双脚首先接触地面的跳伞者而言，万有引力对其腿部的吸引作用要比对他头部的吸引更强，因为他的双脚距离带给他引力的地球更近，比头部近了一个身高。事实上，这名跳伞者不会有太明显的感觉，因为相对于地球的重力而言，维系人体的结合力要高出很多个数量级。然而，如果被吸引的物体尺寸越大，同时带给它引力的物体质量越重，那么潮汐力的作用也就越强。到头来，物体会被极度扭曲变形，直至被完全撕碎，就像坠入黑洞之中，消失不见。英语有一个很形象的表达——"意大利面条化"效应。[1]

莱施：这一点你应该多跟那些想去虫洞旅游一番的人讲讲。

加斯纳：我倒不觉得去虫洞旅游的想法是认真的——这毕竟只是科幻片。但是黑洞却是真实存在的，它释放能量的效率也实在惊人。为

1 物体靠近黑洞时，在距离黑洞不同的位置会受到大小不同的引力。物体在引力梯度的作用下被拉长，就像意大利面一样。——审订

了方便比较，让我们先来回想一下太阳内部的核聚变能量。按照相对论的质能方程，太阳内部只有0.7%的静止质量会转化成能量。相比之下，黑洞释放能量的效率更高，同时这也是黑洞旋转的有力证明。如果黑洞静止不动，其理论的能量转换率约为坍缩物体静止质量的7%。

莱施：人们如果要估计能量转化的效率，首先必须知道它的大小。可是黑洞距离我们如此遥远，以至于只有少量的光子才能抵达我们这里，那我们又如何能够确定它的大小呢？

加斯纳：在一个特定时间内，接收到电磁辐射的强度，也就是捕捉到的光信号亮度是在不断波动的。在遥远外界，星体正在经历哪种变化过程并不重要，其辐射功率的改变在物质中传播的最大速度便是光速。如果这份强度是在一个小时内波动，那么这个物体的大小最多可达一个“光时”，即光在真空中前进一小时的距离。这为人们在发现辐射的时候提供了一个重要提示：说明它并非是恒星的光辐射。如果一个对象的发光程度是太阳的数十亿倍，而它的大小只有几个光小时，那么这个光源就不可能是恒星。人们称之为“类星体”[1]，即“准恒星无线电放射源”。

莱施：那些围绕着类星体旋转的盘状物质，同样也会产生喷流效果，就像你刚刚在讲的脉冲星。只要有星体在高速旋转，而且还有磁场参与其中，就会沿着星体的自转轴向外产生喷流。就连我们的太阳也会向周围高速喷射出类似的东西。

加斯纳：为了不让读者朋友们误解，这里强调一下：太阳的磁场只有一个高斯[2]的强度，而脉冲星的磁感应强度高达几万亿个高斯。

---

1 类星体是一类距离我们极其遥远的天体，其中心通常为超大质量黑洞；黑洞本身不发光，但是吸引周围物质高速坍缩至黑洞的瞬间，则会发出巨大的光辐射。——审订

2 高斯是磁感应强度的若干单位之一，此名为纪念德国的物理学家和数学家高斯。——译注

莱施：不管怎么说，我们的太阳也是宇宙中“喷子”大家庭的一员。这一点是很有必要提及的，毕竟我们也从中受惠。但当之无愧的喷流冠军应该是类星体。在类星体外看起来像是一个盘状的物质，绕着类星体的事件视界盘旋，就像热锅上的蚂蚁。在距离我们数百万光年远的地方，由类星体造成的喷流将带电荷的粒子以接近光速的速度打入了星际介质中。

加斯纳：黑洞的事件视界可以称得上是一个有去无回的地方，这也展现了我们宇宙另一个有趣的礁石棱角。我们之前已经讲过“普朗克世界”及“时间之箭”，在大爆炸模型中描述空间与时间的关系时，也提到了礁石上那顽固的棱角。而到了黑洞这里，兜兜转转又再一次回来了。在“正常的”世界之中，我们是可以自由通往空间的各个方向，并且原路返回的。而在时间维度里，射出去的时间之箭是禁止“倒退”的。在跨越了黑洞的事件视界之后，就只剩下一个可能的运动方向：前往黑洞的中央。由于时空的极度扭曲，时间不再继续流逝。而时间之箭此时会变成瞄向黑洞深处的“空间之箭”。就好像空间和时间互换了角色。

莱施：当然，这一切只是理论模型。我们还不可能知道跨越事件视界之后具体会发生什么，至少现在还没有人能够经历并报道这一活动。但不管怎样，一切肯定都将继续下去。

加斯纳：不过如果要较真的话，“跨越事件视界”这样的表述就很有问题，因为一旦挨上黑洞这个硬棱角，理论上就意味着我们的四维时空到达了尽头。进入之后发生的事情，已经不是外面的旁观者所能知晓的了。

莱施：如果谁对恒星黑洞不满足的话，我们还可以从天文学的货架里搬出它的老大哥——星系黑洞。比如在我们的银河系中，就潜伏着一个这样的黑洞，它的质量足有400万个太阳质量那么大，名为“人马座A*”[1]。

加斯纳：乍看上去，它瘦得仿佛在节食，但其实已经有一个质量相当于15个太阳质量的恒星被它的引力捕获。这颗恒星以每秒5000千米的速度向黑洞靠近，现在的距离已经只剩90个天文单位[2]了。当只剩两个天文单位的时候，这个恒星也就快到尽头了。人马座A*的潮汐力将战胜这颗恒星内部维系其结构稳定的所有力量。其实在这之前的大约7.5万年，我们贪婪的黑洞就已经享用过一道餐前开胃菜，那就是已被它吞噬了的尘埃云。

莱施：那么……祝黑洞有个好胃口！在银河系中，其实还隐藏着很多这样的超大质量黑洞。幸运的是，这些黑洞离地球足够遥远，不然我们的太阳系也要变成黑洞的盘中餐了。

---

1 人马座A的一部分。——审订

2 一个天文单位相当于地球与太阳之间的距离。——审订

3.29 人马座A距离地球1200万光年，是离我们最近的活动星系。下方的三幅图像是用不同波长的天文台（天文望远镜）拍摄出来的，分别为可见光的欧洲南方天文台[1]、无线电波的甚大望远镜[2]及利用X射线的钱德拉天文台[3]。上图为三幅图像合成的效果图，图中清晰展示了一股充满能量的喷流，它从银河系中央的黑洞喷涌而出，在星际介质中延伸超过1.3万光年

1 The European Southern Observatory，缩写为ESO，可见光的波长适中。——审订

2 Very Large Telescope，缩写为VLA，无线电波的波长通常较长。——审订

3 Chandra，使用伦琴射线，波长相对较短。——审订

3.30 银河系中央的“人马座A*”，一个质量超过400万个太阳质量的超大质量黑洞

人择原理

——宇宙是喜欢我们的

加斯纳：人们对一个明显的悖论可能还没有足够的认识，即我们在宇宙中观察到的，的确有一些是可以对生命构成威胁的结构，所有的这些，哪怕是黑洞，都是几种基本作用力最终妥协的结果；然而，这些作用力又被分配得恰到好处，最终达成妥协的分配比例，正是生命诞生不可或缺的前提。宇宙深处的它们依旧充满威胁，只是如今，人们可以有一种新的思考角度：如果宇宙不存在这样一个力的平衡，也就不是能够诞生我们人类的那个宇宙了。所以，为了能更好地理解宇宙，我们应该重新审视它：原来，我们的宇宙虽然外表粗鲁，但内心却很温柔，早就为人类的生存做好了周全的安排。这一点，人们可以向宇宙道个谢。

莱施：所幸的是，我们人类距离这些危险的"恒星残骸"足够遥远，这才有可能在宇宙中与它们和平共处。毕竟，经过138亿年的膨胀，宇宙已经为大家腾出了充足的空间。

加斯纳：这还只是宇宙众多舒适条件中的一点。我们在物理学的神秘世界中钻研得越深，就越会觉得，宇宙仿佛已经在冥冥之中等待着我们。英国天文学家亚瑟·爱丁顿就指出："在那未知世界的海洋，我们沿着它的海岸线漫步，不经意在海滩上发现一枚奇特的脚印。为了查证脚印的来源，我们建立了一个又一个深奥的理论。最终，我们成功地复原出这枚脚印的归属者，然后发现其实是我们人类自己留下的足迹。”

莱施：物理学家布兰登·卡特（Brandon Carter）将你说的这个思想总结为“人择原理”。根据这个原理，我们在面对宇宙赋予人类的恩泽时，也可以稍稍心安理得一些了——如果宇宙的演化进程没有调控得如此精准，那在另一个平行宇宙里，也就不存在会感到惊奇的智慧生命了。宇宙中的规律，真是惊人地适合我们的存在。

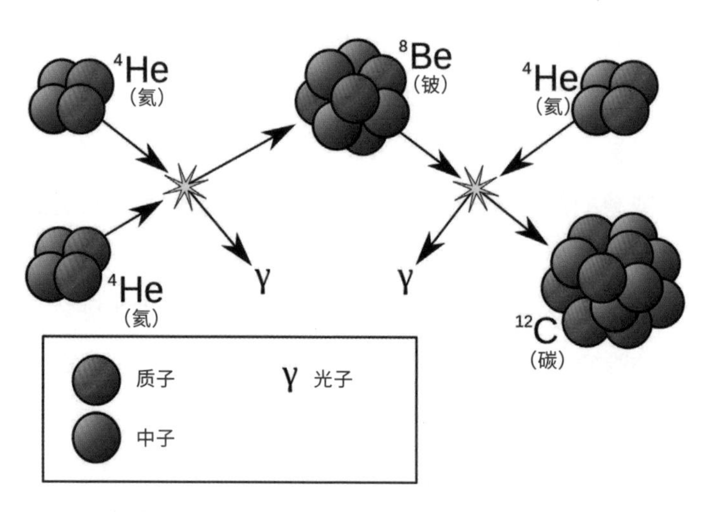

3.31 3氦过程以铍作为中间产物，最终将3个氦原子核聚变成碳原子核

加斯纳：基于“人择原理”，人们甚至还得到了一些具体的科学发现。其中最有名的例子，就是3个氦原子核最终聚变成一个碳原子核，也就是“3氦过程”（Triple-Alpha）涉及的共振能量等级。

莱施：人们有时也会把氦原子核称为α（Alpha）粒子，因为氦原子核也会在“α 辐射”的放射性衰变中出现。在3氦过程中，3个氦原子核通过两个阶段融合在一起：第一阶段是两个氦原子核聚变成中间产物“铍”；第二阶段是铍原子核与第三个氦核发生聚变反应。

加斯纳： 3氦过程在恒星的红巨星阶段扮演着重要角色，天文学家弗雷德·霍伊尔早在20世纪50年代初期就明白了这一过程。尽管如此，在他对“碳”这一聚变产物的生成率做理论计算时，一个谜团始终困扰着他，因为计算结果与实际观察到的数据差了足足几个数量级。

莱施： 在他的计算当中，最令人头疼的是前面提到的中间产物——铍原子核，它在短短2.6×10^{-16}秒后就会分解，重新变回它的聚变反应物——两个氦原子核。如果霍伊尔将聚变反应的温度调高，让氦核之间可以发生更多次的碰撞，以此来提升聚变的反应率，那么生成的碳原子核也会具有非常高的能量。过剩的能量理论上不仅无法帮助它维持稳定，一定程度上还会迫使碳原子核重新分裂。

加斯纳： 所以，升高温度看起来也只能合成很少数量的碳元素。对于以碳氢化合物分子为基础的生物而言，这些碳好像还远远不够。然而宇宙中却又真实地存在着生命——霍伊尔只要每天照一下镜子就可以证明。霍伊尔简单粗暴地解决了这个问题：他在反应链中添加了一个原本没有的附加因素，帮助反应过程走出了“碳少”的困境。现在，如果过剩的能量刚好达到7.65MeV，反应过程就应该出现“共振”——也就是可以得到一个特殊的关照。共振状态下的碳原子核，可以将过剩的能量以一份份量子化的能量形式，重新“分配”到原子核的内部结构中，从而使它躲过再次裂变回去的命运。即使是这样，聚变合成的碳原子核也只有千分之一的概率能够最终存活下来——但至少，实际观测到的碳元素含量，在理论计算上也是能够达到的了。

莱施： 这真是胸有成竹般的自信。计算了半天，但一直和实际结果相差几个数量级，然后他索性把笔一放，说道："瞧啊老兄，肯定还需要一个在7.65MeV上下的共振能级。那样就都能解释通了，快去找找看吧！"随之而来的成功验证了这个假说——这一共振能级真的通过实验证实了。

加斯纳：对于7.65MeV这一数值的考虑如下：人们把3个氦原子核的静能量相加，再减去生成碳核的静能量，就剩下7.275MeV能量。而在2.5亿摄氏度的特定温度下，每个参与反应的粒子，动能还会再多0.1MeV左右。最后，人们还必须把这个理想情况下的共振能级再下调几个百分点，这样，聚变反应才不会"过于"共振——也就是实际反应所生成的碳不能比观察到的多。这一相差的能量确定得极其精准，如果反应物的总能量有1%的出入，碳的生成量就会下降至原来的三十三分之一。

莱施：正是归功于如此精准的能量"点着陆"，犹如神来之笔不偏不倚，才有了我们全体人类的存在。弗雷德·霍伊尔之后发现，没有什么能够像这个认识一样，如此颠覆他的无神论。

加斯纳：如果再进一步研究，还会有更令人吃惊的发现：聚变循环的旋转木马并非静止不动。在恒星的后续演化过程中，如果大量的碳原子核继续发生聚变，比如与其他的氦核反应生成氧，那我们这些宝贵的碳元素将再次陷入危险境地。而且，这个新的聚变反应甚至也存在一个类似的共振能级，过剩的能量位于此处时，同样可以大大促进氧的生成。但万幸的是，该反应的共振能级的大小刚好略小于反应物与生成物的静能量之差，生成物的能量此时再多增加一点儿，反而会远离最佳的共振状态。也正因如此，再考虑到氧原子核的动能，其过剩的能量已经远远超过了可以维持稳定存在的共振能级，想把这些能量退回去是几乎不可能的。因此，大量的碳元素经受住了恒星演化中的双重考验，成为最后赢家，并在恒星生命的最后阶段聚积到了星际物质中。

莱施：发乎氦而止乎氧，我们再一次惊喜地看到：碳的生成就是一门伟大的艺术，一分不能多，一分也不能少。

加斯纳：让我们重新回到宇宙大戏的帐篷里吧。表演还在继续，下一个节目是一个更巨大的物质循环。在宇宙这个大工厂里，物质不断循环，星系也在持续演化，并在某一时刻、某一个角落，形成了我们的家乡——银河系。

莱施：是的，在这个宇宙大帐篷里，精彩的表演已让我目不转睛。宇宙万物是如此微妙而又均衡，肯定还发生着什么事情。我想，星系对重元素的累积应该就是其中极其美妙的故事之一，这是讲述宇宙发展时必须提及的。

星系对重元素的累积

——孕育英雄的物质

莱施：我们已经说过，不是所有恒星的情况都是一样的。恒星有大有小，大恒星的质量更大，寿命更短，温度也非常高。这些大质量的恒星当中，有很多会爆发成超新星，并将恒星内部孵化出的元素输送到恒星之间的星际介质当中。这些恒星中有不少比我们的太阳重得多。不过在银河系中，这一类较重的星体数量则相对较少，只有10%。

银河系中大多数是小而轻的恒星，它们的寿命比太阳要长久得多，但是其内部生成的元素种类却和太阳一样少。它们的质量无法在星体内部形成足够高的压力，因而便无法开始下一阶段的聚变燃烧。大多数这样的星体，在完成了氦原子核融合成碳核、氧核之后，也就走到尽头了。这些小的恒星渐渐烧尽，最终黯淡下来。

加斯纳：随着时间的推移，会有越来越多的气体云演化成恒星。由于大多数恒星很小，只会简单地烧啊烧，直到聚变反应将气体燃料耗尽。因而星系的气体总量也在不断减少，就像熬汤时汤中的水一点点地蒸干。正如我们说过的，尽管大质量星体的数量很少，但它们却能够通过更复杂的聚变反应，从原始的星际气体中积聚出质量更重的新元素，推动物质转化的大循环。某种意义上讲，它们就像是在一锅星际清汤里撒入的调味盐粒。

莱施：大质量恒星爆炸产生的高温气体和尘埃在周围的宇宙空间中慢慢冷却，并逐渐形成一团又一团新的气体云。这有点儿像是宇宙的一个个“肥料堆”，每一堆“肥料”内的物质都在发生化学反应。新形成的这些气体云质量会一直增大，直至承受不住自身重力而发生坍缩，各种作用力随后又开始了新的角逐。就这样，从上一代恒星爆炸后的残余物质中，又孕育出了新的恒星。

加斯纳：原则上，恒星的形成并不是由某个单一因素决定的，而是取决于不同参数的共同作用。宇宙中的气体云在引力作用下发生坍缩时，要面对很多对手：气体因受热膨胀产生的热压力、磁感应线疏密变化产生的电磁力，以及由于微粒尘埃的角动量守恒而产生的向心力。整团的巨型气体云渐渐分裂，形成若干片小气体云，这些小片的气体云再各自独立地坍缩——这样倒也让问题简单了些。而且保持不变的是整个气体云系统的角动量，而非每一片小气体云的角动量分量。因此，不断地“碎片化”也可以帮助气体云团重新分配系统内部的角动量，让每一块小区域各自旋转起来。其结果则是在巨型气体云内诞生出许多的小恒星。它们彼此相邻，且当中约有三分之二会组成双星系统。

莱施：引力坍缩理论要归功于英国物理学家詹姆斯·霍普伍德·金斯爵士（Sir James Hopwood Jeans）[1]。温度在其中起重要作用——进一步来讲，“冷却”扮演了很重要的角色。含有更重元素的大型气体尘埃云团，可以更有效率地冷却下来，因而也更容易发生坍缩。

加斯纳：这些气体尘埃微粒或早或晚，最终都会演变成一个旋转

---

1 他提出了金斯不稳定性——当气体分子云的热压力无法平衡引力作用时，气体云便会在引力作用下逐渐向内坍缩，最终形成恒星。——审订

的巨大星盘——这个过程由整个系统的初始角动量决定，而初始角动量则取决于每一片气体尘埃云的随机运动。旋转最慢的区域，可以近似对应这个星盘的旋转轴。沿着旋转轴的轴向方向，尘埃微粒会在引力作用下向尘埃云的中心收缩；而与旋转轴垂直的平面方向上，尘埃微粒受到的引力作用一方面需要克服气体云内部的热膨胀压力，同时还必须与强大的向心力对抗，因此在这个方向上的收缩作用会大打折扣。最后的结果便是气体云被拉扯得越来越平坦，直至形成扁平的盘状。

莱施: 这也说明，小型或者略大的恒星更容易存活下来。因为巨型恒星很快就会走到生命尽头，然后再随着它的超新星爆发，将自己庞大的躯体炸裂成无数碎片，高速飞向四周。这些飞散的碎片遗骸，最后又将恒星附近原有的气体云撕破。

加斯纳: 超新星爆发产生的冲击波会将周围的气体云迅速挤走，向远离恒星的方向剧烈压缩，这通常会在周围的气体云中诱发新一轮的引力坍缩，从而重新激活星际物质的新陈代谢。这就是咱们上文提到过的“宇宙堆肥”，通过这样的过程形成的一个典型代表就是猎户座的马头星云。

莱施: 等等，我要静下来好好想一想。这样一来，超新星就不单单是喜迎恒星出生的助产士了，而是它本身就和恒星的诞生有着千丝万缕的联系——超新星不就正是孕育小恒星的生母嘛!

加斯纳: 没错，恒星的消亡与诞生是紧紧相连的。老一代恒星会把较重的元素传递给下一代，年轻的气体云也因此会比老一代含有更重的元素。可以说，这是恒星之间约定俗成的“代际协议”。[1]

---

1 此处表达借鉴了德国的一种养老制度，由工作的中年人依法缴纳一定比例的收入，用以支付老年人的养老金和未成年人的抚养金。——审订

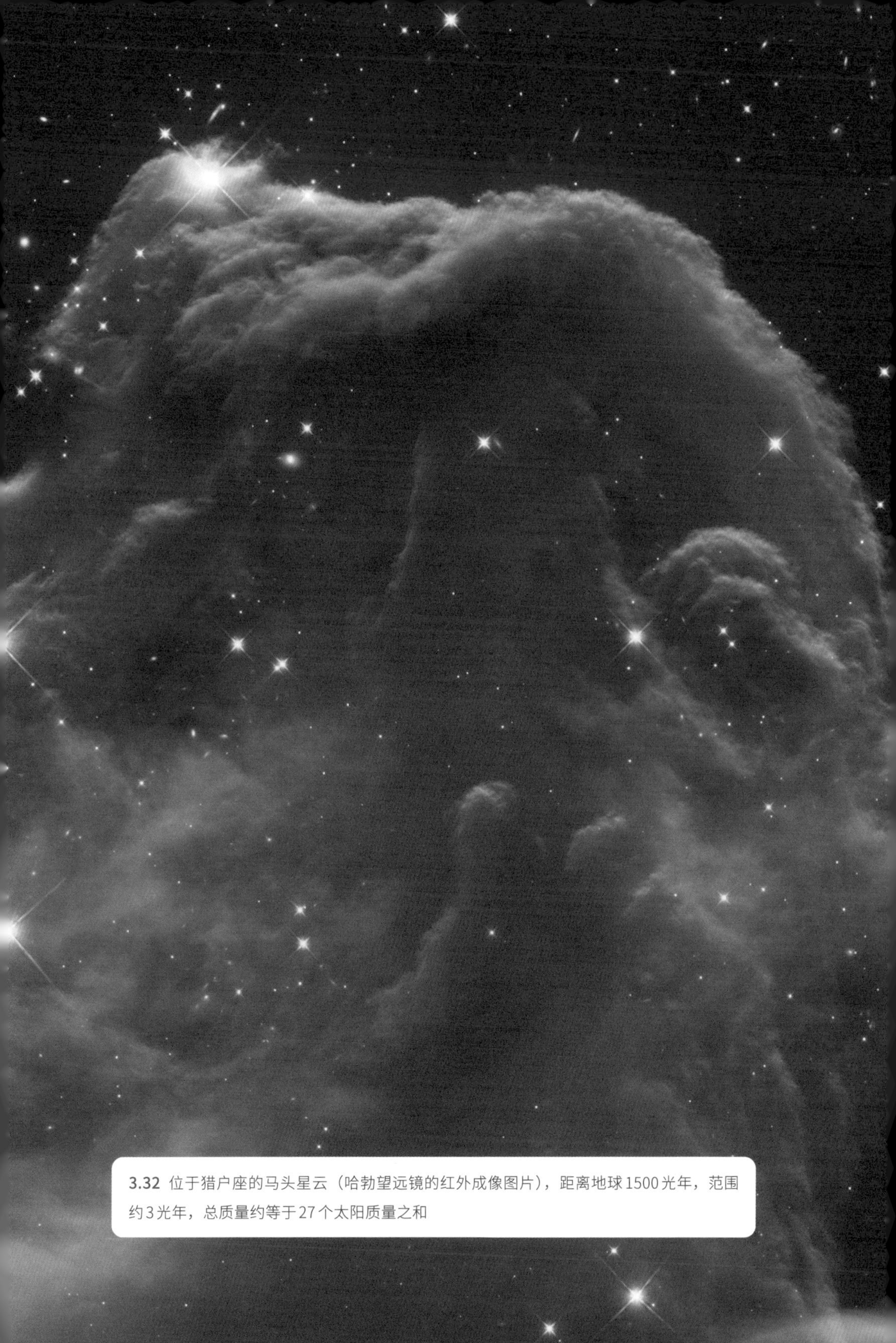

3.32 位于猎户座的马头星云（哈勃望远镜的红外成像图片），距离地球1500光年，范围约3光年，总质量约等于27个太阳质量之和

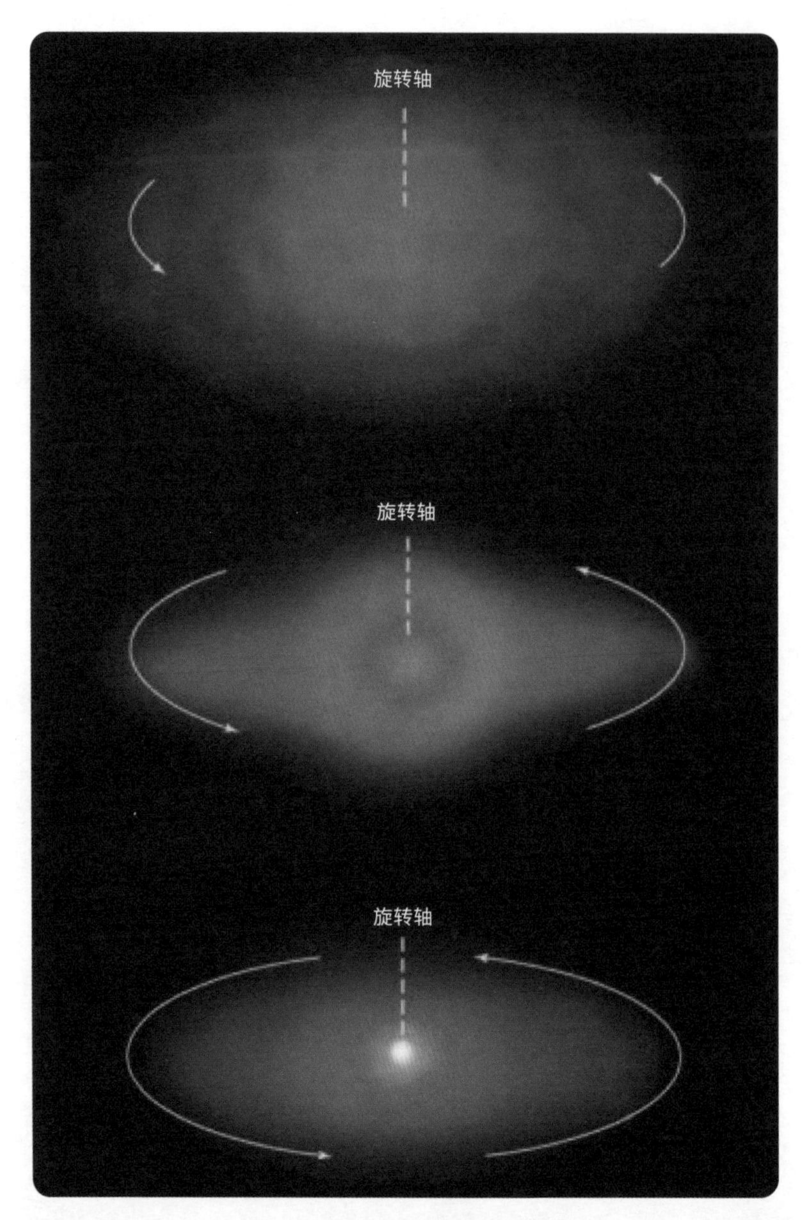

3.33 在引力作用下，旋转的尘埃云会不断坍缩，逐渐变成扁平的盘形。因为在与旋转轴垂直的平面方向，尘埃微粒除了内部的热膨胀压力，还同时受到向心力的拉扯作用；而沿着旋转轴的方向，向心力不再发挥作用，尘埃云也更容易在引力作用下向中心坍缩

3.34 斯皮策太空望远镜（Spitzer Space Telescope）[1]利用红外热成像技术生成的图像，图中所示为“恒星形成区域W5”的部分区域（编号IC 1848），距离仙后座6500光年。中央的深色区域星云较稀疏，恒星质量更大，也更年长。人们推测，正是这些恒星诱发了周围区域年轻恒星的形成（红色区域为尘埃；白色和绿色区域为浓密的气体云）

莱施：而且这份协议还是不能毁约的！现在来想象一个美妙的画面：一个星系包含了所有世代的恒星，老老少少，千世万代的大同堂。

加斯纳：说到星系，让我们重新回到咱们的故乡星系——银河系吧。

莱施：乐意至极，只是关于恒星我还有一个疑问：所有的恒星当中，现在是哪一颗最年长呢？

加斯纳：最长寿的是天秤座的HD 140283恒星（又名玛士撒拉星）。

1 由美国国家航空航天局于2003年发射的望远镜，是目前太空中最大的红外望远镜。——审订它几乎与宇宙同龄——当然，这个估计的年龄存在不小的误差。尽管它已经是高龄老恒星，但行动起来还是相当敏捷，速度高达120万千米/小时。非常奇妙的是，这颗年迈的恒星还是我们的邻居，距离地球只有190光年。因此，我们使用普通的望远镜就能观察到它。研究人员推测它是在大约120亿年前被银河系收入囊中的。

银　河

——及其驼背的亲戚

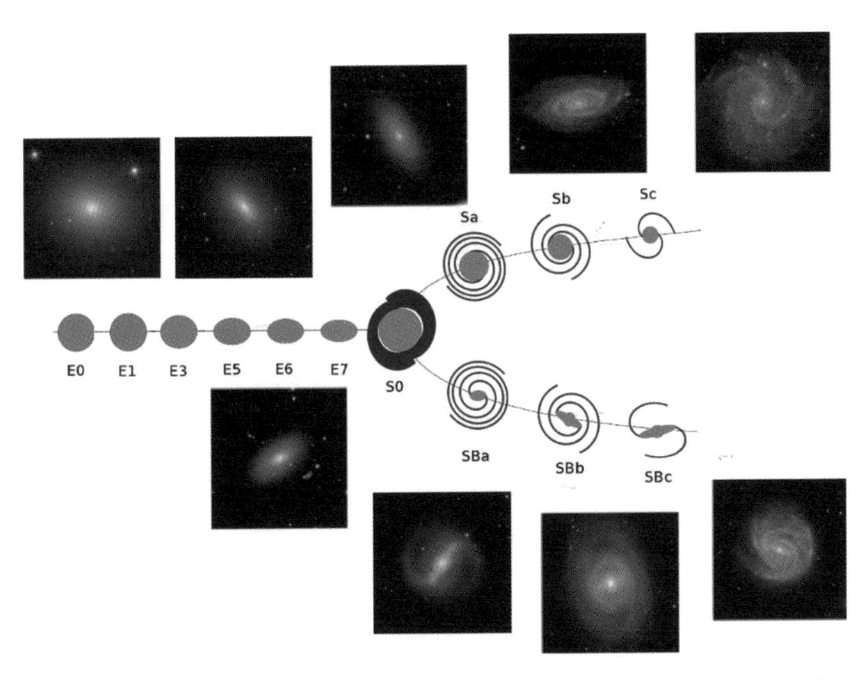

3.35 根据星系的外观形状可做如下分类：椭圆星系（E0至E7扁率逐渐递增）；旋涡星系（Sa至Sc中央凸起的区域占整个星盘的比例逐渐下降）；棒旋星系（SBa至SBc棒状凸起程度递减，而旋臂越来越清晰）；此外，还有各种各样的过渡星系［如透镜星系（S0）］，以及矮星系和不规则星系（图中未列出）

加斯纳：星系的形状千奇百怪，大致可以分为三种类型：椭圆星系、旋涡星系和不规则星系——也就是“不可名状”的其他星系。更细致的分类还有旋臂星系、凸起星系、草帽星系等。

加斯纳：我们的银河就像一个巨大的盘子。研究人员推测，银河系源于数千个矮星系的融合。通过恒星流动的轨迹，我们还能够隐约推测出其最初的源头。准确来讲，我们在宇宙中的家乡银河系属于SBc类型的棒旋星系。当然，至今还没有人亲眼见过或者拍过照片证实这一形状；毕竟我们就处于银河系当中，所以只见树木，而无法见到整片森林的全貌。

莱施：形状像盘形的这个想法最早来自德国的哲学家伊曼努尔·康德（Immanuel Kant），他早在1755年就提出了这个说法。他之所以会提出这样一个假说，是因为银河中的恒星出现在我们的天空中时是宽广的带状，其二维投影看上去就像一个扁平的盘状物体。

加斯纳：不过在那个时候，康德对银河系中央（银心）的椭圆状突起还不是很了解。银心包含许多高密度星体，银河系从这里沿着旋臂向外延伸。对于今天的我们而言，这个现象就很好理解了：银河系中央的万有引力作用最强，所以从一开始，这里的气体密度就是最高的，浓密的气体较快地演变成许多恒星体。而在银河系边缘旋转的盘状气体区域，由于密度更低，所以恒星的生成率也相应更慢。星体的形成在这里要慢上一拍，因为它需要先聚集足够的气体，并将气体压缩到一定程度才行。

3.36 伊曼努尔·康德（1724—1804）

3.37 仙女座的阿普273（Arp 273）是一种相互作用星系，距离地球约3亿光年。研究者认为，位于示意图下方的较小星系（UGC 1813）穿过了其上方较大的（UGC 1810）星系

3.38 猎犬座的旋涡星系，距离地球2500万光年。通过万有引力作用，它将位于下方的小星系（NGC 5195）与其连接到了一起

3.39 猎犬座的NGC 4258星系，距离地球2350万光年，跨度约为6万光年。在这一旋涡星系的核心处，潜伏着一个超大质量黑洞

3.40 飞马座的斯蒂芬五重星系，距离地球约3亿光年。位于图片左上角的蓝白色NGC 7320星系距离我们只有约4000万光年，明显比其他星系更靠近我们

3.41 草帽星系，位于室女座，距离地球2800万光年，大小约5万光年，质量约为8000亿个太阳的质量

3.42 触须星系（亦称天线星系），是两个位于乌鸦座（距离地球约6500万光年）、编号分别为NGC 4038和NGC 4039的相互作用星系。数亿年来，两个星系因为引力潮汐的作用，相互拉扯着彼此星系内的恒星，在它们之间搭起了一座星系桥梁

3.43 位于波江座的棒旋星系 NGC 1300，距离地球 7000 万光年，跨度为 11.5 万光年

莱施：在星系的盘状区域——主要是在旋臂处，通过气体聚集坍缩和后续的恒星爆炸，交替进行着前面提到过的“物质大循环”。人们可以计算出，这样的物质循环的周期大概是5000万年。

加斯纳：银河系的年龄至少有114亿年，而从一些球状星团中的铍元素含量推测，这一数字甚至可能高达125亿年。在这漫长的岁月里，已经发生了多轮物质循环，新的恒星源源不断地诞生，其中的一些又会通过剧烈爆炸，将壳层内富集的重元素归还给周围的星际气体。就像喷泉的水柱最后将水散开淋落下来那样，超新星爆发后的爆炸云也会将它破碎的外壳“落回”到水池——银河系的银盘——里。

莱施：专业人士还真的把这种现象称作星系喷泉。带有重元素的高温气体从恒星喷出，穿过“银盘”这个喷水池缓缓上升，慢慢冷却之后重新落回银河系的这个大盘子里。数十亿年来，这个庞大的物质循环一直在重新分配宇宙中的物质。也就是说，千百万颗恒星中的物质通过核融合这一元素大熔炉的锻造加工后，再配送到年轻的新一代恒星手中。每一代恒星都在改变着银河系的样貌，将银河系内的气体云团加以改造，并使之不断聚集。这种变化对于旋涡星系而言是非常典型的，而与之相反，椭圆星系就相对死板。尽管椭圆星系是星系当中最古老和最亮的，但是它主要是由年迈的红巨星构成，已经不再具有足够的气体来形成新的恒星了。

加斯纳：这可以算得上是宇宙常规的发展历程了。学界在2015年8月公布了一份“星系和质量集成研究报告”（GAMA），其中提到，宇宙在过去的20亿年已经损失了一半亮度。具体来说，这份报告通过21个波长区域（从紫外区域到远红外区域）观察研究了20万个星系。研究发现，宇宙产生的能量从2.5×10^{35} W/Mpc^3下降至1.26×10^{35} W/Mpc^3。[1]

1 pc是距离的单位，1pc为1个“秒差距”，约为3.26光年。Mpc^3为100万个立方秒差距。——审订

莱施：宇宙中恒星高产的黄金时期已经落幕，最后离开的那位也熄灭了灯。

加斯纳：我们真应该庆幸，太阳是在45亿年前才诞生的，那个时候的银河系已经过去了近70亿年的光景，太阳也是若干代恒星的后继者（后代）了。虽然太阳主要是由氢与氦两种元素组成，但它还含有1.8%的重元素，这些重元素是太阳从很久以前就爆炸了的其他恒星身上继承下来的。

莱施：我们甚至还能够很准确地描述出来，45.67亿年前是什么样子。人们称为“碳质球粒陨石”的特殊陨石，正是太阳诞生阶段的主要见证者。陨石的化学组分原原本本地向我们交代了：大约在太阳系诞生前的200万年，有一颗或者两颗质量约为25个太阳质量的大恒星发生爆炸。因为只有这样重的恒星，爆炸之后才会产生铁的某种特定同位素——而在这种陨石中就可以找到。

加斯纳：根据此类研究，我们发现太阳系中85%的重元素来自于同一个恒星祖先。也可以说，人类体内的小原子们在很久以前就已经相遇过了——这倒也解释了，为什么人们有时会有“我好像在哪儿见过他”或是“这事我好像在哪里经历过”的错觉。

莱施：比25个太阳质量还重的恒星就很罕见了，它们只在大型星团中出现。根据对现有星团及星团内恒星成员的最新研究，人们推测太阳诞生于一个包含了数千颗恒星的星团中。

加斯纳：这些恒星曾经彼此距离非常接近，有可能受彼此强大引力的影响。行星们又是如何能够保持一个近乎圆形的轨道的呢？

莱施：这又是另一件不可思议的事情了。事实上，星团内的恒星确实彼此相当靠近，甚至很可能有至少一颗恒星跟刚刚形成的太阳系擦肩而过，并导致许多小的矮行星偏离了原本的轨道——人们在过去的

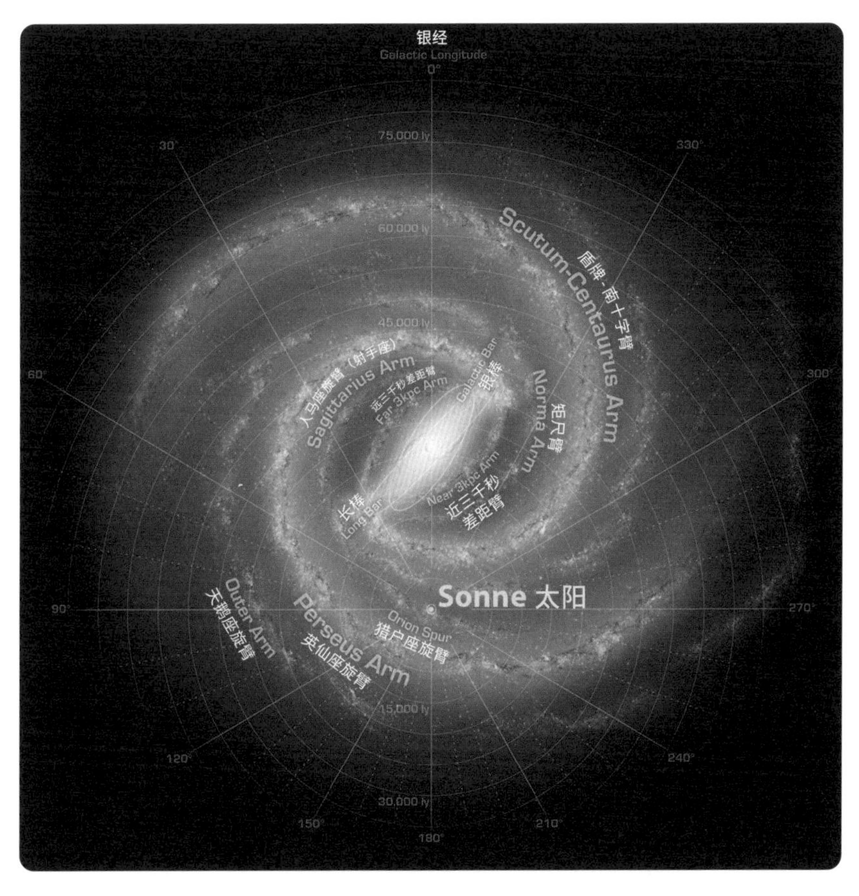

3.44 图示为中心凸起并向外伸出若干旋臂的银河系（属于SBc类型的棒旋星系）模型。我们的太阳系位于猎户座旋臂上，距离银河系中心至少2.6万光年。银河系的两侧距离约为10万光年，边缘厚度约为3000光年，中心隆起处的厚度约为1.6万光年

20年间还真的发现了这些矮行星。另外，太阳自诞生以来，已经沿着类似玫瑰花瓣的轨迹，围着银河中心绕了22圈。

加斯纳：我们并非像行星围绕太阳那样，也沿着椭圆轨道围绕银心转动——因为银河系的质量并没有显著集中在中央，而太阳却足足占据整个太阳系99.96%的质量。在银河系中，尽管银心附近多半有一个质量不小的黑洞，但就整个星系而言，不同质量的星体分配得仍很均匀。在宇宙漂泊的旅途中，我们不可能两次经过同一处地方。

莱施：太阳的原始星团很早就消散了，与其他恒星之间的距离也在不断增大。如今，其他天体已经很难再直接影响我们的太阳了。但还是让我们重新回到银河系的故事之中。你是否注意到什么特别之处？

加斯纳：没有，你指的是什么？

大自然的常量究竟有多永恒

——它值得您的信赖

莱施： 我们快速捋了一遍银河系的发展历史。在此期间，我们的讨论一直是建立在一个假设的基础之上，只不过并没有说明这个假设的内容而已。这个假设就是：我们在地球上通过观察和实验发现的自然法则，在整个宇宙中均是适用的。只有在这个基础上，我们才能真正地应用我们建立的宇宙物理学，也就是天文学。我们从地球上的物质出发，归纳总结出物理学知识，并以此推断出在整个宇宙中，在恒星内部或者恒星之间的气体云中发生的事情。也只有这样，我们才能真正理解宇宙中的种种过程。

加斯纳： 没错，对于我们物理学家来说，这个逻辑关系再清晰不过了。我们之所以如此肯定，是因为这个假设至今已被多次证实。当然了，也并非总是如此，在冷战期间就有一些研究者对此提出过怀疑。有些学者还认为，资本主义国家和社会主义国家的自然科学常数是不一样的。如今回过头来看，这样的想法显然是天方夜谭。

莱施： 是啊，好在那一时代早已过去。这个自然法则是否放之四海而皆准，现如今已经是毋庸置疑的。这也很容易理解：对于那些组成恒星或者气体星云的粒子，例如原子，它的原子核及核外电子无论是在地球上，还是在任意星系里，都是没有差别的。不管身在何处，原子核和电子始终遵从自然法则的规律，在任何地方都可以组成原子，甚至进一步构成分子。而且，即便是由粒子向外辐射的光，其特性在宇宙中任意一处也都与在地球一样。

加斯纳：这也是关键的一点！不同化学元素的原子，都会以某一特定份额的能量向外辐射。我们可以通过比较不同元素的原子在其电子层中的具体能量等级，在光谱图中准确地找出与之对应的光谱位置，这就像是元素的指纹一样。在地球上的实验室里，人们可以事先测出每种原子在不同温度和密度条件下的发光情况，也就是电磁辐射情况，得到其光谱图，再将光谱图与观察到的恒星光线对比，由此推测出该恒星表面的气体物理性质。在这样的光谱线中包含了所有必要的信息，就像超市货物的条形码一样，而天文学家正是专业的读码器！

莱施：我个人更喜欢“光线占卜师”这个表达，毕竟咱们天文学家总是在跟光线打交道。对我们而言，光线可以说是唯一真实的信息来源，我们只能利用它来探索外面的宇宙世界。在“星光占卜”的同时，也不要忘记隐藏着一个前提：恒星的光线与我们地球遵从同一套自然法则。

加斯纳：作为“宇宙物理学”的天文学，不仅要求自然法则适用于宇宙各处，还要适用于每时每刻，也就是说，自然法则必须随时随地有效。也只有这样，我们才能从自然科学的领域来研究宇宙。

莱施：为什么还得需要“永久”有效呢？

加斯纳：因为恒星与星系的光线需要经过很长时间，才能够钻进地球上的望远镜里。光线从距离我们最近的恒星太阳出发，到达地球需要8.3分钟；而从下一颗最近的恒星发出的光线，就得需要4.2年了。最著名的大熊星座，即北斗七星，光线离开这里之后，要在太空漫游

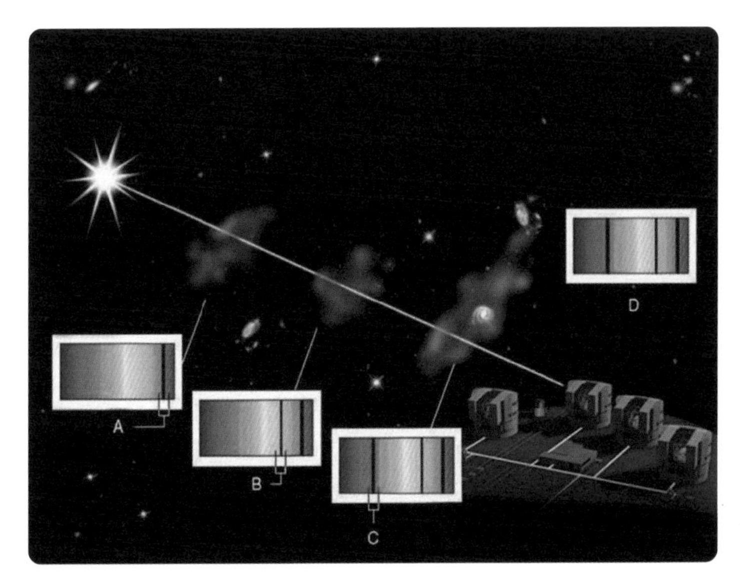

3.45 特定波长——光谱图中具有特定颜色的光线，亦反映了一份特定的能量。当某种原子或分子内部的电子在电子层中向更高能级的电子轨道跃迁时，只会从外界吸收某一特定份额的能量。这时，不同种类的原子或者分子就会向外界“透露”自己的信息。这是因为，来自远处光源的光线经过它们时，与某个特定波长对应的能量就会被它们吸收，本该完整的光谱图中就会在某些特定的地方出现缺失，形成一道黑色的印记。因此，刚好位于恒星光源和我们望远镜之间的星云，其组成成分就可以借助这种方法确定下来

100年才会到达地球。

莱施：相对而言，这些数字还能直观地想象出来，因为它们可以与我们的生命长度比较。但是让我们再考虑一下，从我们最大的星系邻居仙女座发出的光线，到达地球则需要250万年。这个时间长度已经完全不是我们的想象力能够达到的程度了。

加斯纳：时间这口井，对于我们的双眼而言实在太深、太暗了，想望眼欲穿，却永远无法见到井底。我们如今看到的仙女座的影像，在它的这束光线启程之时，几乎还是人类祖先刚刚在东非演化出来的那个时候呢。

莱施: 那这么说，到底哪个星系是距离我们最遥远的呢？那个地方的状况如何？

加斯纳: 它是编号为UDFj-39546284的星系，人们可以在哈勃太空望远镜拍摄的“哈勃超深空”[1]图像中观察到它。研究人员于2004年1月特意选取了星空中最黑暗的一片区域——这里的前景中没有其他恒星的干扰，而这张图像总计的曝光时间高达100万秒。这样一来，人们就可以尽可能获得光子含有的所有信息。但这依旧是一个大胆的计划，因为观察每一秒的平均花费就是10欧元。而且，要在这片黑暗区域中观察的对象，事实上也是不明确的。还有很麻烦的一点是，哈勃望远镜在这总计11.3天的曝光时间里并非一动不动，而是必须持续环绕地球运动。它在共计400圈的绕地飞行中，每一圈都要完成两次拍摄，最终再将拍摄的800幅图片合成。自2009年开始，哈勃望远镜换装了新一代的广域照相机，升级后的感光颗粒可以将单个星系更精细地拍摄下来。在2014年，人们还在图像中补充了紫外线频段的成像信息，最高的红移值达到了10，相当于实际的距离超过了130亿光年。

莱施: 太厉害了！我们还要清楚一点：从一个如此遥远物体发出的光线，之所以能够长途跋涉且毫发无损地到达地球，是因为在它们与我们之间的外太空里几乎不存在什么物质，其物质密度比空气密度的千万亿分之一还要稀薄！如果宇宙是在混沌的浓汤之中，我们就不再可能是理性的天文学家了。宇宙就是一个极其空旷的时空之渊。可以开个玩笑：一个电子如果沿着一个球形星团的边缘绕圈，那么它平均至少需要220万年才能在茫茫宇宙中邂逅另外一个电子。

加斯纳: 我们越向宇宙遥远的地方望去，就会陷入时间的深渊越深。

1 哈勃超深空场（Hubble Ultra Deep Field），也称作“哈勃超深空”，是将哈勃太空望远镜于2003年9月24日至2004年1月16日累计的部分数据经后期处理合成的太空图像。——审订

3.46“哈勃超深空”图像（左图）展示了距离地球最远的星系UDFj-39546284（右图为局部放大的图像），距离为132亿光年

有些星系距离我们实在太遥远，以至于它们发出光线的那个时间，我们的太阳系和地球都还没有诞生。仔细研究望远镜观察到的光线就可以推断出，我们现在熟知的那一套自然法则，在久远之前同样适用——即便我们的星系在那时还没有生命。

莱施：关于自然规律的稳定性，我们还可以用自己的身体加以验证，而不必去观察宇宙：组成我们人体的物质成分，一直都是相同的。人类虽然会衰老，但那只是分子间的相互作用发生了变化，具体的微观成分并未改变。我们生于宇宙尘埃，也终将化为宇宙尘埃。这样的表达，在原子物理及核物理层面都是准确的。

加斯纳：而且，我们的每一次呼吸也都可以证明。如果我们吸入肺部的氧气分子突然之间不能再进入血液里的红细胞，我们一定会窒息。但是正常情况下，它们肯定会融洽地结合在一起，没有什么会改变它的这种结合能力，因为这是一个与生俱来的规则。

莱施：不只是物质，就连光也一样，它们的基本规律在我们有生之年都不会改变。这里还要再提醒一点：我们吸入的氧，是植物通过光合作用释放出来的。光合作用需要太阳辐射出的阳光提供能量，而氧元素本身则来自可能已经不复存在的恒星。在很久之前，这些含有氧元素的恒星就在剧烈爆炸中变成了气体云。它们随后又在其他地方渐渐聚集，演化出新的恒星——其中一颗就是我们的太阳。

加斯纳：自然法则保持不变的这个前提，是自然科学研究最重要的基础。如果大自然是混乱无序的，又或者构建物质的规则总在变化，那就不可能存在稳定的物质结构。

莱施：作为物理学家的我们当然明白这一点。但对于政客而言，他们很难接受自然法则的不可改变性。为此我不得不讲一个令人难以置信的小故事。在欧盟委员会的一次会议上，人们讨论了关于电网系统稳定性的问题，一位远程输电领域的专家做了一场报告。报告中，他多次援引电学中的"基尔霍夫定律"向大家阐释一些实际中的物理局限。在报告结束之后，一位政客发言说："如果这位基尔霍夫先生的定律会带来诸多问题，那我们不妨直接修改一下它吧。"

加斯纳：天哪，我真想看看这位专家当时的表情。这么说吧，如果换成一位气象学家发言，大家就不会对自然规律有太多异议了。因为不会有人在海滩上遇到台风的时候，会冒出与其谈判的念头："嘿，风啊！你今天来可不合适，我正在度假呢！要不你换个时间再来……"

莱施：但是我们又为何能够如此确定，自然界的法则在很长时间内是恒定的呢？我们建立物理学也不过寥寥数百年，这只是时间长河上的一小段而已。

加斯纳：我们有天然的实验室来证明，而且这些实验室的年龄比人类开始科学研究的历史要久得多。

莱施：那又是谁在做实验呢？

加斯纳：是大自然本身。在西非的加蓬，有一片名为“奥克洛”的区域，人们在那里发现了多座铀矿。法国人亨利·布兹盖（Henri Bouzigues）博士于1972年发现了这个令人惊叹的地方，当时他正在研究铀矿石。准确来说，他到此处的目的是为了检测该地原材料是否适用于法国的核工业。对于核电站而言，开采的铀矿有99%是无用的，可以在核电领域发生裂变的则是铀的同位素“铀235”，而它通常只占0.72%。

莱施：这个比例在全世界都是如此吗？

加斯纳：基本上是这样的。在地球上不同的开采区域，甚至陨石及月亮岩石测出来的结果都是一样的。但是，只有在奥克洛有所不同，那里的铀235比例只有0.717%。

莱施：0.717%而非0.72%，似乎也没有太大的差别啊？

加斯纳：可不能这么说！地球内部的化学反应是不会改变同位素的比例的——这与原子量无关。后来，直到人们在奥克洛地区的岩石层中发现了典型的核裂变产物，谜底才被揭开。大约在18亿年前，这片区域可谓天时地利人和，偶然间同时满足了铀235发生裂变的诸多前提，于是这里成了一个天然的核反应堆。

莱施：那为什么发生的不是一个不可控的链式反应呢？一个无人管理的核电站应该会很快发生核爆炸吧。日本福岛核电站的恐怖场景我们可都还历历在目。

加斯纳：实际上，这个地下反应堆会受到渗透水的控制。如果核反应太过强烈，水分就会快速蒸发，使得反应结束。而经过足够的冷却之后，补充回流的渗透水又会再次启动核反应。从停止到重启的时间间隔是20～30分钟。

莱施: 这跟德国地铁周日的发车频率差不多嘛！而且还都是在地下发生的。那还有没有可能发生同样的事情呢?

加斯纳: 不会了，如今那些浓度只有0.72%的铀235，远不足以发生链式反应。所以我们才需要付出不小的成本来为核电厂提纯铀燃料——至少需要浓缩至3%。在奥克洛还是一个天然反应堆时，可以核裂变的铀235的浓度是足够高的，因为铀235发生自然衰变（半衰期为7.1亿年）的速度比铀238（半衰期为45亿年）更快。当时的铀235所占比例就已经比0.717%更高了，越往前追溯，两种同位素所占比例的差别就越大。

莱施: 真是一个精彩的故事，但是你难道不想再给大家讲讲关于物理中那些自然常量的故事吗?

加斯纳: 马上就开始啦。奥克洛铀矿向我们展示了一个古老的天然实验室，这是一个18亿年前就可以生成裂变产物的核反应堆，其中的不少产物至今仍然存在。比较遗憾的是，在如何处置核废料这一领域，我们的经验还相当匮乏。但是至少我们可以肯定的是，核反应的产物，特别是一种名为“钐”的元素，其电子和质子的基本电荷及光速和普朗克常数这些物理量，自始至终没有发生变化。

莱施: 嗯，这确实是一个重要标志。此外，是否还有其他的新认识呢?

加斯纳: 如果要追溯至更早，我们就必须把目光重新投到宇宙之中了。要知道，即便是100亿年前发出的光线，在它的光谱中也没有找到发生变化的物理常量。

莱施: 大自然的常量确实是值得信赖的。如果这些常数时不时就改变一点儿，那真会把天文学界变成一团乱麻。

加斯纳: 我想宇宙本身应该并没有考虑到这一点。

莱施: 大自然就是这么“知书达理”。也正是因为几种不同的基本物理作用力始终不会改变，彼此处于永恒的竞争之中，才会一点儿一点儿地演化出我们今天认识的这个宇宙。像太阳这样的气体星球之所以能够存在，就是因为它自身重力与内部压力达到了平衡，而压力则来自于太阳中心的核力。原子核在太阳的中心相互融合，通过核聚变释放出能量将气体加热，并使得它向外发光。

加斯纳：仔细一琢磨，我们人类也是宇宙演化过程的一部分——构成我们人体的基本成分正是来自于天空之外。因此也可以这么说，人类是恒星的孩子。

莱施：银河系经历了很多，才最终在某个角落形成了太阳，还有它的行星系统。而直到45亿年后，这个系统第三颗行星上的生物才渐渐意识到了自己的存在。想必当时也一定有道“灵光”辐射出来了吧！

加斯纳：那就让我们进入下一阶段，谈一谈太阳系及其行星的形成吧，可以说“终于回家喽”。在经过漫长的太空旅途之后，现在终于回到了我们的家园，回到了那个不仅赋予了我们生命，还让我们能够感知到意识并获得思想的温暖港湾。这里的一切对于我们人类而言都是无微不至的宠爱。

我们的太阳系

——温暖甜蜜之家[1]

加斯纳： 你刚刚描述了45.67亿年之前可能发生的事情。两颗超新星爆发后脱落下来的外壳层飞速移动，并剧烈挤压气体云，于是一切一发不可收拾。

莱施： 没错，当时应该是这样的：恒星残骸以超音速飞行，从而导致气体云中的气体急剧收缩。这一点我们在地球上也能了解——读者朋友们可以回想一下超音速飞机，如果被压缩的气体突然剧烈膨胀，就会在大气层中形成激波，产生巨大的轰鸣声。与之相反，恒星之间的气体反而会在压缩之后冷却下来，这是因为气体的能量以辐射的形式损失掉了。而且气体越密，原子的辐射就越强。因此，被压缩的气体云会在星际介质里缓慢冷却。

加斯纳： 气体温度变低，它的热能也会相应减少。当有足够多的气体被充分挤压，并且冷却到一定程度时，气体云就会被自己的重量压垮，在引力作用下坍缩。这一过程会使气体的温度重新升高，因为辐

1 即Home Sweet Home。1823年，美国诗人约翰·佩恩（John Payne）与英国作曲家亨利·毕晓普（Henry Bishop）合作，为歌剧《克拉丽》创作的主题曲，音乐旋律恬静自然，描绘出温馨甜蜜的家庭氛围。

射能量此时无法自由地释放到气体外界。这个过程会一直持续，直至恒星中央的原子核融合，并开始发出光亮。最终，气体云变成了一个圆鼓鼓、发着光的气态球体。

莱施：原来气态恒星是这么简单的一回事。但是，行星的形成解释起来要困难得多。与这颗炙热的气态恒星相比，行星则具有许多不同的物质形式。加斯纳，让我们先从太阳系开始吧，它其实千篇一律、平常至极，可以说是宇宙的一种常态。这又是怎么一回事呢？

加斯纳：先来说个事实：太阳在整个太阳系的中央正襟危坐，把围绕在身旁的行星加在一起，总质量也不抵它的千分之一。所以，太阳凭它绝对的实力教会了那些行星，应该沿着哪个方向走：你们必须在同一平面上，沿着近似椭圆的轨道绕着太阳转动。

莱施：不过，“椭圆形轨道”说起来轻松。可要知道，如果画在同一张纸上，只凭眼睛是几乎看不出一个规则的圆圈和大多数的行星轨道之间的区别的；也许水星及降级的冥王星的椭圆轨道还比较好辨认。当然，冥王星已经不再算是太阳系的“行星”了，现在的冥王星只能勉强维持矮行星地位。但是我可不想在这里跑题——尽管我真心觉得冥王星被降级这件事情非常遗憾，冥王星或许需要很长一段时间才能平复心态，接受这个事实吧。它是在1930年被美国天文学家克莱德·汤博（Clyde Tombaugh）发现的，但是这个可怜的小家伙儿，自被发现以来，至今都还没有完整地绕太阳转上一圈！好吧，我真不跑题了，抱歉！

加斯纳：太阳与它的行星共同组成了一个彼此关联的系统，拥有同样的发展史。再细致一些，太阳系还可以进一步划分出行星及其伴星，比如卫星及小行星与彗星。行星又可以分为两组，类地行星与气态行星。类地行星指的是构成与地球相对比较接近的行星。

太阳
水星
金星
地球
火星
木星
谷神星

3.47 太阳系（图中距离并非实际比例）：太阳占据了整个太阳系99.86%的质量，靠内公转的4颗岩质行星依次为水星、金星、地球及火星，靠外的气体行星依次为木星、土星、天王星、海王星及矮行星谷神星、冥王星和阋神星（2003 UB313）

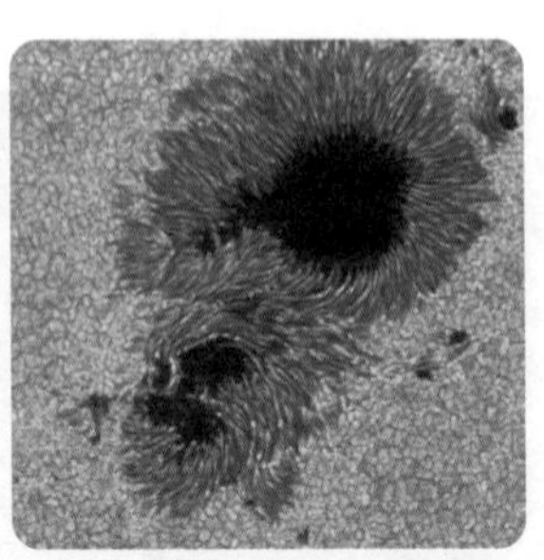

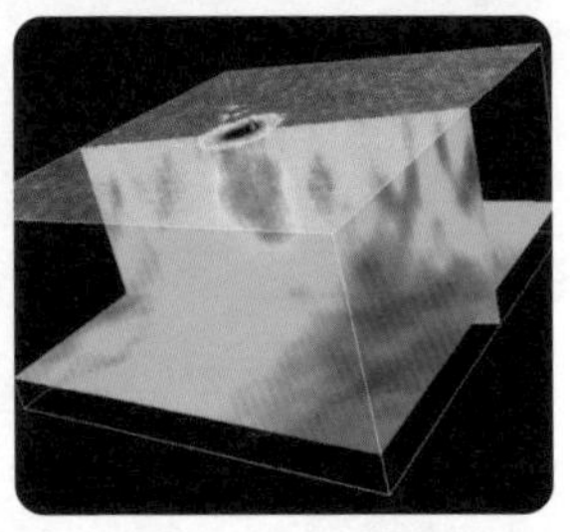

3.48 太阳（见图3.4）包含73%的氢、25%的氦，剩下的部分则是重元素。质量占太阳系总质量99.86%的太阳，其内部物质以等离子的形态存在。核心区域（1）温度高达1300万摄氏度，每秒有5.64亿吨质子经过数个中间阶段，最终聚变成5.6亿吨的氦（见图3.5和图3.6）。聚变反应减少的质量转化成了粒子和辐射，并经过太阳内部的多层区域向外传递。最初是热辐射主导内层区域（2），随着温度逐渐降低，进入对流换热区域（3），最后抵达太阳的表面——光球层（4）。在光球层，有99%的能量离开太阳辐射出去。对流层会形成一个温度变化很大的区域，即米粒组织（6）。尤为引人注意的是那些受到磁场干扰的对流区域，黑子群（5）就是在这里产生的（右上图是真实图像，图示对应的区域约2万千米，波长为480~640纳米；右下图的截面为数值仿真得到的模拟效果图）。通常情况下，磁场会令色球层（7）与日冕（9）的温度急速升高。如果等离子被磁场线拖拽出来，就会发生日冕物质抛射（见图3.67）及日珥（8）。太阳并非坚硬的刚体，而且它在转动，因此太阳“赤道”地区的运动速度比两极更快

直径：1 392 684千米

质量：1.988×10^{30}千克

平均密度：1.408克/立方厘米

重力加速度：0.62m/s^2

自转周期：25.38天

有效温度：5778K

光谱型：G2V

3.49 由美国“信使号”水星探测器拍摄的水星。这颗岩质行星的表面布满陨石坑，其中最大的卡路里盆地的直径有1550千米，它的撞击物可能有140千米长。由于距离太阳最近，且自转速度慢，导致水星的昼夜温差极大。水星表面的磁感应强度有450纳特斯拉，是除地球外唯一一个带有明显磁场的岩质行星。水星核心区域含有大量的铁元素，使得其密度相当高。尽管如此，由于水星表面温度很高，其质量仍然不足以维系大气层存在。受其他行星及太阳空间曲率的影响，水星的椭圆形公转轨道会绕着轨道的一个焦点发生偏转，称作“水星进动”（见图1.16）

直径：4879千米
质量：3.3×10^{23}千克
平均密度：5.427克/立方厘米
重力加速度：$3.7m/s^2$
近日点轨道半径：0.307AU
远日点轨道半径：0.467AU
轨道倾角：7.00度
近日点/远日点速度：47.36千米/秒

公转周期：87.969天
自转周期：58.646天
表面最高温度：430℃
表面最低温度：-173℃
大气层：无
卫星：无

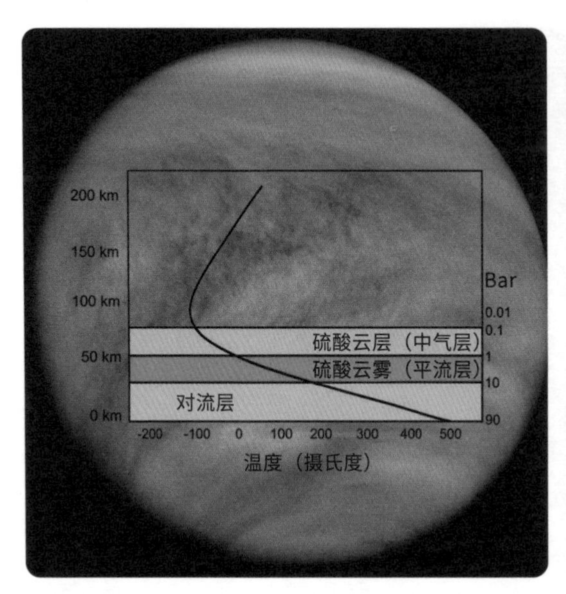

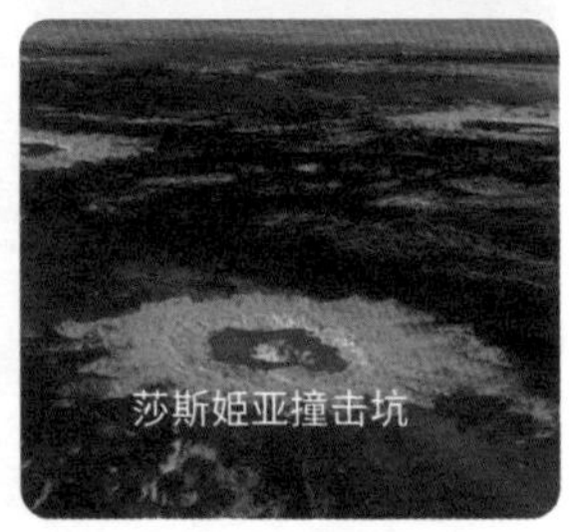

3.50 金星。左图为由先驱者金星1号探测器拍摄的金星紫外成像图，图中展示了金星浓密的二氧化碳云层结构。右边两图分别为通过麦哲伦号金星探测器获得的金星雷达图像，以及利用电脑成像技术生成的包含撞击坑莎斯姬亚坑（Saskia）、丹尼洛娃坑（Danilova）与阿格莱奥妮丝坑（Aglaonice）在内的金星鸟瞰图。金星大气层的密度很高，大气压力高达92bar。显著的温室效应导致大气温度最高可达460°C，而在更外层的大气（中气层）中，气温可低至-100°C。金星表面形成的撞击坑并不算多，而且这些撞击坑相对很小，大多数直径小于3千米，且并不完整，因为入侵者在高速进入浓密的大气层时会因剧烈摩擦而烧毁。根据金星表面活跃的火山现象及较为坚实的地质构造，推测金星的地表年龄只有5亿至8亿年，算是非常年轻的。但与大多数行星不同，它是逆向自转的（从北极方向观察为顺时针旋转）。所以在金星上，太阳是从西边升起的[1]

直径：12 103.6千米
质量：4.869×10^{24}千克
平均密度：5.243克/立方厘米
重力加速度：$8.87m/s^2$
近日点轨道半径：0.718AU
远日点轨道半径：0.728AU
轨道速度：35.02千米/秒
倾角：3.395°

公转周期：224.7天
自转周期：243.01天
表面最高温度：470°C
表面最低温度：120°C
大气层成分（大气压为92bar）：CO_2（96.4%），N_2（3.4%），其余为H_2O和SO_2
卫星：无

1 金星上有近千个已命名的陨石撞击坑，较大的以著名女性的名字命名，较小的则以常见的女性姓氏命名。——审订

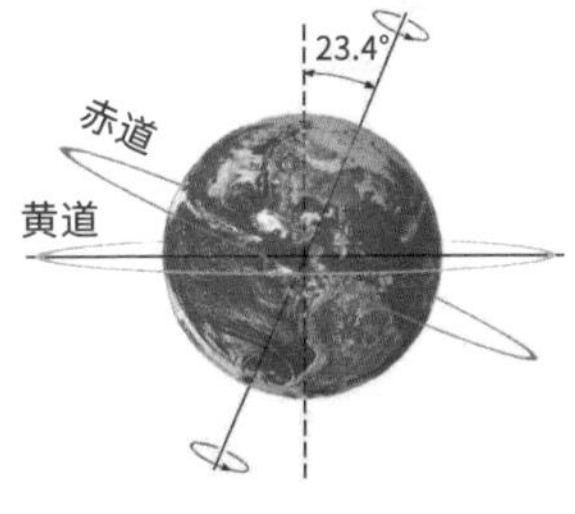

3.51 地球。由美国的索米国家极地轨道伙伴卫星（Suomi NPP）环绕地球四周生成的图像。通过精准测量，可发现地球的形状与球形有明显不同。理论上讲，自转使得地球的两极附近更加扁平，形成一个椭球体。然而与理论预期的形状相反，地球的北极却出现了些许隆起，而在南极则出现了更明显的凹陷。因此总体上看，地球的表面更接近梨形，这一不规则的地表曲面被称为“大地水准面”。此外，地幔的密度波动导致地表局部的引力场有所不同，右上图像为EIGEN-6C超高阶引力场模型，蓝色区域代表引力较强，红色区域引力较弱。地球的自转轴与公转轨道平面（黄道面）方向的夹角为23.43°，随着地球的公转，太阳光的入射角度也会发生变化，并由此引发四季更替

两极间直径：12 713.5千米
赤道直径：12 756.3千米
质量：5.974×10^{24}千克
平均密度：5.515克/立方厘米
重力加速度：$9.81 m/s^2$
近日点轨道半径：0.983AU
远日点轨道半径：1.017AU
轨道速度：29.78千米/秒
倾角：5.145°

公转周期：365.256天
自转周期：23.9344天
地表最高温度：58°C
地表最低温度：-89°C
卫星直径：3476千米
卫星质量：7.349×10^{22}千克
大气层（大气压为1.014bar）：N_2（78.08%），O_2（20.95%），Ar（0.93%）CO_2（0.038%）

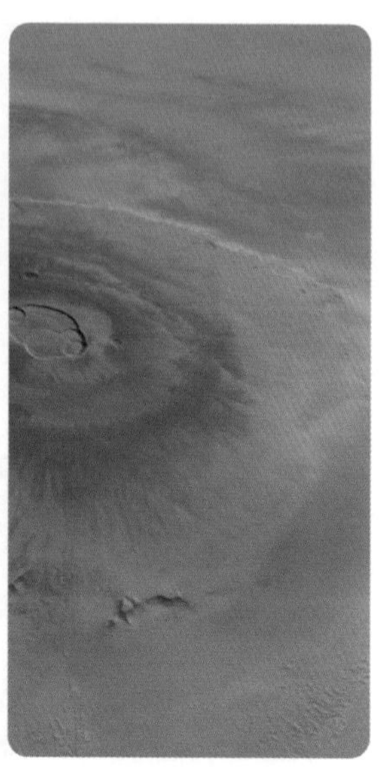

3.52 火星。利用火星全球勘测者探测器获取的数据合成的图像。稀薄的大气层中含有氧化铁(铁锈)构成的尘埃，使得火星寒冷干燥的表面呈现一种典型的红色。通过空间探测器与登陆火星的机器人采集的图像，可推测出火星早期的地质结构：深邃的峡谷和高耸的火山。其中的奥林匹斯山（右图）属于盾形火山，也是太阳系的最高峰，与火星的平均海拔基准相比，其高度约为2.2万米。由于火星上的万有引力作用较小，山体更容易堆积，而不会因自身重力作用坍缩

3.53 维多利亚撞击坑的全景图，宽730米、深70米，由登陆火星的机遇号探测器于2006年10月6日—11月6日拍摄的数据合成。据研究，图中险峻的陡坡是厚厚的沉积层。火星（转下页）

(接上页)南北两极的“极冠”地区被干冰（固态的二氧化碳）及少量的真冰形成的混合物所覆盖，在夏天会有部分融化。研究人员推测，数十亿年前，火星的大气层密度应该比现在更高。雷达勘探的结果显示，在压力及温度显著提升的情况下，目前探明的冰层将会融化成11米深的水，覆盖火星的整个表面。因此，总是有人不断猜测火星早期曾经有生命存在。尽管如此，至今尚未找到合理证据表明这一点。在火星液态的核心处，自从放射性元素的衰变不再能形成足够的对流之后，可以起保护作用的磁场的磁感应强度也随之下降到只有0.5纳特斯拉。与地球相比，火星要生成一个类似地球的磁场，它的中心区域必须得是固态才行

3.54 火星地表岩石（火星探路者号探测器拍摄）

直径：6792.4千米
质量：6.419×10^{23}千克
平均密度：3.933克/立方厘米
重力加速度：$3.69m/s^2$
近日点轨道半径：1.381AU
远日点轨道半径：1.666AU
轨道速度：24.13千米/秒
倾角：1.85°
公转周期：686.98天

自转周期：24.623天
表面最高温度：27℃
表面最低温度：-133℃
大气层成分（大气压为6×10^{-3}bar）：CO_2（78.08%），N_2（1.89%），Ar（1.93%），O_2（0.146%），CO（0.056%)），H_2O（0.02%）
卫星：火卫一（福波斯）与火卫二（德摩斯）

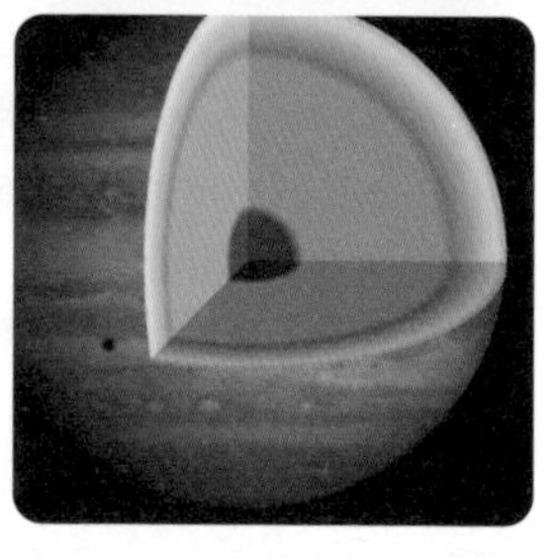

3.55 卡西尼号探测器拍摄的木星。图中可以见到木卫二在木星浓密的涡流云带表面留下的阴影。木星上风暴强劲，风速最高可达550千米/小时——主要是由这颗气态巨星的高速自转造成的，其自转一周的时长不超过10小时。其中，被称作“大红斑”的风暴气旋最为知名，它的大小约为两个地球的直径，特征十分醒目（左图木星的右侧区域）。这颗太阳系最大、最重的行星一直在坍缩，不断释放出引力势能，由此向外界释放的总能量约是其表面太阳辐射能量的1.7倍。尽管如此，木星外层的云层温度也只有-150°C。几乎不可见的尘粒构成了木星脆弱的星环系统（右上图），星环以螺旋形状逐渐向中心的木星靠近。木星的质量比太阳系内所有其他行星总质量的两倍还多，也因此具有太阳系内独一无二的引力优势，保证了自身的稳定。（转下页）

3.56 哈勃太空望远镜拍摄的图像。上升气体形成的明亮带状区域，物质的温度更低，可能含有固态的氨冰。相对比较暗淡的条状区域，其特殊的颜色暗示含有物质磷与硫。不同的区域受气流速度影响不同，被划分成不同的条带

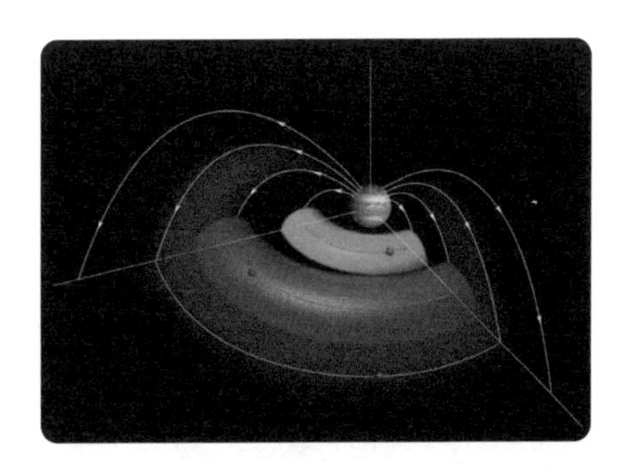

3.57 木星磁层（红色），以及沿着木卫一（绿色）和木卫二（蓝色）轨道形成的等离子环面

（接上页）木星属于气态巨星的一种，它没有坚硬的表面，也没有界限分明的大气层。整颗行星几乎全部由气体构成，组成成分与太阳接近。它的气体壳层由氢气、氦气及少量甲烷与氨气构成，随着深度增加，它的壳层逐渐过渡为液态。木星很可能具有一个由重元素组成的固体核心，并且核心的质量大约抵得上12个地球的质量。对于气态巨星，人们习惯将气压为1bar（1个大气压）的区域定义为它的表面。木星的磁场也是太阳系所有行星中最强的。在其朝向太阳的一面，由于受到太阳风较强的相互作用，磁场在这一方向只延伸了约600万千米。而在背阳面，磁场受到的干扰较小，最远可以延伸至土星的轨道。持续捕获的带电粒子形成了木星的星环，这是沿着木卫一和木卫二公转轨道的独特环面

两极直径：133 708千米
赤道直径：142 984千米
质量：1.899×10^{27}千克
平均密度：1.326克/立方厘米
重力加速度：$24.79m/s^2$
近日点轨道半径：4.95AU
远日点轨道半径：5.46AU
轨道速度：13.07千米/秒
倾角：1.305°

公转周期：11年315天
自转周期：9小时50分
表面温度：-108°C
大气层成分：H_2（89.8%），He（10.2%），其余为CH_4和NH_3
卫星：67颗，包括伽利略卫星、木卫一（艾奥）、木卫二（欧罗巴）、木卫三（盖尼米得）和木卫四（卡里斯托）

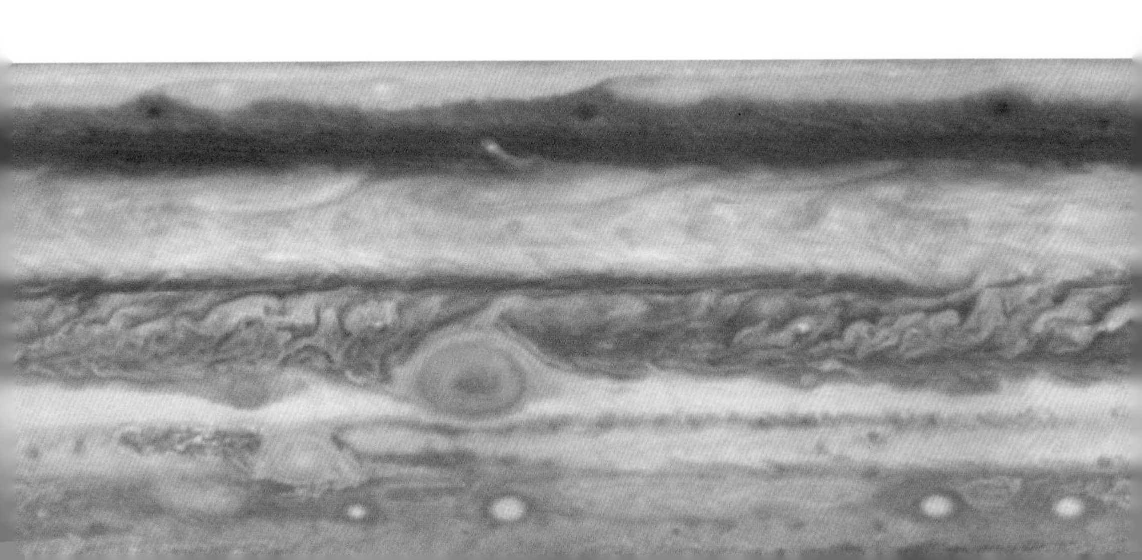

3.58 卡西尼号探测器拍摄的土星。图中展示了土星独特醒目的星环系统，整个系统含有超过10万条各自独立的子星环，由冰晶与岩石块等物质组成，图中清晰可见土星在星环表面形成的阴影。土星环的内环公转周期为6~8小时，外环则为12~14小时。由于各环之间相互的引力作用，以及位于这一区域的卫星数量众多，从而在土星的星环内形成了数条裂缝。那些被称为“牧羊卫星”的较小卫星，则在星环的缝隙内或者缝隙的边缘围绕土星旋转。多年之后，带有电荷的尘埃微粒会在圆环中形成辐条状的结构。土星向外释放出的能量，是它接收到的太阳能量的2.3倍。与木星类似，这些能量也主要来自这个气态星球在持续的引力坍缩过程中释放出来的引力势能。在坍缩过程中，土星核心的温度预计可高达12 000K。不过，占土星总质量25%的坚硬核心比木星的核心更加坚实。由于其平均密度很低，土星就好像在水中游泳一样

两极间直径：108 728千米
赤道直径：120 536千米
质量：5.685×10^{26}千克
平均密度：0.687克/立方厘米
重力加速度：10.44m/s^2
近日点轨道半径：49.04AU
远日点轨道半径：10.12AU
轨道速度：9.65千米/秒
轨道倾角：2.49°

公转周期：29.46年
自转周期：10小时14分
卫星个数：62颗
表面温度：-139°C
大气层成分：H_2（96%），He（3%），其余为CH_4和NH_3

3.59 天王星。左图为真彩色图像（旅行者 2 号探测器拍摄），右图为近红外成像（哈勃天文望远镜拍摄）。天王星反射的太阳光线中，只有蓝色光谱穿透了最外层大气的甲烷气体，从而赋予这个气态巨星独特的蓝白颜色。在大气层之下、液化的气体和岩石核心之间，有厚厚的一层由水、甲烷和氨凝固而成的冰层。所以人们谈到天王星时会将它称作冰巨星——尽管天王星的中心温度超过 5000°C。异乎寻常的还有天王星的四极磁场，也就是说，天王星的磁场分别有两对不同的磁北极和磁南极。在天王星的赤道面上有一圈稀薄的星环，组成它的物质大到直径数米的岩石碎块，小到纤细的尘埃

两极间直径：49 946 千米
赤道直径：51 118 千米
质量：8.683×10^{25} 千克
平均密度：1.27 克 / 立方厘米
重力加速度：8.87m/s^2
近日点轨道半径：18.324AU
远日点轨道半径：20.078AU
轨道速度：6.81 千米 / 秒
倾角：0.77°

公转周期：84 天
自转周期：17 小时 14 分 24 秒
表面温度：-197°C
大气层成分：H_2（82.5%），He（15.2%），CH_4（2.3%）
卫星：27 颗，其中有 5 颗主要卫星，分别为天卫五（米兰达）、天卫一（艾瑞尔）、天卫二（乌姆柏里厄尔）、天卫三（泰坦尼亚）和天卫四（欧贝隆）

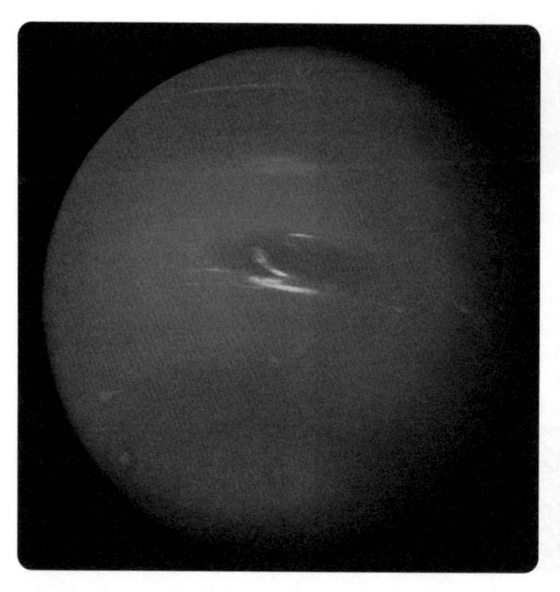

3.60 旅行者2号空间探测器飞越海王星时拍摄的图像。甲烷结晶而成的冰晶，在海王星的天空中形成了长度超过1000千米，宽度为50～150千米的云雾带。左图中心区域的深色斑点非常醒目，这里是一个风速超过1100千米/小时的旋风。这颗太阳系最外侧的行星，拥有与天王星类似的四极磁场。海王星这颗冰巨星还有一个更加纤小的星环系统，向外界释放的能量是接收到太阳辐射能量的2.5倍

两极间直径：48 682千米

赤道直径：49 528千米

质量：1.024×10^{26}千克

平均密度：1.638克/立方厘米

重力加速度：$11.15m/s^2$

近日点轨道半径：29.709AU

远日点轨道半径：30.385AU

轨道速度：5.43千米/秒

轨道倾角：1.769°

公转周期：164年288天

自转周期：15小时58分

表面温度：-201℃

大气层成分：H_2（80%），He（19%），CH_4（1.5%）

卫星：共14颗，其中较大的3颗是海卫一（特里同）、海卫二（利华特）和海卫八（普罗秋斯）

3.61 新地平线号探测器经过矮行星冥王星时拍摄的图像。图中白色的心形冰面十分显眼，主要位于赤道北部，以冥王星的发现者克莱德 · 汤博的名字命名。冰封之心两边的构造并不相同，心形的左侧（西边）是斯普特尼克平原[1]，其表面地势平坦且没有环形山，据此估算其寿命可能还不到1亿年。根据左图的分辨率，可以从图中分辨出尺度大于2.2千米的地质结构。右图展示的是位于斯普特尼克平原的南部边缘，宽度约10万米的局部片段，图中高约3500米的冰川山脉被称为诺盖山脉，以尼泊尔攀岩者丹增 · 诺盖（Tenzing Norgay）的名字命名，他是最早成功登顶珠穆朗玛峰的两名队员之一。这颗冰冷矮行星的公转轨道会与海王星的轨道发生3：2的轨道共振，从而受到强烈的向心作用影响。冥王星最外层的稀薄大气主要由氮气和一氧化碳构成，最高达1600千米

两极间直径：2370千米
赤道直径：2370千米
质量：1.303×10^{22}千克
平均密度：1.869克/立方厘米
重力加速度：$0.62m/s^2$
近日点轨道半径：29.658AU
远日点轨道半径：49.305AU
轨道速度：4.67千米/秒
倾角：17.16°

公转周期：247年343天
自转周期：6天9.29小时
表面最高温度：-218°C
表面最低温度：-240°C
大气层成分（大气压为6×10^{-3}bar）：N_2，CO，CH_4
卫星：冥卫一（卡戎），冥卫二（尼克斯），冥卫三（海德拉），冥卫四（科博若斯），冥卫五（斯提克斯）

---

1 斯普特尼克（Sputnik）是由苏联发射的人类第一颗人造卫星。——审订

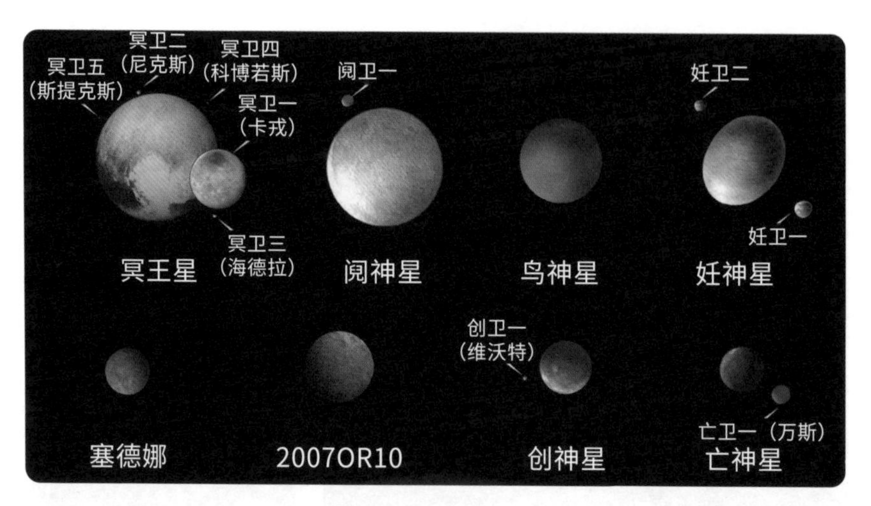

3.62 外海王星天体（TNOs，亦简称“海外天体”）。图示为海王星轨道外侧的部分矮行星和小型星体，并按照同一比例人工合成的示意图。其中，冥王星是体积最大的矮行星，阋神星则是质量最大的矮行星。妊神星围绕其自转轴旋转，自转周期少于4小时，如此高速的自转造成它的南北两极距离仅为赤道直径的一半。通常来讲，矮行星主要指与太阳有所联系的星体，因自身重力原因，矮行星的表面接近球形。而它们与行星之间的区别，则主要根据星体是否在其公转轨道上占据主导，也就是根据它们公转时是否会受到其他天体的影响。按照这一标准，目前一共有5颗矮行星：位于火星和木星之间小行星带中的谷神星，以及标记在图中的冥王星、阋神星、鸟神星和妊神星。这个分类再下一级就是太阳系的“小天体”，它们的质量还不足以使其形成一个规则的球体。此外，对于塞德娜的归类还存在争议，甚至很有可能会因为其特殊的公转轨道而单独另设一个分类。塞德娜的远日点比冥王星轨道最外处距离太阳的距离还要远20.5倍，相当于光线经过5个昼夜的距离，已经处在柯伊伯带之外了。柯伊伯带是由荷裔美籍天文学家杰拉德 · 柯伊伯（Gerald Kuiper）提出的一个环状区域，位于海王星轨道远离我们的一侧，里面包含数十万个天体，其中有很多大小超过了100千米。柯伊伯带天体（KBOs）中约有三分之一处于海王星的共振轨道中，因此变得稳定。如果它们受到了干扰，多半就会形成短周期的彗星，公转周期通常少于200年。柯伊伯带天体之下还有一个子分支，称作外海王星天体

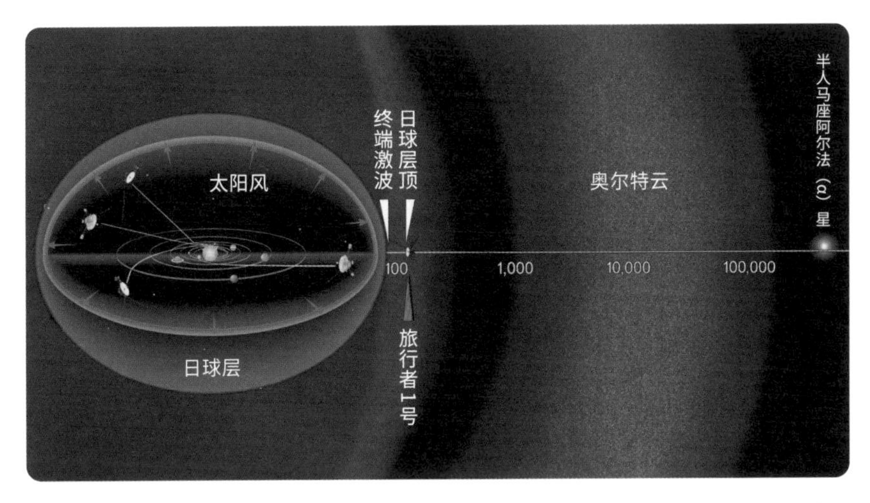

3.63 以日地距离（天文单位AU）为单位，并以对数坐标为刻度的太阳系示意图。太阳正襟危坐在太阳系中央，并通过带电粒子形成的太阳风向外驱散太阳圈（日球层）内的星际介质。只有电中性的粒子才能免受太阳风的影响，从太阳圈外部挤入内部。在一个特定距离（终端激波），太阳风速，也就是太阳风的扰动在等离子体中的传播速度会下降到临界值以下，我们的恒星也将逐渐失去其统治地位。在日球层顶之外，太阳对星际介质的影响最终可以忽略不计。旅行者1号则是第一个到达该区域的人造探测器。而在距离继续增加一个数量级的地方，尘埃、冰块和岩石块则构成了一个范围巨大的球形壳层，被称为“奥尔特云”。如果此处某些天体的运行轨道受到了干扰，就有可能跑到太阳系中来，成为“长周期彗星”（周期大于200年）。根据荷兰天文学家简·亨德里克·奥尔特（Jan Hendrik Oort）的理论推算，太阳系的这一最外层区域，在星际介质中最远可以延伸到10万个天文单位远的地方——这一距离相当于1.6光年。旅行者1号探测器能够在300年左右的时间内到达奥尔特云的内侧区域（距离太阳约1000AU），而要顺利地穿越整片奥尔特云，它还需要继续飞行3万年。

在4.34光年远的地方，我们发现了距太阳系最近的恒星系统：半人马座阿尔法星（南门二）

莱施：哎呀，我可从来都没这么想过！

加斯纳：是这样的。它们主要是由岩石状的物质及金属组成。类地行星的密度很大，表面是固态的，同时卫星的数量较少。这一类型的行星包括距离太阳较近的水星、金星、地球及火星。而木星、土星、天王星与海王星则属于气态行星，它们与太阳的距离依次递增。这些气态行星几乎都是由气体构成的，主要成分是氢和氦。它们的密度相对较小，与水接近，自转速度也相当快。我们人类至今能拜访的最远星体，就是可怜的冥王星，它在2006年被国际天文学联合会残忍剥夺了太阳系行星的地位。当时，“新地平线号”探测器已经在前往太阳系外围的路上了。而在2015年7月14日，这个探测器穿过了冰冷的柯伊伯带，飞掠至冥王星身旁，获取了大量数据。这些数据显示，冥王星的直径是2370千米，不但比人们之前想得更大，而且也超过了矮行星阋神星的直径（2326千米）。我想冥王星的拥护者们知道这个消息应该很兴奋吧，因为已经有请愿书递交到相关部门，要求让冥王星重返行星行列。

莱施：我们的太阳系在宇宙空间中绵延数十亿千米，在海王星轨道的另一侧又与“柯伊伯带”相连。柯伊伯带是由无数岩石块聚集而成的环状区域，并向太阳系之外又延伸700亿千米——足足是日地距离的500倍。

加斯纳：如果我们现在再算上“奥尔特云”——这些从太阳系诞生初期残留下来的各种岩石块，并环绕太阳在遥远的地方填满了整整一圈的球形区域，那么这个范围可就延伸到了10万亿千米。这相当于在宇宙空间中延伸了1.5光年，也就是说，哪怕是光线，从太阳出发之后也需要历时18个月，才能到达奥尔特云的最内侧。

莱施：所以说想要在那里的沙滩上享受日光浴是肯定不可能的。不过，那里倒也确实没有其他行星了。

让我们再聊一聊银河的年龄。太阳系的年龄大约是45.6亿年。我们怎么知道的呢？我们已经提到过，要确定它的年龄，可以首先研究小行星——毕竟这些都是太阳系诞生时遗留下来的残余碎片，它们几乎与其他行星及太阳这颗恒星同时诞生。

加斯纳：而人们可以精确测量小行星中放射性元素的衰变。像其中的铀原子核和钍原子核，它们会在10亿年内衰变掉一半（半衰期），这些元素是宇宙中最古老的“时钟”。根据已衰变的原子核与尚未衰变的原子核的比例关系，我们就能确定这些岩石样本的年龄了。

莱施：于是，人们在研究了这些天外的石头之后，描绘出太阳系的如下历史：数颗行星在一个直径数十亿千米的平面上，各自以一个接近圆形的轨道围绕着中间的太阳旋转，并且已经持续了超过45亿年。这真是很厉害的！我们现在必须小心，不能陷入狂热的崇拜。但是我想，读者朋友们应该也会很好奇，这样长时间的稳定状态是如何实现的？我们马上就会进一步说明。但在那之前，我想先提一个学术性的问题：太阳系是怎么诞生的呢？

加斯纳：45.6亿年前，太阳开始在一团不断坍缩的气体云内部成长。在这颗年轻的恒星周围，一部分气体云慢慢聚集起来，渐渐形成了一个围绕着恒星旋转且包含大量气体和尘埃的扁平状巨盘。虽然这些气体和尘埃的质量比太阳小了很多，但是却在空间中占据了150亿千米的范围。太阳系中的所有行星都诞生于这个巨型盘中。所以至今这些行星都还围绕着太阳在一个盘状的平面上运动。

莱施：行星的诞生可以分成两个阶段。第一个阶段，起初均匀分散在原行星盘上的尘埃颗粒开始随机碰撞。它们逐渐粘连在一起，形成一小团一小团的物质，这些小团块又逐渐形成越来越大的块状物体。

在短短的数百万年内——对银河系而言不过眨眼之间——这些块状物就形成了行星的前身，也就是我们通常所说的“微行星”，这时，它们中有的直径已经有数百千米。

到了第二个阶段，越来越多的微行星变成了更大的星体。其中最重的微行星因为质量更大、引力更强，成长得比其他较轻的微行星快得多。于是它们形成了岩质行星：水星、金星、地球和火星。它们的生长直至1亿年后才停止，这时原行星盘中的尘埃已几乎耗尽。

加斯纳：与之相对的，气态行星只能在星盘的更外围处形成。那里的温度很低，气体分子的动能也很低，以至于它们能够被气态巨星的岩质核心牢牢吸引，在常年低温的雪线一侧甚至会冻结成冰，其密度也因此大幅增加。久而久之，就能够让这些太阳系外围的行星轻松地聚集更多的气体。木星的质量就在不到100万年的时间内达到了317个地球质量。

莱施：我们现在在太阳系观察到的行星，可以说是历经最初无数次碰撞的最后胜出者。而那些在非常狭长的椭圆轨道上不断横穿太阳系的小星体，它们与其他行星发生碰撞的可能性要大得多。所以它们应该早就消失了——要么在剧烈的撞击中碎裂，散开之后被吸入太阳化为灰烬；要么早就离开了太阳系。只有极少部分的石块会以彗星或者小行星的形式在太阳系的椭圆形轨道中流浪。与之相对，那些幸存的行星则是在几乎为圆形的轨道上运动。要知道，轨道形状的意义重大，圆形轨道对于行星系统的稳定性起了非常积极的作用。

加斯纳：想来这也是令人惊叹的原因：45.6亿年来，我们的太阳系一直保持稳定。太阳系的行星们一直在绕着太阳旋转，而它们略微呈椭圆形的轨道形状并没有发生明显的变化。我们是怎么知道这点的呢？非常简单，因为我们人类就是因此才得以存在的！

莱施：话虽如此，但人类的存在也不过区区数万年而已。即便是远古的智人与这稳定性关系应该也不是很大。

加斯纳：人类当然无法干预星体的稳定，但是人类的存在却可以反证这一结论。我们人类是大自然的一部分，人类的出现也是生物长期演化的结果。如果地球与太阳的距离真的出现过明显改变，那么生物演化也就不可能发生了。一方面，如果日地距离明显缩短，海水会被煮沸，地球会变成一个不适合生存的地方。另一方面，如果距离太阳更远，地球就会冻成一颗冰球。根据对地球历史的重建，以及对岩石的所有研究，可以得出如下结论：地球与太阳之间的距离，在相当长的一段时间内（可以说是自始至终）几乎没有发生变化。当然，这段时间对于整个宇宙的尺度而言，只是很短的一个时间片段而已。

莱施：其他的行星自诞生以来也一直与太阳保持着几乎不变的距离，在各自的圆形轨道上活动，如若不然，就很可能与其他行星相撞，甚至直接冲向太阳。

加斯纳：说不准曾经真就发生过这样的"天灾"。我们今天能够观察到的，都是这场掠夺性竞争的胜者。

莱施：这些幸存者那难以置信的稳定性究竟从何而来？

加斯纳：首先，这些行星的转动动能不会再损失了。因为行星之间的气体密度极低，不会与其他行星产生有效的摩擦；同时，其他行星的引力影响也很弱，起不到明显的作用。一切的运转都十分"流畅"，这多亏了各种微小的干扰没有明显地增加。

莱施：这么解释也不能完全说服我呀。因为很可能会有其他情况发生。即便是最细致缜密地研究行星的运动，也只能计算出未来2亿年内相对比较安全的轨道。这个时间虽然已经不短了，但还是令人对未来感到不安啊，难道你没有这种不安吗？

加斯纳: 不安还是有的，但是超过这段时间之后，人们就真的无法准确预测稳定性了。这是因为，人们无法将其他行星日复一日的干扰直接线性累加起来，简单地认为原本稳定的行星轨道最终也只是一点点地发生轻微改变。行星每一次受到微小的外界扰动，都会导致轨道更靠近其他行星，陷入其他行星的引力作用区域也就越深，并产生一系列复杂的连锁反应。这样下去，行星的轨道形状变化就会进一步加剧，直至最终发生碰撞。

莱施: 又或者是作用力突然增强，将其他行星从原本的轨道中拖拽下来。我们面对的是一个真正的谜团，很难完全排除那些由于不断缓慢增强的扰动而带来的危险，尽管至今已经平安无事地度过了45.6亿年。

加斯纳: 那么现在自然就会出现一个问题，即太阳系是宇宙常态的这个观点，究竟是否正确呢？至少，行星那几乎完美的圆形公转轨道实在值得怀疑。

系外行星

——黑夜中的陌生人

莱施：我赞成你的说法。天文学家在过去的10年给我们带来了太多惊喜。在这期间，我们几乎每天都能在陌生的其他“太阳系”中发现新的系外行星。我们已经寻获了近2000颗这样的行星，而且它们的轨道比太阳系的行星更接近椭圆形。

加斯纳：自1995年起，人们就可以间接证明系外行星的存在了。因为每一颗被若干行星环绕着的恒星，都不会完美地静止不动，而是会以整个恒星系的重心为基准点，发生周期性的摆动。如果发现这样一颗规律运动的发光恒星，也就泄露了它其实含有行星的秘密。如果足够幸运，系外行星也会不经意暴露自己的踪迹。这是因为，如果小行星的公转轨道与我们望向恒星的视线相交，它就有可能在我们的眼皮底下从它的恒星旁穿过，并或多或少地遮挡恒星，我们观察到的恒星亮度就会有所变化。[1]为此，NASA于2009年将一个5米高、超过1吨重的“开普勒太空望远镜”发射到环日运行轨道。这个拥有9500万像素镜头的太空望远镜将为我们寻找新的居住场所——第二个地球。它

1 行星凌星现象，类似于太阳系中的金星凌日。——审订

的工作效率很高，可以同时观察超过10万颗恒星，并分析它们的亮度变化，直到2013年8月，开普勒太空望远镜的两个陀螺反应轮出现故障，无法继续使用。然而研究人员才不会轻易认输，毕竟还有另外两个反应轮，而高度调节喷嘴也还能使用。因此这个望远镜被派送到一个新的位置，在那里，太阳风产生的辐射压力较弱，不会让“跛脚”的开普勒不停翻转。2014年5月，它又开始寻找系外行星，但是由于引力的限制，望远镜仅能够沿着黄道面观察，并且每75天就会转向一个新的星空区域。尽管如此，成功还在继续，并且已经有了新的发现。其间，现有的数据被加以分析处理。2015年以来，开普勒项目获得了陆基天文望远镜“次世代凌星巡天”（NGTS）的协助，该望远镜隶属位于智利的欧洲南方天文台。起初我们只能观察到体积和质量特别大的气态巨星，类似木星或者土星。随后，我们也接触到了一些类地的小型行星，这些可作为候选者的类地行星着实令人感兴趣。

莱施：格利泽581d（Gliese 581d）就是这样一个引人注目的对象。它于2007年被发现，并被视作第二个地球。这颗行星位于适合生物居住的“宜居带”中，这个区域指的是在恒星周围温度允许液态水存在的区域。这是生命诞生的最重要前提，就像我们所看到的那样。

加斯纳：随后有报告指出，格利泽581这颗恒星还拥有其他行星，字母标号一直标到了格利泽581g。当时的记者招待会一阵狂欢，兴奋之情都刹不住了。这些行星的发现者之一、美国天文学家史蒂文·沃格特（Steven Vogt）甚至认为，这颗星球上存在生命的可能性几乎是100%。

莱施：想必我们的这位勤奋同僚一定是一时激动过头了。随着对光谱的进一步研究分析，人们开始怀疑这颗行星究竟是否真的存在。获得的这些数据很有可能只是因为受到太阳表面的其他干扰。毕竟我们观察的是恒星的径向波动，其精度只有约1m/s。

加斯纳：人们居然能够测量出如此遥远恒星的“步行速度”，实在是太奇妙了。为了避免误解，这里需要稍做说明。系外行星的命名方式是“名字，数字，字母”。名字和数字由其所属的母恒星决定，名字主要是依据它的“星表”或者观察它的天文仪器。以我们上述的恒星为例，是“格利泽近星星表”中的581号恒星。而这颗候选的类地行星，则以字母g作为行星的计数。格利泽581g则是人们发现的第六号候选行星，但正如你刚刚提到的，它可能只是一个偶然的错误，或许并非真实存在。

莱施：你是怎么看的呢，我们是否能够找到一颗适宜居住的行星，还是只能在宇宙中孤独地存在着？

加斯纳：卡尔·海因茨·卡里乌斯（Karl-Heinz Karius）或许已经回答了你的问题：“我们很可能孤独地伫立在宇宙之中，而我们的弱点皆是因为缺乏竞争压力。”但是认真地讲，这个问题是十分激动人心的。试想一下，在我们天空之外的宇宙深处，有一些外星人也正拿着望远镜四处寻找我们，他们沉浸在属于他们的恒星光芒之下，却感受到了和我们人类同样的孤独……如果我们之前的预计是正确的——每5颗类似太阳的恒星中至少存在一颗刚好处于宜居带的行星，那么适合人类居住的行星数量是极其庞大的。仅在银河系中，G型恒星[1]就有几亿颗。如果去掉其中的四分之三——因为这些恒星可能处于双星系统或者多星系统之中，那也还剩下2500万颗恒星，而这一数字的五分之一就意味着还会有500万颗适宜居住的行星，运行在我们的银河系之中，这还不算银河系之外那大约10^{11}个河外星系。

莱施：如此一来，这可算是人类最大的委屈了。我们并非宇宙的中

---

1 主序星中的一种恒星类型，其质量、大小及颜色等均与太阳类似。——审订

心，甚至都不是太阳系的中心。我们蜷居在一个普通的星系角落，跟随它的某条旋臂旋转，而放眼望去，我们的旁边还有数十亿个类似的星系。如果在宇宙中存在智慧生命是一个广泛现象，那就可以放心地把我们自己造物主的王冠先收起来了。

加斯纳：确实，世界性宗教就会面临相当大的挑战。在所有这些有生命居住的星球，是否也有他们的先知或者福音呢？想必发现外来生命会将我们所有的想象力都消耗掉。

莱施：还没有到那一步呢。进行光合作用的绿色物质，或许在宇宙中并不稀奇。但是宇宙中的美酒与佳人又是否足够呢？

加斯纳：有一个重要标志——至少是针对地外植物的一个重要的统计学论据。在我看来，我们每年观察到并最终证实的系外行星，数量一直呈爆炸性增长。随着对开普勒任务获取到的数据分析日趋完善，单是在2014年2月，我们就能够证实750颗新的系外行星。必须要提到的是开普勒任务使用的“凌日探测法”。这是一种理想状态，即在我们和被观察的恒星中间刚好有行星经过时，恒星的亮度就会出现变化。如果我们将这种方法无法探测到的其他可能的行星也考虑进来，就会发现在外太空的行星数量实在绰绰有余。

莱施：尽管如此，我们到目前为止还不能提供可以证明外星生命存在的科学证据。

加斯纳：没错。当下对这个问题的讨论还只是茶余饭后的预言谈资，而我那些想要得到有统计数据支撑论据的想法实在有点儿不切实际。尽管如此，我还是想拿德国天文学家马里乌斯（Marius）和意大利物理学家伽利略（Galileo）的例子做类比，他们两位在400年前就观察到了木星的卫星，并推测出我们的地球很可能并不是宇宙的中心。也许，当400年后的人们拿着我们如今整理的系外行星的数据，应该同

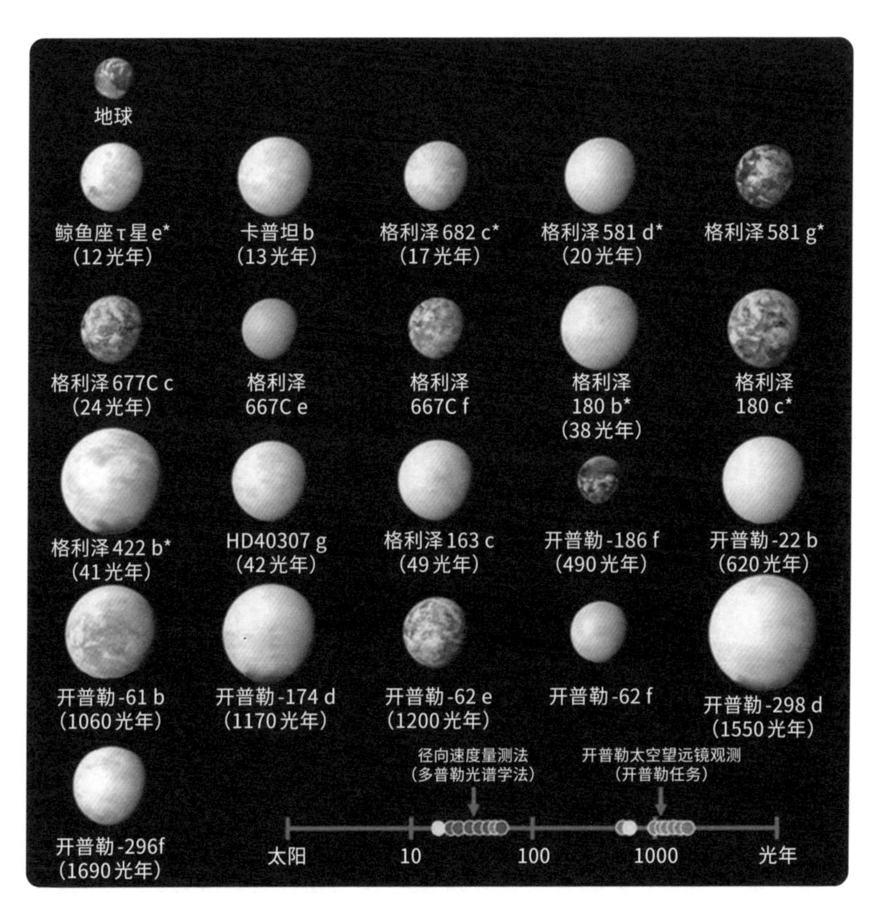

3.64 位于宜居带内的系外行星图解，按同一比例绘制，下方标注的距离单位为光年（LJ）。尚存争议的候选宜居行星用 * 号标注

样会感慨：“原来早在21世纪，人们就已经意识到他们在浩瀚的宇宙之中并不孤独。”

莱施： 让我们拭目以待吧。当然，咱俩是等不了400年了。尼尔斯·玻尔（Niels Bohr）曾经说过：“预测不易，预测明日之事尤甚。”

加斯纳： 直觉告诉我，那些认为“在某地发生的事情都是独一无二”的人，无论他们身在宇宙何处，这个想法很可能都是错误的。所以，

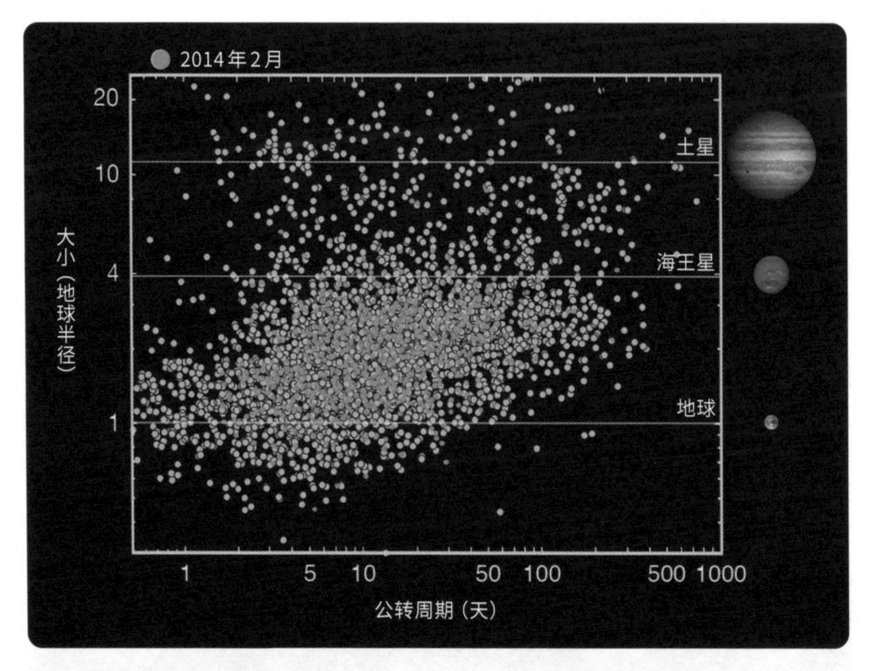

3.65 图示为迄今为止发现的系外行星，以“地球半径”作为度量其大小的尺寸单位、以“天”作为度量其公转轨道周期的时间单位。通过2014年2月对开普勒任务中的数据优化分析证实了橙色标记的地外行星

生命肯定也并非我们独有的例外现象。我实在好奇，在距离地球较近的100个恒星系统中，到底有多少类地行星可能适合人类居住。比如恒星格利泽581距离我们只有不到20光年。如果我们在自家的“门庭花园”就能找到一颗处于恒星宜居带的系外行星，或许就能说明在广阔的宇宙中，确实有着更多的可能性。

莱施: 用“门庭花园”来描绘这样一个距离，实在是太友善了。你可要知道，哪怕是以光速传播的无线电信号，在地球与这个花园间往返，每一程都需要差不多20年的时间。要以这种距离建立笔友关系可是需要相当多的耐心敬候佳音才行。

3.66 尼尔斯·亨德里克·玻尔（1885—1962）

加斯纳：如果要来一次心血来潮的惊喜之旅，我们在路上的时间可比整个人类历史的时间还漫长。可以这么说，在宇宙飞船出发之际，船上的宇航员就已经知道，他们自己，他们的孩子、孙子、曾孙，以及未来许多在路上出生的子子孙孙，都不可能活着抵达目的地。更别提在这艘前往外太空的飞船上还可能因为代沟和阶层而出现社会动荡。

莱施：就算这个行动成功了，宇航员终于想方设法地经历了数千年的时光——就像科幻小说中的情节，他们返程时可能一切都变了，地球不再是他们离开时的样子。星际航行可能需要真正的亡命之徒。所以我们必须要考虑这些因素，做好周全的准备，万一真有外太空的访客来到地球，他们想必也是下了很大的决心才迈出这一步的，肯定不想丢掉地球这块新的殖民地。

加斯纳：我们好像又丢掉了什么：主题。

莱施：没错，又有点儿跑题了。我们之前在说宜居带。原则上，在宜居带可能存在液态水，当然，这并不意味着必定会发生什么。

加斯纳：当然如此。但是，在距离我们40光年的系外行星GJ1214b的大气层里，很可能含有水蒸气。如果这颗行星位于我们和它所环绕的恒星之间，我们接收到的恒星光线就刚好穿透了行星的大气层。大气层中的成分能够形成特定的吸收光谱线，从而“泄露”其具体的组成成分。这颗行星向远方的我们泄露的秘密，正是大气层中存在“水分子”。通过进一步分析，可以发现GJ1214b行星一些特有的极端属性。这颗行星的平均密度大约是水的两倍。与我们太阳系内的巨型气态行星相比，这样的密度可是相当高的，而与岩质行星的地球相比则又低了一些——地球平均每立方厘米大约重5.5克，也就是水的5.5倍。这一切都说明，这个直径大约是2.7个地球直径、质量有7个地球重的GJ1214b，大部分是由水组成的。

莱施：我们能够观察到这样一颗光线极其微弱的行星，本来就可以算得上奇迹了。而现在，我们还能再对它的大气层成分加以分析。我们从落日余晖般的大气颜色中到底可以看出什么呢？

加斯纳：关于系外行星的讨论可以是无穷无尽的。比如在HD189733b行星上发现了甲烷，然而行星表面的900摄氏度高温则告诉我们，这里或许并不适合胃口和体形都更大的牛群生存。在更远一些，大约几百光年之外，是蛇夫座 ρ 的恒星形成区域，人们在那里发现了最简单的糖分子结构。

此外，最有帮助的现象来自对开普勒-30恒星系的观察。有3颗绕着同一个恒星的行星能够进入我们观察恒星的区域。不仅如此，这几颗行星还可以在它们恒星的对应区域，诱发出类似“太阳黑子”的现象，这些黑子有规律地变暗，刚好能够在合适的地方被人们观察到。经过分析后人们可以证明，这三个行星是位于同一个平面（黄道面）上公转的，这个平面与恒星赤道面的夹角不超过1度。

莱施：太阳黑子产生的原因是恒星内部的强烈磁场。如果磁场线垂直贯穿恒星的表面，就会阻碍等离子的对流——否则这些对流的等离子就会像在一个烧开的水壶中，不断有高温的物质从更深的地方向上翻滚出来。不再对流的等离子会导致恒星表面的局部温度下降，并持续几天的时间。比如拿我们的太阳来说，就会有个别地方温度在4000K之下，而其他区域的温度则是5780K（见图3.48）。

加斯纳：带有电荷的等离子被磁场线拖拽时，就会出现“日珥”。

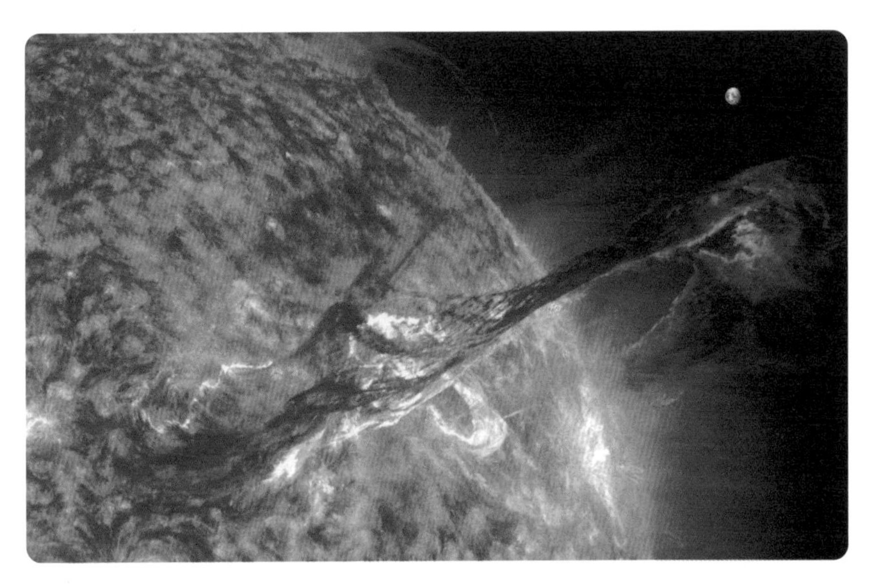

3.67 太阳耀斑（由太阳动力学天文台拍摄于2012年8月）。图中的地球是作为参照物人为添加的

极端情况下，这些相邻的反向磁力线甚至会出现“磁重联”，也就是磁场湮灭，并释放出大量的能量。这些在磁场平衡发生剧烈变化的过程中，从太阳表面抛射出来的明亮物质，被称作“耀斑”或者“日冕物质抛射”。这些因素在考量恒星宜居带的过程中扮演了重要角色。因为银河系中大多数恒星的亮度没有太阳高，宜居区域也因此距离这些恒星更近，恒星抛射出来的耀斑就会对潜在的生命带来更加致命的影响。

莱施：但是，目前观察到的所有系外行星，还都局限在我们的银河系之内。

加斯纳：原则上确实是这样的。然而在2010年11月，人们在距离地球2000光年远处发现了HIP13044b行星，它所属的恒星系位于一个陌生的矮星系之中。这个星系大约在数十亿年前被银河吞没，而这颗行星正好位于我们太空望远镜的观测范围内。HIP13044b的迷人之处在于，它的恒星已经度过了红巨星阶段，进入到了一个更危险的时期。尽管如此，这颗类似土星的行星还是幸存了下来，并且始终绕着它那危险的母恒星旋转。

3.68 人类拍摄到的第一张系外行星的光学图像。气态巨行星（红）围绕着位于长蛇座（距离地球172光年）中的褐矮星2M1207，其公转轨道半径约为地日距离的40倍

莱施：这样看来，当我们的太阳有朝一日也变成红巨星，我们的小地球也是有希望原地幸存的嘛。

加斯纳：你的乐观主义值得称赞。就算地球没问题，但我们人类的生还概率有多大，我想现在还是不予置评为好。

莱施：话说，我们有关于系外行星的直接观察结果吗？我指的是一张真实的图像，可以挂在墙上的那种。

加斯纳：系外行星的热辐射可是相当微弱的。拍摄的难度不亚于拍摄一只在灯塔附近飞舞的小飞蛾。尽管如此，我们还是能够得到一些年轻行星的红外图像，毕竟它们正值青春，温度还比较高，比如1RXS J160929.1–210524行星的温度就超过2000K；同时，这颗行星距离它的恒星也足够远，距离达330个天文单位。再比如，2M1207b行星可以算得上第一批被拍摄到的系外行星（2004年9月），它围绕着一颗褐矮星旋转。

莱施： 这可能还算不上一张非常丰富的图像。好像我们还没有向读者朋友们解释什么是褐矮星吧？

加斯纳： 对的。褐矮星就是一个"失败的恒星"，质量较小，引力坍缩尚不足以引燃星体内部的核聚变，又或者点燃之后也无法令核聚变持续下去。与之对应，它的表面温度也相对较低。广域红外线巡天探测者（WISE）发现了这个最低温度纪录的保持者，它于2014年年初在距离地球7.2光年的地方发现了这颗褐矮星，就在我们的家门口：其编号为WISE J085510.83–071442.5，表面温度在–48℃～–13℃之间。

莱施： 比起这颗褐矮星表面的极度低温，更令我惊叹的事实是在天文学经历了多年的研究之后，我们人类还是无法将附近的邻居们研究透彻。

加斯纳： 褐矮星只是红外图像中微弱的小点，虽说是颗恒星，但通常还没有木星的个头大。上述这个在我们家门口的褐矮星，质量有2～10个木星。2014年夏天，人们在位于智利的欧洲南方天文台的甚大望远镜（VLT）上安装了一个名为SPHERE[1]的研究仪器。它可以通过特殊的技术，尽最大可能调整明亮恒星的对比度，从而拍摄到恒星周围"逆光"的行星。人们希望借助这个仪器给系外行星研究带来革命性突破。这应该能够大幅提高你想要获得新壁纸的机会。

莱施： 对于系外行星，我认为有一点是非常值得注意的。不仅其显著的椭圆度[2]有别于我们迄今为止发现的行星系统。更特别的是，气态巨行星距离它们的恒星相当近。可是为什么会这样呢？

加斯纳： 气态巨行星诞生的时候，距离其恒星肯定没有那么近。因

---

1 全称为Spectro–Polarimetric High–Contrast Exoplanet Research，利用光谱偏振原理研究高对比度的系外行星。——审订

2 指最大直径与最小直径之差。——审订

为在这个半径的轨道上，温度实在太高了。在这一高温之下，气体还未来得及聚集，就会被恒星加热到逃逸速度，离开行星。很明显，这些行星是在更远的距离形成的，并在之后漫长的岁月里不断与气体和尘埃云盘摩擦，从而向行星系的内部迁移靠拢。

莱施： 原来系外行星还有移民的背景，那它们可以很顺利融入新环境吗?

加斯纳： 当然。当它们抵达环形尘埃云盘的内侧边缘时，迁徙就结束了。因为恒星的高温辐射会将这里的尘埃蒸发掉，也就不存在可以与气态行星发生摩擦的东西了，行星的角动量也从此不再改变。

莱施： 真是堪称外来移民融合的典范。

加斯纳： 然而巨型行星从外部挪动至内部的过程中，也可能给其他已有行星带来灾难。其他行星的轨道会因为这个气态巨行星的移动而受到强烈干扰，要么与气态巨行星碰撞，最终坠落至母恒星中，要么被直接从这个恒星的系统中排挤出去。

莱施： 那可能又要出现新的问题了。而新问题往往也是环环相扣的。

加斯纳： 好在我们的太阳系里从未发生这些灾难。木星与太阳之间的距离是地日距离的5倍，要知道，强烈的太阳辐射早就将太阳系内的尘埃盘蒸发了，如果木星真的是从太阳系外迁徙进来的，那它根本不会到达如今这么近的位置，而是滞留在太阳系边缘的尘埃盘边界，无法继续进入太阳系。

莱施： 不过，这样的行星迁移还会带来其他的严重影响。海王星和天王星就经历过最野蛮的历史阶段——这两颗行星竟然在太阳系的形成过程中互换了位置。大约38亿年前，海王星由内向外“越过”了天王星的轨道。计算机建模仿真也证明了这一点，而且海王星的质量更大，表明它是在太阳系更内侧形成的。

🎤**加斯纳：**这肯定会导致一连串的矛盾，这些矛盾在太阳系诞生之初就存在着。比如，在太阳系原始的星盘中，所有行星的自转轴应该都多少与公转的盘面（黄道面）垂直，然而天王星的自转轴却是在盘面上。此外，人们或许还会期待，在更外面的轨道可以发现更多像冥王星这样的矮行星，可惜到头来并未如愿。而且在月球上发现的多个撞击坑，也为一场难以理解的“天外轰炸”提供了证据。海王星越过天王星的轨道，就像一记拳头直击眼眶。海王星的迁移让天王星的自转轴发生了倾斜，同时也狠狠地打击了轨道外侧潜在的其他矮行星。而且，这一过程中产生的大量碎片都进入了太阳系的内侧轨道，发生了“后期重轰炸”。

🎤**莱施：**这里的故事可真多啊——迈着舞步的行星，再配上撞击的鼓点。土星和木星一起跳着迷人的“双星芭蕾”，在靠近舞台中央的地方散发着独特魅力，稍远一点儿的海王星也随之摇摆起来，情不自禁地缓慢向后挪动。到了最后，海王星不甘寂寞，艳羡之心愈演愈烈，直至完全脱离轨道。这是令人难以置信的，但是这个模型演示已经得到越来越多人的证实。

🎤**加斯纳：**我们的太阳系看上去可没有这么均衡。它有很多特有的性质，尤其是它拥有一颗相当特殊的行星——地球。在这颗行星上产生了一种新的物质存在形式，与过往已有的所有物质结构都大不相同——那就是“生命”。

🎤**莱施：**说到地球的诞生与演化，我们确实应该再好好谈一谈在地球上奔波忙碌的所有生命。但是在那之前，我提议先来一场盘点。我们已经说了很多内容，从宇宙大爆炸一直到地球的诞生。

🎤**加斯纳：**你知道人们为什么喜欢邀请作为天文学家的你来到公众的面前吗？

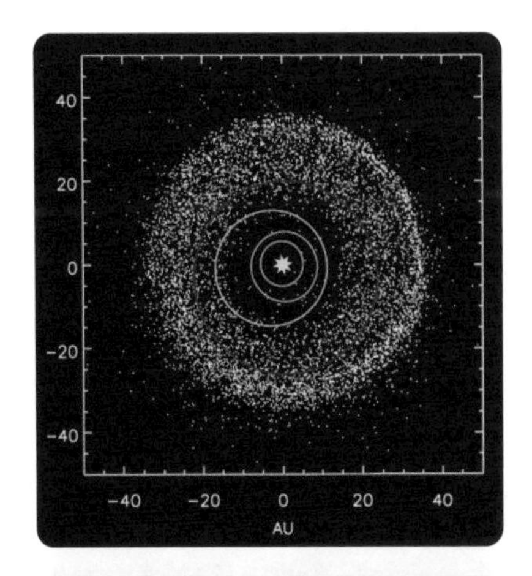

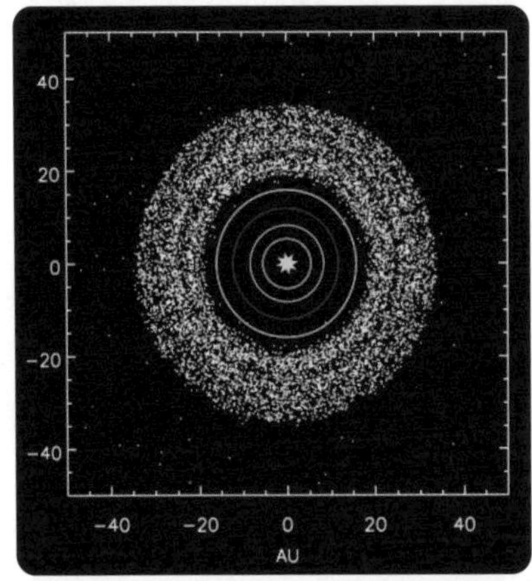

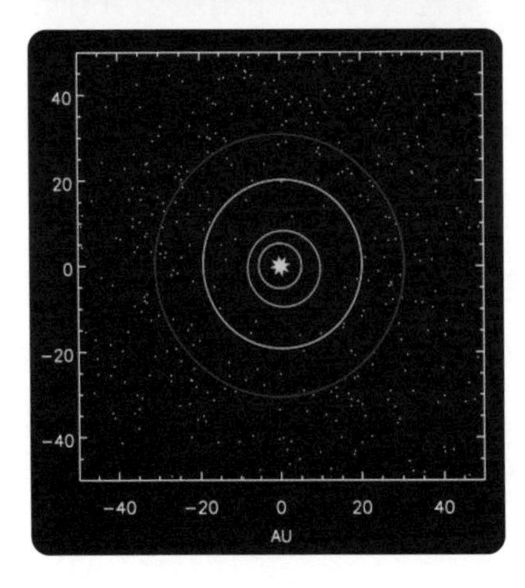

3.69 根据尼斯理论模型（2005年）绘制出的太阳系三种典型状态。太阳位于图中的中心位置，向外的圆形轨道分别为绿色的木星、橙色的土星、浅蓝色的天王星、深蓝色的海王星，以及白色的柯伊伯带。AU指的是天文单位，代表太阳与地球之间的平均距离

上图：气态巨行星在原行星盘中成长

中图：木星和土星陷入2∶1的轨道共振之中，也就是说，土星公转一圈所用时间刚好是木星公转周期的两倍。因此，这两颗行星在超过数百万年间都几乎在同一位置距离彼此最近，并处于太阳系的相同位置，直至各行星出现新的组态（天王星和海王星轨道更呈椭圆状，在50%的模拟运行中，这两个行星甚至发生了位置交换）。这样一来，柯伊伯带中的许多星体对象都会被吸引至太阳系内部，并导致“后期重轰炸”

下图：太阳系经历“后期重轰炸”之后的新星象

🎤 **莱施：**当然啦，因为我能向大家展示许多美丽的图片。

🎤 **加斯纳：**还记得吗，我们已经提过的光线占卜。人们愿意邀请你，是因为你作为“光线占卜师”，拥有一个高大的正面形象。也就是说，科学家是没有办法人为去操控、修改这些图像的。我们只是纯粹的观察者。

🎤 **莱施：**诚然，我们天文学家就是科学界的贝肯鲍尔（Beckenbauer）[1]，座右铭是：让我们瞧一下。

🎤 **加斯纳：**君子动目不动手，这也让我们不会做出带来伤害的事情。我们真该为此感到高兴。如果我们能够主动改变宇宙规律，谁知道是否真的还能够保持克制。

🎤 **莱施：**或许也能吧，但是你想想，我们人类已经制造了那么多的太空垃圾，长此以往，说不准什么时候还会有废弃的航天器残片坠落回地球，甚至砸中我们的脑袋。

🎤 **加斯纳：**好吧！我本来想在这里尝试向读者朋友们展示一个积极阳光的形象，结果你居然把垃圾丢过来了，还是太空垃圾。不过你说的没有错，人类与垃圾是一个经常被讨论的主题——在宇宙之中也不例外。自从1957年苏联发射第一颗人造地球卫星（斯普特尼克1号）以来，我们在短短数十年里已经在轨道上留下了大约7000吨淘汰的废料——都是执行无线通信、定位导航、气象监测及军事等任务结束后退役的设备。其中，超过10厘米大小的物体我们可以相对很好地观察到，但是这些加起来也有2万多个——其中大部分（70%）就在距离地球很近的轨道上飘荡，高度在2000千米之内。这还不算没有纳入统计的更小的物体——预计弹珠大小的物体超过75万个，它们在太空中

---

1 1945年出生于慕尼黑，是德国著名的足球运动员之一，被誉为“足球皇帝”。——译注

四处乱窜。纬度越高的地区，这些物体分布得也越密集。

莱施：因为高速运动，这些废弃物聚积成一个庞大的球体，这在太空中无论如何都是一个威胁。国际空间站总是被迫做出引起轰动的机动规避。尤其令人担忧的是，如果用于准备调整的预警时间不够及时，后果将会十分严重。比如在2012年3月，就因为发现太空垃圾太迟而来不及调整国际空间站，以致空间站里的全体人员不得不躲避到相连的逃生舱中准备紧急撤回，好在最后只是虚惊一场。

加斯纳：美国的通信卫星“铱-33”（556千克）就没有那么好运了。这颗卫星于2009年2月10日在西伯利亚上空约800千米处与900千克重的俄罗斯卫星“宇宙-2251”发生碰撞。在这场撞击中，仅较大块的碎片就产生了超过2200块。类似这样的撞击导致宇宙中的废弃物体越来越多，人们甚至还给这一现象起了名字，叫“凯斯勒症候群”[1]——由NASA顾问唐纳德·凯斯勒（Donald Kessler）提出，他很早就提醒人们要当心这一现象。

莱施：太空垃圾在不断增加，这一问题渐渐得到了重视，各类国际会议也在探讨如何应对这一问题。毕竟在地球的轨道上有上千颗运行中的活跃的人造卫星，而它们的总估价为1000亿欧元——这可真不能随便挥霍。

加斯纳：我们确实急需清除太空垃圾，对此还有一个官方的倡议活动——“净空行动”（Clean Space）。但这些现有的理念还十分冒险。有人提出使用专门的“清理卫星”，它们安装有激光、网兜、帆和绳索。有人又提议造一朵金属颗粒组成的云，令其与太空垃圾相撞，从而把它们带回大气层烧毁。另外，日本人在2014年2月开始执行Stars

1 指垃圾影响了正常飞行，产生新的垃圾，恶性循环。——审订

2任务[1]。尽管这颗清扫卫星还没有与太空垃圾直接接触，但已经测试了清理垃圾的可行性。作为一种“系留卫星”，它会将一根导电的绳索与物体固定，在地球引力场的作用下，绳索的自由端将会朝向地球，通过在地球磁场中的运动感应产生电流，由此产生的洛伦兹力便会不断阻挠物体移动，将它的速度一点点降下来，从而逐渐回落至越来越低的轨道中，在那里烧毁。但我们也说了，这还只是测试，要在宇宙中实现“钓垃圾”，最快要到2019年。实际上，有一家公司出于渔业需要，已经研制出一条长达300米的特殊“钓线”，并同时连接了多个鱼钩。但愿所有的尝试都不会产生新的太空垃圾。古希腊的希波克拉底在尝试治疗手段时就说过：Primum non nocere[2]——治疗不伤害原则！

莱施：所以啊，应该呼吁各个国家都克制一些，毕竟如果大家都这么干，未来的太空飞行将变得十分危险。如果飞船在家门口就被各种太空垃圾砸烂了，《星际迷航》里的柯克船长还怎么出发前往外太空呢？

加斯纳：至少现在这些碎片还只在我们的太阳系里。距离我们最遥远的探测器——旅行者1号——目前为止只在宇宙中向前推进了17个光时。

莱施：但也要知道，旅行者1号每年可以前进5.25亿千米。多亏了它的能量来源是钚，所以目前才消耗了1%的能量，看来它还能工作很长时间。

加斯纳：我想，现在该让大伙儿歇一歇了。

---

1 Space Tethered Autonomous Robotic Satellite 2的缩写，即“空间绳系自主机器人卫星2号”。——审订

2 拉丁语，语出“希波克拉底誓言”，强调首要之务是不可伤害，然后才是治疗。——译注

小憩一下

——快速回顾

莱施: 在不完美的宇宙中，总是存在各种各样的小偏差，让物质开始运转。最初，宇宙中的一切都是十分炙热的，均匀分布在空间各处。接下来，宇宙不断膨胀，同时也在缓慢冷却，最终形成了一团团巨大的物质集合——星系、恒星及行星。异常情况不断出现，使得这些物质岛的形成变成可能。

加斯纳: 在某些位置，物质只是极其轻微地收缩了一下，这里的引力便随之略微增大，继而能够吸引更多的物质，引力进一步提升，就这样一点儿一点儿将附近的宇宙空间掏空。在这样一个空间边缘，最后就形成了星系。一方面，每个星系都在引力作用下牢牢聚在一起，另一方面，不同星系之间的引力作用又将成百上千个星系连接成星系团。

莱施: 在星系内部更小的维度里，也上演着相同戏码：星系内的气体收缩越来越强烈，直至其在自身重力的作用下坍缩，诞生了恒星。恒星又建立了一个全新的机制。

加斯纳: 能量在轻原子核聚变融合成更大原子核的过程中被释放出来，于是产生了光线，形成了其他重元素。这些新诞生的元素随着恒星的爆炸被输送到宇宙空间中。由此出现了物质循环，不断产生新的恒星，新的恒星又不断产生更多的重元素。

莱施：由此继续，就会产生行星系。我们的太阳系，以及闪烁着蓝色微光的地球也是如此。对了，既然提到蓝色，为什么地球会是蓝色的？

加斯纳：太阳光在大气层中发生散射，蓝色光比波长更长的红色光散射得更厉害，因为散射的效果与波长的四次方有关。月球没有大气层，所以那里没有蓝色的天空。同理，日落时呈现橘红色是由于这时阳光的入射角比较平，光线经过大气层的路程较长，于是有更多蓝色部分被驱离出去，只剩下红色的日轮（夕阳）。通常我们在提到光散射的时候，说的粒子是指光子，它们的波长比一般辐射的波长小得多，发生的是"瑞利散射"。在谈论大气层中的气体分子时，云层中的水滴与冰晶颗粒大小要比太阳光的波长大得多，所以阳光会在云中发生反射，呈现白色。

莱施：我们的家乡地球是多么神奇！莱布尼兹（Leibniz）早就说过：我们生活在充满可能的世界之中。还没有哪个系外行星能够让我如此着迷，我就乖乖当个地球人吧！

加斯纳：我们马上就要聊到另外一个重要话题：地球的特质。作为过渡，我想引用诺贝尔和平奖获得者阿尔贝特·施韦泽（Albert Schweitzer）的一句话："静心观察大自然之人，终将沉迷于生命的奥秘。"

第4章

生　命

如何从原核细胞成为诗人

4.1《创造亚当》（局部，位于西斯廷教堂穹顶的米开朗基罗名画）

我们的故乡之星

——一颗蓝宝石

加斯纳： 让我们想象一朵花。这朵花是地道的地球产物。它在地球上发芽，通过茂密的根须从土壤中吸取生存所需的水和矿物质。然而这棵植物赖以生存的最基本营养物质，却来源于一颗距离地球1.5亿千米远的恒星——那里的质子（氢核）还会聚变成氦原子核。这颗名为太阳的恒星所发出的光线，与水及二氧化碳一起，转化成植物体内的糖分子与氧气。像其他生物一样，这朵花只是自然界中水、土壤及空气这个物质循环的一部分，却由炙热的太阳之火供给能量。

莱施： 多么美丽动人的小花朵啊，加斯纳。但是抱歉，我在遐想地球这颗蓝宝石的时候，出现的画面可不大一样：翻开我们人类宇航史吧！那一刻，我们终于能够在相对遥远之地，回眸遥看

4.2 地球升起（地出）的第一张彩色照片，由阿波罗8号的宇航员比尔·安德斯（Bill Anders）拍摄

我们的母星“直播”。美国东海岸时间1968年12月21日17时，人们第一次见到了地球的完整模样。阿波罗8号的3位宇航员拍摄下一张人类世界的照片。在漆黑的宇宙中飘浮着我们这颗蔚蓝色的星球——地球，它的大气层就像一层覆盖在地球表面的轻盈薄纱。这个球体的大部分是被水覆盖的海洋，仔细观察局部，还能够看到云带及云下部分大陆的轮廓。

加斯纳：你说的没错，对于阿波罗8号的全体宇航员而言，这是无与伦比的一刻。他们完全被故乡地球的美丽所征服，并将它视作一颗闪闪发光的蓝宝石。同时他们也感觉到这颗发光蓝色星球的脆弱，三位男士亲眼见证了这一点，我们所有人类都在同一艘小船上，漂泊在浩瀚而又黑暗的宇宙之海里。

莱施：的确让人印象深刻，即便对于咱俩而言——当时我们还是坐在电视机前的孩子。

加斯纳：嗯……我很可能错过了电视，那个时候的我最多只是坐在婴儿车里，瞄了两眼天上的月亮而已。但是我真正想说的是：宇航员通常不是拥有浪漫或者多愁善感性格的人。人们挑选宇航员的时候，选的可都是精壮坚韧的小伙儿。尽管如此，吉姆·洛弗尔（James Lovell）还是为深邃宇宙中的地球深深动情，将其十分恰当且到位地描述成一颗蓝宝石。他说：“为了探索地球，我们必须飞到月亮之上。”而现在这第一幅地球全貌照片成为一个崭新理念的象征：我们不再征服自然，而是尝试与之共生。毁灭大自然也就意味着毁灭生命的基础。

莱施：阿波罗8号的宇航员同样能够直接感受到宇宙中的天体对生命构成的巨大威胁，尽管如此，他们还是义无反顾地踏上了前往月球之路，以只有地月距离十分之一的近距离环绕月球。月球那被陨石撞击过的表面伤痕累累，与地球形成鲜明对比。月球已经死亡，没有大

4.3 月球表面的陨石撞击坑，由阿波罗 8 号于 1968 年 12 月 24 日拍摄。图像下部的巨型环形山有一个拉丁名字“戈克伦纽斯”（Goclenius），根据德国科学家鲁道夫 · 戈克尔（Rudolf Gockel）的德语名字命名。图像左上方是哥伦布环形山，以意大利航海家克里斯托弗 · 哥伦布的名字命名

气层，并且完全干燥。那里除了石头毫无他物，没有植物、没有生命、没有婉转的小夜曲，也没有整点报时的布谷鸟鸣。人类是无论如何都不会愿意在月球上生活的。

加斯纳： 读者朋友们现在或许会问：“月球与地球的诞生有什么关系？”就在阿波罗 8 号环绕月球 6 个月之后，NASA 又执行了新的任务，宇航员尼尔 · 阿姆斯特朗（Neil Armstrong）和埃德温 · 奥尔德林（Edwin Aldrin）成为第一批成功登陆月球的人类，同时，他们搜集并带回了月球上的岩石块。接着又陆续有 5 批考察队执行了登月任务，

总共带回400千克的月球岩石。经过长年累月的研究，我们获得大量与地球诞生历史有关的知识，很有必要讲述出来。

🎤**莱施：**地球在诞生初期肯定遭遇过什么。月球表面众多的陨石撞击坑便是这一过程的确凿铁证，我们的地球在那个轰炸时期内同样难以幸免。月球是这场灾难最主要的目击证人。月球上的证据可以很好地向我们讲述，45.6亿年前太阳系诞生初始阶段发生的事情：岩石块彼此剧烈碰撞，撞击产生的能量将这些石块加热。这些崭新的岩质行星，那时还只是红通通的火烫石球，它们的质量和大小还在不断增加，直至太阳系内散落的岩石块在它们万有引力的作用下完全聚集起来。

🎤**加斯纳：**6次阿波罗任务搜集到的月球石块（通过同位素^{16}O和^{17}O的比例关系）表明，地球在一次早期的天体撞击中幸存，而这个来袭天体的质量是火星的两倍，足足有地球质量的五分之一。这次“自杀式袭击”的凶手则在撞击过程中完全粉碎了。它的铁核心沉入熔融的原始地球中，而它的外壳随着大部分薄薄的地壳一起，被抛到了宇宙之中，这些碎片在距离地表大约6万千米的地方聚集起来，形成了围绕地球的岩石环，随后形成了月球。如果仔细观察模拟仿真的过程，其中某个时期甚至可能有同时存在两个月球的情况。这两个月球之后发生了融合。其中的一个就像摊煎饼一样，完全贴合到另外一个的表面上。这样一来或许就能

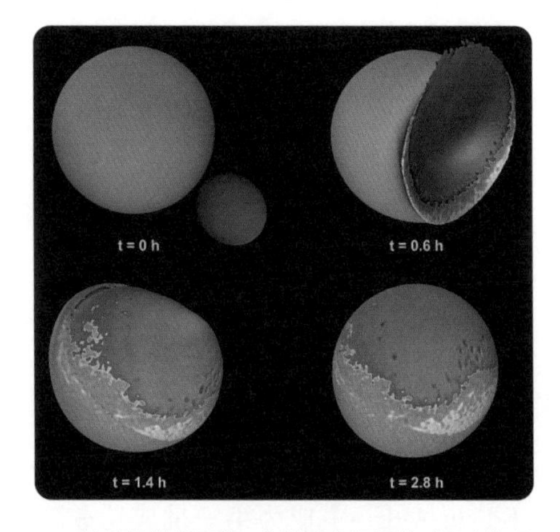

4.4 计算机模拟图像：公转速度相近的“两个”月球，在一次撞击之后黏合在一起

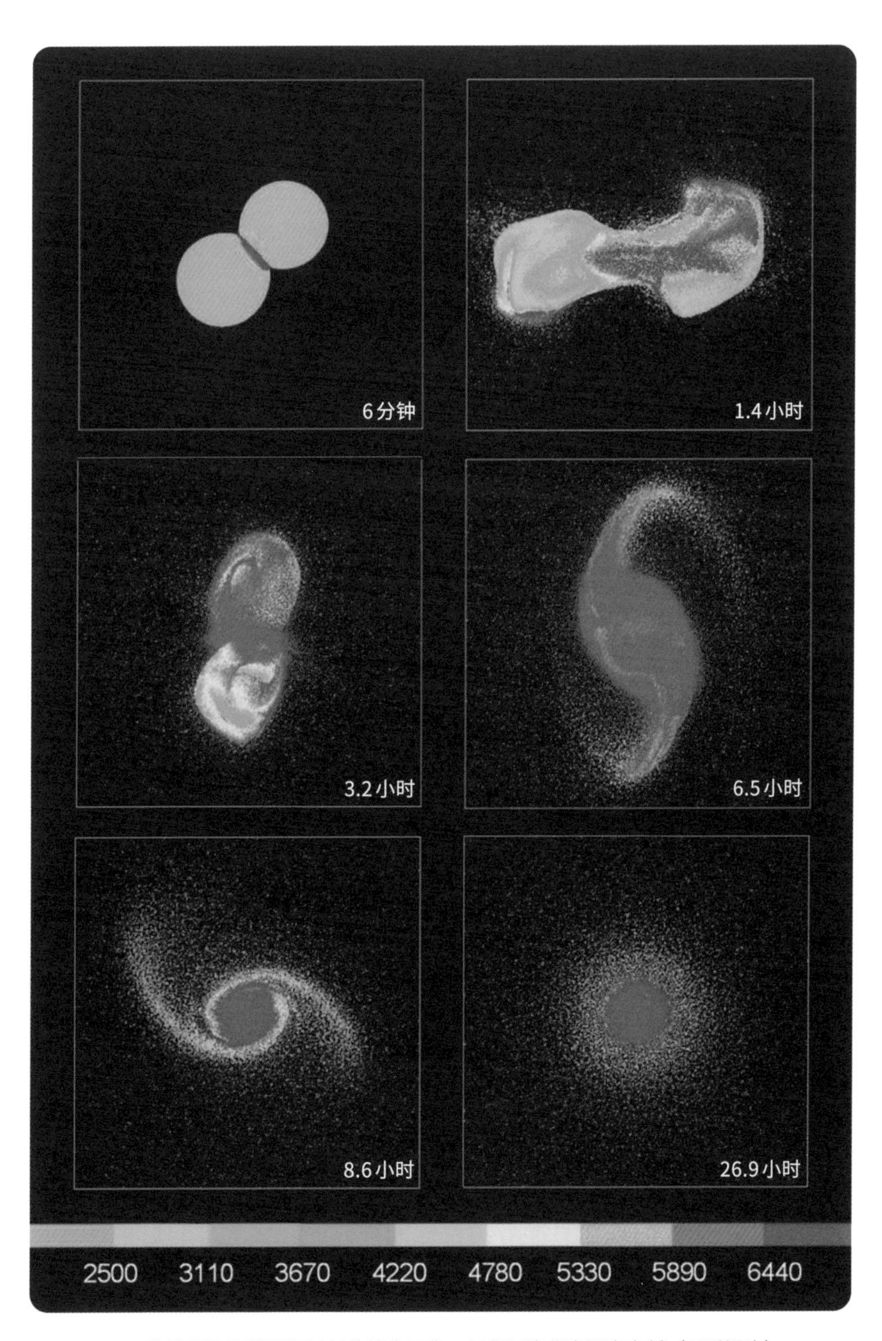

4.5 计算机模拟的不同时刻的撞击图像。颜色深浅代表温度高低（开氏温度）

解释，为什么月球背面与朝向地球的那一面长得不一样。

莱施：月球真是令人惊叹的，而且它还对地球不离不弃。它的质量是地球的八十分之一，在太阳系的所有卫星中，质量排行第五。除了地球，就只有比地球重数百倍的土星和木星这样的气态巨行星才能够拥有质量如此大的卫星。

加斯纳：月球这样大的质量，也相应地会对地球产生影响。月球将地轴摆动减少到只有几度的幅度——这是让地球的一年四季能够稳定下来的重要前提，而且我们的植物必须依赖于稳定的四季。如果没有月球，地球就会高速自转，这样一来，地表的风速会常年保持在300~500千米/小时。

莱施：没错，真是如此的话，地球上的生物多样性将会非常贫乏。那些生长在海拔较高区域的植物肯定没有生长机会。也很难想象会存在日渐绽放的鲜花及夜观星象的天文学家。

加斯纳：在45.6亿年前，月球的引力作用要比现在更大，而我们的天空看上去也与现在的大不一样。在地球的6万千米之外，宇宙中的碎石块还在不断撞击正在形成的、咿呀学语的小月球。

那时的地球自转一周的时间大约是7个小时，与此同时，它又被一个很重的小伙伴绕着旋转。这两个天体能够“感受”到彼此，相互之间的引力作用彼此影响。这一称作“引潮力”的作用至今仍是地球上潮汐发生的原因。随着时间的推移，地球和月球的自转速度逐渐下降，直至质量明显更小的月球最终妥协，达到了一个同步状态。换句话说，此时月球自转一周需要的时间，正好也是它绕着地球公转一周的时间。因此我们现在只能看到月球的同一面。而地球自转的速度也在月球引潮力影响下变得更慢。如今的自转速度已经下降至将近24小时。地球失去的旋转动能，恰恰成了月球公转所需的能量。从那时候开始，月球与地球的距离越来越远。从最初的6万千米，发展至如今的38.5万千米，而这个距离还在不断增大。地球转动的速度越来越慢，而月球距离地球也就越来越远。这个距离每年都要增大几厘米。

莱施：这就是地球上生命的最初时光。尽管地球像所有其他类地行星一样，都是无数次冲击和撞击的结果，但是在太阳系的行星中却有着独一无二的地位。地球的球体有着细致入微的美妙：大多只有海拔数十米到数百米的陆地，却被数千米深的蓝色海洋环抱。

加斯纳：这个星球还有着太阳系独一无二的专属特征——甚至在很大的范围内都是特有：生命。

莱施：总的来看，地球就是一个庞大的系统，各个组成部分之间相互作用。最令人印象深刻的应该是单细胞生物及植物的光合作用，促使地球形成了含有氧气的大气层。地球上所有的生物及非生物的一切形成了一个有机的整体；它们彼此相互作用，达到了一个敏感的平衡。

加斯纳：就像我们谈论生物演化那样，在谈论地球演化时也必须把它作为一个整体。地球的演化也创造了生命发展的前提条件。原始大气层是由氮气、氨气、甲烷、二氧化碳和水蒸气组成——大家都注意到了，当时是没有氧气的。

莱施：现如今我们知道火山爆发后释放出的气体成分，这样一来就能反推出地球此前的历史情况。我们也知道了很多种物质，如果当时的“原始空气”中真的包含氧气，那这些物质就不可能形成——因为在一个具有“氧化性的大气”环境下，这些物质是不可能结合的。但这一历史过程已经无法在现实中重构了。人们只能从现有的仿真模型推导原始地球的发展情况。

加斯纳：不过还有一些目击证人，比如金星。金星目前的大气层与地球的原始大气层十分接近，其表面平均温度为470℃，这个温度跟壁炉的温度差不多。理论上讲，如果没有十分明显的温室效应，其表层温度可能会在-40℃左右。而对于地球而言还有些不同之处——造成差异的主要原因是降雨。

莱施：而且还是倾盆而下的酸雨！

加斯纳：我不知道读者朋友们在读到这段文字的时候，所在地的具体天气如何。但无论如何我都能肯定地说，那时的天气要比我们现在的恶劣多了。比如东南亚，那时的季风常年高达十级——难以想象吧！至少有4万年的时间地球上大雨如注。这样的天气状况实在是太糟糕了。

莱施：我想肯定不会有人准确知道这样的天气到底是如何产生的，因为这种鬼天气大家都待在家里不出门。这个理由相当充分，不是吗？我突然想到一首歌："我伫立在雨中歌唱。"这是谁的歌来着？

加斯纳：你说的应该是美国著名歌舞演员吉恩·凯利（Gene Kelly）的《雨中曲》。

莱施：当时的人们——如果那时有人类的话——确实有理由高歌此曲。在我们的地球竟然会有如此量级的降水，真是一段颇为疯狂的往事。在太阳系内侧的岩质行星，也就是水星、金星、地球及火星诞生的地方，本来并没有水。水的组成成分，确切地说，也就是气态的氢和氧，在高温的环境下是不足以被这几颗小行星的引力牢牢维系的——这些我们在气态巨行星的形成过程中就已经知道了。所以，水这种物质一定是之后从行星外部补充进来的——从远道而来的某些撞击物中，在雪线[1]的另一侧一点点地聚集起来。因为无论是地球上珍贵的液态水，还是小行星上的固态冰晶，它们中的重氢与氢的比例是一

1 指年降雪量与年融化量相等的平衡线，是用于判断是否常年积雪的地理分界线，文中指非永久积雪的那一侧。——审订

样的。在地球的早期阶段，由于地表的温度很高，水只能以水蒸气的形式存在于大气层中。

加斯纳：老实说，我第一次听这个故事的时候就在想："不可能！汪洋大海里的水怎么会全部来自天外之物呢？"但把它们的大小比例直观对比之后，我们就能很好地理解这个过程了。虽然地球表面约70%的面积是被水覆盖的，但是海洋最多也只有数千米深。实际上，如果把地球表面所有的水集中到一起，形成一颗巨大水珠，它的半径其实只有700千米。也许在我们的地球上，或者更贴切点儿说，是在地球"内部"，还有更多的水。2014年3月，来自加拿大阿尔伯塔大学的格雷厄姆·皮尔森（Graham Pearson）公布了他的研究成果，表明地球内部——具体而言是上地幔层到下地幔层的过渡区域——含有的水可能要比地表的水更多。上地幔主要由一种叫作橄榄石[1]的矿物组成，这种物质内完全无法贮存水分。在深度为410~600千米的地方，压力和温度会逐渐改变橄榄石的晶体结构，使其变成"瓦兹利石"和"林伍德石"，而后者贮存水的可能性很大——至少可以通过"羟基"（OH）的形式储存其质量的百分之一。我们可以通过研究陨石知道这一点。1%看上去很微小，但若是放在250千米厚的地幔过渡层中就是一个相当可观的体积了。

莱施：是否有足够的证据表明在这一层中的确储存着水呢？因为在俄罗斯的科拉半岛，对地球开凿最深的钻孔也不过才到地下12千米。而我们关于地震学的研究还不够精确，而且，所有自然形成的通道——比如火山作用——向地表输送的地下物质，在到达地面后也已经发生了很大的改变。

---

1 一种镁与铁的硅酸盐，是地幔中最主要的造岩矿物。——审订

4.6 若将地球上所有的水聚集成一个水滴，就会出现图中这样的比例关系。尽管海洋覆盖了地球70%的表面，但由于深度较小，所以它的总体积并不大（只是半径约为700千米的球体）

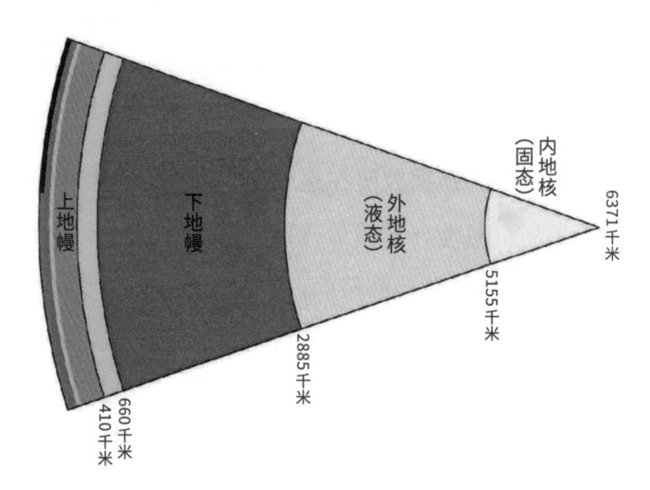

4.7 地球的内部结构

加斯纳：引玉之石来自几年前在巴西马托格罗索州的钻石发掘工作。人们在一块3毫米大的碎屑里发现了40微米的林伍德石杂质，根据推测，很可能是火山活动将其完好无损地运送至地表。其中的含水量约占总质量的1.5%。

莱施：来自400千米深处的水——法国作家儒勒·凡尔纳（Jules Vernes）应该会喜欢这个现象。

加斯纳：矿石研究带来了越来越多令人着迷的知识。人们在澳大利亚西部的杰克山区发现了锆石矿，根据其中的铀、铅杂质能够推测出它形成于地球诞生后的2亿年之内。不仅如此，矿石的微观结构还说明它很可能是在液态水的作用下形成的。

莱施：这着实令人吃惊。在地球还处在熔融状态，小行星一个接一个撞击地球的时候，就已经存在液态水了。当然，也可能是水以溶液的形式弥散在密度很高的大气层中，因为那时大气压足够高，所以即使是高温环境，也不足以将液态水汽化成水蒸气。但至少有一点是肯定的，这些水是小行星带到地球上的，重氢（氘）与氢的比例很明显地说明了这一点。

加斯纳：人们甚至在部分锆矿石中发现了碳元素，紧接着，科学家们很自然地测定出了^{12}C与^{13}C两种同位素的比例。实际上^{13}C的同位素丰度相当低，在生物作用——生物的细胞结构——中同样如此。这可真像一个“活”化石：说不准在41亿年前就已经存在最早的生命形式，比第一块微体化石[1]的时间还要早。

---

1 指需要用显微镜才能观察到的微生物化石，大小在微米量级，被认为是生命最早的存在形式。——审订

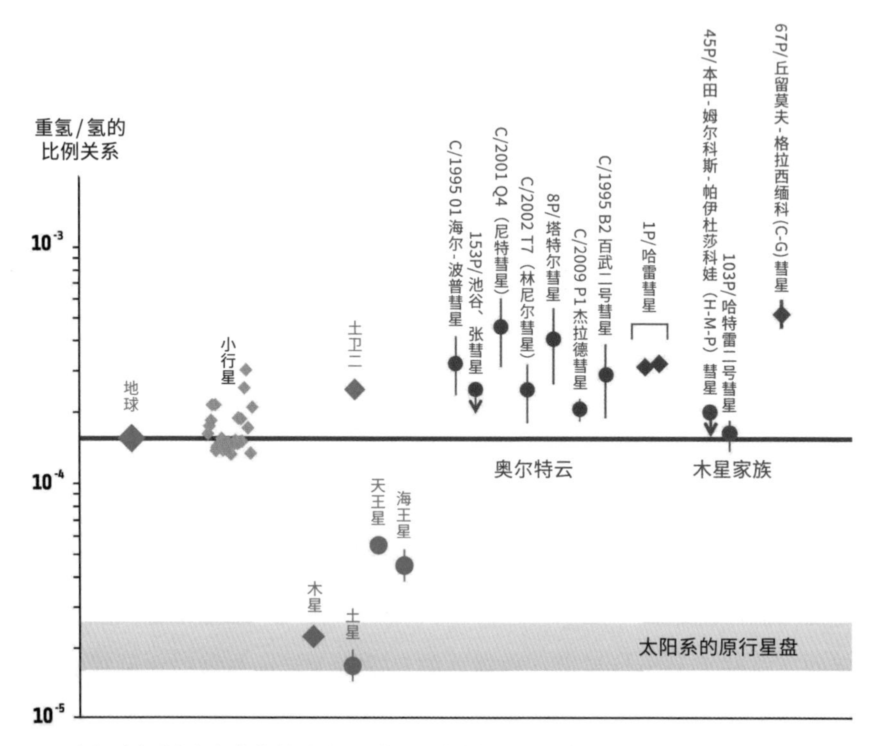

4.8 太阳系中重氢与氢的比例关系图。菱形代表直接测量的结果，圆形代表间接获得的数据。蓝色是行星与卫星；灰色是来自小行星带（火星与木星之间）的碳质球粒陨石；红色是来自奥尔特云的彗星；绿色是来自“木星家族”的短周期彗星

从米勒-尤里实验到生命的基石

——巫师的神奇药水

4.9 斯坦利 · 米勒（1930—2007）

加斯纳： 从原始的大气层到生命起源的第一步，这段认识我们要感谢1953年开展的米勒-尤里实验。斯坦利 · 米勒（Stanley Miller）与哈罗德 · 尤里（Harold Urey）在芝加哥的实验室选取了他们当时认为是正确的特定气体成分，利用电火花模拟闪电——于是就发生了！实验的玻璃烧瓶中的确产生了有机分子。如今我们已经知道，当时实验选取的气体组合并不是最适宜的。尽管如此，这个实验还是具有划时代的意义。实验中诞生的两种分子化合物对于生命起源尤其重要，即甘氨酸及丙氨酸这两种最简单的氨基酸。

莱施： 是的，实验烧瓶，里面装满了人们想象中的“宇宙原汤”，并沐浴在紫外线下……再多说一点：这个实验产生了分子——这一过程在生命诞生中出现过，这是第一次由自然科学证实的过程。也就是说，认为所有的一切都是神明划一道光创造出来的旧观念如今被自然

4.10 哈罗德·尤里与斯坦利·米勒于1953年在芝加哥大学模拟的原始大气。利用外界释放的能量来模拟闪电的放电，最终证明会生成多个有机分子

科学家们——这里当然指的是米勒和尤里——完全颠覆了。我们在实验室里尝试模拟原始地球的环境条件，如果一切设置都没有出差错，分子就应该会诞生，而这些分子对于地球上所有生命的起源至关重要。我们也的确见证了分子的诞生，尽管其前提条件并不是完全正确的。要知道，这是一次非常好的尝试。就像意大利的驾车让行规则：那只是个“建议”，而非法律。[1]

加斯纳：但这只是刚刚起步，只是为了良好的秩序：氨基酸是含有10~30个原子的有机化合物，并且至少带有一个氨基（$-NH_2$）或羧基（$-COOH$）。两个氨基酸能够将彼此的氨基与羧基脱缩合生成“肽”，并在“肽键”的作用下连在一起，在这个过程中还会分离出去一个水分子。通过成肽反应，可以将长串的氨基酸链合成复杂的蛋白质分子，而蛋白质是生命诞生的重要组成部分。如今，我们只要稍微观察一下地球周边的宇宙空间，就能发现很多蛋白质。比如在木星的大气层中、

1 调侃意大利司机不像德国司机那么遵守交通规则。——审订

在星际间的气体中、在陨石里，都有最简单的氨基酸结构。

莱施：然而陨石内的氨基酸种类比地球上的生物体内拥有的还要多。

加斯纳：没错，已知的氨基酸种类超过百种，但是只有少数是能够形成蛋白质的氨基酸，而其中能够被人体利用的仅有21种。在我们的生物圈里，存在的都是左旋的氨基酸，这或许跟矿物质作为催化剂有关。而在陨石中，人们发现右旋氨基酸和左旋氨基酸的数量相仿，而且在米勒-尤里实验中同样产生了右旋和左旋两种氨基酸，并没有哪一种占据了绝对主导。

莱施：生命的诞生显然是一件很讲究的事情。生命一旦做出某种选择，这一选择的影响就会一直存在。当然了，这里还有个前提——这个选择得是成功的，也就是不致命的。

加斯纳：最后生命还必须给用于基因重组的部分编码。这是相当复杂的，而每一次内容的丰富都会导致信息含量飞跃式增长。这个编码就像摩斯密码一样，而且生命信息并不是一板一眼地呈现，而是有自己的四种“符号”，即腺嘌呤（A）、胸腺嘧啶（T）、鸟嘌呤（G）及胞嘧啶（C）。它们成对联结，形成DNA的双螺旋结构。而相邻的3个脱氧核苷酸可以编为一组，决定一个氨基酸。

莱施：顺便一提，在此期间开始出现全新的“米勒-尤里实验”，如果人们愿意这样称呼的话，而这些实验对大气层的模拟做了改变，特别添加了更多的二氧化碳和水蒸气。

加斯纳：这就像调鸡尾酒一样，每个人的配方各不相同。米勒本人在开展那次传奇实验的5年之后，也做过新的实验，比如加入硫化氢——一种火山喷发时大量释放的气体。有趣的是，不久前米勒原始的实验数据被他曾经的学生翻了出来，重新加以分析。现代的研究方法带来了比之前推测的更为丰富的生命组成成分。

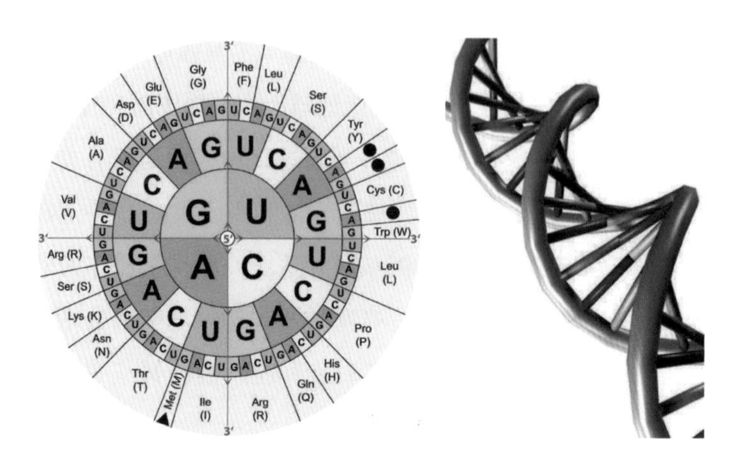

4.11 脱氧核糖核酸（DNA）的双螺旋结构：从腺嘌呤、胸腺嘧啶、鸟嘌呤及胞嘧啶中随机选择3个即可组成一种氨基酸。密码子的阅读方式是从圆盘内侧到外侧，比如沿着垂直向上的方向，可以读取“G-G-G”的甘氨酸（Gly）。密码子中的最后一步也并不是唯一的，例如“G-G-U”“G-G-C”或者“G-G-A”同样能够构成甘氨酸

莱施：碳氢化合物–分子的形成非常奇妙，但是最大的疑问依旧存在。我现在可不想像叔本华（Schopenhauer）那样富有哲理地思考生命。但是，生命体究竟是如何从最初的这些物质基石中产生的呢？那些有存活意愿的生命体尝试主动作为，而不是消极地随波逐流。但我要问的是决定性的一点——分子数量显然已经足够，但是生命到底是什么，它们又如何从分子中演变出来？

加斯纳：著名哲学家叔本华的警告虽然已经过去了近200年，但依旧适用：“每个愣头儿青都能轻易踩死一只甲壳虫，但是世界上所有的老教授联手也无法凭空造出一只。”其中的复杂对我们而言是灾难性的。即便是最简单的细胞，结构也是极其复杂的。让我们来比一下大小：如果一个水分子像网球那么大，那么一个病毒的大小就相当于一辆载重汽车，而一个细菌差不多有一栋房子那么大。物理学取得成功的秘籍是不断将问题简单化，直至分解成最基础的、最简单的关系。

但是，对于我们正在讨论的这个问题，此种解决途径已经走不通了。比如我们要更仔细地观察一个水分子，它就会失去作为水的特性——毕竟它在正常条件下是可流动的，而“流动”这个特征并不是针对某个水分子而言，而是针对多个水分子一起形成的液态化合物。如果我们把生命现象简化到它的分子层级，那么很多生命体特有的活力特征就会消失。所以，要想解答为什么物质最初喜怒无常或者突然坠入爱河之类的问题，用上述的简化方法是行不通的。

莱施： 这有点儿像一张唱片。我们可以把这张唱片分解成原子、夸克或者其他的结构组织。但是储存在唱片里的音乐却没有办法在这些微观成分中拼接出应有的旋律。

加斯纳： 没错，现在让我们反向推演，将各种微观成分组成生命体，但依旧无法解答如此复杂的生命是如何形成的。弗雷德·霍伊尔对此的描述非常到位：“让我们想象在一座废料场里散落着一架飞机的所有零部件。通过自然现象——比如龙卷风——就能将这些零部件重新组合，并且最后还能组装成一架运转良好的飞机的可能性能有多大呢？”

莱施： 这个组装过程的复杂程度着实是一大难题。基本粒子并非完全无法辨析，一个电子穿过磁场后，我们是能够精确预测将会发生什么的。如果一个人走过琳琅满目的橱窗，他也会根据自己的兴趣和心情做出不同的购买决定。

加斯纳： 所以说在尤里和米勒的实验中也一定存在疑问，不过它至少指明了一条道路。还有一则与此实验相关的有趣故事。恩里科·费米曾对这个实验提出一个问题：“你们为何能够如此肯定？”

莱施： 费米这问题真是角度刁钻啊！

加斯纳： 好在尤里也是应付自如，他反问道：“如果上帝没有这么做，那不就错失良机了吗？”

莱施：这也只是玩笑罢了。毕竟尤里和米勒研究的至少还是咱们能够看到的东西，而费米可是一位粒子物理学家，他的研究对象是普通人看不到也接触不到的。粒子物理就是纯粹的检验假说，有这么一句口号："早安，我能向您展示一下关于粒子的假说吗？好吧，虽然您看不到它们，但是粒子的运转一切正常。"然而每一位物理学家都坚信，能够在实验中被证明的"假说粒子"都是真实存在的。但他们对此也不可能完全肯定！而现在，正是一位"满口假说"的物理学家，过来诘问我们这位经常与事实打交道的生物学家："你们为何能够如此确定？"这就是有点儿意思了，对不？

加斯纳：是的，把费米和"确定性"联系起来，确实有点儿不好处理啊。我突然想到，他应该是在1942年12月2日这天感到非常确定的。[1]

莱施：你指的是那场第一次可控的链式核反应？那的确够疯狂的。

加斯纳：是的。他们把好几吨铀矿石堆到一起，还有数量更多的石墨。使用石墨是为了让自由的中子减速。镉制的控制棒在上端用绳子系住，一旦发生紧急情况，这根绳子就会被砍断。这是多么冒险的行为啊，就发生在百万人口的大都市芝加哥。实在无法想象，如果不是有十足的确定性，万一出现计算错误或者操作失当，将会发生什么样的灾难。

莱施：的确要当心操作失当，可见这一天费米是多么确定。

加斯纳：不过，一旦发生错误，反应会有多快，这一点费米本人就亲身经历过。他在一次学术报告中将一个基本粒子弄错，当别人指出这一点时，他非常激动："如果我能够记住所有这些粒子的名字，我就不会成为物理学家，而是植物学家了。"

---

1 人类第一个可控核反应堆芝加哥1号在这一天成功发生反应。——审订

莱施：那我们可就又回到生物学了。我真的认为，物理学家在面对生物过程的时候，总是低估问题的复杂程度。如果人们想要理解整体，就不能仅仔细地观察内部。如果只是单纯地认识每一个组成结构，只能算掌握了一半，更为重要的还有这些基本的规则：各个基本组织是如何形成某种结构及变形的，并最终能够形成一张膜，无论是包裹着细胞的细胞膜，还是细胞内部某一特殊结构的保护膜，比如说内质网，还有另一个我经常忘记的东西，叫什么体来着，名字比较奇怪。

加斯纳：你是说高尔基体。

莱施：没错，就是它。这是细胞中对蛋白质合成非常重要的细胞器。如果换个角度就会发现，对一个细胞的研究已经算得上一个宇宙那么辽阔，这与核物理学家的研究领域是非常不同的。需要做很多工作，才能够将这些自然科学统筹到一起，而我们现在也意识到了这一点。我们的讨论正在慢慢地从原子核逐渐发展到原子，从原子到分子，从分子到更大的分子，从大分子再到……哎，应该是什么呢？总之应该是生命的“入门”物质。

加斯纳：但是一切进展起来可没有那么简单，当时地球上的条件可跟现在不大一样，如今的生命体放在当时说不定都不能诞生。最显著的差别在于极端的火山活动，以及海洋与大气层的成分。而且，没有自由的氧气就无法形成臭氧层，就不能有效防护紫外线。

莱施：就是你说的这样。所有当时的客观情况都是生命诞生的前提条件。一旦最初的生命成功立足，“生命”这个现象就开始改变地球的环境条件，使之越来越好，直至如今的模样。

加斯纳：但是一切的困难也正来自于此，就在各个物种为自己争取更好条件的情况下，行星的条件并没有因为生命体的出现而遭到破坏。比如原核生物蓝藻就能进行“产氧光合作用”，这也就是我们一直在谈论的，能够释放出氧气的生物。事实上，大自然在此之前已经试验过另一种光合作用的方式，在“不产氧光合作用”的过程中只合成出了硫，但这种物质对我们目前的探讨没有太大的意义。蓝藻在数十亿年间释放出了大量氧气，如此多的氧气大幅减缓了大气层的温室效应，并给地球覆盖上冰层，我们称之为“雪球地球”[1]。而这也破坏了地球本身的生命基础。

莱施：这很容易让我们联想到人类对地球的所作所为。我们人类正在以相反的方式威胁着地球的生命基础——排放越来越多的温室气体，加剧温室效应。当时，蓝藻们是如何将二氧化碳的增长曲线给掰到负增长的方向呢？

加斯纳：凭借一己之力是肯定不行的，这也是对我们的一个警示。幸运的是，在蓝藻灭绝之后，火山现象再一次缓慢地将二氧化碳注入大气层，重新发生了温室效应。这对温度的影响可是十分显著的。没有温室效应，地球表面的平均温度大概在-15℃；若存在温室效应，平均温度则是15℃。第一个发生“产氧光合作用”的家伙是一位十足的“冒险者”。要知道，氧在特定的浓度下可以变成非常有效的细胞毒素。为了获取能量而以产生氧气废料为代价，这些“废料”一直威胁着蓝藻的生存空间。但与此同时却构建了其他生命体的基础，它们在不断学习、不断进步，通过特殊的生物酶阻止细胞的氧化。可惜许多单细胞生物并没有迈出这演化的关键一步，要么被氧气击败了，要么只能躲到无氧的角落，比如人体的肠道就是它们的避难所。

莱施：我们在描述地球上的演化如何开始，仿佛当时有目击证人在场，为后人记录下一切。

---

1 地质史上的一个名词。指地球表面全部结冰，被冰雪覆盖变成一个大雪球。——译注

加斯纳：事实上有一种条带状含铁建造（BIFs）能够记录下这个发展。这些含铁的岩层与角岩的岩层交替堆积，每层厚度在几毫米到几厘米。

这些条带状岩石遗迹可能处于地下几百米深的地方，逐层分析这些岩石，我们就能复原当时海洋及大气层中的氧浓度。原始海洋中溶解的铁元素，在氧的作用下生成难溶的氧化铁（Fe_2O_3），并以淤泥的形式沉积到海底。利用这种铁岩沉积的分析方法测定年代，可以追溯至38亿年前。从中也可确定，大气层出现大量真正意义上可以“自由活动”的氧要等到25亿年前。在那之前氧气还只是稀客，它是由于H_2O或CO_2受到紫外线辐射才分解出来的。

莱施：可是为什么海洋里会出现铁呢？

加斯纳：通过火山作用。原始海洋的构成在整体上跟如今的不一样。当时海洋的水质是强碱性的——是真正的侵蚀性液体。就像生命诞生

4.12 澳大利亚的条带状含铁建造。风化过程和火山作用使得铁矿物进入原始海洋。铁矿物在海洋中经过不同的反应过程，逐渐沉积到不同深度的海底，形成若干沉积层。如今最重要的问题是：这个沉积物中究竟是氧化铁，还是一些并非与氧气直接接触而生成的化合物。这些信息就被保存在这样一层一层的岩石中。由此，海洋中的氧含量得到复原。直至当时所有的铁都完全沉积在条带状含铁建造中，空气中的氧气浓度才会显著上升

在当时行不通一样，同样的条件放在如今也是完全行不通的。

莱施： 如今的海洋只是弱碱性的，而且盐分很高。但这样的变化又是如何实现的呢？

加斯纳： 这些碱液通过水、碳酸钠和氯化钙混合而成，而氯化钙能够通过火山灰传递至大气层（今天依旧如此），雨水再将这些氯化钙冲刷入海洋中。于是，碳酸钠和氯化钙在海里发生反应，转化成氯化钠，导致海洋在这20亿年的时间里变成了盐度很高的咸海。

莱施： 而且同时还生成了碳酸钙。虽然你现在看不到它，但是我自己就能敲到它——你听，我的头盖骨就是。是的，现在骨头也开始形成了。一个美妙的故事！花了整整20亿年，才能够产生骨头及骨骼所需要的物质。整个事件简直不可思议！

加斯纳： 是的，现在让我们把一切联系起来，氨基酸、原始海洋、所有生命的基本原料，能够诞生出生命的一切物质。

莱施： 是啊，简直太好了！无论人们讲述多少次地球上生命诞生的故事，带上这场宇宙的序曲，再多听一遍也无妨啊。

加斯纳： 是的，我们还真的能够好好讲讲这个伟大的故事，毕竟当时无人在场。历史学家最天然的敌人就是目击证人。然而当我开始思考，这些单独的故事是如何联系、运作起来的时候，我真的为之着迷。现在我们终于来到了从大爆炸到人类出现之间的最高潮，即生命现象的出现。

莱施： 好戏开场了。

生命的诞生

——物质变得喜怒无常而又感情丰富

加斯纳: 我们现在就要涉及一个最重要的变化，正是物质在某个时刻突然经历了一些变化，生命也因此诞生。

就像宇宙的诞生一样，生命诞生时也是如此：什么都没有！如今的每一种生物，每一种能够在脑海中浮现出来的生物，都是从最初的生命开始，经过数十亿年演化而来的结果。

莱施: 篇幅原因，我们可没有办法在这里演示有关生命起源的所有模型。真要全部介绍，差不多得要整整一座图书馆才能装得下这些内容。我们在这里只选取一些普遍适用，并且直接与物理学有关的基本事实。比如人们如何才能得到一个相对理性的模型，来描绘生命的诞生过程。

加斯纳: 我敢打赌，你现在又要亮出物理学家的魔术棒了。

莱施: 正是！让我们再次以一个假设开始——我们现在掌握的自然法则，即使放在过去也同样适用。另一个设想则是，最先形成的只是最简单的生物，随着这些比较简单的生命形式进一步演化与结合，才渐渐演化出更大、更复杂的生命体。

4.13 德米特里·伊万诺维奇·门捷列夫（1834—1907）

加斯纳: 好的，让我们揭开神秘面纱吧。生命最初到底是什么样子的呢?

莱施: 在生命诞生之前是什么都不存在的，这一点跟宇宙面临的问题一样。因此我们要以理智的、物理学的眼光看待物质。

加斯纳: 让我们先好好看一看元素周期律吧。这要感谢俄国科学家德米特里·伊万诺维奇·门捷列夫（Dmitri Iwanowitsch Mendelejew）。一位万众景仰的万能博士，是其家族第17个孩子。他在俄国推广了“公制”单位，改革了石油开采技术，而他那篇化学博士论文则与俄罗斯人的灵魂精髓紧密相连——论文的题目是“论酒精与水的混合”。

莱施: 懂了，伏特加!

加斯纳: 没错，这篇论文里提到的很多改良版酿酒工艺至今依旧在使用，而且还有很多关于酒精含量的建议。但还是让我们认真地谈一谈他最大的成就吧：元素周期律。当然，这里面没有哪种元素如此唯一、特殊，以至于只要含有这个元素，就一定具有生命；反过来，如果没有这种元素，那这种物质就不具有生命。生命必须与这些组成生命的基本成分都合得来才行——秘密在于如何组织。当然，这对于地外生命同样适用。从原子核中只有一个质子的氢元素开始，原子核中每增加一个质子，就能得到下一种元素。当然了，在整个外太空应该都找不到可以被碾碎成半个的原子。我们终于能够在科学的花名册中挨个打钩确认了，有点儿像是在搜集已经绝版的民主德国时期的邮票，欣喜地把它们贴到对应的位置上。

莱施： 生命本就是一件非常复杂的事情，基因储藏了大量的信息。在组织能力方面，有4个价电子[1]的碳元素，在所有元素中可以说是遥遥领先。碳原子最外层的电子层含有4个电子，可以作为形成分子键的落锚点，除碳原子，只有硅原子才能做到这一点。

加斯纳： 但是碳还有很多生物学优势，因此能够轻松打败它的竞争对手硅。碳有一个美好的特性，即能够形成双键。比如和氧原子外的两个价电子就可以形成一个双键，因此碳能以二氧化碳这一气态形式稳定地存在。[2]

莱施： 与之相比，硅是无法形成双键的。硅主要是以固态形式存在，个别情况是晶格结构。

加斯纳： 因此碳原子彼此之间的连接，要比硅之间的连接强了一倍。分子链很长，同时又很稳定，也难怪碳元素是地球上所有生命的核心支柱。

莱施： 那如果我在一棵小盆栽旁放一块煤球，保证煤球和盆栽植物含有相同数量的碳原子，并让两者都能受到充足的阳光照射，但它们的发展方向肯定是截然不同的。看来仅凭碳元素本身并不能说明所有的事情。

加斯纳： 生命所需的决定性支持，来自于由两种气体结合成的液态物质。是两个氢原子和一个氧原子结合成的水分子，构成了对于生命至关重要的水。水可以作为溶剂、能够防止紫外线，是脆弱结构用来对抗地球引力的稳定剂，也是参与光合作用的重要反应物。此外，水很可能还拥有其他的特性，或许对早期生命的诞生至关重要：水特别受一些分子化合物的喜爱，因此有个术语叫“亲水性”，反之是“疏水性”。

---

1 指原子的核外电子中，能与其他原子相互作用形成化学键的电子。——审订

2 二氧化碳中，每个碳原子与两个氧原子分别以一个“双键”连接。——审订

莱施：我想小朋友在洗澡的时候，应该都体现出了疏水性吧。

加斯纳：到目前为止一切顺利。物质是基于原子构成的，这与它们有没有生命无关。原子进一步结合构成分子，生物则由无数巨型的分子链拼接而成，主要含有碳、氧、氮和氢元素，而诸如磷、钙、铁等其他种类元素的原子则存在于长长的碳链中。

莱施：地球上的生命肯定是由最简单的碳化合物开始，它们的长度相对较短，被称作“单体”。随着时间推移，这些单体逐渐连接起来，构成越来越复杂的高分子化合物，也就是“聚合物”。这样的演化一定需要特定的外部条件作为前提，这样的环境不仅促进了分子的组合与分解，也促进了新化合物的形成。

加斯纳：实际上，地球早期的大气层密度非常高，并且主要由二氧化碳和水组成，通过地表的火山活动，二氧化碳和水不断与其他化合物聚集。熔融的岩浆咕噜咕噜地冒出地表，这也是由于那时的地球距离月球还很近，引潮力能够挤压地球内部。大气层里一直电闪雷鸣，不时出现放电现象。同时，当时的温度很高，而且还没有能够吸收太阳紫外线的臭氧层，所以紫外线完全没有经过过滤就直射温暖的地表。

莱施：地狱也莫过于此啊！但是，这样的炼狱却是适合生物居住的！总的来说，当时丰富的能源，足够支撑有机化合物的发展。液态水可以作为溶剂，紫外线辐射与闪电用来部分分解化合物，或者干脆将其拆碎。如此剧烈的大气环境、活跃的火山，以及宇宙条件合在一起，不断引发新的化学反应尝试。生命的诞生有赖于行星中有机化学各种各样的结合尝试。而在此期间，外界巨大“火炉”源源不断地供应能量。“就像在产房一样，啼哭之声此起彼伏”——德国音乐大师理查德·瓦格纳（Richard Wagner）曾如此形容。

加斯纳：其实更像是一个大型实验室，里面有闪电、有吱吱作响、还有蒸发。尽管如此，在地球早期的环境中也存在过“小生境”[1]，稳定的分子能够在其中不受打扰，缓慢地继续演化，不会时不时遭受被破坏的压力。如果所有分子都能轻易溶解在水中，又或者受紫外线辐射而遭到分解，那它们是永远不可能变成细胞的。我们可别忘了，即便是我们能够想象出来的最简单的细胞，也是非常复杂的化学单元。毕竟，它们能够保持自身的稳定，并通过包裹着它们的分子层（细胞膜），免受周遭环境的影响——至少可以起部分保护作用。

莱施：我们一方面给实验场提供能源，变出多种可能，另一方面又希望让小生境维持稳定，并在最合适的条件下让生命继续演化发展。一方面大自然在能量充足的情况下，可以得到充分尝试，取得进步；但另一方面，如果偶然生成的某一种化合物显得异常稳定，一切又会变得相当保守。所以总体看来，演化很少会产生真正全新的东西。演化的强项更倾向于对现有物质的改变。一旦出现了某种有机体，说明有持续不断的变化发生。毕竟，人们可没有办法在一个生物胸前挂个牌子，上面写着“施工中，暂停开放”。

加斯纳：生命的助产士可不止能源和小生境。地球的初期，很可能还有其他很多促使生命诞生的因素：除了上述已经谈及的，像岩石那布满裂缝的表面也算一个不可忽视的因素，这样的多孔结构可以成为构建生命的基地，能够形成多种多样的分子。而一再喷发的火山能够将富含矿物质的温暖盐溶液包裹在已经生成的高分子周围，从而有效提高它们的稳定性，增强其存活能力。

莱施：没错，这点非常重要。巨型火山的喷发实际上是一件大有裨益的好事，促使了膜状的链型分子诞生。因为在这些大分子的周边区

1 生物学概念，亦称生态区位、生态位，是一个物种所处环境及生活习性的总称。——审订

域，水溶液中的盐浓度或者矿物质浓度较高，从而阻止了外部的水分子侵入这些膜状分子。这些疏水的膜状分子通过膜内外的浓度差异，在膜内的空间创造了新的物理条件，尤其是新的压力和密度，这两者同样有利于分子的构建与稳定。现在，膜内环境里生成的新分子能够彼此更强烈地相互作用，因为它们不会重新溶解到水里了。这些膜结构只允许特定的原子和分子进入到由其包围的内部区域。而化学反应产生的废料则会通过它排出。瞧，这就是物质交换的开始！

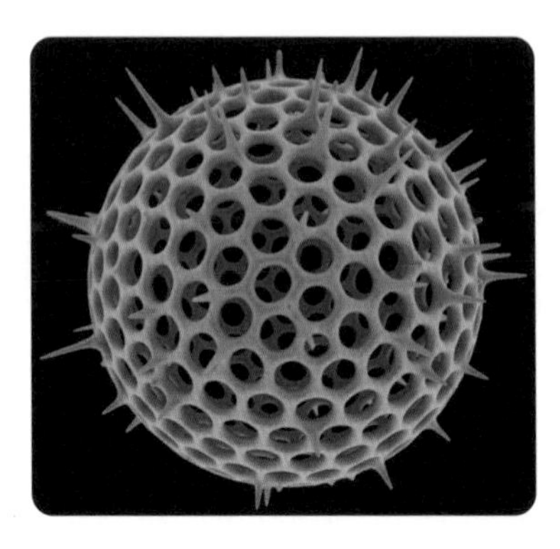

4.14 疏松多孔的矿石表面模型

加斯纳：这样一来，膜内部的分子就能够被加工成特定的物质，用来维持它们的稳定，或是继续发展下去。在受膜保护的区域，多种分子应该是在很早期的阶段就开始了分工合作，维持整体稳定，并最终形成简单细胞的基本结构，它们甚至还能实现自身繁殖。关于如此成功的模式从何而来，各方还在激烈争论。其中一个理论认为海底的“黑烟囱”是这一机制的发明人——黑烟囱现象由海底热泉带来的高温热液形成。当时的海底有足够高的温差与足够大的压力，以及有效的紫外线防护，均为生命的演化创造了必要的条件。几年前人们在北太平洋发现了一整片区域含有这种地热烟囱，还给这个热液区域起了一个动人的名字：“失落之城”（Lost City）。自被发现以来，许多生物学家前往该地，因为这里涌出来的液体不仅是热的，还是碱性的。让我们来想象一个模型，周围的原始海洋环境因富含二氧化碳而呈酸性，这就出现了一个天然的酸碱失衡状态，这有可能就是化学能的一种来源。

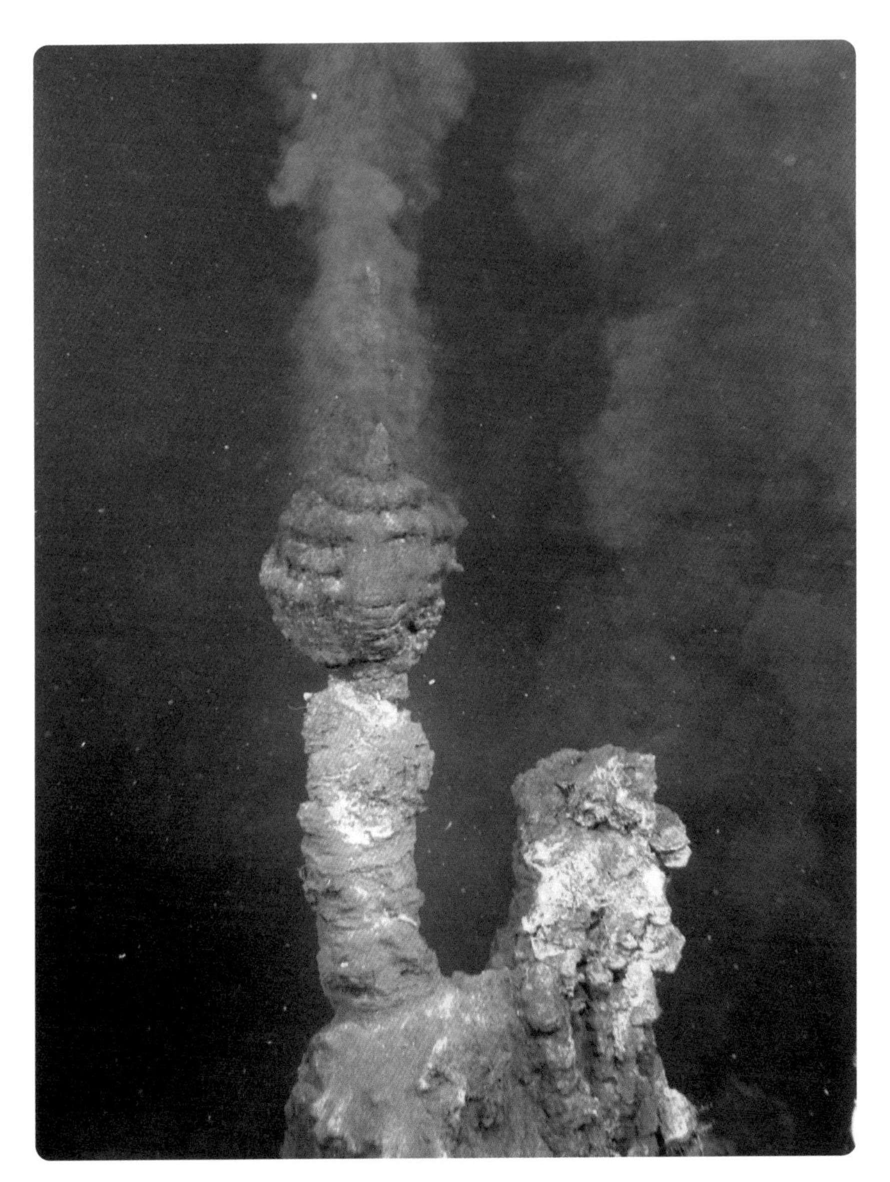

4.15 图中的物质是超过400°C的海底热泉接触到仅有几度的冰冷海底时形成的。富含矿物质的海水骤然冷却，就会从中析出硫化物，以及铁、铜、锰和锌元素的盐。黑烟囱主要是因为它的铁盐会呈现出特有的深灰色烟迹，而硫酸盐和二氧化硅的烟迹则是浅色的，因此形成的是“白烟囱”。由于持续的沉积作用，烟囱可以累积至60米高，形成海底热泉

我们的细胞膜也会利用类似的酸碱差异。美国国家航空航天局位于加州帕萨迪纳的“喷气推进实验室”，就曾经模拟研究过这些海底的地热烟囱。2014年4月，他们公布了第一批成果，这些结果显示已有质子浓度梯度形成。也就是说，烟囱的外部除了析出的矿物质，还有电荷溢出过量现象。而且，烟囱涌出的液体与其周围原始海水之间也可能存在电子交换，同时，简单的碳化合物也可能会构成复杂的有机高分子。矿物质中的一些元素，比如钼，可能在此过程中起到催化剂的作用。其他的沉淀物，比如“绿锈”，可以借助质子梯度生成含磷酸的分子，像我们细胞的能源“三磷酸腺苷”（ATP）。不过目前这些都还只是猜测，但可以确定的是，海底的地热烟囱一定会存在十分有趣的天然势位差——这可以针对很多物理量。比如只是单纯的温度差异，就足以将分子从A点运输至B点，因为它们会从热运动更强的区域移动至热运动更弱的区域，就像天上的云总是从高压带移动至低压带一样。而这个所谓的“热泳”现象，可以改变孔隙中的液体浓度。

莱施：这真的很迷人。那其他学派的理论又是什么呢，开头是否也是“很久很久以前，有一个温暖的、浅浅的小水塘……”

加斯纳：2012年年初，生物物理学家阿尔缅（Armen）带来一场文艺复兴式的改变。在研究细胞构成的有机体时，他的研究团队注意到有60个基因在所有研究对象中均出现了。因此他们推断，这些细胞有机体的祖先也可能携带这些基因，最初的细胞也是能够被离子穿透的。因此他们论证，细胞外部的环境肯定与细胞内部相近，也就是说，细胞外也存在高浓度的锌、锰和磷元素，以及较高的钾与钠之比。而这些也是我们在海底热泉中找到的。

莱施：可是在一个不那么深的小池塘中，无法有效防护强紫外线辐射啊。如此一来，新合成的聚合物很容易被烧毁。

加斯纳：阿尔缅已经准备好你这个问题的答案了：在池底有一层5毫米厚的硫化锌保护层，它对紫外线的防护能力相当于100米深的水。

莱施：估计生物起源的故事还会再遇上多个变数。我们应该为自己是名物理学家，而不是生物学家感到高兴。起码我们的研究活动是建立在坚定的事实基础之上。在这里还要补充一点：地球上的生物，大约92%的成分来自恒星的尘埃，而剩下的8%主要是氢元素。氢原子核在大爆炸之后的第一秒内就诞生了。

加斯纳：如果把含量最少的微量元素也算上，我们哺乳动物总共含有周期表中的21种元素，碘是这些元素中最重的。如果谁的身上含有大量其他更重的元素，那这个人就要出大毛病了。

莱施：几乎所有的生命形式都以这样或者那样的方式与太阳光打交道。而月球之后也参与进来，它的加盟有效防止了地球自转速度过快，甚至发生翻转。太阳、月球和其他恒星，所有的这些都曾经参与且正在参与生命的诞生——不可思议，但的确如此！

加斯纳：说到这里，就需要物理学家出马回答生命起源的问题了。不同的物理学分支，像热力学、原子和分子物理学、研究辐射与物质相互作用的物理学，它们解释了链型和环形的有机高分子最初的基本环境条件，在那样的环境里，这些有机高分子逐渐形成并不断演化，进一步作为原始材料组成简单细胞。这些高分子构建出一些借助膜结构实现原始物质交换的区域。这个故事真的很不浪漫，不是吗？

莱施：以物理学的眼光来看，生命就是一个可以自组织、自我再生产，而且会发生耗散的非平衡现象。

加斯纳：现在你可算是泄密了。如果没有外部影响，每一个物理过程都会力争达到平衡状态。但生命是需要自我组织的，并且跟外界环境保持一定界限。可以这么理解："我应该在这儿，而不属于那儿。"

所以才会有“失衡现象”这么一个不够完美和浪漫的概念。通俗点儿说，就是生命本身并非是一个自然而然的状态，无论是新陈代谢、细胞分裂，还是持续不断地延缓衰老的趋势，都是需要从外界获取能量的。每一种我们能够想象的生命形式都是如此。那些抱有“在我们地球上，碳、水和阳光都曾是重要的主角。但是在宇宙的某一角落，说不定生命还有其他完全不同的情况”这种想法的人可真得好好考虑一下，在那里生命的能量到底从何而来，又该如何面对与我们同样的元素周期律呢。那些科幻小说的幻想一下子就灰飞烟灭。

莱施: 生命一旦开始，就需要一套复制机制来实现自我再生产。但是，每一次复制过程都不是完美的，导致基因库里出现一些小的偏离，从而发生基因突变，这能在我们的周遭或多或少地观察到。

加斯纳: 从这里开始，引发演化的两股驱动力就决定了生命的无数张面孔与千姿百态，即基因突变和自然选择。

莱施: 因为水对于生命的形成和演化至关重要，人们便将恒星周围可以出现液态水的区域称为宜居区域。因为比这一区域再远的地方温度也会过低，而过于靠近恒星的位置又会太热，这两种情况下，水都不会以液态形式存在。

加斯纳: 莱施，你可要小心啊，恒星的光度，即辐射通量，是会随着时间改变的。比起地球诞生的那个时期，太阳辐射的能量如今已经提高了三分之一。因而宜居区域在慢慢地远离恒星向外移动。如果行星还拥有大气层，那这一围绕恒星的生命友好区的范围也可以再大一些。因为成分恰到好处的大气层可以带来温室效应，从而提升行星表面的温度。不过，可以带来温室效应的气体分子需要至少含有3个原子。这样的气体分子能够将行星表面长波热辐射产生的能量，转化成自身的分子热运动，不同的分子类型可以覆盖电磁波谱中的不同区域。过了一段时间之后，这些气体分子将恢复到基态，并将吸收的热辐射能量向任意方向释放出来——其中有一部分就会从大气层重新反射回行星表面。对于我们的地球而言，此种情况会产生30℃的温差。同时，地球内部元素的缓慢衰变过程，以及地热过程，也可以为我们提供热量。在地表处，这一能量值为0.06瓦/平方米。

莱施： 如果没有太阳、没有地热、没有蕴含在分子结构中的化学能量，地球上就不可能存在生命。生物就像潺潺溪流里的鳟鱼，位于宇宙的能量流之中，而能量流又受到太阳的热量驱动。

加斯纳： 但是，能量也必须以正确的形式存在。如果我们饿了，跑去蒸桑拿可是不会消除这份饥饿感的。尽管我们在桑拿房里能够获得热量，但是却不能产生饱足感。同样，进行光合作用的植物也需要利用电磁波谱中的某一特定范围，大气层必须允许属于这段狭窄光谱范围的电磁波进入。所以同样的道理，微波辐射在这里就不合适了，将盆栽植物放入微波炉中可不是一流园丁会干出来的事情。

莱施： 世间一切的美好都是环环相扣的，而太阳用它的能量作为马达，驱动着生态系统的不断演化。

加斯纳： 不过，如果地球没有在夜间将吸收到的大部分太阳能重新退回宇宙之中，那地球表面的温度就将不断升高。

莱施： 如今，宇宙外界的温度相当低，为-271℃——138亿年累积的寒冷，宇宙在此间不断向外扩张，并不断降温。

加斯纳： 势位差——这里则是温度差，就是驱动生命的发条。只有存在温差，才有可能让复杂的系统进行自我组织。这有点儿像缓缓汇入的河流，其支流均匀地流入。而一旦存在势位差，比如落差很大的瀑布，情况就会出现戏剧性的变化。瀑布的水就会形成一种全新的形态：会冒泡翻滚、形成旋涡、四处喷溅。而之所以会出现这些变化是

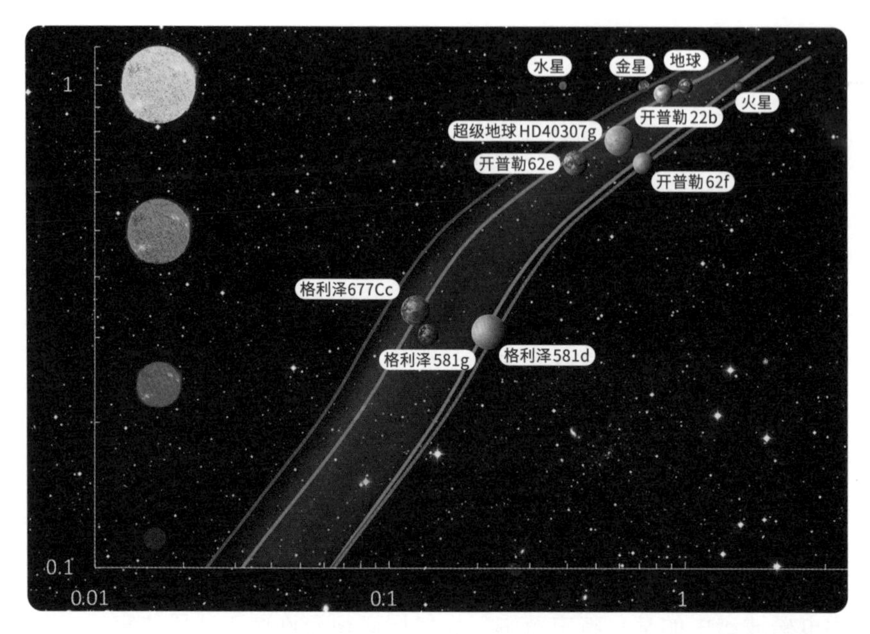

4.16 由于液态水在生命诞生中起决定性作用，人们将恒星周围能够存在液态水的区域称为宜居区。上图（对数坐标）展示的是太阳系中位于金星与火星之间的宜居区。光度越强的恒星能量越高，其宜居区距离恒星也更远，反之则距离更近。除此之外，还有其他因素能够促使宜居区域扩大（图中红色及玫瑰金色曲线），比如行星表面的反射行为（即“反照率”，表示某一表面向外反射的能量与获得的总能量之比）、是否存在大气层，以及行星自身的热源情况等[1]

因为存在高度差。

莱施：也只有因为太阳如此炙热，宇宙如此寒冷，这样的温差造就了咱们两位热血的天体物理学家，在这里讲述可能性最大的成功学故事：关于一切之万物和宇宙之虚无。

加斯纳：说到成功学，我们的地球上哪种多细胞生物是最成功的呢？

莱施：人类啊！地球上还没有其他物种像人类这般成功。

---

1 横轴应为距离所属恒星的距离，纵轴应为恒星的光度，对数坐标系，以地球和太阳分别作为1的参考尺度。——审订

加斯纳：我们可要注意，在这个问题上可不能以人类为中心。人们也可以这么争辩：南极磷虾，平均每只重2克、6厘米长，寿命大约6年。不管你信不信，这样的南极磷虾一共有5亿吨。这数量可比人类多多了。

莱施：还真是，5亿吨南极磷虾，成功对这样巨大的种族而言意味着什么呢？它们也拥有一个生存主义的强大信念？

加斯纳：这就要看你如何定义成功的标准了。从数量上来讲，南极磷虾是多细胞生物中的翘楚，某种程度上看人类还要以此为榜样呢——才能提高人口出生率啊。南极磷虾一直生活在自己的循环体系中，而我们人类永远做不到这一点——也许要除去极少数的原始人类。

莱施：但是并没有一只南极磷虾知道它们是如此的幸运。这所有的自然过程，它们所获得的数量优势，一切都运转得如此自然而顺畅，它们将一直繁殖下去，直至不再能够继续为止。唯一的缺点是南极磷虾本身意识不到上述种种。南极磷虾并不知道什么是群众集会，也不会有某位代表在大会上宣布："喏！今年我们又成功制造出1亿吨同伴，并且还没有对环境造成破坏。"要是这时候来了一头鲸鱼，那它一口就会把这群开会的磷虾全都吃光。鲸鱼准备好刀叉，然后对这些小家伙儿道："孩子们，饭点儿到了哦！"把听闻的磷虾吓得四处逃窜。对了，鲸鱼到底吃不吃南极磷虾呢？

加斯纳：应该吃，毕竟磷虾的名字在挪威语里就是鲸鱼食物的意思。

莱施：哈，看看，挪威语也太简单了吧。德语要表述起来可得用上好几个单词呢。

加斯纳：人们还估计，如果将已熟知的2000种蚂蚁都统计进来，世界上的蚂蚁至少有10^{16}只，无论在数量还是重量上，都碾压人类。蚂蚁的平均质量仅有0.006克，但它们能够扛起比自身重200倍的物体。

4.17 南极磷虾（*Euphausia superba*）

我十分怀疑以咱俩这大约80千克的体重，是否也能够承受住16吨的重量，同时还能大步疾行把它们运送到其他地方。蚂蚁这种6条腿的小生灵，运用它们独特的能力，筑造了世界上最长的“工艺品”：从意大利的里维埃拉，途经法国和西班牙，最终到达葡萄牙，足有5670千米远的居住地。

莱施：我特别喜欢听这样的故事，一种生命形式获得如此巨大的成功。但是我认为，仅用这些指标来定义一个生物物种的成功还是不够的。我总是在说，最近50万年来最成功的生物应该就是智人。因为没有哪个物种能够像我们人类一样，适应如此复杂多变的环境。我们能够前往各个地方，冰川、沙漠，甚至月球，我们还能够努力地独立适应各种不同的生存条件。我们有能力改造自然条件，使我们更好地存活下来。总的来看，我们迄今为止做成了很多事，单是这些我就觉得很了不起。尽管其间出现了各种各样的问题，但我还是愿意再高举一会儿我们人类的旗帜。

加斯纳：好吧。按你说的，南极磷虾和蚂蚁都非天选之子，都不能成为历史的缔造者。或许智人在灵活性和对环境影响的适应能力方面遥遥领先，但实际上，演化出这样能力的还有另一位高手：“缓步类动物”——“水熊虫”。这些8只脚的小生物能够在没有食物和水的情况下存活数十年，而且可以适应-240℃至77℃的环境，还不怕高能量的宇宙射线辐射。它们有何技巧？“隐生”[1]！缓步类动物的大小通常只有几毫米，它们能够修复自身的DNA，从而将体内的含水量降至仅有几个百分点，以此存活下来。这种超强的存活能力已经得到实验证实：人们曾经将其暴露在太空飞船之外的空间环境中，即便这样它们仍生存了下来。我想这完全可以跟奥地利的极限跳伞运动员菲利克斯·保加拿（Felix Baumgartner）一起，安排到“周日漫步”[2]播客里介绍给大家。相比之下，缓步类动物的人脉关系可要差一些，它们也无法亲自参与访谈——所以估计很多人都不知道这些小水熊虫的壮举。

莱施：我希望你最好别真的牵一只熊上来跟大家交流。水熊虫可不是熊。话说这样的小生物住在什么地方呢？

4.18 水熊虫（缓步类动物）。由扫描显微镜对一片青苔（大小约1毫米）进行拍摄并着色处理的图像

1 缓步类动物可以忍耐恶劣的环境，在极端环境下，能够通过降低自身的含水量来暂时停止生命活动。——审订

2 Sonntagsspaziergang，德国之声电台的著名推送节目，介绍世界文化、旅行等内容。——审订

加斯纳：它们可以住在所有潮湿的环境中，可以在各大洋之中，也可以在我们家屋檐的集雨管道或者花园里。在压力几乎为零的真空环境，或者在高压的海底，它们都能活动自如。在扫描显微镜下观察缓步类生物，乍看有点儿像吸尘器的小尘袋。此外，由于这种生物超强的存活能力，它们差一点儿就完成了首次前往火卫一的“载人”飞行。俄罗斯的“福布斯-土壤号”火星探测器因故障而失败，否则我们提到的这种笨拙的小生物未来将渐渐在火星的卫星上定居下来。

莱施：好吧，我收回刚刚提出的“适应能力”这一论据角度。我们地球上真正的隐蔽统治者，其实是比缓步类动物更小、更灵活的“微生物”。它们在数量和重量上也占据显著的优势。

加斯纳：其中包括原核生物。它们是单细胞生物，还没有细胞核，而这些生物目前足足有数万亿吨。原核生物在地球上也已经存在了数十亿年，起初它们可以像独自在家的小孩一样为所欲为，因为在地球历史的绝大部分时间内，只有它们才是绝对的唯一主人。

莱施：嗯，我们一定程度上也可以把它们称作原始生物。因为如今地球上可以称为生命的一切，都是从最初的原核生物中发展而来的。

加斯纳：是的，农田的1克土壤中，就包含了几千个这样的微生物。顺便一说，在我们1平方厘米大的皮肤表面上，大概也有这么多的原核生物嬉戏。

莱施：让我赶紧瞧一瞧我的左手。如果现在我握紧手心搓一搓，看样子得有10万原核生物失去家园了。

加斯纳：总的来说，你随身携带着的原核生物，在数量上比你身体包含的体细胞还要多。它们中的大部分——大概超过1千克的质量——在消化道。可以说，人体就是一艘满载着原核细胞的豪华巨轮。如果下次有人问你的体重，你大可以减去1~2千克，因为那不是你自身的

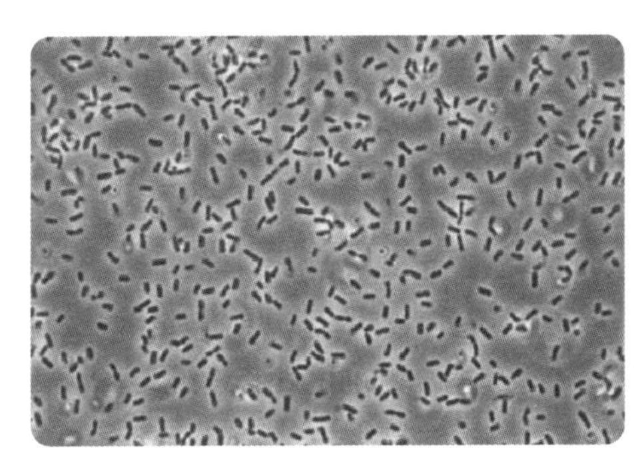
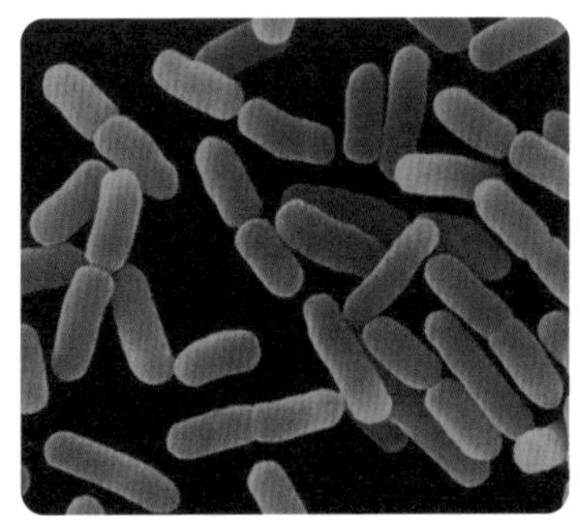

4.19 左图是放大约1000倍的枯草芽孢杆菌，右图则是在电子显微镜下经过染色处理的菌群图像。这些单细胞长2~3微米、宽约0.6微米，属于没有细胞核的微生物，即原核生物

重量，而是原核细胞的。

莱施：我很乐意这么干。如果有人问我："你好吗？"那我可以回答："我很好。但是我身上的原核细胞们过得怎么样，可就不得而知了。"

加斯纳：我们每个人都被特定的微生物群包围着。我们每小时会将大约100万个微生物颗粒和细菌释放到周围的空气中——哪怕我们一动不动。由此产生的独特信息能够用来辨别不同的人，2015年9月，美国的俄勒冈州立大学就有实验证明了这一点。

莱施：所以每个人都有自己特有的体味。可是你刚刚也说了，我身上寄宿的这些原核细胞，数量比我的身体细胞多，那它们的质量是不是也更大呢？

加斯纳：人体大约有220种不同的细胞类型，它们不仅比没有细胞核的原核细胞更复杂多样，而且质量也大了几个数量级。你身体里约有100万亿个体细胞，平均大小为40微米，如果把它们逐个排开，可以环绕地球100圈。

莱施：难以置信，用我的身体组成成分，居然能排列出这样一条长链。

加斯纳: 但你得加快点儿速度，因为我们的细胞数量一直在不断减少。每一天仅在我们的大脑里就有10万个神经细胞死去。

莱施: 那快让我们继续往下说吧，赶在我把内容忘记之前。

加斯纳: 原核细胞进一步演化，就会形成“真核细胞”，即带有细胞核的细胞。这个过程涉及相当多的细胞，而且花费了20亿年。根据内共生理论，真核细胞的形成是由于某一种原核细胞吞噬了另一种原核细胞，并且没有将其消化。相比两个细胞各自独立生活，这两者合二为一，能够更好地分享资源。就这样，被吞噬的原核细胞在它的寄主细胞内，慢慢地演化成了不同的“细胞器”，成为较复杂细胞的基本结构。

莱施: 看来那些不好消化的东西也是有好处的。这样看来，我们所有人都可以算得上是一种特殊的“原核”生物。

加斯纳: 无论如何，我们都属于多细胞生物，而这就需要原核生物更进一步地演化。人们估计，这一演化是由大气层里的氧含量不断上升引发的——至少带来了一定的帮助。氧含量超过一个百分点的时候，细胞内的碳水化合物就能够借助呼吸作用直接消耗掉。这一氧化过程，也就是广义上在化学反应中有氧气参与的过程，能够提供相当可观的能量，没有这些能量，我们人类的机体组织就无法存活下来。如果没有水和食物，我们还能坚持一段时间，可是如果没有氧气，我们在几分钟之内就会完蛋。我们如今的空气中之所以能够有这么多的氧气，还要感谢原核生物。因为通过它们的光合作用产生的氧气，比地球上所有植物加起来所产生的还要多。

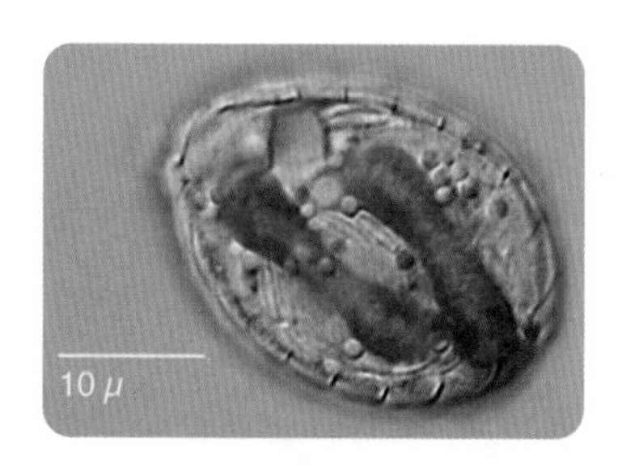

4.20 内共生理论

🎤**莱施**：原核生物真的非常慷慨，给我们调节出如此沁人的气候。香甜的空气也让我们心情愉悦——不过这也没什么，毕竟我们可是给它们提供了免费食宿的！

🎤**加斯纳**：我们可以说，原核生物只负责空气，真核生物则负责空气和爱情。毕竟原核生物是无性繁殖的，而真核生物则演化出了有性繁殖。

🎤**莱施**：这我们应该也解释过了。

🎤**加斯纳**：不过，随着性一起而来的，还有死亡。人们总是认为，死

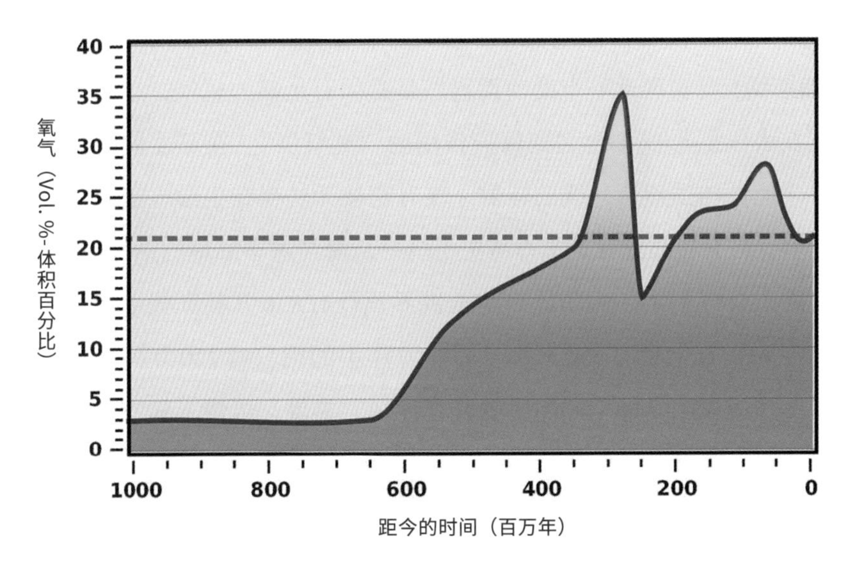

4.21　不同时期大气层的氧浓度。大约在 20 亿年前，海洋中的氧化过程渐渐结束，这时的大气层中才第一次出现了数量可观的自由氧气。到了 10 亿年前，氧气浓度首次上升至 3%，随后的 4 亿年内，这些氧又逐渐形成了地球的第一层臭氧。随着 5 亿 ~6 亿年前陆生植物的出现，大气的氧含量急速上升，在 3.5 亿年前一度超过现在的水平，并在石炭纪达到了 35% 的峰值。这也促进了这一时期不同生物种类的急速发展。到了二叠纪与三叠纪过渡时期，出现剧烈的火山活动，氧气浓度急速下降至 15%，之后又经过了数次剧烈波动，并在白垩纪重回 30% 的局部峰值，那个时期是恐龙主导的天下。在经历了 6500 万年前的小行星撞击之后，氧浓度逐步回落，并稳定在如今的 20.95%

亡总是伴随着生命一起出现，而实际上，原核细胞在无性繁殖时，原始的细胞可以完整地保留到下一代中。只要它们没有被吞噬，或者遇到意外，又或者外界环境发生了剧变，那么它们可以说是依然存活的——人们常说的“躯体不死，灵魂永存”。而更复杂得多细胞生物在繁殖和演化时则需要付出高昂的代价：它们在传递生命基因的蓝图时，必须经历老去及死亡。

莱施：尽管如此，我还是宁愿当一个多细胞生物。我觉得原核细胞的生活实在太无聊与寂寞了。顺便一说，在4亿年前，海水中的生活就已经很枯燥了，也很危险。为了逃避被永久吞噬的可能，原核生物冒险离开海洋，尝试寻找新的生存空间。这应该算是第一场“占领陆地运动”。

加斯纳：要实现这一点的前提仍然是必须有足够的氧气，这样才有可能在大气层形成一个起到保护作用的“臭氧层”。在那之前，只有海洋才能抵挡强烈紫外线的辐射，没有它就无法存在生命。实现这一点之后，剩下的部分就是书写历史了——从海洋进军陆地的第一小步，直至踏上月球的第一大步。目前全世界预计有870万种真核生物，其中陆生的真核生物有650万种，而在海洋中的则只有220万种，这个数字由夏威夷大学的“海洋生物普查计划”提供。可惜，其中已经有所研究的生物仅占14%。

莱施：那么最大的生物有机体究竟是哪一种呢？

加斯纳：这个问题可不好回答，主要看人们是怎么定义一个关联的有机体生物体系的。“阿根廷蚁”建造的巨型蚁穴可以算是一个有机体吗？能够无性繁殖的植物是否能够构成一个有机体？我们的地球整体是否算一个有机体？能够竞争这个称号的最热门候选者，或许是一株存在时间长达2400年的真菌，它属于“蜜环菌属”分支下的一种“奥氏蜜环菌”。这一真菌的菌丝体（Myzel）重达600吨，在美国马卢尔国家森林公园中的伸展范围超过9平方千米。顺带说明一下，菌丝体是由大量纷乱细小的丝线纤维构成的，生物学称这种微观层级的丝状结构为“菌丝纤维”。而这种巨型真菌怪物的菌丝体，差不多有鞋带那么粗。

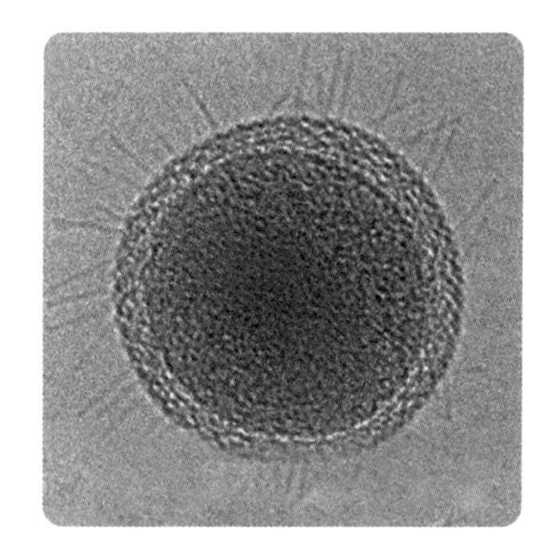

4.22 一个直径为300纳米的细菌在低温电子显微镜下的图像，图中可以观察到其丝状结构（菌毛）[1]

莱施：那的确够得上“国家森林公园”的称号。这样看来，最大的有机体理所当然是在美国了——否则还能在哪里？

加斯纳：然而要问最小的有机体是什么，或者说最小的细胞是哪一种，也是很难回答的。很长一段时间以来，我们一直以为最小的细菌体积是0.013立方微米，因为这是遗传物质可以实现的最低尺度，也是细胞对实现物质交换的特定要求。2015年3月，人们发现了一种超级微小的细菌，只有0.009立方微米。它的遗传物质被压缩成致密的螺旋状，并且它还放弃了某些特定区域的物质交换。人们永远不要低估大自然的创造力，而我们在寻找系外生命时也不能忘记这一点。另外，这些细菌所需的养分，主要依靠各个微小的团队成员，通过与其他微生物的频繁交换来获取，因此它们演化出了特有的丝状突起，称为“菌毛”。

莱施：好吧，所以地球上最成功的准则也不能算是“适者生存”，而是合作！

1　上文的菌丝是针对真菌，属于真核生物，此处的菌毛属于细菌，属于原核生物。——审订

我们在这个宇宙中孤单吗

——你好，有人在吗？

🎤**加斯纳：**假如我们在遥远的距离之外，发现了一颗类似地球的行星，那一定十分有趣。我们将会如何评价自己呢？我们还会说，最占优势的生物是原核生物吗？还会说南极磷虾和蚂蚁在数量和质量上是最成功的吗？又或者，我们还会说，人类是最重要的生物，他们书写了历史吗？

🎤**莱施：**我们不能忽视我们已经失败的事实。我们所依赖的是从光谱中读取的信息。如果在其他未知的行星上存在原核生物，那么这些原核生物也会改变它们的大气层成分。让我们深呼吸一下——没错，其中涉及的正是氧气，也是它们后来形成的臭氧层，这应该算是生命存在最显著的信号了。然后，或许我们也能够在这颗行星上看到一些与人类类似的行为和现象，比如收音机、电视机及其他一些电子产品……

🎤**加斯纳：**没错，我们要检测。臭氧是非常有趣的东西，它能够在大气层里迅速改变自己的化学性质。只要人们发现了臭氧，就说明存在一个反应过程，能够不断聚积新鲜臭氧的过程。出现一个新的问题，由此就有可能出现一个生命形式的问题，即能够驱动有氧光合作用的

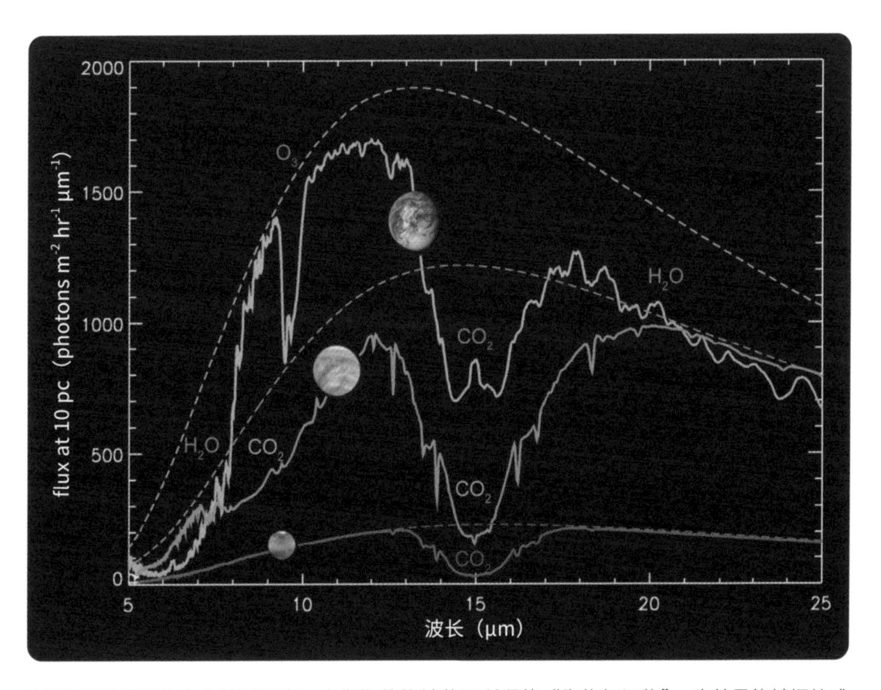

4.23 在寻找地外生命的过程中，人们期待能够获取所谓的“生物标记物”，也就是能够间接或者直接反映生物学过程的分子。其中一个传统标记物是臭氧（O_3），因为臭氧能够在与其他气体的反应过程中被不断破坏。如果在一个遥远的行星中发现大气层，就意味着大气层能够持续性地“补充”新鲜的氧。如果出现此类标记物，就意味着很可能有光合作用存在。上图展示的是地球（蓝）、金星（黄）及火星（红）的光谱。如果在大气层中出现某种特定的分子，人们可以在相对应的吸收光谱线中辨认出它，即普朗克定律分布的偏移波动情况（虚线，虚线为理想值，发生偏移则说明被吸收了）。二氧化碳（CO_2）存在于所有三个大气层中，臭氧（O_3）和水（H_2O）却只存在于地球大气层中

生命形式。一方面我们通过光谱寻找臭氧这一生物标记，另一方面，我们也在寻找窄带通信[1]频率信号。

加斯纳：人们在20世纪70年代时接收过这样的信号。但仅仅只有一次！你还记得那个俄亥俄州的“哇”（Wow）信号吗？

莱施：当然。

加斯纳：俄亥俄州立大学使用的电波望远镜发现了这个信号。这个设备有一个非常贴切的名字，叫作“大耳朵”（The Big Ear）。

莱施：俄亥俄发现的“Wow”信号是一种无线电信号，所有迹象均表明这个信号并非天然形成，信号中带有“旁瓣”，或者是类似的东西。[2]

加斯纳：我先不解释什么是旁瓣了，因为它并不十分重要。这个实践中有意义的地方主要在于，这个可疑的窄频无线电信号持续了整整72秒，由此也就能够与来自地球上的信号区分开来。这台安装在地面上的望远镜会随着地球的自转一起运动，在前36秒的时间里，这个来自地球外部的信号逐渐变强，而在同样长的时间里又渐渐减弱，最终完全消失。

尽管之后人们数次苦苦地探寻，这个信号却始终未再出现。天体物理学家杰瑞·韦赫曼（Jerry Ehman）是这个“哇”信号的命名者，因为他在电脑打印的数据记录单上标注了一个惊奇的“Wow”。

莱施：可是为什么只接收到了一次这样的信号呢？难道因为外星人已经破译了我们的电视和广播节目，并得出结论：“我们不想与他们有任何瓜葛？”

加斯纳：没错。在寻找地外智慧生命的过程中，我们始终依赖一个

---

1 有效带宽较小，指接入速度较小的网络，与宽带相对应。——审订

2 在无线电信号处理中会应用到“天线方向图”，用花瓣形状来表示天线在各个方向上的辐射强度，因此有时也称作“波瓣图”。在辐射强度最大的方向，波瓣最大，称为主瓣，其余的瓣则被称为副瓣或者旁瓣。——审订

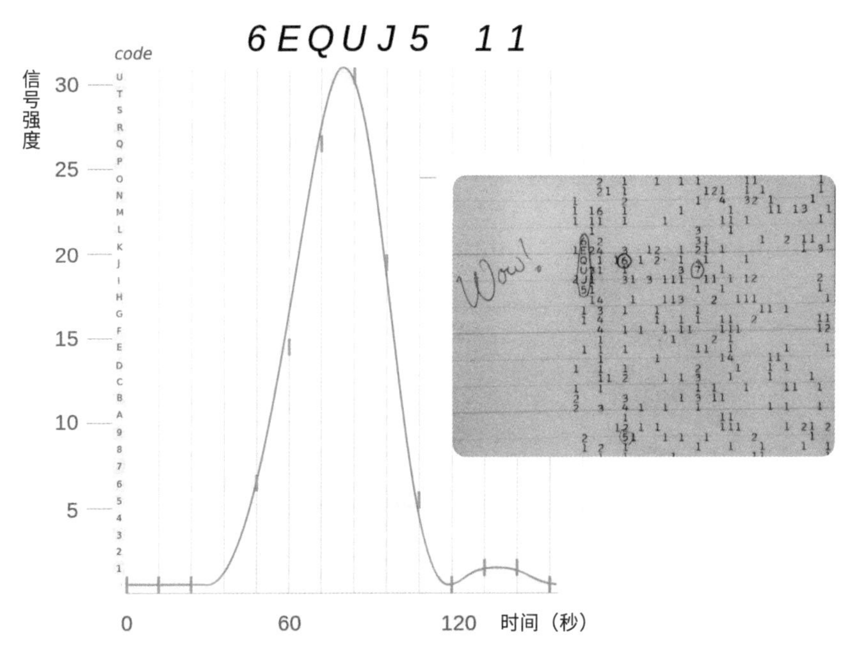

4.24 天体物理学家杰瑞 · 韦赫曼于 1977 年 8 月 15 日，用俄亥俄州立大学的“大耳朵”电波望远镜接收到一个频率为 1420.456 兆赫的窄频信号，方向来自人马座。

右图为电脑打印记录单上的手写标记，赋予了这个信号“俄亥俄 - 哇！”（Ohio-Wow!）的名字，水平方向显示的是监测的不同频谱，因为人们并不了解潜在地外智慧生命的发射频率。每一个频率都会在对数刻度中使用 1~9 及 A~Z（即 10~35）由上至下逐行标记。上述频率是在 72 秒内记录到的，强度用字母代码“6EQUJ5”表示。这一时间长度用于与地球的区分，具有重要意义。因为望远镜是固定在地球上进行观察的，按照地球自转采集到的地球外部信号是 36 秒内强度递增，而退回的时间应该同样是 36 秒内递减。望远镜瞄准的方向与远处的信号源先近后远，接收到的信号也是先强后弱。这仅出现过一次的信号来源至今不明，可能源于伽马射线的爆发观点，即对方足够愚蠢，为了与我们交往，以至于愿意与我们发生接触。

莱施： 我最吃惊的是，这个信号就这么直接地进入“21厘米波长”的范围。要知道，在茫茫宇宙之中，一个潜在无线电伙伴发出的信号与我们的在同一个频道上，绝对不是一件简单的事情。如果真的存在这个频道，许多人都认为应该是21厘米波长，因为它对宇宙中每一种生命形式来说都是特殊的。

加斯纳： 我们人类自身也在使用相同的频率向宇宙中发送信息，因为这个频率与中性氢特有的无线电辐射相同。当电子自旋的方向改变时，人们称之为“超精细结构跃迁”现象，电子自旋与质子的磁矩平行或者反向平行，这两者的状态差别是5.9×10^{-6}电子伏特。这份能量与1420.405兆赫的电磁辐射频率对应，相当于大约21厘米的电磁波长。而俄亥俄的“Wow”信号频率则是1420.456兆赫。

莱施： 我们在谈费米压力的时候已经接触过自旋，指的是粒子的角动量，其中费米子角动量的自旋量子数为半奇数整数倍，玻色子的则是整数。

加斯纳： 在使用自旋角动量这个概念的时候要十分小心，实际上并没有任何东西在旋转。如果我们观察的是点状物体，比如电子，那么

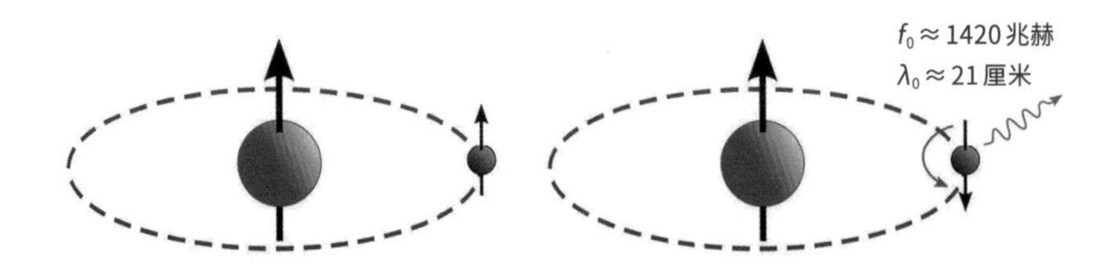

4.25 中性氢的超精细结构跃迁。质子和中子的自旋方向如箭头标示（右手定则）。在从平行方向转变到反向平行方向的过程中，会以光子的形式向外辐射出约为5.9×10^{-6}电子伏特的能量。其电磁辐射的频率为1420.405兆赫，波长约21厘米

其角动量是零。我甚至不想讨论光子。哪怕我们把电子的半径限定在最大值 10^{-18} 米，也无法观察到其自旋。我们必须将一个数值列入其中：一个球体的转动惯量是2/5质量乘以半径的平方。角动量是转动惯量、表面速度与半径之积。如果将此看作是 $h/4\pi$，球体表面速度是光速的最大值，那么电子才有可能高于实验临界的多个数量级，就算使用相对论中的修正系数也于事无补。因此，没有东西在转动。

莱施： 你有点儿幽默哦！如果不存在自旋角动量，那自旋究竟是什么？

加斯纳： 是一种抽象的量子力学特性。与量子力学领域的大多数情况一样，不要在此处寻找经典的类似情况，才是值得推荐的做法。

莱施： 你总是要来点儿与众不同。在所有的教科书中，自旋都是被解释为自旋角动量的。

加斯纳： “就算所有人意见一致，也可能意味着大家都是错的”，英国哲学家伯特兰·罗素（Bertrand Russell）曾经这么说过。这次我真的要抱怨一下：我们偏题有点儿远了。之前我们聊的是潜在的地外信息。

莱施： 好吧。我们还能为大家介绍些什么呢？

加斯纳： 让我们再聊一下1967年，英国天文学家乔瑟琳·贝尔（Jocelyn Bell）在她的博士论文中有关第一颗脉冲星的研究怎么样？她接收到信号出现了一种稳定频率，稳定在1.3Hz。当时人们认为，这一信号不可能是自然来源，因为这个数值太完美了。贝尔在剑桥大学的博士生导师安东尼·休伊什（Antony Hewish）教授一开始还认为这是汽车驶过产生干扰的结果，随后信号被反射至月球表面。接着人们又把它当作地外智慧生命的信号。这颗星体的名字是

4.26 乔瑟琳·贝尔（1943—）

“小绿人1号”（LGM-1）。而在脉冲星的新闻发布会上，摆满了纸做的小绿人。

莱施：你知道为什么影视作品中地外生物的颜色通常都是绿色的吗？为了能够来到我们这里，它们要花费相当漫长的时间，还是在一个一直转个不停的飞碟里面。如此等待，换作是你也一定脸都等绿了。

加斯纳：发现信号这件事很有趣，只可惜结尾却不大光彩。人们最开始接收到的，正是一颗脉冲星的信号。1974年，安东尼·休伊什与马丁·赖尔（Martin Ryle）因此共同获得诺贝尔物理学奖，而真正的发现者乔瑟琳·贝尔却出局了。

莱施：SETI计划，也就是搜寻地外文明计划[1]是不是还在进行？

加斯纳：我想，这个项目在持续了50年徒劳的寻找之后，变得实诚了不少，至少在国家层面如此。“大耳朵”在1998年被拆除，原址现在成了高尔夫球场。起初的兴奋连同对银河中300个文明的期待，终究烟消云散。那些私人倡议者还在继续这项计划，但是他们的赞助者或许也逐渐意识到，在一个10万光年大的星系中，潜在文明之间的距离远到足够令人冷静。

在1974年阿雷西博射电望远镜的启用典礼上，人们还用它向武仙大星团发送了一串二进制信号。这张“地球名片”包含了由1和0构成的数字编码、简单原子的展示，如果能够判断出这些信息，从而表明我们是一种有智慧的生命形式。不过，如果真的能够得到回复，也是5万年后的事了。

莱施：SETI计划就像寻找喜马拉雅山雪人，都是徒劳的努力。究竟谁能够回应这些信息呢？

---

1 Search for Extraterrestrial Intelligence.——审订

🎤**加斯纳：**人们对此的意见并不统一。有些人甚至发出警告，认为不应该发送这样的无线电信号暴露人类的存在。一旦面对的是更高级的生物，给我们带来的危险是难以估量的。地球上就有活生生的例子，“被发现”的物种可并不是都有好下场的。因为我们永远都不可能知道，是谁在外界接收到我们发出的信息——又或者是被什么样的机器接收到。

🎤**莱施：**毕竟对太阳系以外的行星系的观察表明，只有当恒星的重元素数量至少与太阳拥有的同样多时，才会有行星绕其旋转。一颗恒星拥有的重元素越少，它的年龄就越大。而我们的太阳系就是银河系早期的行星系统之一，我们也算得上是高等社会了。

🎤**加斯纳：**这一判断对于大型的气态行星而言大致是适用的，但是在过去的几年里也发现了一些较小的岩质行星，它们仍然绕着含有少量重元素的恒星旋转。拉尔斯·巴克哈夫（Lars Buchhave）与其研究团

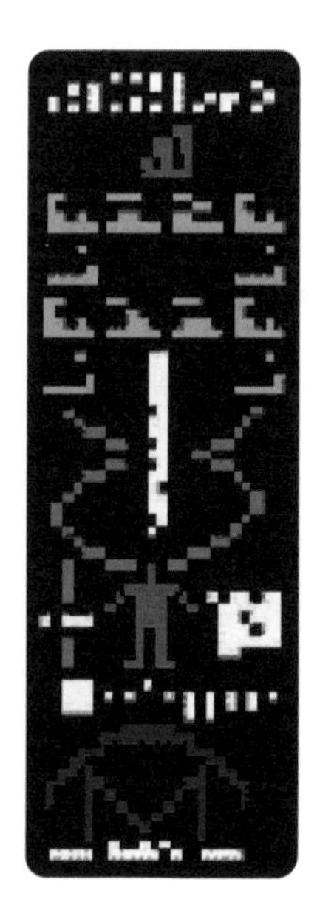

4.27 1974年利用无线电波向武仙大星团方向发送的“阿雷西博信息”。这份信息采用二进制编码，图中的颜色是为了更好地区分信息的内容

第1段（白色）：使用二进制表示的数字1~10；

第2段（红色）：人体内主要元素的原子序数，依次为氢（1）、碳（6）、氮（7）、氧（8）及磷（15）；

第3段（绿色）：构成人类DNA的四种核苷酸；

第4段（蓝色和白色）：DNA的结构（白色表示核苷酸的数量为4 294 441 822，蓝色表示的是DNA的双螺旋形状）；

第5段（蓝、红、白）：人体的结构（平均身高与人类外形）及地球总人口数；

第6段（白色）：地球在太阳系中的位置；

第7段（紫红色、白色）：有关阿雷西博射电望远镜的信息

队在哥本哈根的尼尔斯·玻尔研究所中，特意研究了226颗系外行星中的152颗，质量最大者高达地球质量的4倍；中央的恒星的重元素水平最低者是太阳的四分之一。2014年6月，哈佛-史密松森天体物理中心的研究人员发现了开普勒-10c，又添加了一个新成员。这颗岩质行星拥有17个地球质量，已有110亿年高龄（地球年龄46亿年）。在它的那个太阳系中，生命应该更早出现。而信息交换则很可能只是单方向的，如果你想和他们来一局国际象棋通信赛，我可真心不推荐。

莱施: 我最近读到了一封十分独特的抗议信：如果人们在未来真的能够与地外生物交换信息，请千万记得要收通信费！这可是来自资本主义世界的问候！

加斯纳: 这样一来，我们收到的第一条信息说不定是一串信用卡卡号，再附带两个字的备注——转账。但这样的讨论还为时尚早，生命可没有这么简单。天文学家弗兰克·德雷克（Frank Drake）曾预言，银河系中应该存在近300种地外文明，不过这一预测只是一连串的可能性。一颗恒星具有行星系的可能性又有多高呢？存在的行星刚好又处在宜居区域的概率又有多大呢？星球上诞生生命的可能性会有多大，他们又有多大兴趣愿意与地球上的生命进行远程的星际交流？

莱施: 10万光年的距离就像一个庞大的干草堆，我们用了50年的时间，也没有从里面挑出几颗大头针。

加斯纳: 要提出一份关于可居住行星的计划可是非常严格的。比如原核生物就有一些种类能够在极端条件下生存，被称为“嗜极微生物”。其中有名的有“轻型链球菌”，是一种细菌，当心！现在要说的可有点儿恶心——这种细菌通常在人类的口腔和喉咙里活动。现在，这种微生物——也许只是NASA工作人员打了一个喷嚏——就落到勘探者3号探测器的镜头上，而它在1967年成功登陆月球。随后，阿波罗12号计划回收了这个探测器，而藏匿其中的“偷渡客”也搭上“顺风船”返回。这些轻型链球菌在高真空的环境下滞留了数年，其间不断受到宇宙辐射，而且温度也在-160℃和130℃之间反复波动。哪怕这样，它们仍然存活了下来，返回地球后，在培养箱内再次繁殖。现在每当喉咙痛的时候我总会想，我的喉咙里住着多么顽强的敌人啊。

莱施： 吓得我赶紧吞口水。但是，我倒很喜欢“嗜极微生物”这个词。

加斯纳： 确实，一些微生物绝对对得起这个名号。地球极地地区的冰层深度是珠穆朗玛峰高度的9倍，这些微生物在地表以下4000米的地方都能存活，能忍受低至-200℃、高达130℃的温度，后者我们又称之为“嗜热动物”。它们在地热区域聚积。古生菌“菌株121”和*Methanopyrus kandleri*能够在121℃的环境下生存得很好。“延胡索酸火叶菌”在90℃的环境下才会停止生长——因为它觉得太冷了。

即便是在海底黑烟囱中也能找到真核生物，比如“庞贝蠕虫”可以忍受80℃的高温。

莱施： 那么这个高温的上限可以到什么程度呢？

加斯纳： 温度一旦超过150℃的理论极限，DNA应该就会遭到有效破坏，而其众所周知的修复系统，比如缓步类动物的修复系统，会令其恢复平衡。但是谁又知道演化的创造力尽头在何处呢？有关嗜热微生物的研究仍处于起步阶段，因为这些小生物并不能在实验室的条件下很好地生存，它们会停止繁殖。“单细胞基因组测序”能够为我们提供帮助，使用这种方法只需要一个DNA分子就能够进行解码。

莱施： 也许我们应该跳出人类的局限，重新考虑一下“宜居带”的定义了。

加斯纳： 在寻找地外生命时，最重要的是寻找生命最初的诞生地，而不是极端生存环境下能够发生的进一步演化。尽管如此，地球上一些生命形式本身就非常值得我们注意。人们在南非的姆波尼格金矿钻孔作业时，就发现了“金矿菌”（*Desulforudis audaxviator*），又名“勇敢的旅行者”。这种细菌在长达2500万年的时间中一直处于绝对黑暗之中，并且建立了自给自足的生态系统。这种棍状细菌的存活条件十分简单，只需要石头缝里渗出的水分便可。同时，这些细菌能够借助天然的放射性辐射形成物质循环。

莱施：这就是贫困线，最低生活标准的状态。这对它们而言——它们这种细菌叫啥来着？

加斯纳：“勇敢的旅行者”。美国地质学家图里斯·昂斯托特（Tullis Onstott）起的名字，灵感来自儒勒·凡尔纳的小说《地心游记》。故事里一支探险队是受到拉丁语碑文“Descende, audax viator, et terrestre centrum attinges”（下去吧，大胆的旅行者，你终将到达地球之心）的激励。是不是好像还有人嫌弃过咱们科学家一点儿也不文艺来着？

莱施：我想，当人们把金矿菌取出的那一刻，它一定感受到了真正的“文化冲击”。

加斯纳：你刚刚提到贫困线上的生物，细菌界的纪录保持者是在北太平洋的细菌。湍急的水流与稀缺的营养成分导致沉积部分很少，其中一部分沉积为每千年增加一毫米。这些沉积层能够描绘出地球上百万年的历史。来自丹麦奥胡斯大学的研究人员汉斯·罗伊（Hans Roy）及其团队成员利用一个极薄探测器在各沉积层中寻找生命形式，寻找的依据是耗氧量。他们找到了！在30米深的地方找到了一种细菌，8600万年来一直处于与世隔离的状态，也就是说，这些细菌最后一次获取养分，还是在恐龙生活在地球上的时候。这些细菌是如何维持自己的细胞结构的，至今仍是个谜。要知道，细胞分裂上千年才发生一次。

莱施： 8600万年没有汲取任何养分——我的肚子早就咕咕作响了吧。如果现在还有那个时代的细菌，那电影《侏罗纪公园》的故事也不算太过虚幻，而且说不定迟早有一天我们能够真的复制出一只巨龙的DNA。

加斯纳： 你这么说很有趣。电影的情节是人们从封存在琥珀里的蚊子化石腹中取出恐龙血液，并用它成功唤醒了这一史前古老居民的生命。不过从科学的角度出发，此类事件发生的概率微乎其微。目前为止，我们在这些史前植物的树脂化石中仅仅发现了4只会吸血的讨厌鬼：两只沙蝇、一只臭虫及一只蚊子。2013年9月18日，人们又发现了一只4600万年前的蚊子，它已经在一位私人收藏家那里待了25年。最初的发现地点是美国的蒙大拿州。人们很有可能从蚊子的肠胃中重建出它最后一次吸入的血液，至少是血红蛋白分子（红色的血色素）。这只蚊子当时想必是被困在一个小水塘的厌氧沉淀物中，而它那充满血液的纤细身躯并没有受到伤害。然而要在数百万年之后完全重建寄主的DNA是完全不可能的。因为DNA的半衰期是500年。哪怕一切环境条件都处于最佳状态，DNA的信息也会在680万年后无法挽回地丢失。目前我们能够获得的最古老基因组来自一匹马，它在70万年前被永冻层保存了下来。

莱施： 可惜恐龙早在6500万年前就灭绝了。

加斯纳： 确切地说，它们并非永久灭绝。如今的鸟类拥有恐龙的许多特征。人们认为始祖鸟是其中的过渡形态，也是鸟类的鼻祖。所以你可以这么理解，你平常看到的叽喳鸣叫的小鸟，算得上是恐龙的后代。

莱施： 嗯……我觉得恐龙后代的体形怎么也应该更庞大一点儿吧。不过，我们刚刚一直谈论的倒也是一些体形更小的家伙，现在我们还是重新回到“嗜极微生物”吧。

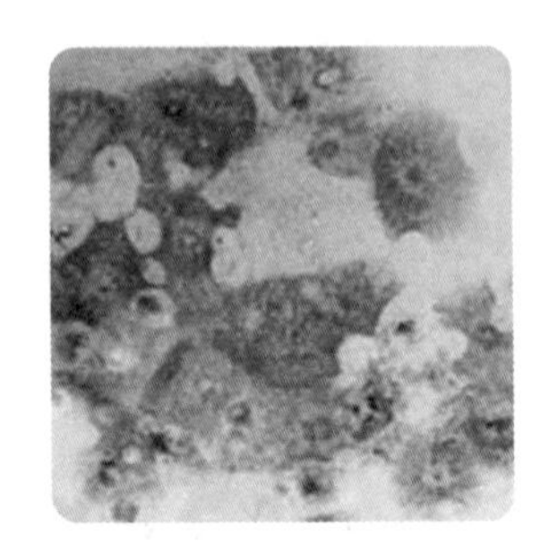

4.28 切尔诺贝利核反应堆上的霉菌

加斯纳: 好的。这些微生物可不会真的彻底灭绝。我们甚至在核电站的冷却水回路中都找到了原核生物的踪迹。

莱施: 说不定它们也在游行抗议，反对建设核电站呢。

加斯纳: 我估计它们不会这么干，作为一种“嗜极”的生物体，它们可是特殊的无线电辐射爱好者，所以它们应该是支持核能的。它们可以利用电离辐射，并在黑色素的帮助下将其转换成自身的能量。在切尔诺贝利发生事故后，这些微生物在极端条件下发生变形，并在核反应堆上形成一层黑色的类似苔藓的物质。

莱施: 是的，切尔诺贝利成了被黑色霉菌覆盖的废弃核电站。我的天，这实在令人难以忍受。

加斯纳: 而且不单单是微生物。切尔诺贝利为我们提供了生物演化能力的鲜明例证。在悲剧发生20年之后，原来的死亡区域——核电站方圆3万米内——开始重新出现生命。而辐射影响和之前一样，比正常值高出上千倍。生物受到铯-137和锶-90的威胁，这些放射性的同位素与钾和钙混合后具备的危险性被有机体所吸收。更不用说还存在有毒的重金属钚了。尽管条件如此险恶，生命还是找到了生存之道。之前被完全破坏掉的松林里长出桦木。它们与针叶树相比要小得多，但也正因为这样，这些树木才能够更好地避免有害突变。

莱施: 那么动物圈的发展又如何呢?

加斯纳: 灾难发生后的第一代动物饱受细胞氧化损害的折磨。它们的抗氧化剂的水平不足以抵御DNA受损而产生的畸形发展与癌变。但随着时间推移，一切都在变化。260万平方米的区域中，那些有危险的动物都处于隔离区内。估计这片区域目前的野生动物数量要比事故发生之前多。很明显，放射线危险要比人类的猎杀、对土地和森林的占有所带来的危险小。这些物种是如何对抗辐射的，也成为当下的研究热点。西班牙国家研究委员会的主席伊斯玛尔·加尔万（Ismael Galván）于2014年4月底公布了一项研究——他捕获了16种、共152只鸟类，检验并测量它们的血液与羽毛，之后再将它们放生。这项研究得出一个惊人的结论：鸟类所处区域的辐射强度越高，它们的抗氧化剂“谷胱甘肽”的含量也越多。很明显，这些鸟类已经在数十年之后在生物学上逐渐适应了辐射带来的伤害。

莱施：这么说，如果在地球上发动核战争，应该也不会将所有生命都毁掉。

加斯纳：这……至少嗜极微生物们会存活下来，并且一切从头再来。这是令人欣慰的。尽管如此，我仍然希望人类在经历了所有的起步困难之后，最终能够在生命的历史长河中充当正面角色——至少要出一份力。

莱施：在话题变得严肃之前，我想讲个笑话调剂一下。两个行星在轨道上相遇，其中一颗对另一颗说：“你看上去糟糕透了！”另一个回答：“别提了，我身上长了智人。”“我的天，太遗憾了！不过你也不必担心，无须采取任何措施，他们早晚会消失的。”

加斯纳：哈哈哈，好冷，这个笑话可有点儿吓人。我们最大的威胁其实就是我们本身。但这也只是针对我们智人，而非这个地球上的其他生命。我们在地球上的种种行径，都不可能完全消灭生命，尽管如此，我们还是有可能将地球上的大量物种拖入毁灭的深渊。

莱施：不过也可以换一种方式理解，即宇宙中的这颗星球，将会一直生生不息，总会有其他生命存在。

加斯纳：地球上总会有事情发生。至少，只要我们的太阳还在温柔地闪耀着，就不会有什么改变的，但还是会时不时出现一些剧变。地球的生存空间处于不断变化之中，有两点值得注意：首先，地球最初20亿年的大气层成分，以及最初5亿年的地表温度，与今天相比是截然不同的；其次，地球历史上总会有些不寻常的事件发生，导致生物大规模死亡。

莱施：最典型的就是6500万年前恐龙的灭绝，据推测，这与一颗大型的小行星撞击地球有关——至少加剧了恐龙灭绝的进程。如此大的灾难发生之后，总会很快出现生物演化，存活下来的生物将继续发展并占领这片区域。巨型恐龙蜥蜴类动物的没落引发了哺乳类动物的发展，最终出现了人属，而如今的人类就是出自于此。

加斯纳：面对生存条件的改变，小型生物往往能够更好地适应。因为它们更容易勒紧腰带，在恶劣的环境里节衣缩食，而且它们繁衍再生的速度也更快。我们从以前发生的大规模生物灭绝中都能看到这一点。比如……

莱施：你是打算一一列举宇宙中发生的种种灾难吗？加斯纳，人们讨论世界末日已经够频繁的了，如果我们还继续在这里说，一切已经在过去发生的事情，或者是在未来可能发生的事情，那么……

加斯纳：好吧，但分明是你起的头，是你说起小行星，说起6500万年前的恐龙灭绝。这些灾难还是有积极一面的！没有陨石撞击，地球上就不会有水，没有水，估计就不会有生命了。

莱施：行吧，那你就继续说下去吧。我不阻止你了。

宇宙的灾难及其他的灾难

——人生不如意十有八九

🎤加斯纳：让我们先从地球家园里的威胁开始吧。位于苏门答腊岛的多巴超级火山曾在7.4万年前爆发。“超级火山”这个称号就足以说明它的威力有多可怕了。爆发后的很长时间内，火山灰阻挡了生命所需的最重要源泉——阳光。植物大规模死亡，食物链被切断，动物界也因此遭受不可避免的日薄西山。

🎤莱施：7.4万年前，非洲就已经出现智人了，欧洲生活着尼安德特人，而亚洲则有直立猿人和弗洛勒斯人。他们当时怎么样了？

🎤加斯纳：你的这个问题可是戳到痛处了。当时的灵长目人科下面，还有着不同的人属，而如今的人类在基因上已经十分相近了。多巴火山提供了缺失的那一块拼图，这场自然灾难导致了“基因的种群瓶颈效应”，人类的基因多样性大幅下降。估计只有数千名非洲智人在这场天灾中幸存下来。他们在此后的发展中从非洲逐渐迁徙到欧洲和亚洲，并排挤了当地土生土长的人种。因此现在地球的人类血缘是如此相近。至少在基因突变率和线粒体DNA的研究中能够证实这一点。

🎤莱施：一段戏剧性的历史，至少结局还算达成了和解。我们都成了兄弟姐妹！

加斯纳：类似这样的生物大灭绝，地球上发生过多次。最具灾难性的事件是2.52亿年前的另一次火山爆发。当时96%的海洋生物及70%的陆地生物遭遇灭顶之灾。借助铀-铅衰变链和氩元素同位素测年方法的日趋成熟，2014年春天，我们知道这段时间持续了6万年——地质学上这一时间跨度也就是一眨眼而已。能够得出这一结论要归功于中国与美国的国际合作。中国的学者研究了位于中国眉山的二叠纪与三叠纪过渡时期的典型地质层，而美国的麻省理工学院负责具体的测年工作。

莱施：这就是科学的桥梁。

加斯纳：越来越多的研究成果结合在一起。首先是海洋二氧化碳含量的骤然上升，与此同时，温度也上升了10℃。经过计算，这意味着有170万亿吨二氧化碳被释放出来。其次是出现了一片面积达200万平方千米的熔岩原，其出现时间与二氧化碳和温度上升同时，被称为西伯利亚暗色岩。再次是中国南海沉积中属于甲烷八叠球菌属的部分微生物，其新陈代谢会释放出致命的温室气体甲烷。沉积物的初始产物镍的含量提高了2~7倍，而镍正是限制上述温室杀手的因素。可能是强烈的火山活动释放出了这一量级，导致微生物也出现爆发性增长。

莱施：这些事件的发生都是环环相扣的。

加斯纳：2014年6月，科学家成功确定澳大利亚卡拉克瑞德吉（Kalkarindji）火山的喷发时间是5.1亿年前。这次爆发导致大规模生物灭绝，将近一半生命消失。大量二氧化硫和甲烷直接进入了平流层。

莱施：可见我们与环境、与自然灾害可不能闹着玩儿。我们现在有类似这样的超级火山吗？

加斯纳：美国的黄石国家公园还有一座正在沉睡的超级火山。

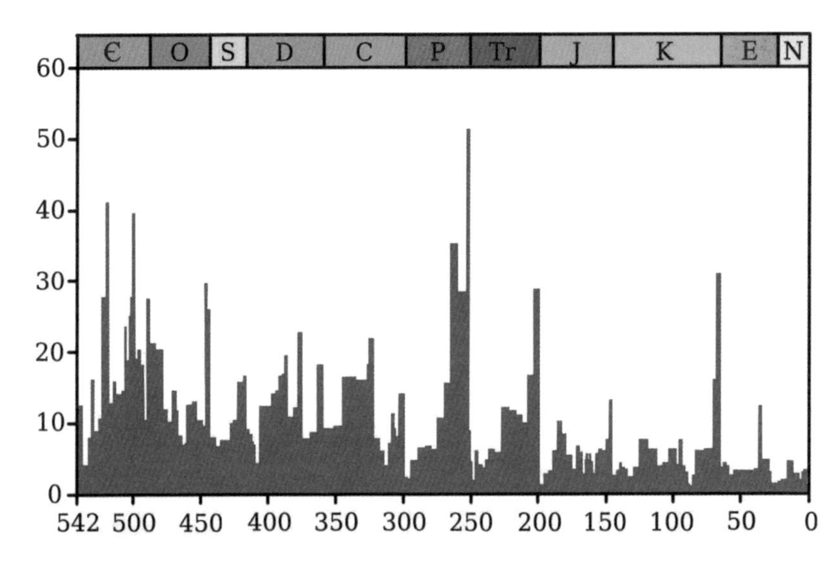

4.29 过去5.42亿年以来的灾难性物种灭绝。图中表示的是灭绝的、在海洋中变成化石的物种。按照颜色标记出来的地球年龄分别是寒武纪（Є)、奥陶纪(O)、志留纪(S)、泥盆纪(D)、石炭纪(C)、二叠纪（P)、三叠纪（T)、侏罗纪（J)、白垩纪（K)、古近纪（E）及新近纪（N)

莱施：那我们可别吵到这座火山了。还是来聊聊宇宙的灾难事件吧。

加斯纳：那我们可以讲一讲超新星。如果它足够接近地球，它的伽马辐射绝对会给我们的大气层带来损害。

莱施：怎样才算“足够近”呢？

加斯纳：大概150光年吧。当然，还要考虑很多其他的因素，但在这个范围内可千万不要出现超新星爆发。

莱施：150光年，这个距离听上去挺远的。

加斯纳：但是我们已经有一位候选者了：飞马座IK。确切地说，它还是一个联星系统，距离我们就差不多150光年的样子。

莱施：还真就这么巧……

加斯纳：不过坦白地讲，飞马座IK正在以大概每秒20千米的速度离我们远去。也就是说，只要它足够远了——这还需要一段时间——那么地球也就可以脱离危险了。

莱施：不可大意。你再说一遍，这颗危险的恒星叫什么来着？

加斯纳：是位于飞马座的联星系统——飞马座IK。字母IK代表其主星的发光强度在有节奏地波动，周期大约以小时为单位。如果观测条件良好，人们甚至可以凭双眼观察到夜空中的这个联星系统。

莱施：飞马座IK，我记住它了！如果我的名字是飞马，作为一颗恒星，我想我也会想要膨胀。我们能够确定，这是我们周围能够构成威胁的唯一候选星体吗？

加斯纳：据我所知，是的。至少在可预见的时间内，它是唯一一个具备威胁的候选者。飞马座IK的主星将成为红巨星，它的最外层也将因此十分靠近它现在的伴星——一颗白矮星，给伴星带来威胁。这颗白矮星也将开始源源不断地吸引主星的物质，质量渐渐增大，并诱发一系列灾难性的发展。通常来说，白矮星是相当稳定的恒星“尸体”，主要由碳和氧元素组成——我们已经知道这一点了。原来的恒星质量已经不足以引发核心的聚变反应，因此碳和氧便作为恒星灰烬残留下来，通过电子简并压力抵消了引力的作用，使得白矮星保持稳定。但是，当白矮星获得了红巨星外层物质的质量时，它便有了第二次机会。白矮星会不断吸收质量，直至它的重力足以重新点燃核心那些易燃的混合物。白矮星如此放纵自己，终将酿成灾难。星体核心的元素会突然之间聚变融合成镍，而在此过程中释放出来的地狱般的能量，将会把白矮星撕开，最终变成Ia型超新星。这与II型超新星有明显区别，因为我们并未在它的光谱中发现氢元素对应的光谱。

莱施：这可太好了。如果一切进展顺利，飞马座IK接下来会有一颗红巨星作为伴星，至于它何时爆炸就是时间问题了。作为这样的一个

4.30 飞马座联星系统，由哈勃空间望远镜的高级巡天照相机（ACS）拍摄。这个联星系统距离太阳系 150 光年，呈现给外界的第一印象只是一个共同的光源。只有借助光谱学分析，才能辨认出它的双星结构。图中左侧的是行星状星云 IRAS 23166+1655，猜测其正处于形成的早期。联星系统被中央的尘埃雾遮盖，但还是能够辨认出其外壳，因为它反射了旁边恒星的光线。其螺旋形结构长达三分之一光年，并且还在以每秒 5 万千米的速度扩张，大约 800 年后将会形成新一层外壳。这也与被其覆盖的联星系统的旋转周期相符

星体，它的命运还能如何呢？这真的很有趣，这样的恒星——我并不是说这是很简单的事情，但按理说它的确就是一个很重的大家伙。它通过自身的万有引力将伴星的最外壳层一点点撕开（比如当它的伴星变成红巨星并膨胀起来的时候），吸引到自己这里，直到最后演化为超新星并发生爆炸。这样的一颗超新星将产生伽马辐射，除此之外，还有其他什么会威胁到我们吗？

加斯纳：没有了。威胁就是来自于伽马辐射对我们大气层的影响。它就是我们的阿喀琉斯之踵。此外还会释放出大量的中微子——但是我们已经知道了，中微子会直接穿透我们，并不会发生不好的事情。

莱施：人们顶多会感觉拇指指甲上的压力多了一点点。

加斯纳：幸运的是，还没有多到那个地步。比如，超新星 1987A 将其 99% 的能量以中微子的形式释放出来——难以想象的 10^{58} 个中微子。我们就算用上所有的探测器，大概也只能够检测到两打中微子。

莱施：也就是10^{58}个中的24个。能找出来这么多对于公共事务而言可不赖。但是超新星1987A距离我们应该相当远，估计超过了16万光年吧？

加斯纳：没错，它位于大麦哲伦星云。现在又到了天文学家讲故事的时间了：加拿大的科学家伊恩·谢尔顿（Ian Shelton）在智利的天文台抽烟休息的时候，发现了天空中的一个亮点，一开始他还以为是一架飞机。当他仔细地看了又看之后，才意识到那是一颗超新星，距离我们如此近，又如此明亮，以至于他不用借助仪器就能观察到。之后他兴奋地迅速跑回天文台，速度赶得上奥运会纪录了。

莱施：这位可爱的伊恩曾亲自向我讲过这个故事。他直接向南半球所有大型天文台发出呼喊："朋友们，都来瞧一瞧！"事后人们发现，那是一颗具有17个太阳质量的蓝巨星发生的爆炸。

加斯纳：感谢超级神冈探测器和冰立方中微子天文台，未来我们有了观察超新星的最好装备。这些大型探测器将在银河系内的超新星中探测到成千上万的中微子。

莱施：我们什么时候才能够在北半球看到超新星呢？

加斯纳：目前已经确定下来的记录有豺狼座的SN 1006。北欧人很难能观察到它，但是在南欧的人们能够清晰地看到这颗超新星。1054年7月4日，中国的天文学家在天空中观察到一个亮点——在金牛座中，当时人们在连续3周多的时间内都能看到它。这是距离我们6300光年的蟹状星云里的一颗超新星。一位在佛兰德斯[1]的修道士也留下了关于这颗超新星的记录，在世界范围内，不同文化均有所记载，总共留下了10多条记录。而欧洲人对超新星最初的科学观察则可以追溯到丹麦的天文学家第谷·布拉赫（Tycho Brahe，观测恒星为仙后座的SN 1572）及德国天文学家约翰尼斯·开普勒（Johannes Kepler，观测恒

1 位于西北欧，比利时、法国、荷兰的交界处。——译注

星为蛇夫座的SN 1604）。1885年，人们首次观察到位于陌生星系的超新星——在仙女座星系中。

莱施：当时人们还不知道，仙女座星云其实是一个单独的星系。直至20世纪20年代，人们都还以为这一星云是属于银河系的气体星云。最后是埃德温·哈勃证明了宇宙中还存在其他星系，而我们所认知的宇宙范围也因此扩大了几十亿光年。

加斯纳：现代天文学家在1979年首次在遥远的星系团中观测到一颗超新星：室女座星系团的SN 1979C，距离我们5600万光年。它的伦琴射线至今仍十分强烈。

莱施：我想我们还需要具体解释一下这种命名方式。每一颗超新星都是根据观测年份命名的，比如SN 1987A。而在同一年中则按照时间先后以字母排序。SN 1987A代表1987年发现的第一颗超新星。事实上这颗超新星早在16万年前就爆炸了，只不过它的光线要经过相当长的时间才能来到地球。

加斯纳：那么SN 1006对于我们现代人而言肯定是相当陌生了。古埃及的见证者阿尔·本·里端（Ali bin Ridwan）曾记录下天空中的一个光源，它的亮度差不多是满月亮度的四分之一，并持续了数月之久。

莱施：即便到了今天，超新星也是科学界的难题。计算机模拟的超新星很长时间都不会活动至发生爆炸，而在人们加入一个压力因素之后——这个压力是穿过恒星内部的中微子施加在恒星表面的，计算机才能够成功模拟超新星爆发的结果。

加斯纳：想象一下，一个中微子，几乎不会与任何人或者任何东西发生相互作用，却不得不以一个难以想象的数量与恒星那密度同样高到难以想象的物质相撞，这究竟可以产生多么显著的压力呢？而且只有存在中微子这个额外的“推挤者”，超新星的外层壳层才能够克服

4.31 金牛座的蟹状星云，距离地球6300光年。外层的丝状结构由氢和氦组成，其温度在1.1万K至1.8万K之间。处于星云中心的脉冲星（即超新星爆发后的主体部分），自转速度为每秒30圈，由此产生的高能量粒子使得超新星外部的残骸呈淡蓝色光亮

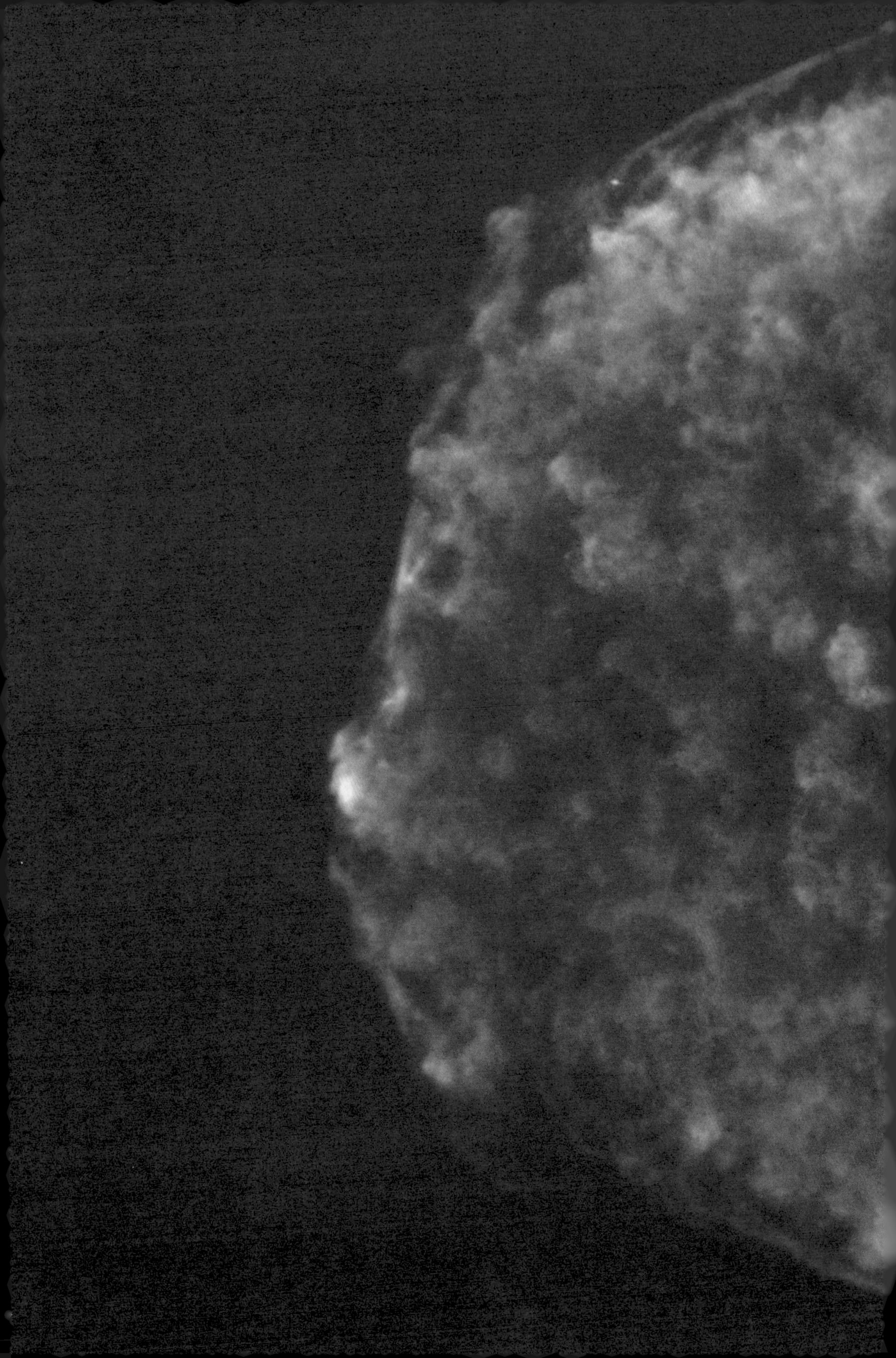

4.32 位于仙后座的超新星 SN 1572，由钱德拉 X 射线天文台拍摄。不同的颜色代表 X 射线的强度（能量）

4.33 电波源PKS 1459-41，是距离我们7000光年的超新星SN 1006爆发后的残余物，范围大小有60光年；蓝色为伦琴射线（X射线），红色为无线电辐射，零星的黄点为可见光

4.34 位于大麦哲伦星云的超新星遗迹SNR 0509-67.5。红色为可见光，由哈勃空间望远镜拍摄；绿色为伦琴射线（X射线），由钱德拉X射线望远镜拍摄

4.35 位于大麦哲伦星云的超新星遗迹N 49。位于其中心的是一颗高速自旋的中子星，具有强大的磁场，这样的中子星被称为“磁星”。这个磁星驱赶着残余物，以每秒1200千米的速度远离

4.36 距离地球1.1万光年的超新星遗迹“仙后座A”。大约330年前，这颗超新星爆发后发出的光线第一次到达地球。上方的拼接图是该超新星遗迹的发展历史，逐渐演化至现在约15光年的范围。

遗迹的光亮是被高温中子星辐射的X射线激发的，中心的一种特殊物质形式显示了它极端冷却的情况，被称为中子超流体。原则上中子被压缩的密度相当高，因此强相互作用（强核力）会限制它的活动。当处于临界温度以下时，两个不相连的中子会夺取两个中微子，形成超流体对，成对的能够因为物质状态的改变而几乎不再受阻地活动起来

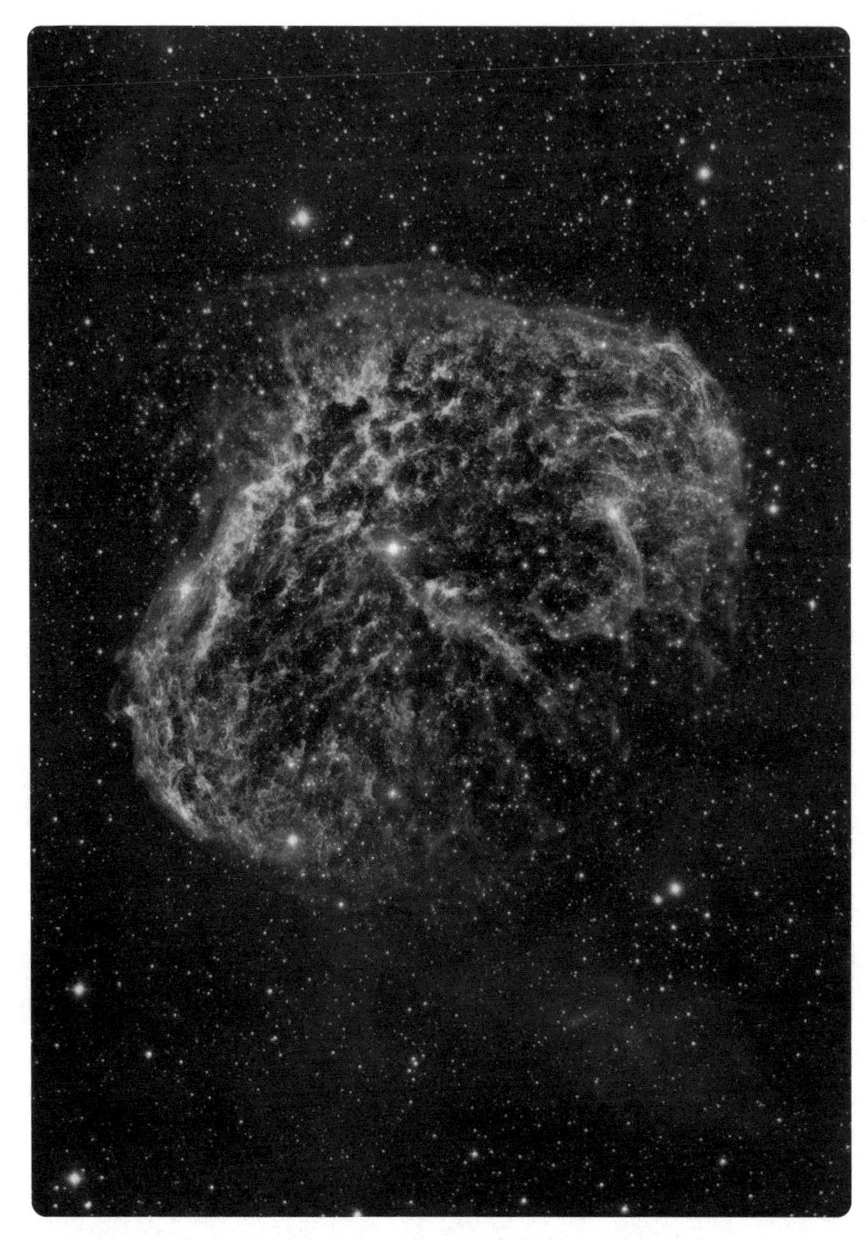

4.37 位于天鹅座的眉月星云（NGC 6888），距离地球5000光年，范围达25光年。位于中心的大质量恒星能够推动强大的恒星风，并发生硫原子（红色）、氢原子（绿色）和氧原子（蓝色）的辐射。大约每1万年，它就能向外抛出一个太阳质量的物质

恒星的引力而离开。这难道不疯狂吗？

莱施：在一个安全的距离观察，这将是宇宙中一场十分精彩的天然表演，只是老天保佑，这场演出可千万别在咱们地球的家门口上演。

加斯纳：人们估计，300万年前真的有一颗超新星就在地球附近爆炸了。

莱施：什么！人们是怎么发现的呢？

加斯纳：依旧是根据那个“放之四海而皆准”的自然规律。超新星爆发对地球带来的影响，可以从深海的锰元素沉积物中找到证据。沉积物中的铁-60（^{60}Fe）是一种具有放射性的铁同位素，正是超新星爆发释放出来的，否则它就不应该在我们的太阳系中出现。铁-60是一种非常理想的天文钟，因为它的半衰期大约是260万年。人们在太平洋海底5000米处，发现了铁-60的原子，推测出它们的年龄大约是300万年，通过计算，这意味着曾经有一颗超新星距离我们只有100光年远。

莱施：300万岁！如果放在宇宙的时间尺度上，简直是与我们人类擦肩而过。人类以微弱的时间差错过了这次爆发。不过，估计这对当时地球上的生物而言，危害并不十分严重。至少，早期人科生物类别下的“南方古猿”就在这场爆炸中存活了下来，作为后代的我们就是活生生证明。我们的灾难图谱上还有些什么事件？

加斯纳：超新星再上升一个等级，就是超超新星。这指的是在非常特殊的条件下才会爆发，并释放出更多能量和伽马辐射的超新星，我们与它可要保持更大的安全距离才行。

莱施：具有伽马射线暴的超超新星，这要解释起来可不容易。原则上讲，坍缩恒星的中心形成黑洞的速度会比其外层表面炸裂开的速度更快。黑洞会沿着它的自转轴方向喷发出高能量，这股喷发的能量穿透尚且残存的外部壳层，并在此过程中发生复杂的反应，爆发出伽马射线暴。[1]

加斯纳：超超新星就是超新星中的急性子。它们甚至都没有耐心等待黑洞形成就会爆发伽马射线暴，或许高速旋转在其中起了很大作用。这是目前的一个研究热点，还没有确切的定论。

莱施：但愿地球的周围不存在这样的超超新星，有吗？

加斯纳：这个不好说。预计这一爆发范围的安全距离是6500光年，而目前最危险的一颗是WR 104，它位于一个距离地球8000光年的双星系统。这两颗大质量恒星的恒星风形成了一条尘埃旋臂，人们可以通过旋臂的形状计算出它们的自转轴，从而获得伽马射线暴最终可能的爆发方向。结果显示，其中一个的爆发方向将会偏离地球16度，另一个则与直射地球的方向偏离30度。超超新星爆发的狡诈之处在于，其能量释放并非“各向均匀”，而是有一个明确的主方向。这就好像它要发射一颗星际炮弹，而如果你刚好位于它的弹道之上，那麻烦可就大了。WR 104双星系统中的一颗恒星将在几百万年后变成“超超新星”，到那时我们了解的信息也将更多。

莱施：这样一说，我放心多了。我们的太阳系一定经历了许许多多的巧合事件，才能如此平和地像今天这样运转，所以对于伽马射线暴我也十分乐观，觉得宇宙会一直对我们客气下去，未来也不会有专门朝着地球的方向爆炸的超超新星。

加斯纳：实际上，特制的伽马暴快速反应探测器[2]，以及费米伽马射线太空望远镜[3]几乎每天都能接收到伽马射线暴的信号。一开始都是十

1 伽马射线暴的能量很高，单个光子的能量可以达到太阳光的几十万倍。——审订

2 SWIFT，亦称“雨燕卫星”，重1.47千克，2004年11月开始运行。——审订

3 FGST，重4300千克，2008年6月开始运行。——审订

分短暂的能量爆闪，接着是波长更长且连续数天持续发光的余晖。当然，这些都距离我们非常远。目前捕获到的伽马射线中，最强壮的光子有足足950亿电子伏特，于2013年4月27日到达地球。从统计上看，一位科学家一生顶多也就只有一次机会能遇到这样的大事件。这个光子来自距离我们38亿光年远的伽马射线暴GRB 130427A，不过这个距离也算是相对比较近的了。这次伽马射线暴的余晖持续很久，甚至2013年9月依然能被监测到，这也说明源头是一个高速旋转的巨型恒星爆炸，它的质量在20～30个太阳质量之间，却在引力作用下坍缩到了半径只有太阳半径的3～4倍；这正是一个典型的大质量"沃尔夫-拉叶星"（WR星）。这些大质量恒星很早以前就被列为伽马射线暴的重要嫌疑对象，但至今仍没有直接证据能够证明这一点，因为还未真的爆发。同时，伽马射线暴也是十分复杂的，人们还没有找到超新星爆发的特有现象。因为除了超新星爆发时会出现伽马暴，爆发之后的产物，比如黑洞与黑洞相互撞击时也会产生伽马暴。

莱施：美国最擅长的情报系统，难道就没有监测到这一次的伽马射线暴吗？

加斯纳：你还真别说！在20世纪60年代，美国发射的间谍卫星"维拉号"本来是为了监控某个地方的地表核试验，当时这颗卫星捕捉到了一系列的伽马射线信号。只是这个信号竟然是来自它的上方——宇宙深处，而非来自地球表面。然而由于保密工作，这个结果在10年之后才被公布出来。

GRB 130427A射线暴是我们探索伽马射线暴迈出的重要一步。

莱施：所幸这些辐射源头都距离地球十分遥远。我的天啊，这可真是宇宙灾难！那么从我们附近经过，尤其是行星轨道还杂乱无序的那些恒星，是否也会给我们带来混乱的灾难呢？

加斯纳: 这样的事例还真有不少，我们称它们为“星际过客”，大约每10亿年就会有约12个过路者，在太阳附近3光年的范围内飞过。如果这些恒星真要对我们产生实质性的伤害，比如改变我们行星的运行轨道，甚至直接把行星推向太阳，那么它们必须近至几个“光月”的距离，而非3光年远的地方。此外，它们的质量还必须足够大，但所幸目前我们还没有发现符合这些条件的星体。

莱施: 类似这样灾难的想象，通常应该是这样子的：一个大质量的恒星体在某一特定的距离经过太阳系，结果它自身的引力场随之改变，以至于它的行星偏离了原本的轨道，并且“不出意外”地向我们飞了过来……你刚刚也说了，类似这样的事例有“一打”那么多。“一打”这个表达真的很微妙。每10亿年就有大约12个沉重的恒星，在距我们3光年的范围内经过……

加斯纳: ……这大概就是“处于应答区”吧。

莱施: 人们可以借助陨石准确判断太阳系的年龄是45.67亿年，误差为正负1700万年，有些测量结果显示是正负1100万年。不管怎样，也就是距现在45.67亿年前的某一天，太阳系诞生了。这听上去很棒，不是吗？让我们设想一下，在这个时间内——我们不妨再把数量增加5倍——有60颗恒星路过太阳系，而且假设它们都“彬彬有礼”，让我们的太阳系与它们自身的行星之间保持着平衡状态。

加斯纳: 这其中只要有一颗对奥尔特云产生巨大影响，就足够带来灾难了。读者朋友们是否还记得奥尔特云？那是一个聚集了大量岩石碎块的碎石带。这当然不是什么好事，因为我们可能不得不因此遭遇更多彗星和流星体。现在尚且没有受到这样的影响，平均每年还有2个天外来物会从地球的环日轨道上穿过。

莱施: 天哪，我之前可没意识到这一点。如果医保公司读到这里，那我们的保费金额应该又要提高了。

加斯纳：你不用太担心，地球环绕太阳的轨道相当长。而且那些小岩石块的直径不到50米，并不会带来实质性的威胁。虽然每天都有很多石块进入我们的大气层，但它们只有网球大小，质量仅数千克，直径50米的大块岩石，地球每隔几千年才会遇到一次。所以这是十分罕见的小概率事件，还不足以写进人寿保险那些小字标注的“附属细则”里。

莱施：尽管如此，还是有可能发生啊！小行星2012DA14在2014年2月与地球擦肩而过，当时就闹得人心惶惶。在所有的宇宙威胁中，最大的危险就是我们地球会撞上这样的陨石块。不过我们已经了解掌握了太阳系中超过60万颗小行星，其中90%环绕在火星和木星之间的角落里。

加斯纳：小行星2012DA14是在对地静止卫星的轨道内掠过的，在当时真的引起巨大轰动。而且好像这还不够惊险，在同一天还偏偏真有一颗陨石坠落了！所幸其直径只有19米，划过了俄罗斯车里雅宾斯克州的上空并坠落。所以，天外陨石可能来自不同的方向，真的只是纯粹的偶然。事后发现，这次误闯民居的肇事者，就是太阳系中一位蛮横的“流氓司机”——这份控诉来自位于新西伯利亚地质与矿物研究所（IGM）的研究人员。目前统一的意见认为，这是一颗重量约1.2万吨的陨石，在30千米高的高空炸裂。它如同一个“地狱骑士”以16度的入射角从天而降，最高时速达6.5万千米，仅用30秒就穿透了地球的大气层。

莱施：最吸引我的是，竟然有许多照片记录了这块入侵的石块。我之前根本没想到，俄罗斯的司机几乎人手一部行车记录仪。针对这一陨石事件，总统普京指出，俄罗斯需要进一步增强对陨石等天外入侵物的防御。

加斯纳：我赞同，采取措施预防潜在的入侵物撞击是十分必要的，尤其是在地球上面积最大的国土上，因为概率也是最高的。然而俄罗斯现有的措施还相对匮乏。

莱施：你说得有道理。

加斯纳：让我们重新说回车里雅宾斯克陨石：它是一种LL5类型的球粒陨石，铁含量占总重量的近五分之一。它的典型特点是含有许多毫米大小的杂质，这些杂质能够非常好地证明其熔化痕迹，这也是令人兴奋的一点。地质与矿物研究所的维克多·沙里琴（Viktor Scharygin）研究员将这个发现作为“起诉”这个意外肇事者的旁证。人们在位于撞击位置不远处的一块深色陨石块中发现了这些熔痕，表明这块陨石在落地之前还曾与其他的星体发生过撞击，并在肇事后成功从现场逃逸了。当然了，要是这颗陨石能够从距离太阳非常近的地方经过，也会留下类似的痕迹。还要注意一点，这些位于陨石内部的熔痕与陨石表面的烧灼没有关系，因为表面的痕迹是陨石进入地球大气层之后才产生的。

4.38 车里雅宾斯克陨石的截面（图片与实物大小相近）。在这块LL5类型（LL表示“低金属含量、低铁含量”，铁的质量占比约为18.5%）的球粒陨石的内部能够观察到明显的烧灼痕迹

莱施：但愿我们接下来不会再遇到这样的宇宙冒失鬼了。

加斯纳：然而在2015年1月底，又有一颗330米长的陨石块2004BL86从地球旁边掠过。幸运的是，它距离我们有120万千米，在安全距离外（月球与地球的平均距离是38.5万千米）。2027年，将有一颗质量更大的小行星1999AN10接近地球——经过的位置差不多正是地月距离。我们迟早会被危险的陨石撞到，这并非是与否的问题，而是何时的问题。

🎤**莱施：**你可别吓唬我。也许我们要先快速区分一下陨石、流星体及小行星这几个概念。在天外四处飞蹿的较小碎石块被称为流星体，而个头比较大的则是小行星。如果它们真的坠落到地球上，掉在我们的脚边，那就变成了陨石，可以说陨石就是“陨落”的流星体。而更小一些的碎块——就是我们在太空漫游时能够搜集回来的那些，会将我们的大气层电离，并由此形成一道道的光迹。这就是令人叹为观止的流星雨。

🎤**加斯纳：**数据显示，地球大约每5000万年就会遇到一个具有威胁性的大块陨石撞击。不过这样说来，我们人类已经错过很久了。从保险的角度看，这属于不可抗力，这个表达真的十分贴切。

🎤**莱施：**除了撞击直接带来的纯粹破坏，还有一系列的后续问题。与多巴火山的情况类似，撞击引起的尘埃会降低太阳辐射。根据模型计算，较少的光照将更进一步引发地震、火山爆发、海啸及酸雨，形成连锁反应。

🎤**加斯纳：**在这个模型中，撞击物产生的激波，也就是冲击波的前沿，影响也不容忽视。高速飞行的物体，能够在其前方形成剧烈的压力波，从而显著提升破坏力。6500万年前，一颗直径约为14千米的小行星于墨西哥坠落。在2.52亿年前的二叠纪与三叠纪过渡时期，同样发生了直径11千米的小星体撞击事件。或许就是这场撞击引发了大规模的火山爆发，从而导致物种灭绝，甚至连昆虫也未能幸免。

🎤**莱施：**人们是如何证实小行星撞击的呢？

🎤**加斯纳：**撞击过后会遗留下部分碎片——被称为“巴基球”。[1]它们本

1 亦称足球烯，每个分子由60个碳原子构成，形似足球。——审订

质上是微小的碳单质，在显微镜下就像小足球。其中特殊之处在于这些碳分子球内部含有的氦同位素，这一同位素是地球上没有的。

莱施：碎片中竟然还有地球外的气体物质——神奇！

加斯纳：斯坦福大学的研究人员在2014年4月建了一个模型进行模拟仿真。根据这个模型，在32.6亿年前应该发生过一次陨石撞击地球的事件，这一巨大的陨石有37~58千米，可以说是遮天蔽日。由此估算它撞击出的陨石坑直径大约有500千米，剧烈的撞击使附近的岩石气化，并在全球范围内下起熔融的硅酸盐雨，导致海洋表面沸腾。对约翰内斯堡（南非）巴伯顿绿岩带的研究表明，这场撞击导致地球表面多处地壳断裂，最终对地表的板块构造产生了一定影响。

莱施：实在很难想象一颗从天而降的大石头，会让高耸的珠穆朗玛峰看起来都像一个小小的玩具。

加斯纳：那么小行星35357 1997 SX9——更常见的名字应该是“哈拉尔德·莱施号”[1]，它的情况又如何呢？该不会也将正好落在我们头上吧？

莱施：这颗行星正乖乖地在火星之外的轨道上运动呢，就和它的命名者一样，规规矩矩地，一点儿也不胡来。

加斯纳：那我就放心了，就像我对你十分放心一样。

莱施：那我就不对此继续评论了，还是转而谈一谈“67P/丘留莫夫-格拉西缅科彗星”吧。这是一颗只有3000米 × 5000米大的小天体——或者说是一块较大的石头，也同样在外太空中沿着它的轨道运动，我们的人造探测器于2014年11月破天荒地登陆到了这颗彗星上。这颗彗星的名字如此特别，要归功于它的发现者、苏联天文学家克利姆·伊

1 Haraldlesch，即本书作者之一哈拉尔德·莱施（Harald Lesch）的名字，他于1997年9月发现了这颗小行星。——审订

万诺维奇·丘留莫夫（Klim Iwanowitsch Churyumov）及斯维特拉娜·格拉西缅科（Swetlana Gerasimenko）。

加斯纳：类似这样的任务真的需要很大的耐心。前往这颗彗星的"罗塞塔号任务"其实早在成功登陆的10年前就已经离开地球开始执行了。[1]由于罗塞塔号探测器前往这颗彗星的行程，比地球距离太阳还要更远一些，所以尽管这个探测器装备了庞大的太阳能组件，也不得不使用节能模式在旅途后期休眠957天。2014年1月20日19点18分，欧洲航天局的科学家们欢呼雀跃，因为罗塞塔号彗星探测器此时终于从它近3年的深空冬眠中如期苏醒。其实，罗塞塔号应该在6小时前就已经复苏并开始执行任务了，因为它需要一些时间来预热组件，驱动太阳能电池迎向太阳，并将天线调整到地球的方向。我把它"起床"后有条不紊的准备工作称为"德国式准点"——毕竟这个探测器是在德国的腓特烈港组建的嘛。

莱施：罗塞塔号探测器小心翼翼地从背后逐渐靠近目标彗星，终于在2014年8月切入到围绕目标彗星的一条稳定轨道上，并在接轨成功后随着这个宇宙中的小雪球一起向近日点的方向移动。

加斯纳：罗塞塔号搭载的光学系统OSIRIS[2]拍摄到的第一张图片，就可以让我们清晰地看到彗星67P是由两个"连体"部分组成，一大一小。人们推测两个部分形成的原因，要么是在太阳系早期阶段，由于高温的烘烤使得两个小天体粘连到一起；要么是最初一个更完整的大天体剥落了一部分——比如彗星表面冰层的不均匀升华。升华意味着从固态物质越过液态直接转化成气态。由于彗星67P特殊的压力和温度，导致

---

1 罗塞塔号探测器于2004年3月2日发射升空，2014年在彗星着陆。——审订

2 罗塞塔号探测器的主相机，OSIRIS为"光学、光谱和红外远程成像系统"（Optical, Spectroscopic and Infrared Remote Imaging System）的首字母缩写。——审订

它并不会出现液态的状态。这个彗星两个区域的物质几乎是完全一致的，OSIRIS项目团队的科学家十分亲昵地把这颗卫星称为“太空大黄鸭”。

莱施：11月12日是宇宙航行史上的重要一天，第一次有探测器登陆彗星。100千克重的菲莱着陆器为此费尽了力气。由于彗星的引力很小，菲莱本应该通过稳定控制喷管的反推作用将自身紧紧压在彗星表面上，同时利用“鱼叉”装置锚定住，结果这两个部件都失灵了。所以这个探测器并没有稳稳着陆，而是落地后先回弹了一下，然后踉跄两步，接着又像跳芭蕾舞那样扭了一圈，最后晃晃悠悠地掉落在一个岩坑里。菲莱的实际着陆点比预计的位置偏离了很远，罗塞塔母探测器也无法控制它具体的着陆点。

加斯纳：好吧，用“着陆”来形容这场相撞实在是太仁慈了。尽管如此，我们还是应该好好夸一夸菲莱，毕竟它并没有自己的主动能源，设计它的时候原本是计划将它投送到更小也更轻的“46P韦坦伦彗星”（46P/wirtanen）上。这颗机灵的小彗星可能嗅到了危险，在发射任务延期的一年时间里一溜烟儿地逃走了。在阿丽亚娜运载火箭发射事故后，彗星67P才成为罗塞塔号的新猎物。[1]其中的新问题也是可以预见的。人们在设计菲莱的三条腿时，参照的着陆速度是1千米/时。当它从彗星67P的22.5千米高空下降7个小时并即将登陆时，这颗比彗星46P重4倍的新彗星却将菲莱的着陆速度加速到了3.4千米/时。失去了控制喷管的应急推动力和鱼叉的锚定，菲莱“坠落”后便以0.33千米/时的速度反弹。乍一看不可思议，一个足足100千克的沉甸甸的着陆器，居然能像羽毛一样轻轻地“飘落”在彗星上——这个速度是我们步行的水平。其实这是由于彗星的质量远比地球小，上面的万有引

1 由于阿丽亚娜运载火箭在2002年年底出现意外，原本计划2003年年初发射的罗塞塔号探测器被迫延期1年，也因此错过了接近彗星46P轨道的最佳时间窗口。——审订

力也十分微弱，如果按照地球上的标准换算，这个着陆器在彗星表面受到的重力只相当于地球上1克物体的重力。可惜，菲莱着陆器最后卡在了一个低洼的坑里。这是个喜忧参半的情况，毕竟它不会飘到彗星外部的宇宙空间了，但是着陆器的充电电池也因此被周围较高的地形遮挡，无法获得长时间的光照进行充电。事实上，菲莱只需要半个彗星日（彗星67P自转周期为12.4小时）就能够得到足够的太阳能了。但是在这个凹坑的阴影里，每天（彗星天）只有1.3小时能够见到阳光，而非设计的6.5小时。太阳能电池迟迟无法提供足够的电能，而主电池的电量在登陆60小时之后就耗尽了。尽管如此，这个顽强的着陆器还是将一部分富有价值的数据传回了它的故乡。

莱施：我们一直特别好奇这颗鸭子彗星的组成成分，因为彗星上的成分自从46.4亿年前太阳系诞生以来几乎没有变化——至少我们是这样希望的。类似的振奋人心的问题还包括：彗星内部是否存在有机分子——或许也只是左旋的结构？重氢与氢的比例如何？彗星上是否还有适合生命诞生的其他前提条件——就像水这样的物质，然后在撞击地球后把这些物质带到了我们这里？还有，40亿年前这颗彗星是不是就长得像鸭子呢？

加斯纳：由于菲莱着陆后是侧卧的姿势，导致一些计划的研究工作执行起来极其困难，特别是钻孔取样作业。尽管一个传感器能够放置到地面上测量温度分布，但它下探了20厘米就遇到了无法穿透的冰层。幸运的是，着陆器的母体——罗塞塔号探测器——还一直处于彗星67P的轨道上，其搭载的ROSINA[1]高能质谱仪还可以正常运转。这个仪器能够仔细分析彗星由气态的水、二氧化碳、一氧化碳构成的彗

1 为“罗塞塔轨道探测离子和中性粒子分析光谱仪”（Rosetta Orbiter Spectrometer for Ion and Neutral Analysis）的简称。——审订

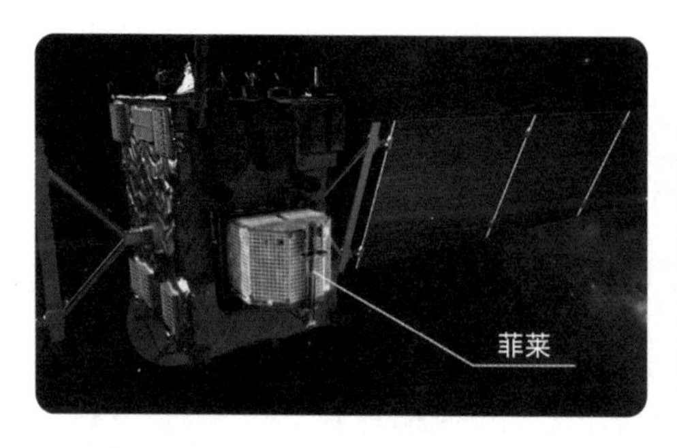

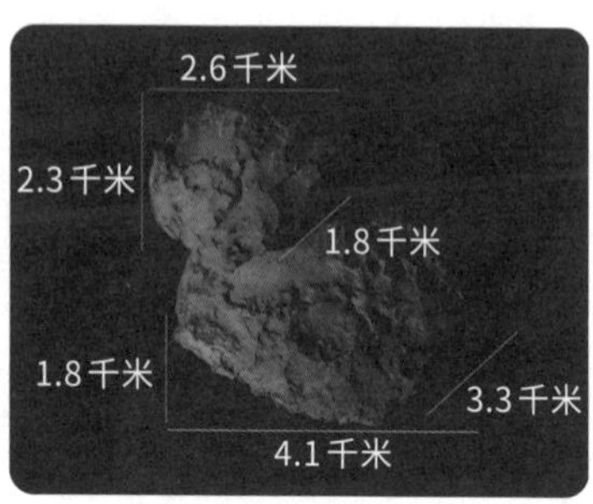

4.39 左图为携带菲莱着陆器的罗塞塔号彗星探测器。右图为彗星67P/丘留莫夫-格拉西缅科彗星，由OSIRIS相机在距离285千米处拍摄，其体积为21.4立方千米，质量达100亿吨，平均密度为470千克/立方米

发。根据这一分析结果，可以判断彗星67P是不可能成为早期地球的水分供应者的。因为彗星上的重氢同位素与普通氢元素的比例比地球上高出3倍，实在是太高了。如果人们在地球的海洋中寻找重氢原子（含有一个质子和一个中子的氢原子，是氢的一种同位素），那么从概率上来看，人们需要在每6410个“正常的”氢原子中才能找到一个重氢原子。而在彗星67P表层之下的冰块中，这一比例是1∶1887。在木星家族的其他彗星中，这一元素比例则和地球十分相近，比如彗星103P/哈特雷2号（103P/Hartley-2）的比例是1∶6200，而来自火星和木星之间小行星带的碳质球粒陨石还要更加接近（见图4.8）。

莱施：在这颗彗星的星体表面已经没有由水结成的冰了。估计彗星在宇宙漫游中，表层的冰已经升华干净了。

加斯纳：它的表面真是尘埃滚滚，令人诧异。在这个脏雪球的升华过程中，冰层逐渐消失，遗留下来的尘埃四处飞扬，堆起一座座小沙丘。彗星67P的反射率只有6%，这是光谱仪VIRTIS[1]的测量结果，可以说

1 为“可视光红外热成像紫外成像光谱仪”（Visible and Infrared Thermal Imagin Spectrometer）的缩写，也是罗塞塔号探测器搭载的轨道探测仪器。——审订

4.40 彗星 67P 的头部区域，图片中每个像素的分辨率约为 15 厘米，在 8000 米的高处拍摄

这里算得上是太阳系中最暗淡的角落了。这也意味着它的表面存在硫化铁、深色硅酸盐及高碳化合物，这些混合物将彗星的彗核有效地与外界隔离。人们预计其慧核可能是一个疏松多孔结构，因为致密的冰块与尘埃混合物的结构密度通常是1500~2000千克/立方米，而彗星67P的体积为21.43立方千米，质量为100亿吨，由此估算它的平均密度只有470千克/立方米。

莱施：我觉得彗星67P“脖子”处500米长的纹路也是十分有趣的。那里是气体最活跃的区域，这些流动的气体同时也将尘埃粒子一并带走。当彗星最接近太阳，即2015年8月13日运行至近日点的时候，它距离太阳仅1.86亿千米，我们的罗塞塔号探测器必须变到更高的轨道上才能确保安全，以免受到这些气体与尘埃的破坏。

加斯纳：乐观主义者们当时还希望，在彗星接近太阳的时候，菲莱还能够获得第二次机会，吸取足够多的太阳能量苏醒过来。人们甚至还希望它能再来一次大胆的机动调整，比如菲莱可以突然抬起它的腿，然后猛地一翻身，果敢地跳出阴影区域。如果真能这样，它那鱼叉锚“幸运地”失去了作用，没有将它完全束缚，反而算是因祸得福了。它或许也可以得到足够的光照，然后重新建立与我们的无线电联络。事实上，只需要17瓦的功率就足以唤醒它了，因为电子元件都处于-40℃以上的环境，温度还不算特别低。但是很可惜，菲莱只苏醒了一次，而且这份喜悦转瞬即逝。自从这次数据交换之后，再也没有成功出现任何信息接收了。菲莱的两个信号发送器中，有一个肯定是失灵了，而另一个的电路板很可能因为彗星上较大的昼夜温差而无法正常运转。

莱施：那现在怎么办？

加斯纳：根据原计划，菲莱应该在一个光照充足的区域收集大量的数据，直至彗星表面的活动逐渐增强，使得着陆器无法在彗星上站牢。而罗塞塔号探测器则应该继续环绕这颗彗星一段时间，随着它一起离开轨道的近日点并向太阳系的深处运动，以此研究彗尾[1]和太阳风之间的相互作用，直至罗塞塔号的太阳能帆板功率降到临界水平之下。这样一来，人们“应该”还能在探测器坠落在彗星前的最后一刻，获取最后一份“所以然”的数据。但的确是“应该”，正如前面所说：这只是原计划，而计划赶不上变化。如果人们能够预先考虑到状况不妙，也就是菲莱着陆器会恰巧着陆到一个事先没有想到的阴暗处，那么或许会给它再安上一个能够无线通信的设备。

莱施：让我们给菲莱点个赞。然而读者朋友们的情感反应可能没有那么快。你们可以点击本书网址 www.Urknall-Weltall-Leben.de，就能看到整个罗塞塔计划的详情了。别担心，这肯定不是一场灾难，我们终于可以离开“灾难”这个话题了。

加斯纳：事实上，我们还远没有到尽头呢。我们的太阳在50亿年之后必然发展成红巨星，这一点之前已经提到了。这样算来，我们的地球正值中年。然而2013年9月，英国的科学家通过模型计算得出，地球可能最多只剩下17.5亿年的时间，因为那时太阳耀斑已经发展到了足以致命的规模（见图3.67）。但愿地球上的生命还可以再撑17.5亿年，安度地球的晚年。

莱施：说不定我们能在此之前研制出对抗这些太阳喷射物的保护措施，又或者已经移居火星了。

---

1 当彗星距离太阳较近时，冰冻的表面开始蒸发，形成彗星的彗头（及彗发），在太阳风的作用下，这些蒸发物会被吹走，方向与彗星的运动方向近乎垂直，从而在远离太阳的方向形成“彗尾”。原文所说的“最后一份‘所以然’的数据”，指的是即将失效的罗塞塔号将会坠落在彗星表面，由此扬起“人工彗尾”。——审订

加斯纳：如果人们相信好奇号火星探测器在2014年夏天搜集到的火星土壤试样，那么这颗行星邻居很可能在30亿年前存在过气候适宜的环境条件。然而我们又能否重新创造出当时的环境呢？别的不好说，但起码那里的水是充足的，好奇号火星探测器已经确认，火星表面岩石中的水分含量为2%。即便是在极地地区，水分也十分丰富。所以没准儿只需稍微加热一下地上的土壤，我们就能得到宝贵的水汽了。

莱施：棒极了！万一我们无法通过这种烧泥土的方法得到足够的水，那么或许也可以选择在木卫二上面定居。更确切地说，不是在这颗卫星的表面“上”，而是在它的地表之下。1998年以来，人们一直猜测其地下有一片隐藏的海洋。在赤道，冰层上面的温度是-160℃，而两极位置则是-220℃，我想冬季运动爱好者们会很喜欢这个地方。

它那明亮的、地质相对年轻的表面上有一道道沟渠和凹槽纵横交错，里面沉积的矿物质赋予了这些纹路独特的红色。木星的这颗卫星要比我们的月球小10%，表面非常平坦，几乎没有高于几百米的山谷地貌。即使相对较深的撞击坑也可能渐渐地被新形成的冰层覆盖，最终变得一样平整。

莱施：有人认为木卫二的内部存在生命迹象，你觉得呢？

加斯纳：只要证明有液态水出现，或者只是推测有可能存在过水这种物质的地方，乐观主义者们都会情不自禁联想到地外生命。至少伽利略号探测器的磁场测量结果展示了木卫二的特殊磁场规律，能够反映这颗卫星的内部存在可以流动的导体——例如盐水这一类的液体活动，所以木卫二也入围了人类可移居星球的候选圈。但液态水只是生命诞生的众多前提条件之一。木卫二之所以是一个十分有趣的候选者，是因为它还有一项重要的附加材料：能源。这颗卫星不仅地表深处存在对流流动，还具有木星施加给它的潮汐力。这颗卫星沿着略微偏心

4.41 在经历了 8 个多月的旅程之后，质量为 900 千克的好奇号火星探测器于 2012 年 8 月 6 日成功登陆火星。该探测器是一台可以移动的探测车，装配了 10 种不同仪器用以分析火星上的岩石、大气及辐射情况，目的就是查明火星以前是否出现生命迹象，以及未来是否适合生命居住。本图展示的是它利用“火星手持透镜成像仪”（MAHLI）拍摄的自拍照。它能够利用一只长 2.1 米的手臂，分别拍摄几十幅独立的图像，并最终将它们重新合成一幅完整的图像。这样一来，它的手臂也就不会出现在人们的视野中，造成视觉干扰了。上述操作方法已经事先在帕萨迪纳（NASA 的喷气推进实验室）通过了测试，只有这样才能确保这台价值 19 亿欧元的重型探测器在自拍的时候不会出现意外

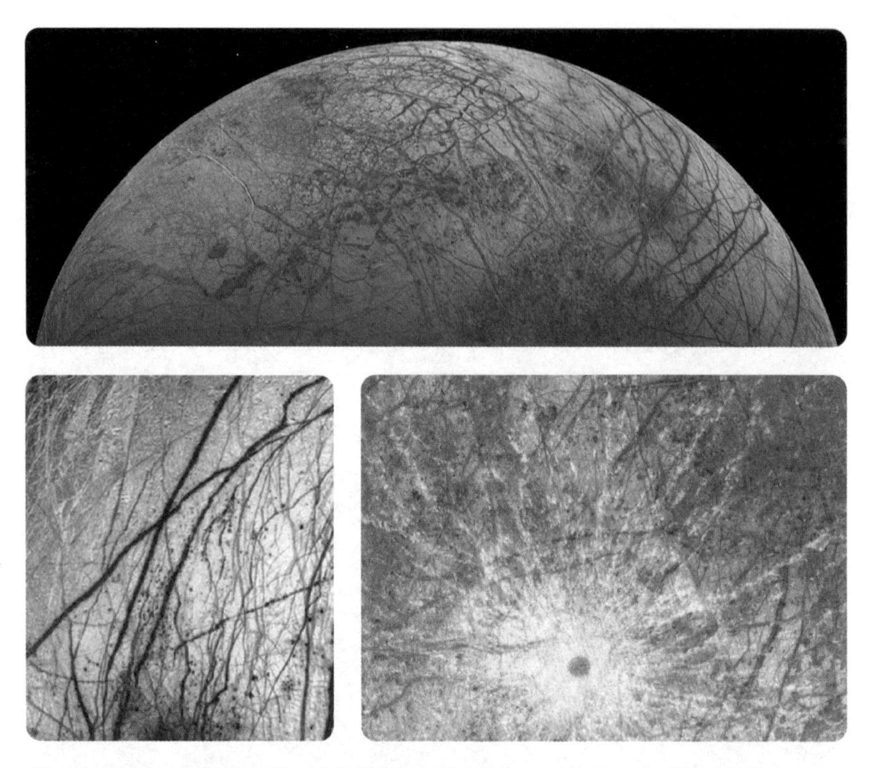

4.42 上图为木卫二的拼接图像，由旅行者2号探测器（1979年7月9日）拍摄的照片合成。下方的两幅图片是伽利略号探测器于1998年拍摄的。左下为着色处理过的高分辨率局部图像，展示了木卫二表面大约100平方千米的区域。右下为木卫二上的第二大撞击坑“Pwyll”，半径约13千米，年龄最高只有3000万年，从地质上看相对非常年轻

的椭圆轨道绕木星转动，时而被拉伸，时而被压缩。这样的交替作用不仅会产生热量，也导致了卫星表面的裂缝在远离木星时会被更剧烈地拉扯。[1]这些裂口张得更开，出现喷泉现象。所以除了地震测量法，如果存在这样的喷泉活动也是存在液态水的直接证据。

莱施： 2013年12月，哈勃太空望远镜在木卫二的南极附近观测到

1 由于轨道不是标准的圆形，受到的引力也不均匀，卫星在较远处的运动方向与木星引力方向呈现钝角，从而呈现拉伸效果。——审订

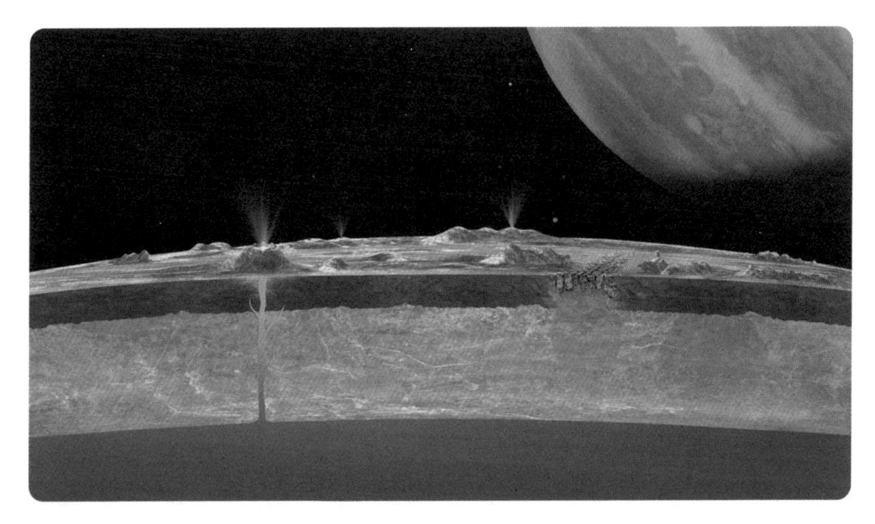

4.43 深度估计为150千米的冰下海洋想象图。木星的潮汐力将冰壳中的裂缝扯开，为喷泉提供了通道

了活跃的氧元素和氢元素的特征光谱，这也暗示了水分子与卫星的磁场发生了相互作用。研究人员中的乐观者在哈勃数据中辨认出一股200千米高的喷泉。此外，卫星的表面上还出现了过氧化氢及硫酸，根据地球的经验，上述种种都是海底发生火山喷发的迹象。

加斯纳：但这终究采用的是地球类推法，估计我们也很难习惯那里的生活。在近40亿年之后，或许还会出现其他更刺激的事情：仙女座星系将会与银河系相撞，因为我们正在以每小时41万千米的速度奔向仙女座。然而，我们还是有希望能够毫发无伤地避免这场浩劫。因为不同星系相撞就像是两群蚊子迎面飞到了一起。它们首先会从对方的空隙中来回穿过，慢慢稳定下来之后，双方都会适当地调整各自的队形，最终融为一体，围绕着它们共同的中心继续嗡嗡地前行。万有引力也会让这些恒星系以类似的方式来回地踱着“舞步”，最后融合为一个更大的新星系。而到了那时，将剧烈地改变我们夜空的样子。

4.44 大约40亿年后的夜空想象图，展示了已经与银河系光带发生融合的仙女座星系

莱施：顺便说下，在此过程中卷起的无数气体，也将点燃恒星诞生的朵朵焰火。

加斯纳：关于“灾难”这个话题，我们还能够聊一聊“不稳定对超新星”。在它内部由于聚变产生的伽马（γ）辐射压力十分巨大，以至于γ光子能够自发地形成正、反粒子对。于是在一瞬之间，内部的辐射压力急剧下降，打破了内外受力平衡，从而在引力作用下发生坍缩……

莱施：我亲爱的加斯纳，你一讲到恐怖的灾难话题就热情高涨，你看我们能不能换一个更轻松愉快的话题？

加斯纳：地球外面发生的一切都如此令人着迷。四种基本力就像音乐家的四重奏，为天文学家提供了一场无穷尽的艺术享受，让我们深深为之惊叹。即便是宇宙的灾难，对于我而言——只要距离足够安全——也算是叹为观止的艺术品。而更加吸引我的是，我们这些生活在地球上的灵长目“干鼻猴”的人类物种，至少还能够研究如此遥远距离之外的种种现象，甚至还能够基本掌握其中的奥秘。不过你要是觉得这个话题太沉重，我们当然可以换其他的内容。让我们来聊一聊其实已经提过的“保护”话题吧，也许能够抚慰一下你的心情。

莱施：对于那些惊天动地的事件，我们终究是无能为力的吧。

加斯纳：我现在倒不是想做出什么承诺。不过实际上，我们的确已经拥有很多针对小行星的预警系统。甚至还有专门的网站（www.spaceweather.com），专门记录我们与这些近地物体（NEOs）的相遇日志。你每天早上都可以浏览一番，然后考虑究竟要不要照常上班去。

莱施：如果真的不得不硬碰硬了，那就派硬汉布鲁斯·威利斯（Bruce Willis）去解决问题吧。

加斯纳：电影《世界末日》（*Armageddon*）[1]的创作灵感就是来自美国空军及NASA一些具体的计划。对于一颗即将撞击地球的小行星——即“潜在危险小行星”（PHAs），人们想象过许多类似的画面。但是，我觉得如果现实中真的遇到了这颗小行星，我们不应该炸掉它，而是需要将它推离原有的轨道，因为爆炸后的碎片依旧可能是危险的，而且这么多的单块碎片也更难控制。或许我们可以尝试在小行星上安装矢量喷管装置，或者在其附近制造剧烈爆炸来产生强大的压力波，以此改变它的航向。如果下手足够早，我们甚至还能够在小行星上安装太阳帆，借助太阳风的力量让巨大石块机动转向。

莱施：那我只能吆喝句：扬帆吧！但愿它的掌舵者能够正确领航，别再驶向地球了。

加斯纳：这也算不上什么难事。我觉得最有趣的主意是，有人提出将小行星的半边涂成白色，其理论依据是“亚尔科夫斯基效应”。因

1　在发现小行星高速驶向地球后，布鲁斯·威利斯扮演的钻井工人和宇航员一起登陆这颗小行星，在上面钻了一个深孔，埋放了核弹并将其引爆，从而拯救了地球。——审订

为小行星朝向太阳一面的温度很明显要比背面更高。高温的表面释放出充满能量的光子，这些光子可以产生一定的反推力。虽然这一力量较为微弱，但是如果时间足够长，人们还是可以利用这股微弱的滴水穿石之力，促使小行星的运行轨道发生偏转。如果把它的一半表面涂上白色，这一效果就会更加明显。

莱施：你觉得这些小光子真能来得及让你宽心？我倒是希望，类似这样的冒险计划还是最好不要付诸行动。

加斯纳：好吧，我原本不打算提起“毁神星”（Apophis，小行星99942）的，这颗虚弱的小行星直径只有200~300米，很长一段时间以来，我们以为它可能在2029年靠近地球并带来灾难。然而人们最初的忧虑已经随着时间的推移逐渐消退。另一方面，从你期盼的表情中，我觉得我们也是时候讨论一些与生命有关的愉快话题了。让我们继续探索未知世界吧！

莱施：乐意之至！

第5章

现在该如何继续下去

爬上新的海岸！

5.1 蒙太奇照片：大型强子对撞机的CMS装置成为意大利航海家阿美利哥·维斯普西（Americ Vespvck）世界地图上的未知之处[1]

1 原图为1507年日耳曼地理学家马丁·瓦尔德泽米勒（Martin Waldseemüller）出版的《世界地理概论》，此图将原图中的世界地图替换成了CMS装置。——审订

暗能量

——休斯敦，我们遇到一个问题

莱施: 现在呢？我们是否已经聊完了所有故事的开头？我们是否已经拥有一个能帮助我们更合理地了解宇宙的世界观？这个世界观是否应该对全部时间都适用，甚至最好是精确到小数点后好几位呢？我们对所有事物的认知是否足够支撑我们终于摘得演化的桂冠，成为无所不知的高级生物？

加斯纳: 现在，读者朋友们已经相当有耐心地跟随本书的内容至此，那么我们就能够直接向你们坦白了：直接把学生们赶回家去，关上灯以便观察宇宙是很鲁莽的。前沿的自然科学知道其科学领域的边缘所在，也正因如此，某种程度上可以说科学也是永无止境的。我们人类固有的世界观中，仍然有心存疑惑之人在轻叩某些大门，而有些大门已经被拆了下来，用的工具则是与现有理论冲突的观察数据。

莱施: 这里说的是遥远的超新星，它们发出的光比理论预测的更微弱。我们这里专门针对一个非常特殊的类型：Ia超新星。

其形成过程我们已经通过飞马座IK加以了解了。飞马座IK是位于飞马座的双星系统，其中一颗白矮星的内部核心区域主要含有碳与氧两种元素，这颗白矮星会持续吸收伴星的质量，不断增大，直至它的自身重力足够点燃星体中心的核聚变。

5.2 苏布拉马尼扬 · 钱德拉塞卡（1910—1995）

🎤**加斯纳**：我们要感谢印度人苏布拉马尼扬·钱德拉塞卡（Subrahmanyan Chandrasekhar）提出这一基本理论。他在1930年从印度的金奈（当时称作马德拉斯）驶往英国南安普敦求学的轮船上感到无聊——因为当时这个旅行需要整整18天。这个年轻的小伙子拿出一张纸和一支铅笔坐了下来，从而在物理学的历史上留下了浓重的一笔。白矮星的质量达到多大，才能够点燃自身聚变呢？这一临界质量，实际上正是他真真切切在一张纸上推导计算出来的，而不是通过计算机模拟，更是完全没有成本高昂的观察数据。由于白矮星的密度极高，因此它的结构完全由量子力学法则确定，理论计算也因此成为可能。要知道，它是地球上最伟大的科学巨人在量子力学方面的智慧结晶。和谐稳定的、宏观的量子力学。太令人着迷了！人们容易在这个陌生的量子世界里迷失，就好像《格列佛游记》里的漫步。

🎤**莱施**：计算结果得到了一个极限质量，这就是钱德拉塞卡极限质量，它只依赖于基本的物理常量。只要代入这些物理量的具体数值，就会得到这个约为1.457个太阳质量的极限值。

🎤**加斯纳**：这些自然常数无论何时何地都是一致的。这就是成功的关键。这同样适用于宇宙中的超新星爆发。我们能够准确获知，超新星存有多少“炸药”用来爆炸，以及它们又是如何形成的。因此我们也能够准确知道超新星爆发的发光强度。这就好像有人在宇宙深处给我们点亮了一盏极为闪耀的信号灯，而其光亮也是经过标准量化的。这算是天文学中的头等奖，因为根据这个光度换算，我们就能够确定这个遥远星体的距离。

莱施：我们只需要确定，观察到的一定得是Ia超新星，而不是其他什么恒星的爆炸，因为其他恒星爆发的光度可是大不相同的。那种没有特色的超新星不适合作为信号标准，因为我们无法足够准确地计算出爆炸的强度。

加斯纳：辐射光谱再一次帮助了我们。在通常的超新星爆发中，组成它们的大量元素会被抛到宇宙空间的星际介质中去。而我们能够在它们的观察光谱中很好地识别出这些元素。在Ia超新星的光谱中，我们并没有发现氢和氦，而是只有碳与氧，它们还会再经过一个中间元素"硅"，最终聚变成镍。

莱施：是的，Ia超新星还有另一个更有用的特性。为此我们要知道，碳原子核由6个质子和6个中子构成，而每个氧原子核有8个质子和8个中子。由此可见，白矮星在初期阶段所含有的质子和中子数量是相当的。在其最终的聚变产物镍56的原子核中，也有着同样数量的质子和中子——各28个。然而，中子数目没有过剩的重原子核是具有放射性的，这一放射性的衰变正是我们现在所警觉的。

加斯纳：这实际上是很有帮助的。大约10%的爆炸能量会涉及这种放射活动。在第一个阶段中，镍56会衰变成钴56，平均的衰变周期为7天。而从钴56衰变成铁56则平均需要77天。这一长时间的能量释放过程，使得人们能够长达数周持续观察Ia超新星的爆发。

莱施：这样的观察研究，有些人坚持了超过20年。天体物理学家都是相当有耐心的。美国科学家萨尔·波尔马特（Saul Perlmutter）、布莱恩·施密特（Brian Schmidt）和亚当·里斯（Adam Riess）也因此在2011年获得诺贝尔物理学奖，他们通过观测遥远超新星发现宇宙在

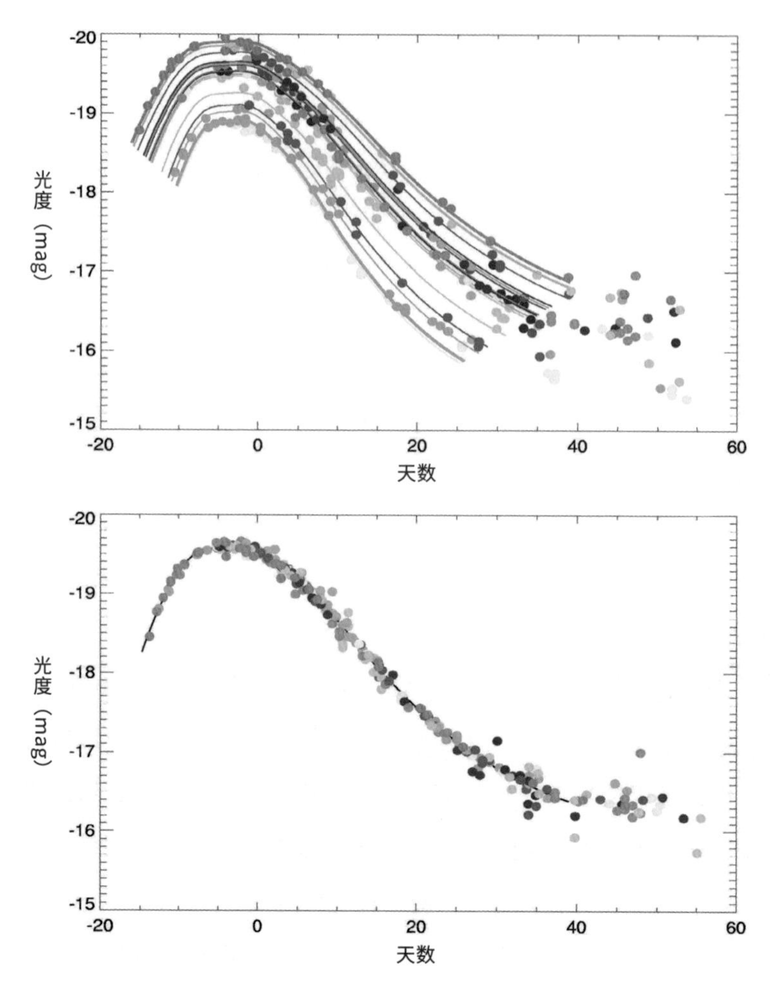

5.3 随时间变化的超新星光变曲线，各曲线采用了相同的坐标尺度：不同超新星的发光强度在开始的一段时间内逐渐变强，而且上升的幅度大致相同，说明超新星爆发后撕碎的外层壳层正在宇宙空间中一点点分散，核心区域的辐射得以越来越顺利地穿透外层的阻挡，开辟自己的道路。而光度在达到最大峰值之后，接下来的40天里便随着放射性镍元素的衰变而慢慢减弱。

将每条曲线分别校正后，就可以呈现出下图的“标准烛光”特性——根据光度已知的天体估算距离。其基础原理并不复杂：聚变产生的镍56越多，就意味着有越多的能量释放出来，也就意味着曲线的峰值越高。而曲线的宽度与镍元素的质量有关，因为镍56越多，衰变产生能量的时间也越持久。这时，如果人们把所有曲线的最高位置平移到同一个位置，各条曲线在宽度方向上也能够很好地重合，只是曲线的长度有所差异而已

5.4 萨尔·波尔马特、布莱恩·施密特、亚当·里斯

加速膨胀。这也是第一次针对人们毫无概念的现象颁发的诺贝尔物理奖。

加斯纳：我想，其实他们应该也不会在望远镜前连续盯着20年之久。实际操作没准儿是这样的：人们拍下某个星系的照片，然后去度假3周。回来之后再重新拍一张照片，如果足够幸运，在这段时间内出现了超新星爆发，人们就会在新的照片里看到多出来一个亮点。若没有，人们就再对另一个星系拍照，然后继续休3周的假……

莱施：最后，疲于度假、旅途辛劳的人们还可以获得诺贝尔奖。

加斯纳：起初他们是希望利用哈勃图像来确定更遥远的距离。但是正如自然科学经常出现的情况，结果总是与预想的很不一样。这些非常遥远的Ia超新星，完全没有我们预想的那么明亮，它们和我们的距离一定比我们所认为的还要远。因此也说明，在“年过半百”之后，宇宙的膨胀速度再次变快了。

莱施：这一结果不仅让外行感到吃惊，就连专业人员也陷入了沉思。

加斯纳：这直接引入了一个新的“全球玩家”。因为我们熟悉的四大基本力可没有提供这样的加速服务。事实上，人们甚至可以将它称作“宇宙玩家”。这一导致加速的“暗能量”，预计占据了宇宙总能量的68.3%。这给维持平衡带来了很大的负担。

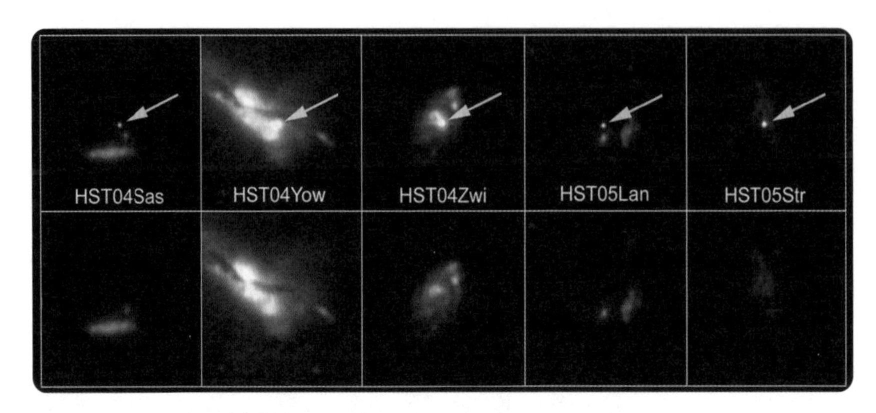

5.5 哈勃空间望远镜在不同星系中拍摄的超新星爆发图像，第一排图片为爆发中，第二排则为爆发之前。箭头所指则是超新星

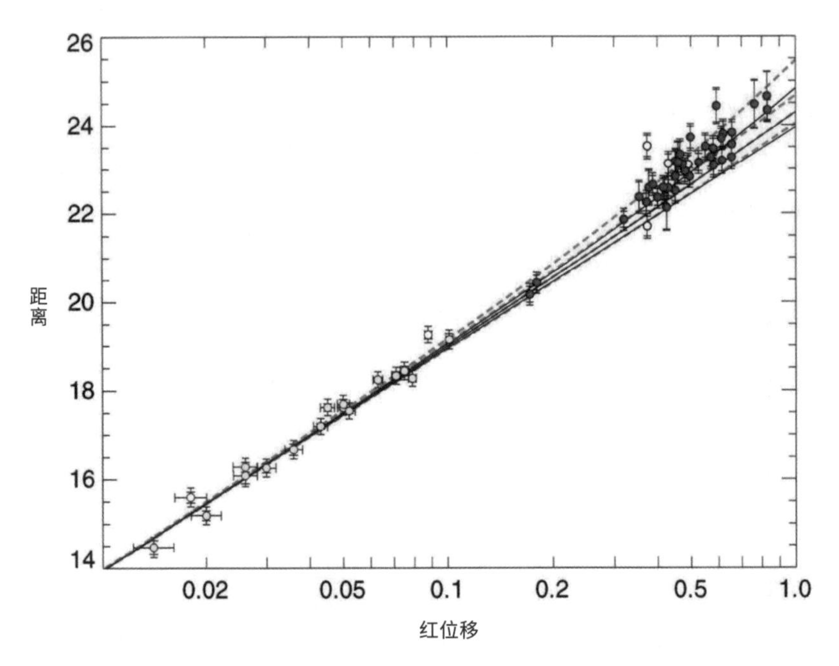

5.6 遥远星体的哈勃图，图中显示了高达 1.0 的红位移数值。低红位移超新星来自卡兰/托洛洛超新星巡天（Calan/Tololo）观测样本（黄色），高红位移超新星来自“超新星宇宙学项目”（红色）。红位移随着距离呈现指数增长，说明宇宙膨胀明显加速

莱施：我们应该谨慎对待如此重大的结论，因为还存在不少矛盾的地方。比如我们的考虑是建立在一个假设的基础上，即宏观尺度上，宇宙中的质量是均匀分布的，无论哪个方向都相同。而人们通过研究却发现，质量在宇宙早期的分布并不均匀。这样一来，吸引作用就会在某些角落更加强烈。这也会在宇宙中产生众多相似的画面。

加斯纳：利用钱德拉X射线天文台观察到的景象同样引人深思。当一个白矮星吸引伴星的物质时，这些吸来的物质在冲击白矮星表面的同时会产生特有的X射线。在钱德拉X射线天文台观察了6个星系之后，统计出只有5%的超新星光度值与理论的期待值相符，也许是因为我们对“信号灯”的理解还没有想象中那么透彻。

莱施：怀疑者早就存在，因为观察到的Ia超新星爆发抛出的质量始终未达到钱德拉塞卡极限。人们将所有碎块都计算进去，质量仍然少于1.457个太阳质量。

加斯纳：其实，迄今为止我们还没有找到质量大于1.25个太阳质量的白矮星。因此人们提出了一个“次钱德拉塞卡极限理论”。根据这一理论，白矮星将会吸走其伴星表面的氦，并将这些氦聚集在自己的最外壳层中。随后，这一氦壳层将会点燃，发生聚变反应并释放出足够的能量，使得碳和氧能够在白矮星的质量尚未达到钱德拉塞卡极限的时候，就可以发生聚变。

莱施：这个原理我们在前文的氢爆中已经有所介绍了。

加斯纳：或许某些白矮星的质量也能够略微超过钱德拉塞卡极限，但是真要超过1.457个太阳质量，就只有当白矮星并非完全由碳与氧两种元素组成的情况下才有可能发生。例如某种原因导致存在较高含量的氦，使质量超过了极限质量的白矮星暂且幸存下来。这些位于白矮星表面的氦将会聚变成一层碳，并继续向内坍缩，最终在没有伴星的情况下诱发超新星爆发。

莱施：既然观察到的数据争议颇大，理论模型又是怎样的呢？让我们先暂时假设的确有暗能量存在——只是先纯粹想象一下——那么这个所谓的暗能量究竟是什么呢？是一种作用力，是一个全新的场，还是宇宙中的又一个常量？

加斯纳：理论上讲，力与场其实只是一枚硬币的正反两面。场与场之间能够发生虚粒子的交换，由此又能够表现为外界可以感知的力的作用。比如一个电场中充满了虚拟的光子，这些光子就能够对外产生电磁力的作用。自从希格斯场被证实，这种“量子场理论”就像得到一张免费通行证一样，可以自由畅通地描述世界。每一种陌生的作用效果，都能够用一个与之相应的标量场加以定义，在必要的情况下，场甚至可以在时间或者空间中发生波动。针对暗能量的情况，人们则借用了希腊哲学中的表达，将暗能量的物质模型称为“精质”。

这样的暗能量模型只是一种可能性。这个场应该拥有某种可以向外施加作用力的媒介粒子，从而使宇宙像我们如今观察到的这样膨胀。

另一种可能性则是基于爱因斯坦的广义相对论方程，我们运用它们来描述宇宙膨胀。这些方程通过积分获得，其中会出现一个常数项，它的取值通常为零，但如果为这个“宇宙常数”选择一个合适的值，同样能够与观察数据相匹配。利用这种方法，暗能量也可以成为空间的固有属性。这也能够解释，为什么暗能量可以随着空间膨胀而增强。

莱施：是否存在一种可能性，能够区分这两种可能性——比如一个实验？

加斯纳：“精质”和“宇宙常数”完全可以通过它们的作用效果加以区分。只可惜，目前我们的精度还不够，无法准确识别出两者的差别。像宇宙常数，就是一个相对僵化的概念，它在宇宙早期完全可以忽略不计，而随后它也难以准确地对应每一次的加速过程。相对而言，“精质场”则灵活许多，因为场是可以随着时间变化的。在汽车油门上放一块砖与灵活的老司机亲自驾驶的效果肯定是完全不同的。在宇宙的早期阶段，比如原初核合成期间，精质就发挥出了一些已经得到证实的作用。不过，这样的灵活性也有代价。场强在时间或者空间的每一次改变，很可能意味着有不少的自然常量也发生了相应改变。这看起来可不妙，你还记得咱们之前讨论加蓬的奥克洛核反应堆和类星体吸收线光谱时说的话吗？

莱施：但是如果真的存在这样一个场，而且它可以产生某种明显的引力相互作用，使得整个宇宙膨胀，那原则上是一定能够证明的吧？

加斯纳：困难在于足够的精确度。不过，维也纳技术大学的同行们确实朝着正确的方向迈进了一大步。2014年4月，他们尝试用“引力共振光谱”来对付这些“精质”，研究人员将温度极低的中子塞进两块水平放置的平行平板中间，这些中子在那里应该是不连续的量子状态，并且会受引力作用的影响。然后，人们布置了一个敏感度极高的实验装置，一旦精质场与引力场发生理论推测的相互作用，这些蛛丝马迹就会被捕捉下来。这里应用了共振原理，通过仔细调节，让其中一块平板以不同的频率振动，以此来小心地试探中子，如果平板的振动频率与中子在两种量子状态间的能量差相符，中子就可以跃迁到能级更高的量子态。这样就能够相对精确地确定其能量等级，也可以反映它与可能存在的精质场之间的差异。不过，超过4个量级就无法再继续证明这一偏差了。

莱施：这个空间范围对精质而言也太狭小了，它们可不会只待在两块平板之间。

加斯纳：别担心，还有爱因斯坦宇宙常数呢。如果我向专门研究暗物质的同事询问目前的进展，得到的总是他们咬牙切齿的回答："宇宙常数。"之所以咬牙切齿，是因为对理论学家而言，绝不会有人希望再出现一个需要精确的反复调整的宇宙学参数了。不过直觉告诉我，我们不能忘记暗能量是首先在星系之间起作用的，也就是主要在真空环境之中。因此，我也在这里猜测一下真空中的量子涨落特性。量子涨落有无数种可能的波长组合，虽然涨落的能量原则上是没有尽头的，但是我们或许仍能找到一个波长的下限，并且只有波长超过极限才会对真空能量有效。比如，若能证明空间和时间都可以量子化，那么这最小时空量子的大小就应该可以成为一个候选的自然极限，因为低于该极限的波长便不会再对我们的世界起任何作用了。

莱施：也有可能是引力在极端尺度上发生了变化，引力作用与我们预想的完全不同。当然，这又是另一个话题了。

加斯纳：在引力作用与暗能量的相对强度孰轻孰重方面，"暗能量巡天"项目在未来5年应该会得到答案。研究人员在位于智利"托洛洛山美洲际天文台"的2200米高处架设了一台直径4米的天文望远镜，并在上面安装了一个5.7亿像素的图像传感器，凭借它就能够探测八分之一的夜空区域，研究来自超过3亿个星系及4000颗超新星的光线。这意味着望远镜能够探测到80亿年前发生的事情（光线在80亿年前发出），可以分析超过10万个星系团的活动。根据星系团在某个特定的时间里是逐渐聚积成团还是膨胀扩张，就能判断出是引力还是暗能量的作用占据了上风。

莱施：看来还有很长的路要走。针对"暗能量"还有许多需要开展的研究。

加斯纳：但愿会有研究透彻的一天。

暗物质

——重新出发?

莱施: 到现在还远远不够。宇宙中还有26.8%的物质是以一种我们从来没有直接“看见过”的物质形态存在着的;正如它们的名字那样,它们完全处在黑暗之中。但这并不奇怪,因为它们具有一种基本特性:这些被称作“暗物质”的东西不具有电磁相互作用的能力,尤其不会与光发生作用。要知道,我们正是利用光的信息,才将如今的世界观拼凑出来,并且几乎包含了所有的东西!但愿不久之后能出现另一种完全不同的光,可以继续为我们提供暗物质的信息。

加斯纳: 目前来看,暗物质只能通过自身引力来间接地被外界注意到。由于这些暗物质的引力作用,经过星系附近的光线弯曲得更加明显,同时高温的伦琴气体也因为其粒子无法达到逃逸速度而留存在此处,并且这些星系的旋转规律也与只存在“亮物质”作用的理论模型有所不同。

莱施: 人们观察到,在宇宙早期的结构形成过程中,需要存在这样一种物质形式,它在强烈的宇宙背景辐射环境下依然可以被自身的引力压缩。要知道,我们熟知的可视物质是无法满足这一点的,因为它们会与背景辐射中的那些具有破坏性的光子发生相互作用。这些可视物质每每聚积在一起，就会重新被光子驱散开来，就好像瑟瑟的秋风将我们好不容易扫成堆的落叶重新吹散到花园里一样。但是，这些最初的不可见物质却成功引爆了物质聚集与结构形成的连锁反应，如种子般在早期的宇宙中扎下根来，逐渐积累引力，直至能够将可视物质也固定住，最终形成恒星与星系。

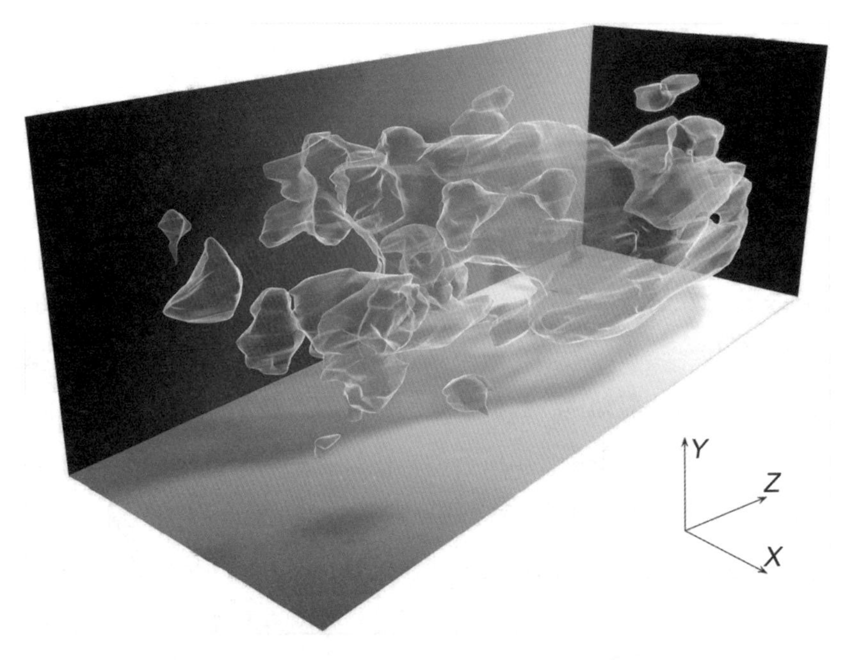

5.7 基于引力透镜效应并利用哈勃太空望远镜描绘出的暗物质三维模型示意图。观察者的视角位于图中左侧的坐标原点。x 轴和 y 轴表示处于天空中的位置，z 轴的方向表示我们视线方向的宇宙深度，沿着这一方向，红位移的程度也在不断上升，从时间上来看就相当于我们是在看向过去。[1] 人们可以从图中看出，暗物质的结构是如何在其引力作用下从右向左（从过去向现在）逐渐紧密起来的

1 因为宏观上看，光的传播需要时间，我们此时看到的光线，正是远处物体很久之前发出的。——审订

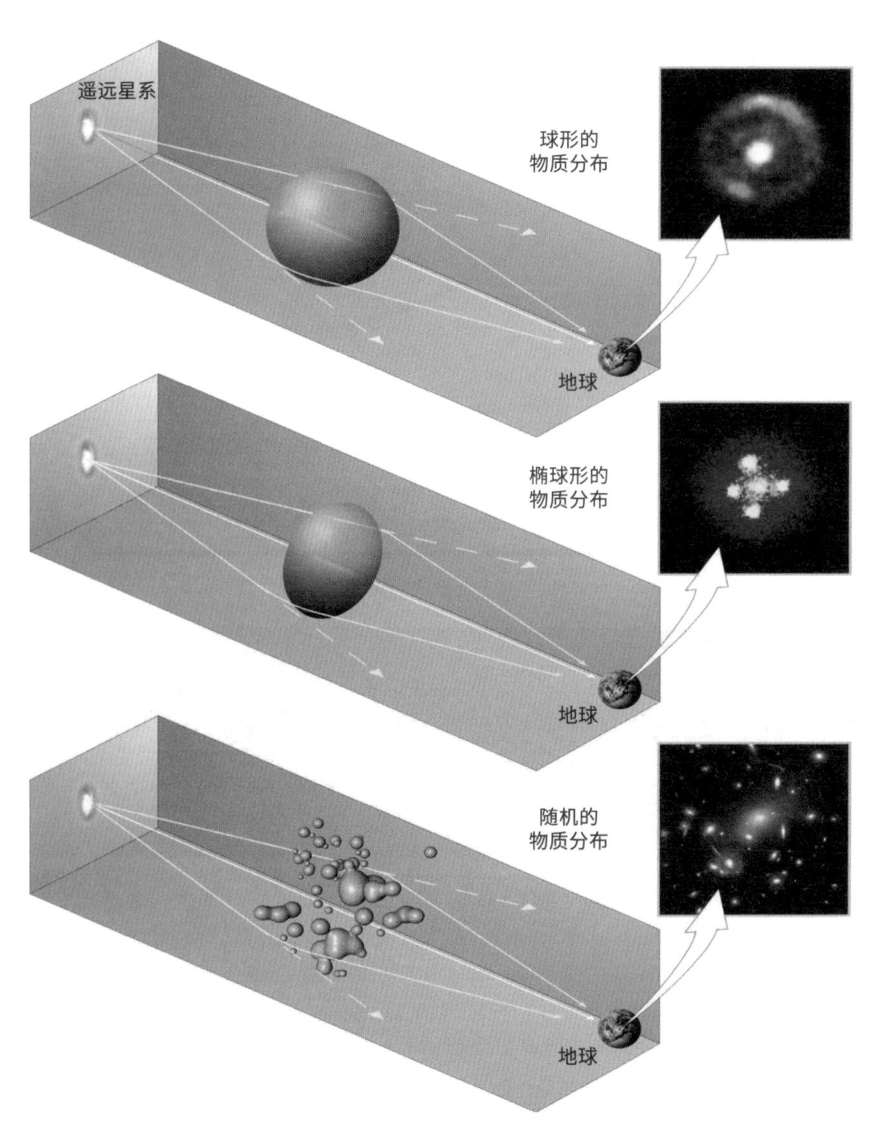

5.8 引力透镜效应。如果来自遥远星系的光线，在通往地球的途中受到聚集物质产生的引力作用而发生弯曲，就会出现几种特定的光线折射模式。如果光线途经的聚集物质是呈规则的轴对称分布的，那么我们就可以观察到一个爱因斯坦环（上图）；如果这些物质呈现椭球形，则会出现爱因斯坦十字（中图）；而如果这些物质是随机分布的，则会出现很多更小的弧线（下图）。将这些物质中的可见部分去掉，就可以获得暗物质的部分

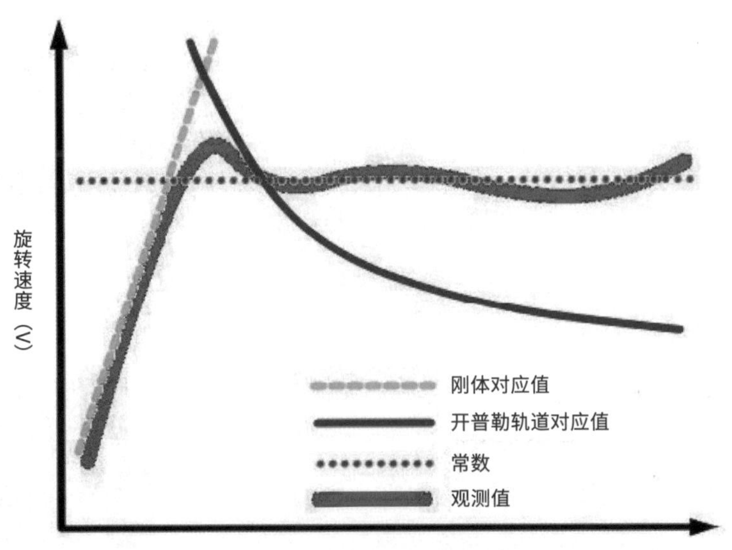

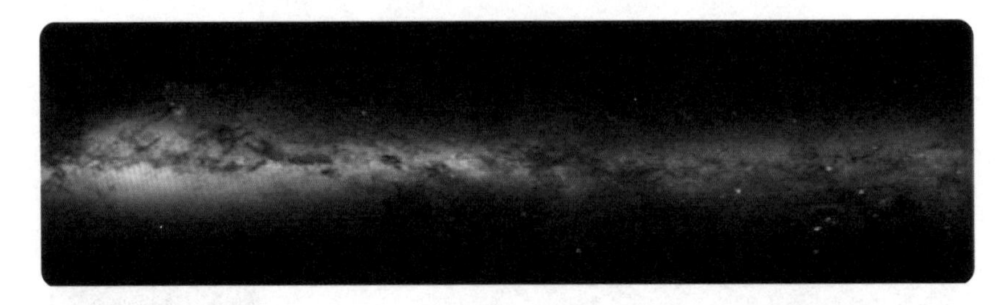

5.9 上图：如果一个物体与其旋转轴固定连接，那么该物体每个体积单元的旋转速度就与它距转轴的距离成正比（绿色）。如果这个物体与旋转轴的连接不是刚性的，而仅仅是在引力的作用下连接，那么它的旋转速度就会随着距中心的距离增加而下降（蓝色）。对于我们太阳系的行星而言，可以更好地体现出这一所谓的“开普勒轨道”特性。地球的公转速度大约是30千米/秒，外侧火星的公转速度则是24千米/秒，相对更慢一些，而最外侧的海王星公转速度只有5千米/秒。由于星系中心区域的引力作用非常强，行星在这里的旋转速度更接近一个刚体的旋转规律；而在远离星系中心的位置，行星与旋转中心的引力连接相对更弱，其旋转速度的规律则应该更接近上述的开普勒轨道。观察结果（红色）显示，接近星系中心的行星运动情况的确与预期相符，但是随着与星系中心的距离增加，行星的公转速度则趋于一个恒定的常数——与开普勒定律完全不同。

下图：从银河系（半个银盘）中心到边缘的侧视图

5.10 旋涡星系 M33（距离地球 30 亿光年）的恒星诞生区 NGC 604，范围约 1300 光年。上图是哈勃空间望远镜获得的图像与钱德拉 X 射线天文台（蓝色）的成像合成后得到的，X 射线源是一团团庞大的高温气体，它具有的能量要比脱离可视物质引力场所需的能量更高

加斯纳：暗物质对于我们的存在也有功劳。但在我们表达感谢之前，还需要花点儿时间深入了解它们。目前我们掌握的有关暗物质的事实，只是它不会与光线发生相互作用。而我们从外太空获得的所有信息——暂时排除会与我们相遇的一些粒子——都需要借助光的作用。也就是说，我们正利用光线寻找某个未知的事物，而它只有一点是我们已知的——那就是绝对不喜欢光。这让我联想到一个关于酒鬼的故事，说是有一个醉酒的人，半夜三更在路灯下寻找自家钥匙。一位热心的路人走到醉酒者面前，帮他一起找。后来路人觉得这么找也没有结果，就问道："你真的确定钥匙是在这里丢的吗？"醉酒者吃力地回答道："不。我是在马路对面的阴暗角落里把钥匙弄丢的。但是那边实在太黑了，我什么都看不到，这里至少还能有点儿光亮。"我们现在在外太空寻找暗物质，情况跟这个醉酒者有点儿类似。

莱施：我们以此为例，并不是为了让读者朋友们以为我们都沉醉在天文学的研究中说胡话，而是以此作为一种更简单的解释。我们是可以看到宇宙中那些运动着的星体的，比如通过观察光谱发生红位移或者蓝位移的情况。如果光谱线发生了红位移，就说明物体是在离我们远去；发生蓝位移则是在靠近我们。也就是说，我们可以透过光线解读出它们的运动状态。

现在我们再进一步：大质量的星体物质只能通过引力作用才会移动，或者换句话解释：大质量的星体物质如果在移动，就说明存在另一个大质量星体，并将它吸引了过去。让我们再来好好看一下所有可能存在的速度模型，这里就还用前文那个星系的旋转速度曲线吧。如果只是根据现已观测到的可视物质推算，那么星系外侧的旋转速度实在是太快了。

加斯纳：因此一定还有某种"不可视物质"，正是这种物质加速了星系的旋转。

5.11

莱施： 对这种想法最好的实例证明就是海王星的发现。如果没有海王星，天王星就将作为太阳系最边缘的行星，那它也就不会像现在我们观察到的这样运动了。所以当时人们就知道，在天王星外肯定还存在其他的星体。

加斯纳： 也就是说，人们信任能够起很好作用的事物，然后尝试用它们去了解那些还无法解释的东西。我们现在还无法解释暗物质到底是什么，但是它确实存在，并且可以通过它的引力来加速那些我们早已熟知的亮物质——对此，我们深信不疑。

莱施： 我们都是拥有坚定信念的人。至少我们已经跨出了第一步，就像当年托勒密和他的本轮说那样。我们现在缺少的，是一位像牛顿或者爱因斯坦那样的科学巨人——当然，也可能是一位女士，此人可以向我们清楚地解释暗物质到底是由什么组成的——这个问题对我来说其实是一个更大的疑问。我们真的需要这样一个人，帮助我们向暗物质和暗能量的深邃海洋里点亮一束明光。

加斯纳： 其实我们对此的观察是绰绰有余的，只是还缺乏一点儿灵光来引燃它。匈牙利物理学家圣捷尔吉·阿尔伯特（Szent-Györgyi Albert）指出了关键点："发现指的就是一个人看到了其他人都看得到的

5.12 距离地球33.5亿光年的子弹星系团（1E 0657-558）。位于右边较小的星系团（因其形状类似子弹射出而得名）在大约1亿年前从左向右穿透了左边的大星系。人们将不同波长下的图像与利用引力透镜原理计算得到的暗物质（蓝色）合成到一起，可以得到以下画面：暗物质可以不受阻碍地随着小星系一起运动，而重子类物质[1]（可视的亮物质）因星际间气体的电磁相互作用，在“子弹横穿”的过程中落在了暗物质的后面。图像中的星系是由大麦哲伦望远镜与哈勃天文望远镜拍摄的，红色的重子物质则是利用钱德拉X射线天文台拍摄的X射线图像合成的

东西，但是却想到了众人未曾想到的。”

莱施：我们天文学家一直以来都是远望之人，只能依靠天空恩赐给我们的那些光芒，尝试着通过各种仪器和方法来解析它们、“解读”它们。

加斯纳：但仅依靠观察是无法分析暗物质的。我们观察到了矛盾之处，然后将这些矛盾与现有理论联系起来，于是得出结论：肯定还存在一些无法观察到的额外物质。这样一来，我们的理论就能够让这些矛盾更加合乎逻辑了。不过，这样的观察是被理论干扰了的观察，我们对此可要非常谨慎。

莱施：正是如此！每一个实验、每一次观察都建立在理论的基础之

1 质子和中子都属于重子。——审订

上，而每个理论又都需要以一个现象为诱因，以此来不断完善与发展。这真是一个深刻的哲学关联。可是，我们如今从事的科学活动，却很难在因果之间建立起刚好“一一对应”的联系。我们在解决不同问题的时候，常常会形成一张由种种论据编成的网络——这不单单是对于宏大的宇宙学，也包括一些非常微观的领域。这张论据之网由互相支撑的前提条件构成，彼此对立统一。就像“每当……，那么就会……”“如果这样和那样，那么就会……”“如果……如果……如果……再如果……，那么就会……”这样的递进表述，虽然最终得到的结论是相同的，但是前提条件却变得越来越多。对于暗物质研究自然也是如此。我们可以从亮物质的光线中读取出它们的运动状态，于是会自然而然地认为，光线的产生机制在全宇宙中都是一样的——所有的原子都以相同的方式发出光线，就像我们在实验室里发现的那样。最后，我们再将捕捉到的光信息转换成光源物体的运动状态。然而恰恰从它们的运动状态中出现了一个让我们大吃一惊的荒谬矛盾：啊，这些东西的移动速度有点儿太快了吧！

加斯纳：可我们还是偏爱于直接观察。

莱施：你指的是“CRESST”实验吧？它始于1999年，场地选在了意大利的大萨索山下，以此来屏蔽外界的影响。这个实验的想法非常简单：即便我们对“暗物质粒子”到底做了什么知之甚少，可一旦它们与某些物质发生碰撞，就应该会有能量残留下来——无论是以何种形式。如果是与晶格结构发生的碰撞，其反作用就可以测量出来。其中的技巧就在于，人们会尽可能地放大这些份额极微小的能量，使其最终能够清晰地从噪音般的背景辐射中呈现出来。

加斯纳：此时，深低温量热计就派上了用场。“CRESST实验”是“超导温度计探测低温稀有事件”（Cryogenic Rare Event Search with Superconducting Thermometers）的缩写。若将这样的“温度计”刚好置于“常态”与“超导态”之间极窄的过渡区域内，那么一丁点儿细微的温度上升，就会产生一个极为明显的测量幅值。如此一来，我们也就能够证明与暗物质的碰撞。

莱施：在地球的公转轨道上，不出一年，人们就应该能够观察到与暗物质发生潜在碰撞的变化了。

加斯纳：但一切绝非易事。在这一极其精细的观察实验中，即便山脉深处已经尽量隔离了外部影响，人们也必须打起十二分精神留心才行。例如几个月前，季节变化便显出显著的相互关系，许多观察数据看上去似乎都是有所收获的。而研究人员测量出来的，实际上只是宇宙辐射的“大气簇射”[1]随季节变化产生的波动而已，因为冬天的空气整体上要比夏天更加干燥。

莱施：这样的测量本就不可思议，而研究人员还必须应对各种骤变。目前我们只是获得了上述矛盾中的部分间接信息。我们喃喃自语：“哈，如果这样，如果再那样，然后就会如何如何……”然后呢？我们真的需要暗物质的存在，而暗物质应该也是由粒子构成的，只是这些粒子我们至今仍未找到罢了。

加斯纳：如此一来，我们就将两个矛盾组合成了一个大矛盾。

莱施：情况会好转的。我们可以说：不如我们在地球上造一个加速器吧，这样就更有希望找到许多新的基本粒子了，也许其中就有暗物质的粒子。太伟大了！这是最不可能的物理事件，最微小的，或许也是宇宙最原始的开端，出现了崭新的物质。尽管希格斯粒子与暗物质没有什么关系，但瑞士的大型强子对撞机是否能够找到这些粒子呢？顽固的怀疑永远存在。

---

1 高能的宇宙射线进入大气层后，会与空气中的粒子发生作用，产生大量次级粒子。——审订

大型强子对撞机

——希格斯四周噪音迭起

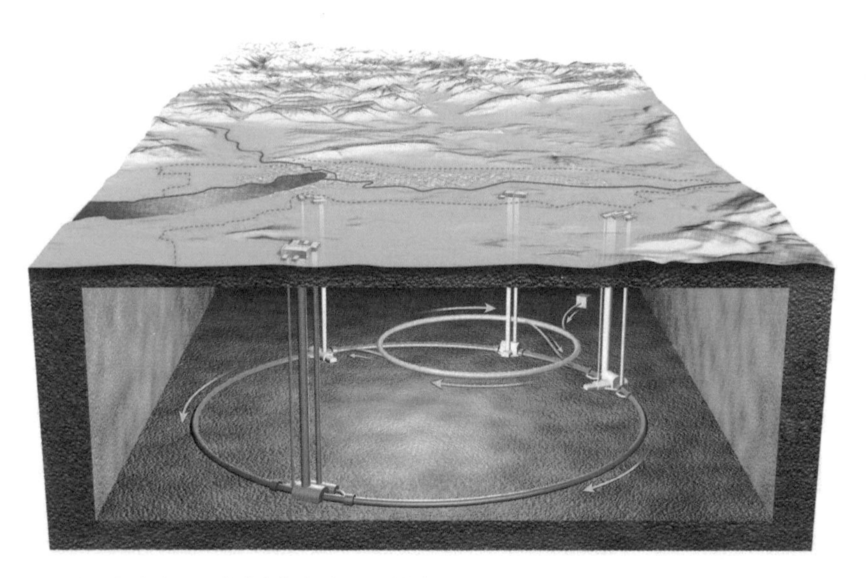

5.13 安置在废弃环形隧道内的大型强子对撞机。这里曾经是“大型正负电子对撞机”（LEP）的场地，位于地下50米（图中左侧，日内瓦湖方向）~175米（图中右侧，汝拉山下）深的位置。能量高达7万亿电子伏特的质子沿着长26 659米的环形轨道反向运动，并在四处预设位置发生碰撞。由此形成的粒子，会被“超环面谱仪”（ATLAS）、“紧凑渺子螺线管磁谱仪”（CMS）、“大型离子对撞机实验器”（ALICE）和“底夸克探测器”（LHCb）四个探测器（图中顺时针方向从环路的一点钟位置开始），以及“前行粒子侦测器”（LHCf）和“全截面弹性散射侦测器”（TOTEM）等小探测器共同研究分析

加斯纳: 如果想要在“基本粒子”的陈列窗中贴上“希格斯粒子”的标签，还需要一系列的测试。首先需要证明希格斯粒子与其他粒子的相互作用应该是与自身质量相关的。按照这种情况，衰变成较重的正反粒子对的概率，应该比衰变成较轻正反粒子对的概率更高。尤其让人感兴趣的是新粒子衰变成“夸克”或者“τ 轻子”的概率。如果真像理论计算的那样，这一频率与粒子的质量有关，那么再固执的怀疑论者应该也会改变他们的想法。毫无争议的是，在大型强子对撞机中开展的“大搜捕”，有一个新的粒子落入网中——当然，这里所说的观察结果是基于一定概率的。

莱施: 是这样的。这是一种见解。而我们所说的概率现在究竟是什么样的呢?

加斯纳: 这个概率目前已经达到统计学上的6个西格玛（σ）了。在2012年6月4日的轰动性新闻发布会中，它还只有不到5σ。当然还并非万无一失，仍然存在一个不可能事件，但是这个数值已经降至0.00003%以下。哪怕连续掷8次骰子，每次都掷到数字6的概率都比这高出一倍。如果你玩过需要掷骰子的“飞行棋”游戏，就会知道多么难以实现了。

莱施: 当然，这也要视骰子而定。如果我事先对骰子做点手脚，那么是可以实现目标的。但在大型强子对撞机中并没有做了手脚的骰子，这个实验装置中的一切都是遵从自然规律进行严密观察。

加斯纳: 当然了，有些设备还是会事先准备好的。比如在长达27千米的加速环中，就有全太阳系中最完美的真空环境。即便是月球的“真空”大气环境，也要比这里的气体密度高10倍。在这样的高真空环境下，发射出来的粒子能够近乎不受阻碍地沿着它们的轨道转动。

莱施: 不可思议！那到底可以发生多少次碰撞呢?

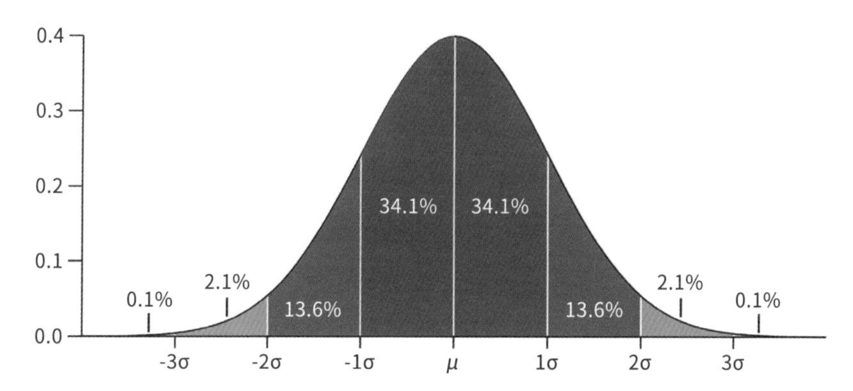

5.14 标准差σ在统计学中用来描述一个呈“正态分布”的随机变量在其期望值μ附近的分布情况：

（样本总体的）分布区间	处于该区间内的概率	区间外部的统计偏离
μ±σ	68.3%	1/3
μ±2σ	95.4%	1/22
μ±3σ	99.7%	1/370
μ±4σ	99.994%	1/15 787
μ±5σ	99.99994%	1/1 744 278
μ±6σ	99.9999998%	1/506 797 346

加斯纳：目前是大约每秒6亿次。在加速器物理学的专业术语中，人们用“亮度”这个概念来表述单位时间和单位面积内发生的碰撞次数。这个概念是除了对撞能量，加速器第二重要的参数。根据$E=mc^2$，较高的能量虽然可以对应质量更大的粒子，但只有足够高的亮度才能获得较好的统计数据。大型强子对撞机的上述两个参数就在不同阶段得到了持续完善。到2020年，亮度能够再上升4倍，“高亮度大型强子对撞机”（HL–LHC）也有望实现，让我们拭目以待吧。可惜国库渐空，而每年15千万亿字节（15×10^{15}，相当于1500

万GB）的数据流也几乎达到管理的极限。这里每秒产生的数据量，差不多相当于一张CD包含的数据量，并经由互联的计算与存储线路，即“大型强子对撞机计算网格”传递。整个过程中的数据传输率极其惊人——在这个网络中，下载一部时长两小时的超清电影的用时不超过一分钟。这个网络将如何进一步发展也是十分值得期待的。而大型强子对撞机的前身，也就是原来属于欧洲核子研究中心的“大型正负电子对撞机”，使用的就是由英国计算机科学家、物理学家蒂姆·伯纳斯·李（Tim Berners-Lee）爵士在约30年前开发的数据网络，也就是如今大名鼎鼎的因特网或者万维网，而我们也早已无法想象没有网络的生活了。

🎤**莱施：**真没想到，类似这样的技术革命，竟然只是作为一个副产物诞生的，如今还能被全人类免费享用，这实在是太吸引人了。

🎤**加斯纳：**粒子加速器在很多方面能给人们带来惊喜。所以我们也同样期待它能给我们的科研带来意外收获——毕竟它每秒会发生数百万次碰撞，也就是数百万个潜在的惊喜。

🎤**莱施：**每一次对撞的能量所带来的高温，大约是太阳中心温度的10万倍。我可能又要多嘴了，这股巨大的能量究竟从何而来呢？

🎤**加斯纳：**发射出的这些粒子是带有电荷的，因此能够通过电磁作用获得加速。鉴于质子的质量很小，这一加速过程是相当高效的。但也恰恰因为它们很轻，所以我们必须让它们加速到与光速只相差10千米/时的范围内。只有这样，它们的静质量和动能对应的总能量才足够高，得以实现我们预见的粒子质量。单个质子的能量大概只相当于一只飞行的蚊子。这听上去微乎其微，但是在加速器内有2808束质子团，每束质子团含有1000亿个质子，这与一辆时速150千米的中型货车的能量相当。因此，加速器内专门设置了一条应急隧道，像火车终点的车站缓冲器那样，防止火车冲出轨道进入站台。[1]并且隧道里还利用石墨板和混凝土作为缓冲器，以应对失去控制的高能粒子束。在必要的时候，科学家们会利用特殊的磁场，让高能粒子束在3圈之内进入应急隧道中，迎头撞向缓冲器，通过“迫降”减速刹车。虽说是3大圈，但在接近光速的速度下也仅耗时毫秒的零头而已。

莱施：不足1毫秒，大概算是一眨眼的百分之一。

加斯纳：但这样的防御措施确实是极其必要的。因为仅在实验开始的第9天，就发生了第一次意外。有两块磁铁的连接处没能承受住较高的负荷，形成电弧，击穿了储存罐和部分管路，造成数吨液氦泄漏。单是这样庞大的尺寸，就成了这个实验设备的阿喀琉斯之踵。例如月相的变化，就能够令地壳发生20厘米左右的升降，而这会造成整个加速环的总长度出现1毫米左右的波动。季节变化的影响也是需要考虑的因素，春天汝拉山上大量的冰雪融水会流入附近的日内瓦湖，这时也会出现明显的受力变化。

莱施：在我看来，粒子对撞就像从纽约和柏林同时发射出一根大头针，而它们最终竟会在大西洋上的某处“针锋相对”地撞到一起。

加斯纳：而且环路的管径是5厘米，这个尺寸对于质子而言是非常大的。实际上，环管内的粒子只被集束、压缩到了3毫米×1毫米的区域内，所以它们的轨道不允许出现较大偏差。

莱施：还有，为什么需要使用超导磁铁呢？这让装置费用变得更加高昂了吧。

加斯纳：在环形加速器中可以获得的能量，可以用粒子的电荷、光速、磁通密度，以及环形半径这四者之积来近似计算。使用常规线圈的加速环路，磁场对粒子的偏转能力相对较弱，环路长度需要达到

1　欧洲大型车站的铁轨是单向的，列车进站后需要原路退回才能出站。——审订

120千米才行，因为只有这个长度才能让质子轨道在同样高的能量下实现环路的封闭。大型强子对撞机的周长只有27千米，在7万亿电子伏特的能量下，人们需要的磁感应强度为8.33特斯拉。为此，人们需要在线圈中通过11 700安培的电流。此外，质子在环形轨道上运动，也会由于“同步加速辐射”的作用而不断失去能量，每当直射出来的带电粒子在外界磁场作用下偏转到弯曲的轨道上时，就会沿着运动轨迹的切线方向发出这种电磁辐射。

莱施：不可思议！多达10^4安培的电流，这相当于一次雷击的量级了。

加斯纳：所以其中也有针对你问题的答案。传统的电磁铁存在一定的电阻，如此大的电流通过后会急剧升温并烧坏。另外，尽管有关高温超导体的研究十分热门，但如果将这些陶瓷材料加工成加速器的弯曲导体，这些材料又有点儿太脆了。因此目前我们只能使用由铌和钛做成的低温超导体。使用这种材料的代价是必须将上千块特殊的电磁体的温度冷却到1.9K，只有在这种低温的环境下，电磁线圈中的材料才具有我们期待的超导属性。这需要两至三周的准备工作，以及1万吨液氮和120吨液氦。而后者的价格也相对较高，每千克就要40欧。

莱施：这样就解释得通了。我对加速器线圈中的电流强度印象深刻。那么整台装置总共需要多少电量呢？

加斯纳：加速环路在运行过程中总共需要120兆瓦（MW）的功率，实验过程则需要大约22MW。因此对撞机在冬季月份是不工作的，运行时间选择在电费相对低廉的夏季。但即使在冬眠期间，它也同样需要消耗35MW的电能，因为只是单纯维系冷却设备就需要27.5MW。

莱施：真是一台矛盾机器。一边是被冷却至接近绝对零点的磁铁，几米之外则是对撞产生的难以置信的高温，这在宇宙现象中是极其罕见的。

加斯纳：我们再次提到了极端温度，宇宙中温度最高的地方应该是宇宙发生大爆炸的那个位置，但是最低温度又是在哪里呢？

莱施：你指的是自然现象吗，比宇宙背景辐射的2.7K温度还低？真的会有吗？

加斯纳：当然不可能轻而易举地实现。要将“光子浴”，也就是伽马射线辐射中的物质温度降低至光子的温度之下，必须额外做一些功，比如通过气体膨胀。目前的纪录保持者是距离地球大约5000光年的旋镖星云。其范围约有1光年，位于星云中心的恒星产生的恒星风，将星云以每秒近60万千米的速度向外驱散开。如此剧烈的膨胀将星云中的分子温度降低至只有不到1K。

5.15 加速环的双极磁体示意图，这样的磁体共有1232个。图中这段14.3米长的装置内，可以看到两个直径为5厘米的环形管道，共有2808束质子团分别沿着相反方向运动，每束质子团约含有1100亿个质子，它们每秒可以绕着整个环形加速器转11 245圈。在质子束管周围包覆的超导磁体中，电流高达11 700安培，由此产生的磁感应强度达8.33特斯拉

莱施：那可真是严寒中的严寒！

莱施：这就是我们已知的宇宙中最寒冷的地方了吧。而大型强子对撞机的温度只比那里高1摄氏度。让我们言归正传。具体在对撞机中的哪个部位，才可以证明希格斯粒子的存在呢？

加斯纳：为此负责的是两台实验装置：ATLAS（超环面谱仪，也称作超导环场探测器）及CMS（紧凑渺子螺线管磁谱仪，也称为紧凑渺子线圈）。这两个装置尽可能彼此独立地寻找，这样我们能够尽可能地降低系统误差。单是ATLAS的质量就有100架大型喷气式飞机那么重。CMS虽然结构更紧凑，但它仍然需要数量众多的强磁铁，这也使得CMS的重量更大。

莱施：这得花多大工夫啊！全球各地上千名科学家，都在寻找同一种基本粒子。

加斯纳：我替彼得·希格斯感到高兴，因为人们最终找到了这种粒子。在新闻发布会之后，人们可以看到他眼里泛着泪光。他非常善解人意。在参观大型强子对撞机的时候，他说他那篇有关希格斯机制的文章事实上只有一页半的篇幅，讲述了四个公式，结果在期刊第一轮审稿时就被拒绝了，因为审稿人觉得这些内容实在太具颠覆性了。当时希格斯并没有感到意外，因为连他都调侃自己是一名普通的"草根物理学家"。当时在场的人都笑了。

莱施：他在1964年写给一位同事的信中提道："我在这个夏天发现了一种完全无用的东西。"就连沃纳·海森堡（Werner Heisenberg）都把希格斯场描述成垃圾。2013年的诺贝尔奖委员会则另有看法。他们在这一年将诺贝尔物理学奖授予了弗朗索瓦·恩格勒（François Englert）和彼得·希格斯，随后就是大家再熟悉不过的大小媒体铺天盖地的报道了，就我所知的基本粒子物理学中，还没有哪一次发现能够如此轰动。

5.16 距离地球约 5000 光年的旋镖星云，位于半人马座。图像由哈勃太空望远镜借助数个不同的偏振滤光片拍摄而成，并做了着色处理

5.17 彼得·希格斯（1929— ）

加斯纳：局外人很难理解这场有关希格斯粒子的轰动事件："看来他们可能只是又发现了什么新的粒子吧。"而理论物理学界的振奋之处在于，早在50多年前，我们理论科学的世界观就已经受到过一记重击。迄今为止极为成功的标准模型提供了相互矛盾的预测，涉及大量基本粒子的过程，理论概率超过100%，甚至趋于无穷大。就连神圣的规范场论也被打破了。

莱施：从哲学的角度看待规范场论也是相当有趣的。我们可以在公式中认识它，但是规范场论是否真的存在于世界中，或者只是纸上谈兵呢？

5.18 弗朗索瓦·恩格勒（1932— ）

加斯纳：我想，我们应该仔细说明"标准模型"，否则没有人能够理解这个规范场论究竟为何物。

莱施：没有深度的数学知识，就不能解释规范场论，即便掌握了数学也很难理解这个理论。我们已经"穷途末路"了。如果要研究埃及学，就必须学会阅读象形文字。而要理解规范场论，则必须掌握"数学的文字"。否则一切都是徒劳。

加斯纳：莱施，你可真有趣。我们大可不必在聊了300多页之后向自己的科普能力缴械投降，然后说："好了，从这儿开始必须变成理论物理学家了。"我们在之前就必须考虑到这一点。但是我始终坚信，每一位科学家都应该有能力，用简单易懂的语言向非专业人士解释他的想法，至少在大体上能够说清楚。

5.19 詹姆斯 · 克拉克 · 麦克斯韦（1831—1879）

莱施：我现在十分期待，你打算怎么使用简单易懂的语言向非专业的读者朋友们解释规范场论。

加斯纳：当然是需要你的帮助。这个励志故事开始于一位名叫詹姆斯 · 克拉克 · 麦克斯韦（James Clerk Maxwell）的苏格兰人，在1861年至1864年间，他首次通过“场理论”将电学和磁学统一起来，也就是现在大家熟知的“电磁场理论”。物理学家的世界也在那时变得井井有条：电荷可以产生力的作用，借助4个一阶的线性偏微分方程可以令人比较满意地描述出基本的电磁规律。但我们也必须说明，这一以他名字命名的“麦克斯韦方程组”其实原本相当复杂，我们如今常见的书写表达是经过后人高度简化的，与麦克斯韦本人最初的表述并不完全一样，甚至就连麦克斯韦本人都没有见过今天的这一简化形式。此外，这一数学表述的精妙之处在于，人们可以从方程组中辨认出一些可以自由选择参数的项，并且不会影响最终的计算结果。举个简单的例子，这就好像是用了一个类似“$X+(0 \cdot Y)$”的表达式，无论给Y代入什么数值，都不会影响最后的结果。一个典型的应用是电势的计算，具体来说，更有实际意义的是计算两处不同电势之间的电势差。而无论我给这两个电势同时加上多大的数值，在计算电势差时，两边所加的额外值都会一同消去，电势差依然保持不变。这一“规范自由度”使得小麻雀不仅可以站在屋顶上欢快地歌唱，甚至站在高压电线上也不会受到伤害——因为它双脚间的电势差依然很小。有些数学转换方式能够令一个过程或者一个事物保持不变；这样的表述被称为“对称”。换成物理学的语言，可以说“麦克斯韦方程组在

5.20 艾米 · 诺特（1882—1935）

规范变换场论中是恒定不变的”，也可以说“麦克斯韦方程组具有规范对称性”。

莱施：很好！如果人们对某个对象做了什么，而在结束的时候它还能保持原来的样子，那这个东西就可以称作是对称的。那么，人们其实也可以就让它待在那里的，对吧？

加斯纳：这有点儿像数学中的手指速算练习，虽然一开始麻烦点儿，但是却会受用终生。早在100年前，德国数学家艾米·诺特（Emmy Noether）就能够证明连续对称性与守恒量之间的关系。比如，人们可以任意选择一个时间点做实验，以此证明能量守恒定律。无论你是选择今天还是明天去拨动单摆，只要它的初始能量相同，它就始终以同样的方式摆动。这就体现了“能量守恒”关于“时间”的对称性。如果真存在一个“周一摆”——也就是单摆经过一个放纵的周末后，在周一的早上摆动得无精打采、有气无力，比其他时间更弱，那么能量守恒律也就被打破了。与之类似，对于实验地点的选择也是一样的道理。人们如果自由选择实验地点，那么物理的动量守恒也同样关于“地点”对称——这听上去很像物理中的行话：“过程是对称变换的。”类似的还有从旋转不变性中推出的角动量守恒。

莱施：这个发现实在是太棒了！

加斯纳：艾米·诺特在很多方面令人印象深刻。1900年时女性还被禁止学习数学，但她并没有因此放弃，由于她的数学天分极高，最终破例被允许以旁听生的身份进入课堂。不久之后，她成为第一位女数学博士，并获得了大学授课资格。然而尽管贡献突出，她自始至终都没能获得德国正式在编的教授席位。数学家戴维·希尔伯特甚至为此愤愤不平："我实在无法想象，一位如此卓越的数学家，在争取教席时的决定性因素竟然是候选人的性别。我们可是一所大学，而非公共澡堂。"

莱施：阿尔伯特·爱因斯坦在艾米·诺特去世后的几周致信《纽约时报》："诺特女士是自允许女性接受高等教育以来，最富创造性的数学天才。"

加斯纳：听完逸事，还是让我来稍微总结一下：对称性不单是指几何层面上的意义，还指一种相对普遍的事实，我可以对一个对象或者一个过程添加变量，但最后的情况并不会发生实质性的变化。

莱施：尽管如此，但要是在对对象或过程做了什么之后，它还真的出现了变化，那就有意思了。一个对称性的世界是极其无趣的，可让我感到意外的是，偏偏是那些特别喜欢搞花样的物理学家，却能在一个到头来什么都不会发生的地方寻找"对称性"。物理学家再次向人们证明了，他们在某些方面真的与古希腊哲学家很像。那些哲学家也在寻找世界中不会改变的组成部分，寻找那个永恒的"理念世界"。这应该就是不偏不倚的对称性了对吗？非常神奇！

加斯纳：在物理学中相对有趣的主要是"连续对称"，这里指的是可以分解成任意多个小步骤的变换过程。连续对称的典型例子，莫过于对称物体绕着其对称轴的旋转运动了，例如一个球。此外，在数学上还有"离散对称"，所幸我们不必太过深究，因为它并不会在自然中出现。假如球体存在离散对称，指的大概就是在它的某个对称面上，突然发生一次又一次速度无限快的镜像变换。

莱施：趁一切还没有变得十分抽象，我们再来说一下精质：每一个守恒的物理量都需要连续对称性，反之亦然。

加斯纳: 在这个方面，就连聪明的物理学家们也会提出先有鸡还是先有蛋的问题。到底是谁先出现的，或者换一种问法，哪一个原理才是最为基础的？例如，人们也可以将规范场论作为基准，通过另一种方法推导出麦克斯韦方程组。这一理论其实是华裔科学家杨振宁与罗伯特·米尔斯（Robert Mills）在1954年共同提出的，那时他们正在寻找一种利用广义规范场论来描述强核力与弱核力的方法，而最终形成的“杨-米尔斯规范场理论”可以算是在规范场论方面取得的最大成就了。当然，人们还需要重新定义一下“荷”，将“色荷”与“味荷”作为导致这些作用力出现的原因。

莱施: 色荷之所以得名，是因为三种强相互作用的电荷相互中和，有点儿像红、绿和蓝三种颜色调和成中性的白色。这也是量子色动力学（QCD）的基础理论，而此理论与颜色没有任何关系。

加斯纳: 将场论与规范性对称相结合，用以描述物理现象，这在很长一段时间以来都是最优解。无论面对旧难题还是新困惑，都能出色完成描述任务。对量子化世界的理解则引出了量子场论，其中交换粒子被称为量子。对狭义相对论的深入理解可以引出相对论量子场论。这自始至终都是成功的！

莱施: 或者我们科学界应该见好就收，之后的一切只会变得越来越困难。

加斯纳: 最终，规范场论回到了原点。它起源于电磁学，而电磁学中唯一的交换粒子——光子——既没有质量也没有电荷。而两种基本力从根本上更加错综复杂地交织在一起。强相互作用在三种不同的色荷中起作用，由8个胶子来调节。而胶子本身都带有色荷、夸克，此外，还有电荷。弱相互作用的W玻色子和Z玻色子很重，静质量分别是80GeV和91GeV。现在我们来到了关键部分。越来越多的理论分析表明，质量的特性应该是指占空间的，所有的测量数据都能够明确证明基本粒子的质量。

莱施：你所说的“占空间”是什么意思？

加斯纳：在标准模型中，质量的死对头是“手性”。根据这一特殊的量子特性，世界可以划分为两大阵营。进一步说，人们将它们称作粒子的“右手手性”及“左手手性”，因为这一特性可以表明粒子是沿着它们的前进方向右旋（顺时针）还是左旋（逆时针）。由此也出现了祸端。标准模型预测，具有质量的粒子会改变其手性的旋转方向，并且粒子的质量越大，手性改变的频率就越高。另一方面，基本粒子是左旋还是右旋，可以通过“弱超荷”这一性质加以区分。弱超荷是描述守恒

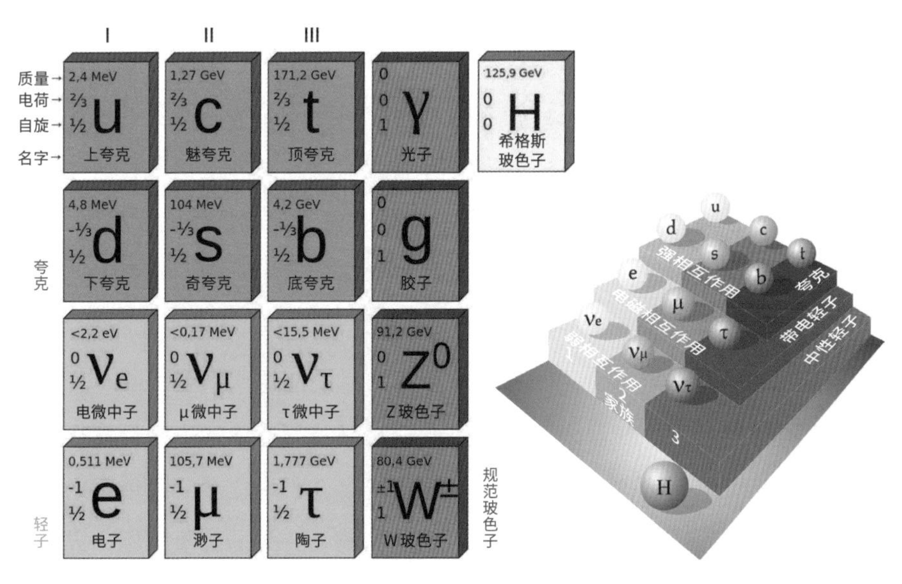

5.21 标准模型：根据自旋可以区分费米子（列I至列III）及规范玻色子。所有粒子都服从弱W玻色子和Z玻色子介导的弱相互作用。带电粒子作为规范玻色子，还受光子的电磁作用影响。强相互作用与8个胶子相互作用并通过色荷（夸克和胶子）对粒子产生影响。静质量现象则与希格斯场的耦合有关

量的，但是如果粒子要保持守恒，它的自旋方向就不应该发生改变！

莱施：这不就自相矛盾了？不过国际足联的伦理委员会有时也会干出这种事。出现这样的矛盾，通常也就宣告了一个理论的终结——而丑闻缠身的足联主席也必须引咎下台。

加斯纳：但标准模型在众多可以检测的情况中都是成功的，因此不能全盘否定。只是这一切必须找到一个负责人才行：要么是内部对称破坏了能量守恒，要么是粒子们并没有质量，可这样一来，所有的测量就都是错误的了！标准模型陷入危机之中，此时6位物理学家，罗伯特·布罗特（Robert Brout，卒于2011年5月）、弗朗索瓦·恩格勒特、杰拉尔德·古拉尼（Gerald Guralnik）、卡尔·R. 哈根（Carl R. Hagen）、彼得·希格斯及汤姆·基布尔（Tom Kibble）力挽狂澜，避免了标准模型遭受致命打击。他们彼此独立地提出了一个大胆的理论，我们称之为希格斯机制。根据这一理论，基本粒子的总质量实际上为零。因此这些粒子无须改变自旋方向，同时弱超荷的特性依旧可以表明守恒并没有被破坏。而另一方面则有点儿抽象，实际上，所有这些基本粒子都不怎么喜欢质量，只有与一个处处可见的场发生相互作用，才会表现出惯性质量。这时，测量仪器才能够显示出它们的质量——尽管这些基本粒子本身是没有质量的。

莱施：老实说，加斯纳，你真的认为刚刚所说的这些内容，除了个别专业的物理学家，其他人能够大致上理解吗？就连我这个好歹算得上行家的等离子体物理学家，都觉得这些内容过于晦涩了。简单总结一下，我们在理论上遇到了一个与“质量”现象有关的棘手问题。成千上万次的实验都可以证实这个现象存在，而在我们尝试解决这道难题时，方法却是不假思索地直接将基本粒子作为零质量的粒子，同时引入一个所谓的“希格斯场”，并用它为粒子赋予惯性质量。而在提

5.22 修建中的超环面谱仪。长46米，直径25米，重达7000吨

出这一机制的几十年后，这个理论推测的“场”也被证明是真实存在的。我能想到的可就这么多了！

加斯纳：还有更严重的事情呢！这个基本的理念其实并不算新——人们在固体物理学中早就知道，电子在适当介质中反应的迟钝性最高可以是其在真空中的40倍。而希格斯机制的引入是为了驱赶破坏因素，因为人们捕捉到了一种新的对称性破缺，而这恰恰发生在宇宙的早期阶段，希格斯场开始起作用的那个时间。但毕竟这只发生了一次，更重要的是，所有违反标准模型内部对称性的行为都得到了平息。这里说的是自发对称破缺，这个名字也说明了，有些东西在基本上是对称的，只不过表现出来的是不同的基态。当过渡到这样一个同样权重的基态之后，人们就再也看不到系统原来的对称性了，而处在临界能量之上——临界点用于决定物质系统的基态为何——的对称性将再次出现。我们在讲大爆炸的“炸裂”时（见图2.18和图2.20）使用过类似的构想。当时我们还有很多随机的同等权重的基态——在墨西哥帽的圆槽中。

在金融领域中，人们把类似这样的过程称为“坏账银行”。如果财会领域的深处存在“内部对称性”，那么就有一个额外机构，专门处理内部出现的问题。希格斯场就是一个标准模型的“坏账银行”。

莱施：听你这么一解释，就没有那么令人不适了。只是人们应该如何证明，在世界上的每一个角落都存在着这样一个场呢？

加斯纳：量子场论中有一个原则：只要有足够高的能量，就能够让希格斯场振动起来，而且是通过粒子表现出来的——希格斯粒子。

借助有史以来人类建造的最大的实验机器，以及参与项目的最大规模研究团队，通过种种努力，才得以最终通过实验证明希格斯机制。这有点儿像是一场相亲会。很长时间以来，我们都知道这个场的存在，以及其中的交换粒子，比如我们知道它是电磁中性的，自旋可以为零，但是我们却从来都没有见过其庐山真面目。现在我们终于能够面对面认识彼此了。

莱施：然而存在的问题是，这场相亲见面会只能持续10^{-22}秒。紧接着，希格斯粒子就会在其诞生的地方发生衰变。

加斯纳：简直就是一场速配约会！我们的一切努力，都是为了快速找到其踪迹，好让害羞的希格斯粒子不要在衰变后彻底无影无踪。我们可以在理论上预测出它能够产生哪些衰变产物，以及各种产物出现的概率。我们努力地工作，正是为了寻找这些物质的踪迹。我们发射出一颗颗质子，最终会出现一个很壮观的粒子乐园。质子是由3个夸克及许多胶子构成的，因此会出现多种碰撞可能，而且我们也无法精准确定初始能量，因为两个质子的粒子在碰撞时并不一定携带两个质子的总能量。这对于数据统计而言是一个额外的挑战。我们宁愿是夸克和夸克之间的碰撞，但是这无法实现，因为夸克只能成群出现。

莱施：一个接着一个地发射出夸克，恐怕我们是难以见到这样的场景了。

加斯纳：我们也有可能使用电子和正电子作为对撞的“子弹”，大型强子对撞机的前身就有过先例。而未来的加速器，位于日本的国际直线对撞机（ILC）已经有了相应的研究计划。令人恼火的一点在于，对于质量轻的粒子，环形加速器内的同步辐射现象会呈4次方增长。也就是说，质量大约只有质子质量1/2000的电子，同步辐射作用会比质子高2000^4倍。因此，我们需要的是一个直线加速器，直线距离至少要有31千米。在大型强子对撞机上，只需要0.5~1个TeV（万亿电子伏特）的碰撞能量就可以让测量结果足够精准，困难是我们还欠缺一点儿必要的小钱。

莱施：在我看来，大型强子对撞机已经尽其所能了，至少在财政资助上已经到头了。

加斯纳：整整40亿瑞士法郎，这可不是儿戏。这还没有算上那么多参与其中的研究人员所付出的工作时间。20个国家分担了费用，德国有幸承担了总额的20%，是它最大的金主。

莱施：这已经不是新闻了，但是我们也不能沾沾自喜。瑞士人除了赫赫有名的银行保密业务，看来也希望在其他方面有所作为。

加斯纳：每一代新的加速器都要面临资金问题。这让我想到美国的诺贝尔奖得主罗伯特·威尔逊的故事，1969年他在美国国会上提出，应该在费米实验室搭建当时最大的加速器。然而，越南战争导致资金出现很大缺口，而2.5亿美元可不是一个小数目。于是就出现了当时的国会参议员约翰·帕斯托（John Pastore）与威尔逊之间著名的一场对话：

帕斯托：这个加速器能为国家安全做出什么贡献吗？

威尔逊：我觉得不会，议员先生。

帕斯托：一点儿贡献都没有吗？

威尔逊：是的，一点儿贡献都不会有。

帕斯托：这玩意儿对我们的国防建设没有一点儿帮助，无法让我们在俄国人面前增添几分优势？

威尔逊：它的价值是之于全人类的，是之于我们的文化。它的建立能够扩展我们的知识，这是我们所追求和珍视的。目前看来加速器的建造与国防没有太大的关联，更多的反而是让我们的国家值得被保护。

莱施：太精彩了！我推测，预算提案最终通过了。

加斯纳：没错，而且是全额通过。粒子加速器能有这样的故事真的非常有趣。我在学习物理的过程中一直相信，是某些物质猛地发生碰撞，让我们能够成功获得其组织成分。在成千上万的碎片中，我们终究能够找到所要寻找的物质。

莱施：对吧？这听上去十分合理。

加斯纳：可是那些在大型强子对撞机中发生碰撞的粒子中，并没有希格斯粒子！毕竟这可不像是将两个椰子砸到一起，能立马裂开得到椰子汁啊。这样的碰撞会产生必要的能量，从这股能量中可以产生某些物质。

莱施：我们在大爆炸的量子涨落中已经介绍过这种情况了。

加斯纳：但我们在大型强子对撞机中并不能得到大爆炸所需要的能量，所以我觉得这种情况可以称为“小爆炸”。毕竟在这场混乱中会出现各种可能性，几万亿电子伏特的能量可以做很多事情。

莱施：也可以用来制造黑洞吗？

加斯纳：哈，我就知道这个问题肯定会被提及。是的，理论上我们连黑洞都能制造出来。只是如果读者认真地阅读了前面的内容，就能够自己回答这个问题了，即制造这样一个对象是否存在危险。

莱施：没错！两个具有几万亿电子伏特能量的质子对撞，正好足够对应几千个氢原子的质量。但对于很小很小的黑洞，整体看来依然是微不足道的，可以参见“普朗克时期”。

加斯纳：一提到“黑洞”这个表述，很多人就会想到恒星间或者是星系之间的那个黑洞。黑洞的危险性源于其庞大的质量。微型的、较轻的黑洞其实是没有危害的，甚至连一根香肠或者一片面包都吞噬不了。

莱施：高能宇宙粒子，即所谓的超高能宇宙线（UHECRs）在与我们的大气层发生碰撞时能够释放出更多的能量，而这还不能产生能够吞噬我们的黑洞。尽管如此，每当人们要建造一个新的加速器时，黑洞的问题都会引发讨论。这或许跟市场营销有关。至少超高能宇宙线的活动并没有让人感到激动。

加斯纳：那让我们回到真正令人激动的话题吧，接着说希格斯粒子。人们在这个充满能量的“小爆炸”过程中，有目的性地寻找着某种物质，这个物质是在一个质子中的夸克与另一个质子中的夸克相遇时产生的。这个东西会被我们一点一点仔细挑选出来。

我们为此建造了两个巨大的关卡来辅助筛选，可以尽可能清晰地提出一些问题，来盘问那些在“小爆炸”中诞生的小东西。比如：亲爱的粒子，你对电荷有什么看法？你会被一块磁铁吸引，还是径自沿着原路线飞过？你能够在一种特定的物质里钻得多深？或者换种问法，你携带了多少能量？等它们帮我们得到这些问题的答案后，我们就可以仔细算上一笔账了：到底有多少能量流入，我们又能识别出其中的多少；哪里还有欠缺；又或者我们是否能在探测器的一半区域

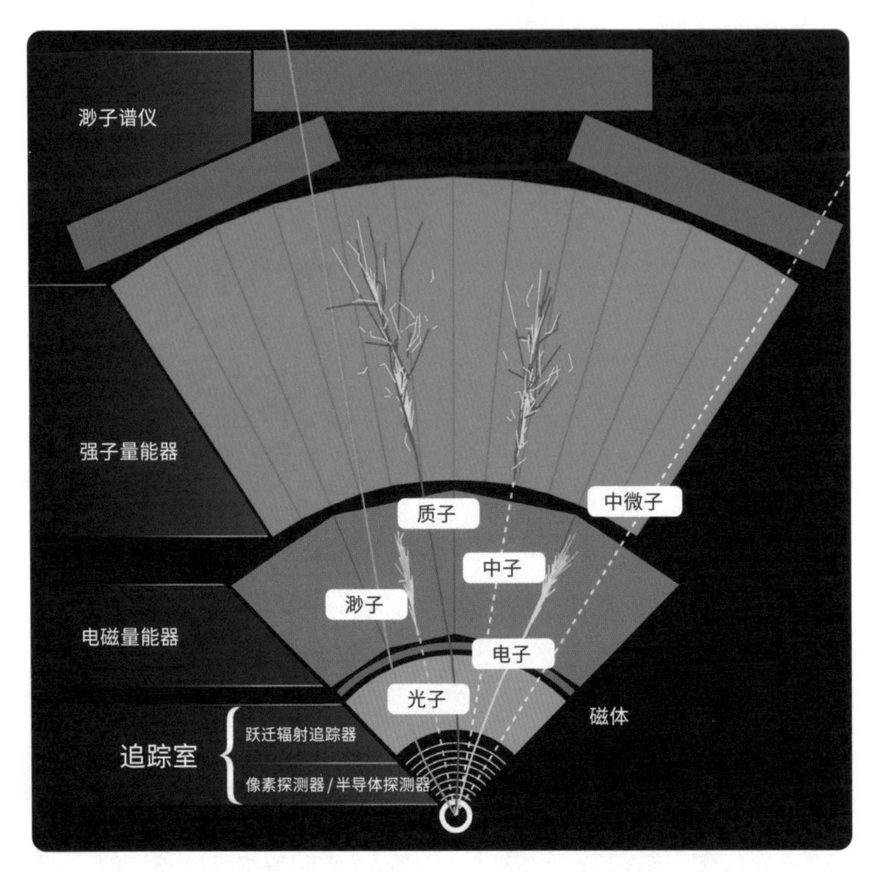

5.23 超环面谱仪的局部横截面示意图，并用不同种类的线条来描述不同粒子穿越探测器的过程，虚线表示探测器无法探测的粒子轨道。最内部的区域是所谓的“追踪室”，一旦有某个粒子从这里一层层的同心电路板中穿过，就能够向外发出信号——此时追踪便开始了。带有正电荷和负电荷的粒子在强磁体的作用下，会朝着不同的方向发生偏转。接下来，粒子就会陷落在量能器中，并发生特殊的相互作用。例如，电子会落入电磁量能器中，质子则落入强子量能器，根据它们陷入的深度也能够确定粒子的能量，最外部的渺子谱仪则可以辨识出渺子的轨道。不过，大型强子对撞机的所有探测器都无法辨识中微子

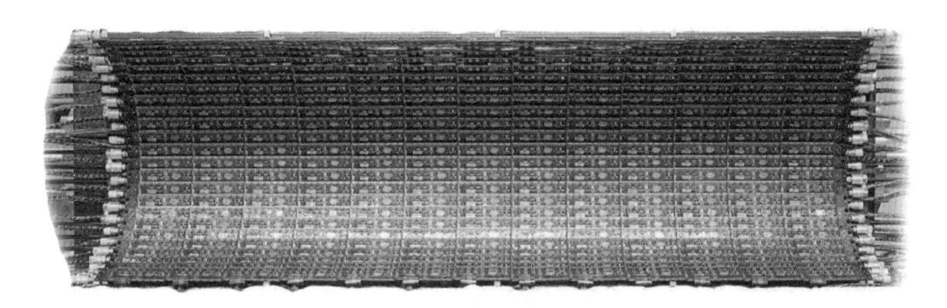

5.24 追踪室区域的一层电路板（半径为 20 厘米）

5.25 一个运输中的量能器扇形部件

5.26 波罗的海舰队的弹壳，被重新回收后用于建造紧凑渺子螺线管磁谱仪的黄铜部件

“看到”比另外一半更多的能量。再换句话说，会不会有某些我们尚不知道的东西溜走了，我们布置的关卡还不够机敏？

此外，我们还会模拟可能出现的衰变过程，只有当最后剩下的物质也符合其他的理论标准要求时，我们才能说：“好了，现在的这个就是希格斯玻色子。”

莱施：正好你提到“希格斯玻色子”，我们是从何得知这个新的粒子是一种“玻色子”的呢？

加斯纳：只有玻色子才能衰变出两个Z玻色子。此外，其自旋h/2π被排除在衰变成光子对的过程中［根据列夫·朗道（Lev Landau）和杨振宁定理］。这使得最可能的自旋为零，而玻色子在标量场内就是如此。标准模型给我们提供了很好的粒子搜索范围。关键之处在于，我们要尽可能精确地认识到，每一种反应会产生出什么样的物质。

莱施：而这也是刚刚提及的两个关卡的任务，即大型强子对撞机的两大探测器：超环面谱仪和紧凑渺子螺线管磁谱仪。

5.27 21米长、16米高的圆柱形紧凑渺子螺线管磁谱仪横截面（质量约为12 500吨）

加斯纳：这是极其复杂的粒子障碍。同心圆柱体内是一排又一排的测量设备，总共使用了将近2万吨材料。由于探测器需要持续承受粒子冲击，因此预期使用寿命不超过15年。

莱施：希望到那个时候我们已经有更好的办法了。

加斯纳：紧凑渺子螺线管磁谱仪的黄铜来源也十分有趣。它所需要的大量黄铜来自对俄罗斯波罗的海舰队炮弹弹壳的回收再利用。

莱施：这有点儿像铸剑为犁[1]。

加斯纳：寻找并证明希格斯粒子的过程，就如同在干草堆里寻找一根大头针。实际上比这还要艰难：许多在对撞的“小爆炸”中诞生的粒子，平均寿命非常短，以至于我们只能辨识出它们衰变后的产物。

---

1 指苏联于1957年赠送给联合国的著名雕塑，表达了对和平的渴望。——审订

虽然借助标准模型，我们可以将这些产物足够精确地计算出来，但是计算结果受能量因素的影响也十分显著。比如希格斯粒子在126GeV（百万电子伏特）附近的能量区间中，其衰变情况如下：

概率	衰变产物
58%	b夸克，反b夸克
22%	W玻色子，虚W玻色子
8.5%	胶子，胶子
6%	t夸克，反t夸克
2.5%	Z玻色子，虚Z玻色子
2.5%	c夸克，反c夸克
0.2%	光子，光子
0.15%	光子，Z玻色子

而在其他的能量区间中，衰变通道的概率分布则是完全不同的。而且，为了清楚知道人们在寻找的是什么，必须事先知道，希望找到的这个未知粒子有多重。

莱施：也就是说，人们为了寻找某一根特定的大头针，必须要首先确定哪一堆稻草是正确的才行。

加斯纳：如果把不同的能量区间比喻成一个个稻草堆，那的确可以这么理解。而更加困难的地方还在于，计算出来的概率更高的衰变产物，例如b夸克，在其他碰撞和反应过程中也能够产生大致相当的数量。因此在这种“背景噪音”中，希格斯衰变是很难被辨识出来的。在所有的剩余物中都会出现一些中微子，而它们的能量却是无法被探测器检测出来的。比较理想的情况是，希格斯粒子可以通过两个光子的形式产生辐射，或者衰变成两个Z玻色子之后，还可以继续转变成

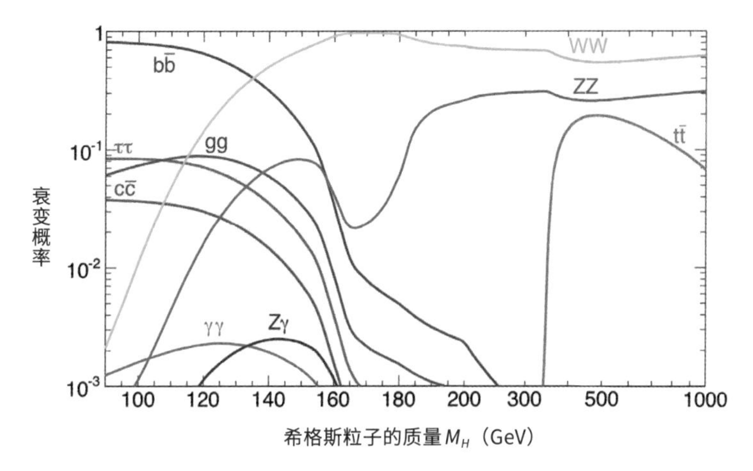

5.28 不同衰变通道关于给定希格斯粒子质量的理论概率分布曲线，图中的标记参见上文的表格数据[1]

两个电子或者两个渺子。对这些粒子而言，背景中的噪音明显微弱得多，但是出现这种情况的可能性却小到可以忽略不计。

莱施：哈！所以为了得到好的统计数据，我们一定要在加速器中尽可能多地“发射”。毕竟人们撞击的并非真正的“椰子”，虽然我觉得如果能在瑞士这条长达27千米的加速器中把椰子加速到接近光速再发射出去也挺美妙的。你说，这些椰子对撞之后，迸出来的椰汁会是什么样子的呢？这就是椰子的湮灭辐射啊！为什么我现在满脑子都回荡着这样一个声音：“谁动了我的椰子？”

加斯纳：我想你肯定是在“牛奶河”（银河）里待太久了。我差点儿想引用英国诺贝尔化学奖得主哈罗德·克罗托（Harold Kroto）的话：“最伟大的认识往往来源于最愚蠢的想法。”但是听完你这个椰子的例子，我还是把这句话收回吧。

1 此处参照了质能守恒方程，用能量的单位“百万电子伏特”（GeV）来表示质量。——审订

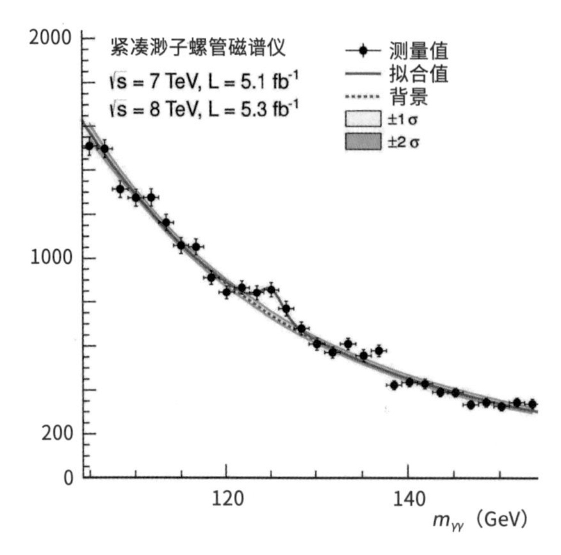

5.29 在紧凑渺子螺管磁谱仪中发现了一个非常明晰的衰变通道，衰变产物为两个光子，由此证实了希格斯粒子的存在。图表显示的是事件数量[1]随两个光子呈现总能量（每百万电子伏特，GeV）的变化关系。通过测量值拟合的曲线表明，当两个光子总能量处于120GeV与130GeV之间时，测量结果会明显偏离背景噪音。$\sqrt{s}$指的是重心处的碰撞能量，L代表的是光度[2]

莱施：哈哈，好吧……

加斯纳：我觉得非常有必要说明一下，这是物理学中的一种特殊形式，已经不是与我们日常生活息息相关的物理学内容了。这些极微小的粒子，在寻找它们的时候甚至还不存在。这些粒子必须在特定的能量状态下才能诞生。而只有当一切条件符合，进展顺利，才能够产生这样一个粒子，还不是直接能找到的粒子，而是需要经过四五道辨识程序才能够找到的……

莱施：“如果这样……如果不这样……那么就会是，是这个……而不是那个”，这样的表述已经够复杂了。当然，这也是自然科学胜利的一个标志，说明我们已经可以很好地利用我们所掌握的知识。而从另一方面来看，也同时出现一个大问题：为了能够理解当下的科学动

---

1 粒子物理学理论中，“事件”用来表示每一次粒子的对撞。——审订

2 在加速器理论中，光度指的是在单位时间、标靶的单位面积上吸收的粒子数目，1fb（飞靶）为10^{-43}平方米，fb^{-1}为“逆飞靶”，表示对应面积的粒子撞击事件总数。——审订

态，人们不得不掌握大量的知识——在理论物理和基本粒子物理领域均是如此。

🎤加斯纳：然而，我们所使用的设备也需要借助已有的“专业知识”加以校准。在粒子识别的过程中，人们只能筛选出已知范围内的东西。好在我们也是不断进步的，正如某人所说：“今天在科学界的轰动，将转化为明天优化仪器的准则。”在未来，我们拿着一张张检查清单，从粒子碰撞后的废墟中逐一查证，每完成一次对希格斯粒子（尤其是它的衰变产物）的识别，就可以在“已知”选项上打钩。同时，我们也将它作为新线索，继续寻找其他未知的物质。

如果我们能够用更精准的仪器发现希格斯粒子与其他粒子，特别是与顶夸克、底夸克、W 玻色子或Z 玻色子的耦合现象，且统计学上更为显著的话，将十分振奋人心。倘若出现了与标准模型预测相悖的偏差，那么或许正是“电弱对称性破缺”在起作用。

证明希格斯粒子的存在并不是终点，而是起点。有些理论预言有五种不同类型的希格斯粒子存在，其中两种是带电荷的，三种不带电荷。

🎤莱施：确实还有很长的路要走。一个希格斯粒子就已经够头疼的了。如果我们这本书能够为探索暗物质和暗能量做出一点儿贡献，至少在我看来已经比较满意了。

🎤加斯纳：且慢，对于希格斯场我还有一点补充。我认为还是应该给出一个明确的警告，这并非教科书中内容，更多的是我自己的所思所想。

🎤莱施：你现在可又激发了我的好奇心啊。快说吧！

🎤加斯纳：我们是从一个前提出发开始一切活动的，即宇宙中的所有物质都是波动的。而这并非巧合，实际上，许多我们最初看来恒定的现象，都会在后来出现一个非常微弱的波动。宇宙微波背景辐射就是一个很好的例子。

莱施：这也不稀奇！

加斯纳：现在我们找到了一个标量场——希格斯场，或者更确切地说，是我们证明了它的存在。这个场通过和其他粒子耦合，赋予粒子惯性质量，并假定这一特性在空间和时间维度之中都是恒定的。咱们俩，还有我们的同事哈特穆特·阿伦赫尔伟（Hartmut Arenhövel），通过对原初核合成的计算，证明了138亿年内希格斯场的真空期望值至多只是在小数点后第五位发生了变化。

莱施：我认为这就算恒定了。

加斯纳：但是如果希格斯场在空间中引起了最微小的波动，会发生什么呢？让我们设想一下，如果宇宙在希格斯场冻结之前已经处于平衡状态，然后让我们预想结果；或许你会这么说：这只是为了好玩儿。

但希格斯场完成了它的工作，也就是赋予了质量之后，空间中受影响强烈一点的位置，即惯性质量稍微多一点儿的地方，便形成了重力凝固。这些是构造进一步形成的种子，最终形成了如今的星系。通过这种自然的方式，我们就能够摆脱最初结构形成时极其复杂的理论。宇宙背景辐射的图像实际上或许只是空间中有关希格斯缺陷的一幅图像。

莱施：加斯纳，你总能做出令我吃惊的事情。希格斯场真的能够实现空间内的波动吗？我可不清楚。

加斯纳：我也不清楚，但我觉得这样的构想是十分吸引人的。

莱施：我们这些理论物理学家也一样，总是在等待着进一步的实验数据。

加斯纳：自然科学本就是在理论与实验之间往复前进的。理论物理学家画出思维建筑的蓝图，实验物理学家则需要确保每一步建造过程正确可靠，即通过具体而完善的施工图纸保证大厦根基牢固、每一层都稳定结实。在过去的几十年中，希格斯理论已经向上构思出了几个楼层，但对应的施工方案却迟迟没有敲定——虽然实验一刻也没有停歇。现在，新的实验证据出现了，我们也要做好准备，着手建造新的楼层。

莱施：但愿最后别成了巴别塔。

加斯纳：其实除了希格斯粒子，大型强子对撞机还做了其他有趣的实验，可惜鲜有人关注。单是大型离子对撞机实验就有上千名工作人员参与，他们在这里生成并分析夸克–胶子的等离子体，这种粒子正是我们假设在宇宙非常早期的阶段，即大爆炸发生后几微秒内出现的粒子。为了创造一个尽可能高的高温环境，人们并非一个接一个地发射质子，而是发射出一个又一个的铅原子核。一个铅原子核含有208个核子，其中82个是质子。当然，只有带电荷的质子才能在环形加速轨道中被加速。换成铅原子核后，原则上可以获得$82 \times 2 \times 7$ TeV的能量。另外，对于相对论中的夸克和胶子而言，温度与能量并非线性关系，温度升高的幅度只有能量密度的四分之一次方，也就是说，提供了16倍的能量，才能让温度翻一倍。然而夸克–胶子等离子体的美妙之处在于，与希格斯粒子不同，这一过程始终可以人为调节，前提是实验温度必须超过理论规定的最低温度——大约对应170MeV的能量。只需要让两个铅原子核不偏不倚地每秒对撞几百次就可以了。与紧凑渺子螺线管磁谱仪和超环面谱仪相比，这里需要的撞击次数已经少很多了。

莱施：大型离子对撞机实验器也是一个庞然大物吗？

加斯纳：或许不算，它并非严密包裹在一起，也就是说，它并不能覆盖住空间中的所有角度。此外，这个探测器的磁铁也更弱。尽管如此，这台设备也重达1万吨，长达25米、宽16米。其结构与紧凑渺子螺线管磁谱仪及超环面谱仪有所不同，因为大型离子对撞机实验面临的挑战是碰撞后产生的粒子数量过于庞大，也就导致每个粒子获得的动量相对更小。粒子“腿脚不便”，在活动的时候比较微弱，所以人们需要更仔细地盘问，以防这些粒子在第一道筛选过程中溜走，衰变成其他东西。

莱施: 我们祝愿实验物理领域的同行们早日成功。那么现在，我们两个理论物理学家，是不是应该看看理论物理的边缘了？

第6章

俯瞰边缘

行走在认知的边缘

6.1

“对于每一个真实事物，

人们都可以提出一些有意义的问题：

它是怎么诞生的？

它是如何变化的？

它又将如何走向终结。”

——哈特·福尔迈[1]

1 Gerhard Vollmer，德国当代演化伦理学家，进化认识论的代表人物。——译注

加斯纳： 福尔迈这个简单的立场，我们也可以运用到宇宙哲学当中。将近100年来，现代宇宙哲学一直在探究宇宙是如何诞生、如何发生改变及将如何走向终点。

莱施： 你说的这三个问题，还有物质的膨胀及其结构的形成，再加上粒子物理、核物理及原子物理的实验与理论，一起构成了物理学的完整体系。

加斯纳： 直到人们提出宇宙起源于一个极高温的环境，即"宇宙大爆炸"的模型，才使得宇宙学成为物理学的一个重要组成部分。一个永恒的静态宇宙应该排除在自然主义的研究范畴之外，因为物理学的研究方法或许并不适用于研究静态宇宙的起源。

莱施： 大爆炸的模型倒是能够满足"方法论自然主义"的基本要求。自然世界的统一，甚至包括宇宙本身的统一，都可以根据这个模型发展起来。

加斯纳： 宇宙的初始状态与它现在的状态大不相同，根据热力学的基本定律，人们就能够完全理解宇宙的发展过程了。

莱施： 大爆炸模型很好地反映了现代经验研究中基于过程的特点。在研究过程中，例如暗物质的产生与组成、暗能量的产生与演变等暂时的知识空白，都可以留给未来研究。人们并不会因为对其缺乏认识而止步不前，而是可以不断地深入研究。

加斯纳： 大爆炸模型在说服力及预测能力方面，几乎胜过其他所有的理论模型，同时也给科学家这些"智人"物种的大脑提供了精神食粮，满足他们的好奇心和研究欲望。

莱施： 此外，大爆炸模型也带领我们在宇宙研究中向前迈出一大步。

加斯纳： 亲爱的读者朋友们，我们很高兴能够与诸位分享这份成果。

莱施： 停一停。你可别这就开始做总结陈词了。我们的探索之旅还没有结束呢。科学家们的研究还在继续，最后发现我们的宇宙中，还有大约95%的某种物质是现有仪器观测不到的。在这样一份突如其来的重担之下，我们刚刚建立的世界观也不禁嘎吱作响。原来我们费尽周章获得的那些认识，只占据整个宇宙能量及物质不到5%的份额。

加斯纳： 莱施，你说的大概是关于咱们宇宙的主导是什么的问题。说到这里，如果用德国联邦议院来做比喻的话，我们这些“可视物质”组成的政党，可就会因为支持率不到5%而被剔除在宇宙议会之外了。[1]

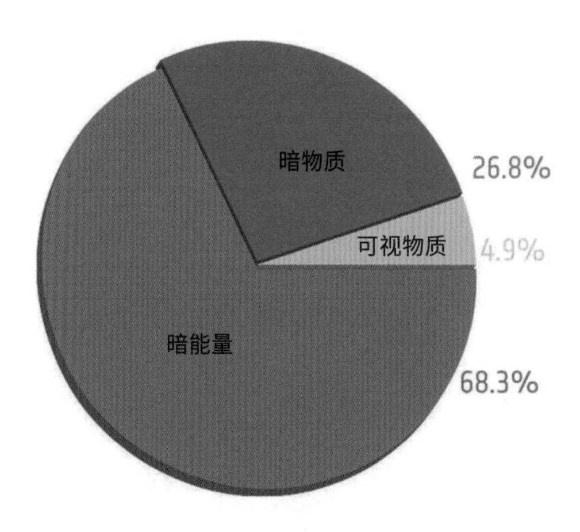

6.2 宇宙的物质构成

莱施： 是的，而且情况只会越来越糟糕。即便给咱们一个荣誉席位也于事无补。

加斯纳： 首先，我们应该肯定，那些知道自己只能“看到”宇宙5%的人，很显然对宇宙的整体概貌了解得更多一些，否则他也无法准确说出这个比例刚好是5%。其次，我们必须谨慎对待“真实”这个概念。实际上，作为自然科学家的我们是很难对实际情况做出评价的。

---

1 德国法律规定，以5%作为入阁的门槛，即选举后选票低于5%的任何政党都没有资格参与议会席位分配。——审订

莱施：你提到了很重要的一点。我们应该是“证伪者”，而非“证实者”。我们的实验仅仅能够证明，一个理论不是错误的。我们最在行的是质疑及试错，而且常常错得相当离谱。

加斯纳：或者可以借用法国作家乔治·杜哈曼（Georges Duhamel）的话：“错误才是规则，而真实只是错误发生了意外。”

莱施：但你这好像有点儿抽象。

加斯纳：或许举一个具体的例子更合适。让我们给出一个假设：所有的天鹅都是白色的。我们每观察到一只白色的天鹅，就可以证明这个假设的理论不是错误的。但这个理论也不一定就是完全正确的，因为我们并不能排除什么时候会冒出一只黑天鹅的可能——也许只是我们在此之前并没有观察到而已。反之，一旦我们看到了一只其他颜色的天鹅，那就足以推翻原来的假说了。这就是所谓的“证伪”，我们正是手握这一武器，在知识的丛林中披荆斩棘，一点儿一点儿探索向前。

弦、圈量子和超对称性

——以及其他历史

莱施：怀疑就是我们的工具。热衷怀疑的理论学家帮助我们构建了现有的世界观。他们吹着嘹亮的口号，围绕着我们已经建好的经典物理殿堂游行。他们那数不清的大幅标语中，写着“弦理论”或者“圈量子引力论”。这引起了那些持有点状的基本粒子及原始奇点观念之人的不满与反感。

加斯纳：我能够理解这种顾虑。对于大多数的物理作用力，如果形成这些力的电荷、质量或者其他的什么东西相互靠近，那么这些力也会成倍增加，力的大小与距离的平方成反比。只要这些参与对象有一定的大小，人们就可以放心入睡——因为它们不会无限靠近，作用力也就不会无限增长。就好比，尽管两颗桌球能够碰到一起，但其中一颗球的绝大部分主体与另外一颗球的绝大部分在空间上还是有一定距离的，只是在碰撞的地方发生了肉眼不可见的变形而已。但是像一个电子和一个正电子，却能够相互吸引直至彼此间的距离完全为零，从而有可能令它们产生的作用力达到无穷大。

莱施：无穷大的力可不符合我们的世界观啊。

加斯纳：好在“弦理论”能够很好地处理这个问题。在基本粒子的内部，像俄罗斯套娃一样再引入一个新的小娃娃：弦。它被看作最小的基本单元，主要的存在形式类似于一维的线。这样一来，点状的物质就可以被排除了。

莱施：以一维的线来代替零维的点，这听上去感觉也算不上什么重大突破啊。在我们的宏观世界中，它和零维的点也没有多大的区别吧？

加斯纳：哎呀，你想要在科学领域收获听众，要么得能够解释之前没有被其他人解释过的内容，要么能够使用比别人更简单的方式来描述已知事物。从这两点来看，弦理论或多或少都符合了：它不仅提出了可以统一基本作用力的新假说，同时提供了一系列简化的方法来描述我们的世界。首先，粒子动物园的所有粒子会被“蒸干”，然后就出现了具有若干特性的弦。人们可以将弦的振动模式，或者说弦的振动状态解释为类似电荷、自旋等。弦可以具有一个优先主方向，但也并不是必须如此。弦可是开放的开弦（线）或者封闭的闭弦（环）。例如引力的交换粒子“引力子”，其弦是封闭式的闭弦，而光子和胶子的弦则是不封闭的。目前是这个样子。可人们要将模型简化到这样一个最小的组成单元，代价也是相当高昂。

莱施：细节往往最折磨人，因为我们已经从无数的现代物理实验中获得了大量的细节知识。我们使用一系列模型描述这些知识，这些模型能够解释不同粒子之间的相互作用。某些情况下，这些模型会因为引力的因素而有所区分——比如有时谈论的是粒子，有时则是波。

加斯纳：一个基础理论——没有比弦理论更合适的了——必须能够拓展它的适用范围，将理论延长到极致并扭曲到极致，才能够将目前所有已知的现象囊括其中。更棘手的是这个理论的适用地带，恰恰又是我们利用最有力工具（实验）所不能企及的。因此并不是只存在一个特定的弦理论，而是有许多不同的表述方式。唯一一个我们尚且能够把握的，是基础的连续对称，以及与其关系密切的能量守恒定律。但弦理论恰恰又无法完美解释这一“连续对称”的性质——至少在四维的时空中不能。

莱施：所以我们就需要11个维度吗？那你能不能解释一下，为什么正好是要11，而不是10或者12呢？

加斯纳：哈，最好不要超过三句话，这样方便所有人理解，对吗？

莱施：是你要解释的，当然，用11句话解释也行。就像你在讲规范对称性时说的：科学家们必须有能力清楚地解释他们的思想……

加斯纳：好吧，那我姑且一试。原则上我们想要对一个物质加以描述，这个物质是存在于一个n维空间之中的，比如力对物质产生的作用，或者用理论家的话说：规范玻色子和费米子之间的相互作用。我们可以通过向量来表示玻色子，而费米子也可以采用相似的数学符号，我们称之为“旋量”。那么这样一来，玻色子和费米子之间的相互作用，就可以表述成向量和旋量之间的某种类似“乘法”的数学运算。因为我们知道，最终一定能够获得不同的对称，因此我们需要寻找一种运算方式，能够进行相应的反向计算，这样正向、反向都可以进行——就像乘法与除法。而就在此处出现了麻烦。人们将一个拥有这种特质的空间称为“可除代数”，早在1958年数学家约翰·米尔诺（John Milnor）与米歇尔·克威尔（Michel Kervaire）就证明了，可除代数只能存在于1个维度（实数）、2个维度（复数）、4个维度（四元数）或者8个维度（八元数）中。到此为止，人们可以选择怀疑，又或者抱有幻想并为此感到高兴，即在8维中无论是规范玻色子还是费米子，都可以通过八元数加以展现。人们能够得到对物质和力的统一描述——一张用于超对称性的大网编织而成。

莱施：那这才只是八维，加上时间维度也才九维。

加斯纳：没错。如果从点状粒子出发，这些粒子随着时间推移会在空间中形成一条一维的曲线。别忘了，弦本身也具备一维的特性。如果这样的一段弦在空间中活动，那么就可以划出一个平面。由此人们可以再捕获一个额外维度，现在就是十维。如果现在除了一维的弦，同时还考虑一个二维的“膜”，将它们随着时间推移放置到三维的立体空间之中，就可以再得到一个维度。

莱施：我明白了，这就是买二送一呀。

加斯纳：对，这就能够得到一个十一维的时空，而且不受点状基本粒子及奇点的限制。

莱施：那人们就可以收工了。大家都得深呼吸一下。我们的同事们该读一下伽利略写的东西：“我们提出的论据必须依照我们所感知的世界，而不是纸上的世界。”在我看来，所有这些理论都是纸上谈兵，迟早会被实验的火焰烧尽。

加斯纳：你说的这些纸上谈兵，每增加一个维度，对于振动模式而言就会多一分自由度，这就提高了对称性在每一种理论中的机会。我们需要一个新的维度，接着又需要另一个新的维度，然后我们确定：如果把所有 11 个维度综合到一起，那么我们所有的观察，都有可能与能量守恒定律、对称性及所有的事物统一起来。因此有些人认为，我们生活在一个十一维的空间之中，甚至还有人认为是二十六维。当人们尝试将所有的这些理论统一为终极的“M 理论”时，发现最好不要将弦的特性都以一维线条（即弦）的形式呈现出来，最好以二维及五维的膜的形式表现出来。

莱施：加斯纳，求求你了！你有的时候让我害怕。为什么人们看不到其他附加的维度的东西呢？

加斯纳：我可不是什么“弦理论”或者“M 理论”的捍卫者，但是你问到了基础概念。那些在宏观层面不存在的维度，会被蜷缩至最小的量子尺度。这种所谓的压缩提供了很多余地，并带来了分歧。拓扑空间会影响弦振动模式。空气在管风琴声管中的振动，与其在短笛管中的振动，或者是在萨克斯管中的振动肯定是有所不同的。我想100年后的人们肯定会回溯此时我们所做的一切并留下深刻印象。要么是被十一维的预测深深吸引，甚至已经没有任何实验的必要了；要么觉得这些科学想法令人费解。

莱施：多年来，弦理论已经做出很多预测，很多甚至是出于政策层面的，而非科学层面的认识。你之前已经提到了“超对称”（SUSY）这个概念，那它的研究现状如何呢？

加斯纳：这个想法也不算新奇。早在20世纪70年代，人们在描绘玻色子和费米子时就已经借助弦这个概念接触到对称性了。但当时的实验可能性相当缺乏。人们只是产生了这样一种想法，即每一个玻色

6.3 超对称的极简图示：每一个玻色子都存在伙伴粒子——费米伴子，反之亦然。费米子的虚拟超对称伙伴粒子可以通过前面的字母“S”表示，玻色子的超对称伙伴粒子则在其后面用“ino”表示

子都有对应的伙伴费米子，反之亦然。标准模型——铝合金及其他不必要的成分——属于最小超对称标准模型（MSSM）。单是这样的模型，就需要上述五种希格斯粒子：两个不同质量的中性粒子，一对带电荷的粒子及一个赝标量希格斯粒子。赝标量指的是，这个粒子的自旋虽然为零，但仍然无法通过其镜像被辨识。人们把符合超对称性的弦理论称为超弦理论。

莱施：这听上去不难接受，但是棘手的问题在于大型强子对撞机最终是否能够将最轻的超对称粒子射入有效作用范围之内。

加斯纳：至少在超对称的部分分支中，空气是十分稀薄的，这预示着当能量在500GeV以下时，顶夸克将出现的一个轻伙伴粒子，被称为“标量顶夸克”（stop）。这一观点迟早会被大型强子对撞机的研究人员证实或者证伪。

莱施：我最近与意大利同事聊天时曾接触过W玻色子的超对称伙伴粒子：wino。它有两个种类，分别是bianco和rosso。很明显，这些意大利同事找错地方了。[1]

加斯纳：量子色动力学（QCD）中的“味荷”同样来源于意大利的冰激凌，因为意大利冰激凌的口味种类繁多——至少QCD理论的创建者之一哈拉尔德·弗里奇（Harald Fritsch）曾经这么讲过。

在对wino做了充分研究之后，或许还能出现“希格斯”事件。如果研究人员在大型强子对撞机或意大利的实验室都没有遇到超对称粒子，那也并非意味着弦理论的失败，不过人们总是喜欢散布诸如这样的谣言。尽管如此，对统一做出的尝试还是有可能遭遇挫折，至少更简单的大统一理论（GUT）模型由于其强、弱及电磁力的耦合强度，

1　Bonnie Bianco与Pierre Cosso是意大利和法国合拍的浪漫爱情电视电影《辛迪——八十年代灰姑娘》的男女主角。——审订

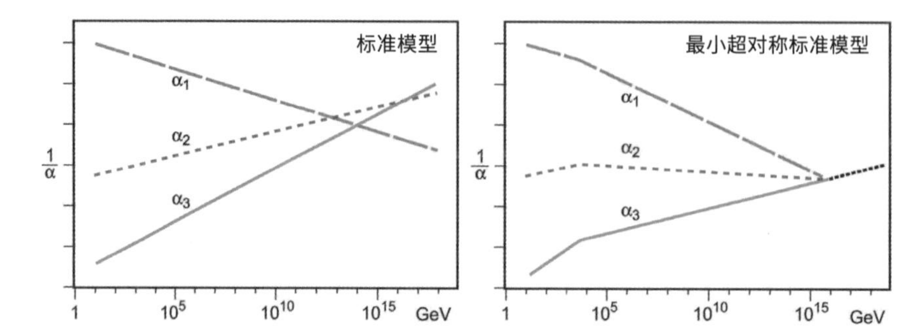

6.4 在量子场理论中，能量交换的不同强度可以通过耦合常数表示。这个耦合常数是随着能量改变而变化的，因为它受量子涨落的影响。这里说的是动态耦合。如果在电磁力（α_1）中加入耦合常数的倒数，并将其与弱核力（α_2）及强核力（α_3）放置于同一张图表之中，那么可以发现在标准模型中，这三者是无法相交于一点的（左图），而在最小超对称标准模型（MMSM）中，三者则存在一个共同的交点（右图）

在没有最小超对称标准模型的情况下是不能汇集到一点的。

莱施：简化的大统一理论模型在处理质子衰变时是有问题的。根据这一模型，一个质子的平均寿命不超过10^{31}年，而实验的最低值已经超过这个模型值的好几个数量级了。

加斯纳：我一直认为，人们能够在这样的时空当中获得这样的实验数值，是一件令人叹为观止的事情。我们的宇宙不过才存在10^{10}年。获得实验数值的技巧在于，在一个区域能够观察到的质子数量，必须足以使其在一年之中发生几次变化。这里又要提及日本的超级神冈探测器，我们之前在谈论中微子探测的时候已经接触过这个探测器了。超级神冈探测器拥有5万吨高纯度水，其中包含10^{34}个质子。这些质子理论上会发生不同的衰变，比如衰变成一个正电子与一个π介子，又或者是一个反渺子与一个π介子，每一种变化都会在光电倍增器中留下痕迹。但至今仍没有什么发现。半衰期的下限值已经接近10^{35}年。

莱施：有这么一句话嘛：钻石恒久远。或许这样也好，我们人类终究也是由大量质子构成的，足有 10^{28} 个那么多。不过，要是我们体内的质子也不断发生放射性衰变，那可就不是一件有趣的事情了。但是且慢，你不是在最开始提到简化吗？到现在为止，我只能认出双倍的粒子及大量新增加的维度。

加斯纳：在有些地方的确变得简单了。我们已经讲过：弦理论将粒子简化成一段段的弦，并有一些振动模型，而自然常数被简化成光速、普朗克量子及基本弦长。这个理论当然也包括没有质量的粒子，人们可以通过额外的假设将它们辨识出来——即可以传递引力的假想引力交换粒子。人们甚至有可能通过状态的刺激制造出引力波。这一切都吸引着理论物理学家。超对称理论再一次帮助我们弥合分歧。如果修正项通过虚粒子不断增加，那么这些粒子都能够找到带有同样修正项的超对称伙伴粒子（伴子），而电荷是相反的。不过，对于一些热衷于寻找超对称粒子的实验物理学家来说，可能存在其他困扰：很明显，这些粒子很重，否则我们早就能在加速器中证明它们的存在了；除此之外，这些粒子也无法轻易地被其他物质影响，否则我们早就通过相应的作用来捕获它们了。

莱施：我忽然有种不祥的预感。超对称粒子不会就是暗物质的热门候选者吧！

加斯纳：粒子如果只是自发衰变，也只能衰变成更轻的粒子，否则就必须从某处找到多余的能量，来填补它们的额外质量，即便是超对称粒子也不例外。哪怕所有这些超对称粒子在宇宙早期就已经全部衰变，它们当中最轻的“超中性子”也一定会残余下来。那些呈电中性、比质子重数百倍的重粒子将会以暗物质的形式呈现出来。

莱施：理论物理学家在兴奋之余，似乎打开了潘多拉魔盒。

加斯纳：嗯，而且超对称理论作为更上一级的理论，在没有弦理论及附加维度支撑的情况下，也可以在必要时勉强应付一些问题。但是在这种情况下，标准模型中自由参数的数量就需要多出5倍。尽管如此，基于超对称的基本数学原理，还是不断发展出了弦理论、超弦理论、M理论及其他类似的理论。关键的问题是：这些理论中，到底哪一个与我们的现实世界有关呢？而且与这个问题相比，其他的问题在我看来反而都是次要问题了。例如我们究竟选择以“波-粒二元论”出发，重新“规范化”为点状现象，还是宁愿通过“紧化”将11个维度卷曲成4个维度，毕竟这两个选择都无法完全让人信服。

莱施：我认识的你可不是那么容易灰心丧气的人啊。

加斯纳：好吧。那就说点儿有关弦理论的开心事吧：空间与时间的性质仍然会保留在弦理论中作为一个基本舞台，至少人们必须接受这一点。就连圈量子引力的理论也无法脱离这一基本舞台，这一理论为时间和空间假定了一种最小的量子，某种程度上像是一种“时空颗粒”。这些小颗粒被一个个小圈编织在一起，如果人们将这些小回路拆开，时间和空间也会随之消失。

莱施：多么疯狂的想法啊。成为理论之王的挑战之一，想必应该是时空的量子化了。

加斯纳：所以比起超对称理论和M理论，我对圈量子引力的好感更多一些。我们的世界充满了量子化的物理量，那为什么时间和空间不能也拥有最小的量子呢？我是不介意这些能够编织成时空网格的小圈存在的，甚至说它们是由某种流体所形成的时空流质，我都可以接受。

莱施：那么你对“量子泡沫”有什么看法？这是一个很特别的想法，认为我们的世界是建立在泡沫之上的。

加斯纳：那可得有理有据才行，不然咱们科学家可就真成哗众取宠了。不过认真地讲，一份最小尺度的时空也会具有极为巨大的潜能。

当然，我们是可以避免结果发散的，这里指的是当我们将任意多的能量加到一起时，结果不会是无穷大，而是能够收敛到一个具体的数值。相关内容在“暗能量”的章节已有涉及。波长越小，所携带的能量就越高。如果波长没有下限，那么“无穷大”的结果就不可避免。到目前为止，我们还只是专横地用普朗克长度作为最小的长度尺度，以此阻断波长无休止地减小。之所以说“专横”，是因为量子力学和广义相对论的职权边界都来自纯理论推断，并非受到真实物理现象的制约。我们甚至还可以用一个更小的数值作为波长下限。但是，倘若量子世界的空间真的存在这样一个最小份额，那么这个比我们宇宙中最小长度还要小的波长就无法做出任何贡献了，而对它们忽略不计从物理上看也应该是合理的。这样，对任意多的能量求和或者积分，最终的结果就一定是收敛的。圈量子引力论除了提供一个普朗克长度，还能够提供一个更大的尺度，用于时空在量子特征与连续特征之间的过渡。

莱施：那这方面的实验证明情况如何呢？估计最后无论是普朗克长度的 1.6×10^{-35} 米，还是普朗克时间的 5.4×10^{-44} 秒，都是难以测量的超小数值。人们真能将如此小的作用效果积分求和，并加以证明吗？

加斯纳：理论上讲，圈量子引力完全能够借助天文学的观察得到确定。被观察的对象“年龄”越大，其时空颗粒被我们的望远镜观察到的概率也就越大，毕竟光的电磁辐射是无法脱离时空的。如果存在时空的颗粒化，那就应该会导致光线在抵达地球之前的漫长距离中受到些许损害。我们一定能够识别出这一极细微的光损失。特别是脉冲发出的强辐射光，在漫长的传播过程中肯定会出现较为明显的差异，换句话说，在能量接近普朗克能量时，光速的大小应该与频率有关。实际上，在武仙座的耀变体[1]马卡良501的观察数据中已经有了首次怀

1 密度极高的高变能量源，处于星系中央的超大质量黑洞中。——审订

疑。在距离地球约5亿光年的星系中心位置有一个黑洞，这个黑洞会产生一股接近光速的喷射物，方向直指地球。这为我们提供了一个研究强脉冲辐射的极佳实验环境。早在10多年前，人们就已经发现了不同寻常之处。位于西班牙拉帕尔马、17米口径的“大气伽马切伦科夫成像望远镜”（MAGIC）于2005年观察到了耀变体的爆发。在这场爆发中，能量在TeV（万亿电子伏特）量级内的光子比500MeV量级的光子延迟了4分钟才出现。但愿不久之后，“费米伽马射线太空望远镜”（FGST）能够为我们做出解释。这个太空望远镜可是研究像马卡良501这一类野蛮对象的专家。

莱施： 在这期间，人们积极寻找遥远星体光线的不寻常之处。但由于“艾里斑”现象存在，导致多年的努力仍然没有结果。真的是一点儿也没有！来自遥远星系的图像非常清晰，甚至能够得到这些光的衍射模式。而正是由于衍射这种“富有建设性”的干扰如此明显，人们才有足够的信心排除其他干扰，比如强度或相位的干扰。如果真的存在时空颗粒，至少目前还没有证据证明它会对光辐射产生作用。

加斯纳： 还有“霍金辐射”——如果我们有朝一日真的能够测量到——根据圈量子引力论，也是拥有特征光谱的。根据理论预测的黑洞辐射是比较简单的：正如我们在大爆炸那一章认识到的，宇宙中各处的量子涨落均是以虚粒子、反粒子对的形式出现，在黑洞的事件视界中同样如此。如果虚粒子对中的一个落入黑洞，也就是说，量子涨落“同时出现，同时消失”的约定被黑洞打破，那么这个粒子的配对粒子就会留下来成为真实粒子。如果它的能量足够支撑其离开事件视界，那么从外部观察，就好像黑洞将一个粒子辐射出来。如果通过这种方式喷出大量粒子，那么它们彼此之间可能发生湮灭，合成的光子就会以光辐射的形式逃逸出来。

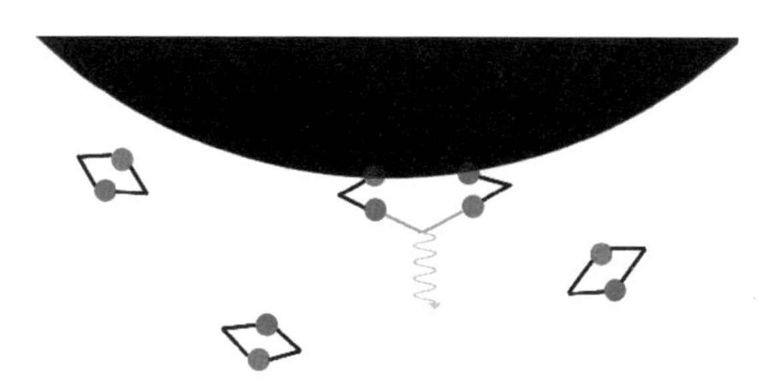

6.5 黑洞辐射。在一个以粒子（蓝色）和反粒子（红色）对的形式出现的量子涨落中，如果虚粒子对中的某一个粒子坠入黑洞，而其落单的同伴则作为真实粒子返回（绿色移动轨迹）。如果其能量足够高，使得它能够从事件视界的周围环境中逃离，那么从外部观察，就好像是黑洞向外喷射出一颗粒子。如果通过这种方式，同时产生了很多这样的粒子和反粒子，它们就能够彼此湮灭，并以合成的光子形式逃离黑洞（黄色）

莱施：这听起来让我迷迷糊糊的。我的预测是：这些理论最终都会落空——在没有量子泡沫的情况下。

加斯纳：更具体、也更有可能性的是在GZK极限截断（Greisen–Zatsepin–Kusmin–Cutoff）[1]中出现了偏差。这里指的是质子的理论能量上限，尽管质子需要移动很长的一段距离，我们还是能够在地球上观察到它们。理论上讲，质子能量高于这个极限时，在移动过程中必定与宇宙微波背景辐射中始终存在的光子发生纠缠，并产生粒子。这个过程是需要能量的。在能量处于$4 \times 10^{19} \sim 8 \times 10^{19}$电子伏特之间的质子，其20%的能量会根据质量守恒转化成 π 介子，并且会改变质子的方向。因此质子能量在高于GZK极限截断的时候，是没有办法运动一段较长距离的。典型情况是它们会被限制在几亿光年的范围之内。如果我们观察到宇宙射线中的质子的最高能量高于了GZK极限，那么它们一定来自更近的源头，否则基本反应的理论就要被修改。圈量子引

1 这一概念是以三位提出者名字的首字母命名的，用于描述远处宇宙射线应具有的理论上限值。——审订

力论预测了此类偏差。位于日本明野的巨型空气簇射阵列[1]就测量到了高于GZK极限的质子，它们几乎是各向同性的。而新设立的专业望远镜至今仍在苦苦等待这个罕见的现象再次出现。

莱施： 圈量子引力论能够如此清晰地表述是一件快事，这些表述都能直接与实验或者天文观察对接。要知道，这一点在如今是很难做到的。比如科学界一开始就完全不能理解弦理论。

加斯纳： 而且弦理论那少得可怜的预测也是可以证伪的。例如这个理论预测自然常数会随着时间改变而发生变化，而所有的实验都证明自然常数是极其恒定的，这也是起这个名字的原因。

有的同行还希望，在宇宙微波背景辐射中能够出现一些作为宇宙暴胀期遗迹特征的“弦信号”。

莱施： 这些理论有没有哪一条是属于未来的，或者它们是否为其他尚未想到的模型留有余地呢？

加斯纳： 我想借用马克·吐温（Mark Twain）的话：“人生中有两种情况不应投机猜想：第一，当你输不起的时候，第二，能够输得起的时候。”

莱施： 我明白了。这就像是一颗落到自然科学中的陨石，带来新的撞击，还需要等待一段时间。

加斯纳： 谁知道呢，或许这会儿正有人在一个图标上画了一条直线——这件事也不一定要由职业拳手[2]来做……

莱施： 我们又提到了哈勃，他把观察到的红移解释为膨胀中时空的逃逸速度，以此证明时空颗粒。

加斯纳： 你说的是“光子老化”的假说吧，根据这个假设，由于光

1 简称AGASA，在东京以西200千米的明野地区开展，持续至2004年。——审订

2 指曾经是职业拳击手的天文学家哈勃。——译注

线在传播路途中发生了一些我们尚不清楚的相互作用，才导致了红位移现象。而后提出的“空间颗粒”推理，仿佛可以佐证“光子老化”。光线在路上花费的时间越长，光子累计损失的能量就越多。因此，星体距离我们越遥远，其发生的红位移现象就越明显。

莱施：我们刚刚已经提到了艾里斑。很明显，在外太空并没有出现某种未知的相互作用，否则我们不可能从距离地球数十亿光年远的地方获得如此清晰的艾里斑图像。最后，这个理论的拥护者还希望构建一个没有发生大爆炸的宇宙世界。先不提关于红位移的阐释，至少在这里，他们就忽略了对原初核合成及宇宙微波背景辐射的观察结果。而随着射电天文学的不断发展，我们甚至可以直接观察到星体在早期的分布要比如今更加紧密。所以，如果你问我的看法，我只能说“光子老化”理论真的只是一个容易让人加速衰老的理论。

加斯纳：在哈勃天文望远镜刚刚公布观测结果的那段时间，这一学说也达到了鼎盛。那时，很多现代的手段和理论还没有成型，而且对于当时许多著名的科学家而言，一个膨胀的、四维的时空也实在是难以接受。就连爱因斯坦都有所顾忌，他的广义相对论公式也是偏向静态宇宙模型的。

莱施：其实这早就人走茶凉了。最迟在宇宙微波背景辐射得到证实之后，这个理论就成了过眼云烟。根据普朗克的黑体辐射理论，辐射的频谱是按照普朗克定律分布的，而目前的所有想法都无法实现这一目标。这一光线应该既不是从恒星发出的，也不是来自其他某种等离子体，否则我们就能够看到它的吸收光谱。我们现在需要的只是某种高温的物质，这样一来，所有的东西就能够达到热力学平衡了。

加斯纳：这甚至是所有测量数据中与普朗克分布匹配最好的了，至今我们都没有见到过这样标准的普朗克分布。就算在目前的实验室条

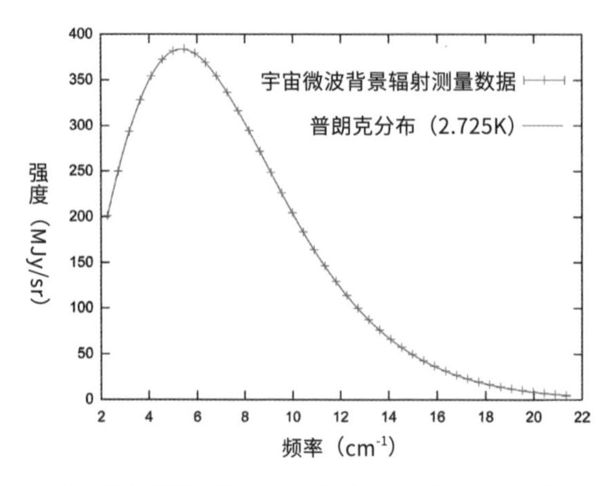

6.6 宇宙背景辐射与2.725K温度下的普朗克分布相符

件下，都无法人工弄出如此高质量的普朗克分布。而这样的分布现在有了新的意义：如果人们适当扩大研究模型的体积，以此增加其内部辐射的红位移程度，并使其与我们宇宙的膨胀相符，那么普朗克分布的形状不会改变，只不过新的普朗克分布曲线会向温度更低的方向偏移。而倘若人们只增加了光子的红位移大小，而没有改变模型的体积，也就是像静态宇宙模型的“光子老化”假想的那样，那么普朗克分布就会变成其他形状。正是由于测量结果能够与普朗克分布完美匹配，才几乎没有给“光子老化”理论留下任何余地。

莱施：即便是大爆炸理论的宿敌弗雷德·霍伊尔，也理解其中出现的问题，并推翻了自己的静态宇宙模型。取而代之的是一个调整过的恒稳态理论，其理念是：“好吧，我承认宇宙是在不断膨胀的，但是这还不足以说明宇宙曾经出现大爆炸。也有可能是一直存在的一种形态，时不时地转换一下。也就是说，宇宙有时是膨胀的，有时又是收缩的。只不过目前它处在膨胀中。”

加斯纳：哪怕只考虑到宇宙的空间膨胀作用，再加上光子的红位移

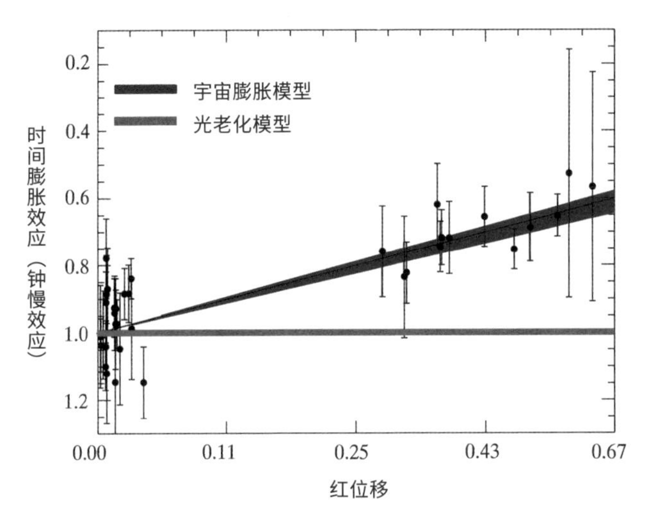

6.7 Ia超新星的时间膨胀与其红位移的关系。可以发现，随着红位移的增加，钟慢效应的数值也会随着 1/(1+红位移) 的系数减小。这与广义相对论的预测相符

效果，也不会百分百地相信那些怀疑论者。所幸我们还有一个终极证据，而且它还将宇宙的时间膨胀作用也纳入其中。如果我们的宇宙是在一个四维时空中膨胀，那其对时间的影响肯定是能够得到证明的。也就是说，不仅长度在被不断拉伸，时间也是在不断延长的。我们现在需要一个假设能够在久远过去的某一时刻打出节拍的时钟，并且还能够与我们此刻的时钟做对比。自然而然地，我们需要再搬出“标准烛光”——Ia超新星。其10%的能量会发生放射性衰变，我们在“暗能量”一节已经有所了解。这个衰变过程刚好可以让Ia超新星作为理想的天文计时器，而且遥远的Ia超新星确实存在时间变短的现象。我们观察到的“钟慢效应”与理论预测的1/（1+红移）曲线是相符的。

莱施：这就是科学的本质。相互对立的理论需要不断地将各自的预测摆出来，剩下的就只需要交给观测数据和实验结果。接着又会出现新的假设，再次加入这个循环。

加斯纳：没错，这就是科学无情的实用主义：旧王已死，新王永存！同时人们也知道，这个新国王，也就是新理论，并非永远都是正确的。然而，随着每一个新的观察结果的出现，要想提出新假设也越来越困难。每一个新的想法都必须通过过往所有的检测，这在100年前是相对容易的——毕竟那时的人们还没能提出完整的宇宙观呢。我想把这个比喻成一笔连点绘图。已经出现的点代表经验数据，在点数不多的情况下，我们很容易一笔画完，而每增加一个点，绘图的难度就会加大。

莱施：人类永无止境的好奇心总会引领我们至新的港口。早在亚里士多德时期便是如此。

加斯纳：我是想稍微抑制一下你的这股热情。刚才说的这些，也与我们观察的方式有关。无论是针对遥远的太空，还是针对世界上最微小的物质，我们始终都会受到“观察者效应”的影响。我们想尽可能独立地检查某个理论，但所使用的数据和解释逻辑却又不得不经过其他理论的浸染。

莱施：观察者效应就像一个盲点，这个不难解释：你在一个池塘里只能捕到特定的最小尺寸的鱼，然后就发明了一个理论，认为不存在更小的鱼了。直到有一天有人问你，你是怎么捕鱼的。你回答：“我用的是网眼为10厘米的捕鱼网。”于是另一个人接着你的话说：“那你捕不到更小的鱼，也不奇怪。”

加斯纳：我们现在用于搜索外太空信息的“网”，指的正是光线。所以对于那些没有与光线发生相互作用的物体，我们是难以捕捉到它们的信息的。而对于最微小的物质世界，我们编织的网则基于标准模型的预测。而这一切都是以数学为最高准则，每一种形式的观察都是与数学相结合的。这里我想说明的是“理论浸染的观察”。在描述我们的世界方面，数学竟然有如此大的作用，真的很有趣。数学与世界这两者，明显都要基于某种结构才能存在，这个世界的物质结构最终让生命得以诞生；而正是生命的持续演化，才会为数学的出现提供一个充满智慧的大脑结构。但是如果你想要尝试预测某个人的行为，那数学肯定是不合适的。

莱施：我也确信如此。我们已经强调过，人类的大脑是一个复杂至极的网络，是迄今为止在宇宙中所能找到的最复杂的网络。比如我们亲爱的读者朋友们在阅读本书时，大脑的运作就已经相当不可思议了——这不单指阅读内容的复杂程度。

加斯纳：数学是无法成功制造出重1.4千克，由脂肪、水及一些微量元素构成的大脑的。但是数学能够用于描述宇宙，这个聚集了我们人类所有大脑的地方，而且数学是最合适的工具。

莱施：数学也不是万能的！它只适用于那些我真正能够测量的物质。但比如说我自身在世界上的经历与感受，是没有办法通过数学进行计算的。我的内心感受无法通过经验公式求解。但是我确信，世界上存在着一个我，也存在着一个你，存在着一切其他可能的人，这些人的内心状态是我永远无法通过经验科学和测量手段获取的。我是独一无二的，只依赖于我的信念。

加斯纳：我们无法测量一个人的信念，对于类似希望与信仰这样的概念也是无法通过测量得出的。这些不是数学概念。智人生命的一个体现便在于，他对未来充满希望。

莱施：或者对数学也同样充满希望，认为数学有朝一日能够解决问题并排除一切质疑。我认为数学是一种工具，是结构科学的重要工具。也正因如此，我们很多数学理论可以毫无理由地建立起来。

加斯纳：诺贝尔物理学奖得主理查德·费曼（Richard Feynman）所言非常形象："科学就像爱情，虽然有时能孕育新生命，但这并非我们坠入爱河的全部原因。”

6.8 理查德·费曼
（1918—1988）

莱施：的确如此。数学是可以不需要自然现象支撑的。或者换一种说法：数学家的数学思维不需要借助于自然现象激发。恰恰相反！他们甚至尝试直接为根本不能存在的世界构建数学理论。至少物理学家如此认为。

加斯纳：数学家具有更多的选择权，他们能够想象不同的场景，而与之相比，我们物理学家的框架条件则更为苛刻。我们研究世界，就是致力于研究其应有的模样。我们为交响乐团惊叹，但如果多了或者少了一些乐器，我们是不会问出“音乐会听上去会不会有差别”这样的问题的。

莱施：别忘了，毕竟咱们物理学家可是驯化过的数学家，真的算得上训练有素。那么我们的驯化方式是什么呢？就拿表述某些物理量的守恒来说吧，比如能量守恒，那就是能量只能转换而不会凭空产生或是消失；对于动量守恒，那就是动量也只能转换而不会凭空产生或是消失，等等，以此类推。这就是规则……人们怎么说来着？正是规则才让守恒定律成为可能。实际上，在所有的数学理论中，我们只能随心所欲地使用很小的一部分。

加斯纳：让我将美籍物理学家理查德·费曼和英国的生物学家亨利·赫胥黎（Henry Huxley）的表述结合起来，重新转述一下：科学就是想象的紧身衣，其最大的悲剧之处在于，它用活生生的现实打击那些美好的想象。

莱施：而在我看来值得注意的是，我们在研究的过程中还在不断发展新的数学工具，用以解释这个世界的稳定性。为什么世界主要保持这样的状态？为什么我们眼前的桌子不会发生衰变，你也不会发生衰变？这时，我们先找来一个已经成功的答案，然后把它一点点地向内调整，又或者一点点地向外变换，于是就能得到一个新的答案。这就是我敬畏数学的原因。但我并不认为这就是世界的普遍性。数学是一个重要的工具，但是它对于我并不是宇宙的终极解释，数学并非世界的最后解释。我认为世界的终极解释不应该是数学的。

加斯纳：数学并没有向我们述说世界上的具体某物。你刚刚也说了，数学提供了比真实世界更多的表述可能性。为此我们需要当心，尤其是在理论物理领域。我们必须能够始终确定一个观察结果。实验和理论就像是在打乒乓球一样，你来我往，又或者是对于像你这样的足球迷而言，可以借用一下塞普·赫尔贝格（Sepp Herberger）[1]的话：实验之后便是下次实验之前。如果我们长时间没有借助工具，就会很容易被绊倒。

莱施：这在理论物理学领域无疑是一个危险的信号。现代理论基于一个信仰，即基本力是在大爆炸发生后不久，由于能量达到一定高度，以“原始力”的形式统一起来的（见图2.21）。而这一点并没有任何自然现象可供观察。诺贝尔奖得主温伯格和萨拉姆成功地将弱相互作用与电磁作用统一起来，朝着正确的方向迈出了第一步，但之后所有基本力的统一至今仍然只是空想。

加斯纳：这也是我们的希望，将复杂的世界观重新统一简化。古希腊哲学家们的世界还是比较有序的。他们认为世界由四种“基本元素”组成：土、火、水与空气。通过近现代自然科学研究，从中找出了92种相对稳定的化学元素。接着，一个关键的简化出现了，研究发现，

---

1 德国著名的国家足球队主教练，“一场比赛后便是下一场比赛前”“下一场比赛永远艰难”等名言都是出自他口。——审订

这92种元素都是由三种基本的微观粒子构成的，即质子、中子和电子。但这个发现带来的欣喜是短暂的，紧接着就有了更新的发现：π介子、渺子、中微子，以及后来包括一系列粒子及其反粒子的“粒子乐园”。这些粒子与众多规则及三大基本力一同被置于“标准模型”的概念之下。第四基本力——引力——遗憾地尚未融入这个体系当中。因此我十分能够理解科学家们希望将一切统一起来并加以简化的愿望。

莱施：粒子来粒子去的，实在复杂。这里说的是如何将四种完全不同的基本力统一起来，其中一种只在原子核内才会起作用，其他三种的作用范围则可以延展至广袤的星系之间。

加斯纳：希格斯机制恰恰在这方面显露出了它的强大。相互作用力基本都是通过粒子传递的，这些规范玻色子类似邮局的信件，在不同的相互作用对象之间进行交换。交换弱相互作用（弱核力）的规范玻色子非常重，因而运送它们的“信使”就需要费劲地拖拽它们，导致弱核力的作用范围受限；而电磁相互作用（电磁力）的交换粒子是没有质量的光子，是一件毫不费力的“包裹”，所以它的投送范围是没有尽头的。但是在宇宙早期，如果当时还没有希格斯场的作用，无法给粒子赋予质量，导致所有规范玻色子对应的静质量都是零，那么我们就在统一相互作用力的道路上向前迈出了一大步。

莱施：但是对于寻找*n*个维度的“M理论”而言，并没有与之对应的天然现象。实际上人们必须说，而且需要严肃认真地说：这是实验的数学！

加斯纳：1988年，费曼在去世前曾这样评价弦理论——我按照大致意思免费给你翻译一下：“我不喜欢这个完全无法通过计算验证的理论，我也不喜欢这个没有对标准模型的数值做出任何解释的理论，我更不喜欢它针对所有不能与实验结果相符的事情，就这么拼凑出了一个解释，然后搪塞一句：‘是的，你的质疑我都懂，但是尽管如此，这一切都有可能是正确的。’比如说，这个理论需要10个维度。好吧，也许在数学上是有可能将其中的6个维度卷缩起来，但是为什么不是卷缩7个维度呢？想必这个理论所使用的方程应该能够确定需要卷缩几个维度，而非强行为了和实验结论保持一致。究竟为什么不能是10个维度中的8个被卷缩，这其实是毫无理由的，而只保留两个空间维度可能又与我们的经验完全违背。”

莱施：费曼总是能够精准地切中要害——而且这还是发生在30多年前。自那以后没有其他表述能够反驳他的这一论述。

加斯纳：当我听到，我们生活在十一维的空间中时，我突然想到了德国文学家莱辛（Lessing）。他说过：“面对一些事物，只要人们还没有失去理智，那就没有失去什么。”幸运的是，在自然科学领域还是可以证明出一些具体的东西的。

莱施：如果弦理论采用的是经验数学，那么可以算得上是结构科学中的一次纯粹尝试。结构科学的假说不会因为经验不足而失败。而且能够大胆想象也是有意义的，说不定有朝一日就实现了。但是，希望在最后破灭了。

加斯纳：起初弦理论只用于研究强相互作用。尽管如此，也出现了很多不可逾越的障碍，比如没有质量的神秘粒子。而当人们在那之后将弦理论换成其他表述方式时，这个没有质量的粒子又变身成真正的祝福之物，因为它能够很好地解释缺失的引力。

莱施：我所说的实验数学便是如此：人们研究出一种数学手段，然后再去寻找它在物理学中的运用。而现在，能够成为方法论自然主义基础的实验到底在哪里呢？至少在物理层面上，我们至今一无所获，也没办法骄傲地说：“啊哈！用这个方法，我们终于能够证明弦理论了。”

加斯纳：嗯，关于额外维度的假设很贴近普朗克世界，远远位于我们的经验世界之外。

莱施：问题是我们想象中的弦应该有多大呢，我在想是不是与一颗原子差不多大小？

加斯纳：要让弦与你的身高相当，就得让一个原子与太阳系一样大。

莱施：好吧，看来我们在微观世界钻研得还远不够深入。

加斯纳：尽管如此，我还是坚信，人类对研究的渴望最终能够找到一条道路，很好地安置弦理论。第一道希望之光有可能是微型黑洞，如果我们能够证明这一点的话。但这是好坏参半的事情。如果超过特定能量之后真的存在小黑洞，那么就会对未来的观察设下一个边界。这就像一堵墙，阻止我们观察超过这个视线视界的重粒子。

莱施：这样一来，我们不断使用更高能量制造碰撞就没有意义了——太遗憾了！人们要怎样才能在大型强子对撞机中辨认出黑洞呢？

加斯纳：我们可以通过极端各向同性的事件（即粒子对撞）找到黑洞。人们在正常情况下看到的碰撞是一股喷流，也就是某些东西会在碰撞后沿相反方向飞出。之所以是相反方向，是因为如果是其他方向，动量守恒就会遭到破坏。如果一个左边的质子与一个右边的相应质子发生碰撞，那么重心处的总动量为零。相应地，飞出去的物质总动量也应该是零——以相反方向飞出。如果存在一个黑洞，那么我们认为，它会在最短时间内因黑洞辐射的作用而蒸发。这一由理论预测的蒸发过程应该——再次基于动量守恒——是一个各向接近均质的分布，也就是说，黑洞辐射产生的微观物质，不会只沿着两个方向喷射出来，而是会分散到所有的方向。由此人们便可以识别出黑洞。而它的大兄长——星际间黑洞——则算得上是我们的老朋友了。虽然至今还不能证明其黑洞辐射现象，但是我们从它的半径与质量的关系可以知道，引力在其中的作用如何。

莱施：但我们的同行霍金发表的一个黑洞理论引起了人们的质疑，他认为黑洞不存在。对此说法，我得注意控制住自己的情绪。很明显，霍金对观察结果没有太多了解，否则他是不会这么说的。有许多活跃的星系核、小型类星体及激变变星等，这些观测天体物理学的确凿事实，只能用黑洞的存在及其影响来解释，尤其是基于吸积盘及其旋转行为的黑洞效应——一部分是恒星黑洞，一部分是超级黑洞。我不理解为什么霍金要间接否认这一切。抱歉，但这一点我实在是不吐不快。

加斯纳：我想这应该是仓促之下的发言。霍金将自己的想法公之于众时，并没有提供合乎逻辑的计算，更别说发表一篇学术论文了。我能够理解霍金的基本目标。他与许多理论学家一样，不满于一种情况，即一旦有物质跌入黑洞，就会丢失所有信息，这也的确是现在发生的。黑洞可以吸取质量，理想的情况下甚至还可以改变扭矩与吸收电荷，而被吸收物质的所有其他特性都消失了。这就是广义相对论与量子力学矛盾的地方，量子力学认为信息是守恒量，这就是黑洞信息悖论。如果信息没有与物质一同跌入黑洞之中，而只是存储在事件视界上，那么物理学两大重要理论（相对论和量子力学）之间的争论就可以平息了。这些信息甚至能够借助黑洞辐射从事件视界中返回，但估计会受到不可逆转的损害，这就是霍金的想法。我的建议是，让我们再等待一段时间，看看他最终发表的文章。[1]

莱施：好吧，让我们回到原来的话题，借助大型强子对撞机的微型黑洞寻找额外维度。

1 本书出版时霍金还在世，他于2018年3月逝世。——审订

加斯纳：宏观物体的引力，与距离的平方成反比——即$1/r^2$。人们可以借助量子场理论得出，引力的下降与空间维度数N相关，公式表示为以$1/r^{(N-1)}$。如果在大型强子对撞机中真的找到微型黑洞，且这些黑洞的表现与我们已有理论预测的有所不同，那么人们就可以根据这一“反常表现”反推出空间的维度数量。这个数量必须能决定世界最细微的物质，从而使引力能够再次合理地对整个世界起作用。

私底下人们还希望能够借此解释，为何引力作用比其他的基本相互作用更微弱，并向统一全部相互作用的目标更近一步。其实，真实的引力作用应该强很多，之所以有更微弱的印象，是因为引力是唯一一个能够在额外的紧化空间维度[1]中起作用的基本相互作用。在我们熟悉的三维空间中，也许引力只发挥出了一小部分功力而已。也正因如此，引力在弦理论模型中属于一种闭弦，它的这一拓扑结构使它在任何地方都无法固定下来。而其他相互作用的交换粒子则都是开弦，端部可以与我们熟悉的四维时空相连，这也是它们无法从我们这个世界里脱离的原因。

莱施：所以说研究额外维度的关键之处，便是对引力的研究了。

加斯纳：至少我们希望如此。也可能虚拟卷缩的维度比我们想象中的要大，而我们借助大型强子对撞机可以获得更小的长度尺度。在紧化维度之内的引力更强，能够满足黑洞产生的条件。倘若如此，那么额外维度就会暴露出来。

莱施：你说的这些有太多的假设因素了。

加斯纳：这听上去相当绕，具有颠覆性。与这些对象打交道的时候我们必须万分谨慎，否则就可能成为缺乏想象力的受害者。任何时候，

---

1 紧化亦称紧致化，在弦理论中指改变某些时空维度的拓扑结构，用于解决额外空间的问题。——审订

6.9 迈克尔·法拉第
(1791—1867)

只要我们还没有成功推翻某个假说（无论它是如何产生的），只要它不是那么荒谬，我们就都应该劝导人们努力维护科学的公平与公正。爱因斯坦在100年前计算认为，空间和时间可以在物质附近发生扭曲，当时人们也十分不待见这种想法。尽管如此，爱因斯坦的这一想法至今都是正确的。而英国物理学家迈克尔·法拉第（Michael Faraday）在1831—1854年间构思出不可见的场线，并将研究成果在他的《电学实验研究》中发表出来，要知道，这个想法对于当时的人们来说也是十分陌生的。如果人们像抹去桌子上的灰尘一样，忽略了他的这些想法，那么如今的世界就不会有电，整个世界肯定会大变样。

莱施：那样的话，我们想要刮胡子，就只能打完剃须泡沫后再一点儿一点儿地“刮”了。

加斯纳：时任英国首相威廉·格莱斯顿（William Gladstone）曾问法拉第：“你说的都很好。但是这些看不见的场线能够给我们带来什么好处呢？”法拉第回答道：“您说得对。我也不知道它们能够带来什么好处。但是我知道，您终有一天会因此而大幅提升税收。”

莱施：这就是有远见的人。对了，说到远见，我们可就面临一个基本问题了：“上帝在我们的现代科学中还能够有一席之地吗？”

现代科学还有上帝的一席之地吗

"那些提出错误问题的人，也不该奢望得到正确的答案。"

——霍斯特·卡尔滕豪泽

加斯纳：希格斯粒子有时也被人们称为"上帝粒子"，你知道为什么吗？

莱施：当然。诺贝尔物理学奖得主利昂·莱德曼（Leon Ledermann）于1993年提交了一份关于"希格斯"的书稿。为了强调寻找这些粒子的过程极其艰辛，他起的标题是"该死的粒子"（The God Damn Particle），之后出版商则干脆地把"该死"（Damn）二字去掉。于是，希格斯这个"上帝粒子"的名字就这么确定了下来。

加斯纳：由此倒也造成了一个非常不幸的情况。这个名字出现之前，许多人是对神学负责的，自然科学没有介入其中。而很长一段时间，神学家一直在进行一场遮遮掩掩的防御撤退战。神学家的活动领域跟自然科学家的完全不同，就算是同一片领域，也是一方是在草地上踢足球，另一方在采摘雏菊，大家各玩各的。把这件事视为神学与科学的相互排挤，是错误的。

莱施：在自然科学领域，最小的普朗克长度只有10^{-35}米，从这点来看，神学家口中的上帝可能也要缩水到盆景的大小了。

加斯纳： 我们很有必要再稍微解释一下：自然科学家是没有权限对信仰问题说三道四的，尽管他们在早些时候常常觉得自己被赋予了这项使命。

莱施： 这一点我完全同意。我到底是不是真的一名无神论者，也许只有上帝才知道。

加斯纳： 自然科学家是宇宙内部的装饰设计师，我们只是负责对家具和物品进行观察、测量与研究。而我们对于这个建筑物的主人，以及它的建造者，甚至它的用途，都一无所知。

莱施： 物理学与意识无关，也与神明无关。在我们的计算公式中，从来不会出现一个“上帝”项，既无法对我们的意识从0～1求积分，也无法关于上帝求导数。所以物理学既非意识，亦非神明。

加斯纳： 我们只是去做这件事就行了。不然又会产生这样一个印象，以为我们能够或者是想要制造一个爆炸性的大新闻。还有谁的答案能比美国天文学家罗伯特·加斯特罗（Robert Jastrow）的表述更加合适呢：“自然科学似乎永远不可能揭开造物主的神秘面纱。对于信仰理智力量的科学家而言，故事结束时就像陷进了一场噩梦。他在攀登未知世界的山峰，当他就快要征服最高的顶峰、艰辛地抓住最后一块石头的时候，却有一大群神学家走过来并同他问候，而这群神学家早在数百年前就已经在这儿了。”

莱施： 还有下面这个论点也是经常被他们使用的：“如果一切都如此精确、如此合乎时宜，恰好能够让生命存在，那这不正是证明造物主存在的最好证据吗？正是神明的造物主才能将一切都安排得如此恰到好处。”我又回想起之前咱们提到的那只坐在打字机前的猴子，不管事情发生的可能性多么微乎其微，只要等待的时间足够长，没准儿真就会在某个时刻发生。

加斯纳：如果还是难以在两个假说中做出选择，那我们还可以借助在科学界中经常用到的“奥卡姆剃刀原理”。这个定律要求，人们应该尽可能地精简初始值及边界条件，“如无必要，勿增实体”。换句话说：在对同一个事实做出的不同解释中，我更乐意采纳最简单的说法。但是现在问题来了：到底哪一种假设才能够对我们如此精准的宇宙给出最简单的解释呢？是有无数个平行宇宙，还是只有一个造物主？

莱施：你可千万别把这个问题丢给我。

加斯纳：那让我们看看中国思想家庄子的说法：“夫知者不言，言者不知，故圣人行不言之教。”

6.10 您在这个地方还需要更加精准一些……

现在能告诉我们什么

——从蜘蛛杀手到蜘蛛放生者

🎤**加斯纳：**关于生命，我们已经讨论了很多，只有满足许多的前提，生命才有可能出现。对我而言，这是一个基本认识：对整个过程的精准调节，以及宇宙中所有的作用力都有存在的意义——这是一条看不见的宇宙纽带，将所有我们观察到的事物连接起来，以及决定我们自身存在的前提条件。我想引用一个人的话，但这里例外地只是想反驳他——著名哲学家路德维希·维特根斯坦（Ludwig Wittgenstein）说："即便一切可能的科学问题都能得到解答，我们仍然没有触及生命问题。"在我看来这一切恰恰相反：所有的科学问题到头来都取决于我们自己，我们需要做的是从我们的生命问题中得出合适的推论。

🎤**莱施：**你是怎么认为的？

🎤**加斯纳：**如果一个宇宙中没有我们观察到的那些恒星、白矮星、红巨星、黑洞，以及其他域外物体的话，那么这个宇宙中肯定也不会存在我们人类。尽管人类彼此看上去有着很大差异，但是大家本质上都是四种基本作用力的结果。宇宙着实花了很大工夫，才构建出我们这样的生命形式。对于我个人而言，这也是天文学的真正魅力所在。当然，这也与我们的职责——选择如何对待生命——紧密联系。伟大的思想家康德一生几乎都没有走出过他生活的柯尼斯堡这个小地方，他说的话却直击要点："如今有两件事让我越思考越觉得神奇，心中也越充满敬畏，一是我头顶上这满天星斗的天空，一是我心中的道德准则。我时常想着这两件事情，并将它们与我存在的意识直接相连。"

莱施：既然你提到了哲学家，那我就要用大哲学家乔治·威廉·弗里德里希·黑格尔（Georg Wilhelm Friedrich Hegel）的观点来反驳你了："人类并非动物，因为人类知道自己恰为动物之一。"

加斯纳：没错，但是我们借此再次突出了我们的生活方式——我并不喜欢这一点。这只是朝着"让地球听命于我们"又进了一步。必须要注意的是，我们不能把人类本身看得太重。可以这么说，自从我致力于研究天文物理等方面的内容，我在日常生活中、在细微之处，对待生命的方式就发生了变化。对待生命，我变得更加留心了，以前我总是毫无顾虑地扼杀生命，比如"烦人"的蜘蛛，而如今我会捉住它放生到花园里。这正是一个从蜘蛛杀手到蜘蛛放生者的转变过程。

莱施：我正好也是蜘蛛的容忍者。严肃地讲，新的知识可以让我们改变视角，探究自己的行为并最终做出改变，这是了不起的成就！

加斯纳：英国作家约翰·拉斯金（John Ruskin）会喜欢这种方式。"努力的真正价值并不在于我们得到了什么，而在于我们努力之后所成为的那个新的自己。"

莱施：他总是能说出金科玉律。人们能够惊人地从已发生的事件中不断学习，从而让当下可能发生的事件得以发生：宇宙的诞生离不开时间之箭，而时间之箭中又充斥着元素粒子。物质和反物质的湮灭会留下神秘的残余物。随后的结构构建战胜了膨胀。尘埃聚集成恒星与星系。恒星中多种物质发生聚变，而超新星就像聚宝盆一样把这些聚变物质倾倒入星系中。这些物质又进一步形成行星，生命在行星中诞生。一切环环相扣。

加斯纳：而我们就在这其中的一环内，惊奇地望着相扣的每一环，吃惊地想着，如何得此厚爱，这一切到底是怎么发生并相互作用的。宇宙中的所有力都如此精准微妙地发挥作用，令生命的出现成为可能。力的关系可以使用自然常数做代表。当然，这些数值仅代表特定的单位系统计数。但是这并不会改变一个事实，即不同的单位系统中都存在适合生命存在的星座，而我们能够对宇宙中的这些数值加以测量。自然恒量就像神秘的银行卡密码和验证码，使用这些数字便能够在宇宙的ATM机——地球——中“提取”出生命。如果我们输入了其他的星座位置，那么这个自动提款机就只会保持沉默，而不会送出大把的“生命”钞票。

莱施：但愿我们的账户还没有透支太多。

加斯纳：我可是个乐观主义者。宇宙就像一个赌场，生命就是超级大奖。我们时不时地中头奖，运气极佳。

莱施：尽管我们好运连连，但好运迟早会有结束的一天，而我们地球上的生命就像是走钢丝时握在手中的那根长棍。我们在宇宙这个马戏棚内摇摇晃晃，十分依赖环境。

加斯纳：而且通常还没有保护网和防护垫！现代化的科技让我们自以为有安全感，几乎对大自然无所不能为。但是我们往往容易忘记，人类的生命根基是多么脆弱。那些以为运用所有可能的技术就能尝试一切的人，并没有完全理解这个世界的种种关联。高等智慧生物只在极小的范围内才可能存在。德国著名学者、诺贝尔和平奖获得者阿尔贝特·施韦泽（Albert Schweizer）早在50年前就说过：“我们生活的时代是危险的。人类控制了大自然，却没有在那之前先学会控制自己。”

莱施：他是一位智者。在我们把地球毁坏殆尽之前，可别忘了最近的一个系外宜居行星，我们还难以抵达呢。尽管我们的技术和能力已经很先进，但人们在与世界打交道的时候，必须无时无刻保有一份这样的认识和意识。我还要坦白地跟你说，有时我在阅读自然科学文献时总会感到筋疲力尽。人们读到的都是全球变暖与气候变化一类的内容。而我指的可不是那些陈词滥调，像气候变暖是因为人类排放大量二氧化碳所引发的温室效应。

加斯纳：你指的是气候研究中的物理细节？

莱施：没错，物理在气候研究中方方面面的应用。不妨再举个例子吧：比如温度升高的时候，雪花的冰晶大小也会逐渐变大，从而导致其反射能力下降。

加斯纳：也就是说，越来越多来自太阳辐射的能量会被雪花储存起来，而它们自身的温度也会变得更高。

莱施：正是如此。而作为理论天体物理学教授，我坐在天文观测台里阅读这些内容，研究其中的关系，审查每个观点，然后继续在其他文献中查找资料。物理学家提出的问题清晰易懂，因为气候研究到头来就是气候物理学研究。

加斯纳：我想我知道你的用意了。一方面，我们在宇宙边缘致力于极重要的研究，尝试向应力场中多跨一步；另一方面则是与地球变暖、能源使用及其他由于我们人类活动所造成的后果等相关的重要研究。

莱施：多么鲜明的对比！我走出办公室，碰到同事们，会想：我们到底在做什么？暗能量和暗物质都是距离我们非常遥远的地外之物。就连同在银河系的恒星也离我们很遥远，我们甚至不知道它们是否真的存在。而眼下，我们身边的冰块可正在加速融化！作为物理学家的我也得出一分力。

加斯纳：我理解你进退两难的境地。但这个世界上所有的问题，原则上都是如此。如果我们能够阻止气候变暖，也还会有其他尚未解决的严重问题。人们还可以扪心自问，如果我们还不能解决地球上的饥荒、战争、难民及其他社会灾难，又如何研究暗能量和暗物质。气候变暖问题之所以引起了你的关注，是因为这刚好是一种物理现象，所以才直接落入了我们的责任范围之内。而作为这颗星球的共同居民，我们同时还应该对许多其他问题负责。但如果这样来看，那么面包师、农民和律师也都要自问：既然世界上还有那么多难题，我又怎么能够安然静气地在这里烘焙、犁地及谈论法律呢。我认为，作为科学家的我们，肩负的重要任务之一就是坚持我们的研究成果，将它应用到公共事业中、传播给大众并引起他们对问题的关注和敏感度。

莱施：长期以来，人们依旧在无节制地使用所有自然资源。在地球的很多地方，化石燃料持续被开采使用，种种行为都是自然整体系统中的一个参数，综合起来便导致全球持续不断变暖。政治和经济层面都没有对建立在科学基础上的知识予以足够的重视，即那些有关反馈及反作用循环的知识，因为这些知识与决策变更并没有十分直接的关联。这种“照常营业”的场景将粉饰经济持续性，而最终，当所有的海平面上升，沿海地带及其城市中心都将发生自然灾害。特别是地球两极的冰川减少，导致对太阳辐射的反射能力大幅下降，最终将会造成灾难性的气候反应，其严重后果包括气候移民、农作物歉收、长期干旱、风暴及洪水等，这些都会对欧洲大陆带来严重影响。人类已经严重改变了地球的条件，以至于现在讨论地质年代的时候，人们不得不创造一个新词语——“人类纪”[1]。

---

1 自1784年瓦特发明蒸汽机以来，人类活动引起的全球性环境问题日益突出，人类对地球的影响越来越大；科学家为这个时期提出了一个全新的地质年代概念——人类纪。——译注

加斯纳：我觉得更贴切的应该是“疯狂猿人”时代。一群发疯的猿人打破自然平衡，制定自己的规则，至少在短暂时间内将一切本末颠倒了。我们必须为此负责。我们就像是新时代的小行星撞击，因为人类造成了多个物种的大量死亡。而对于我们科学家而言，悲剧之处在于，恰恰是我们的知识构建了这一事态发展的基础。没有现代自然科学的“知道为何”，就不会出现工程科学的“知道如何”。尽管早在石器时代就出现了对自然资源的过度使用，但是工业技术革命大大加速了其中的杠杆效应。矛盾的是，恰恰是人类的认知导致了人类的非理智行为。

莱施：经验科学的凯旋，在我们的大脑中播下了“任何事情都行得通”的种子。于是潜移默化中的我们也就越来越相信，似乎科技能够将一切可能性变成现实。而我们偏偏忘记了，这些行为对整个地球造成的后果。获益的只是一些个人，而这其中的风险、废物及损失却是整个社会来承担的。贪婪就像弹簧一样——最终需要付出更多。

加斯纳：这样的行为是符合人性的，根本原因在于我们是哺乳动物。所谓的“哺乳动物召唤”已经影响了我们数千年的行为。我们人类总是不断地希望在群体中获得更好的地位。这是原始而富有成效的方法，只有这样才能帮助我们的基因成功传递下去。

莱施：那现在正是时候重新改写刻在我们基因里的这套程序了。尼古拉·哥白尼（Nikolaus Kopernikus）早就告诫我们：“别像动物那样！”

加斯纳：你的要求太多了，莱施。幸运的是，我们也并不总是只有坏消息嘛！就像所有伟大的历史时代一样，也会有美妙的故事发生。那些只会教训别人的人，肯定是不会听进其他声音的。而那些被这个世界的美好所吸引的人，势必会好好考虑自己的行为及其后果。

莱施：这是关键所在。地球之外的世界是如此疯狂和奇特，同时又如此美妙与不可思议，这可能让我们感到害怕，但是我们对这万物创生心怀敬畏。

加斯纳：这也是我们机会所在。越来越多的人开始思考，他们会想：消费的商品从何而来，生产商是否为此付出合理的工钱，是否恰当使用资源，是否正确对待动物。当然，并非每个人都能做到；对于那些比较拮据的流浪汉，我并不会因为他们买了最廉价的商品而感到生气。越来越多的人有了选择的权利，并且能够做到这一点。循序渐进。一旦今天的商品无人购买，那明天也就不会有人生产这些商品了。

莱施：然而依照现在的速度，我们与气候变化的赛跑肯定是难以获胜的。

加斯纳：但是现在放弃就注定落败。引用海明威在《丧钟为谁而鸣》里的话来说："这个世界是如此美好，值得我们为之奋斗。"

莱施：你说得太好了，只要太阳还在照耀，地球上就会一直有生命存在。这一点或许能让人类对自己的过失有些许安慰。

加斯纳：所幸获益方与关联方的对比反转过来也同样适用，这一点也是令人十分欣慰的。如果我生活不如意，期望的状态与实际状态不相符，那么我会让一些新鲜的光子照耀到我的脸上，然后思考一下。我能够享受到太阳光，这一切是多少宏伟巧合共同作用产生的结果。这也是我个人对抗抑郁和情绪低沉的方法。

莱施：而且比起吃药，这可是一点儿副作用都没有。磁流体动力学的公式或许也是一个合适的避风港。

加斯纳：在宇宙的时间尺度上，我们其实只是世界的一个棋子而已。宇宙慷慨地赐予我们引人入胜的奢侈。宇宙持续不断的物质循环形成了一个非常引人注目的形式，人们开始提出问题：我们从何而来，将往何处去？直鼻猴中的一个分支革命性地发展成为智人，其大脑的发达程度远高于支撑其存活所需。剩余的部分被我们用来寻找问题的答案，并在持续不断的物质循环中再次寻找到我们自身。我们的太阳系诞生在45.6亿年前，在相当长的一段时间之后它会再次消失。而在那之前，我们至少能够弄清楚其中的相互关系，哪怕最终仍会不可避免地消失于物质循环。

莱施：多么跌宕起伏的一场宇宙大戏啊。如果莎士比亚在世应该也会做此评价。顺便一提，火的发现便归功于我们强大的大脑。除了蓝细菌的光合作用，这可能是地球上最有意义的高科技发现了。演化给予我们各种各样的优势——让我们拥有汗腺，能够降低体温；让我们拥有能够完成抓取动作的手指。但这一切都是在我们能够加热食物之后才一步步实现的，加热食物能够令我们获取足够的蛋白质，这样才能演化出我们最重要的武器：人类的大脑。

加斯纳：“生命”现象确实在创造中扮演着非常重要的角色。但我们人类不能因此而自认为是全宇宙唯一的高等生物，并自封为宇宙总管——我们还只是待在地球上而已。我们的行星已经经历了多位“统治者”，从原核生物到恐龙，再到我们人类。或许我们是第一个意识到我们所扮演角色的物种，但这还远远不能让我们笑到最后。或许地球需要再次助跑——重启一轮演化——这样到最后一切都皆大欢喜。

莱施：如果还不够理想，说明这还不是最终的结局。爱尔兰作家奥斯卡·王尔德（Oskar Wilde）就这么说过。

加斯纳：也许我们演化出能够掌握所有知识的大脑并非偶然？或许我们应该迫切地恭顺于我们的世界，小心翼翼地与各种生命形式打交道，只有这样才能继续作为智人存活下来。生命真正的成功典范，并不是靠掠夺赢得一场恶性竞争——优胜劣汰、适者生存——而应该是一场合作才对。真核生物的诞生，是原核生物发展出各种能力之后的结果——或许其中的一些是能够更好地进行光合作用，而另一些则是能够更高效地分配其他资源。所有一切作用到一起才能够完善生命的必要条件。或许我们应该回归到我们的根源——不同物种间的合作。我们发展出一种天赋，能够进一步思考自己的行为，而我们必须对此加以利用。演化其实一直持续着，问题在于，我们在此之中扮演了什么样的角色。但愿我们没有自欺欺人。

莱施：以生命的形式存在于地球上，这实在是令人兴奋又紧张。

加斯纳：而且可能远不止于此。生命这种非自然的物质状态会在多个方面与平衡状态抗争——既神奇又神秘！我们所有人都拥有这样的宝贵能力，只是很多人没有意识到这一点罢了。让我为结尾助推一把吧。德国作家库尔特·图霍尔斯基（Kurt Tucholsky）说过："如果我们还不理解生活为何，就不妨先好好享受生活吧。"

莱施：完全同意！我也想不出来更优美的表达了，你什么时候记下这如泉涌般的名言佳句的？

加斯纳：那就让我再来一句政治家卡尔·舒尔茨（Carl Schurz）的名言同大家告别好了。由于我们一直在谈论星星，就再用它最后一次，以此勉励读者朋友们："理想如暗夜之星，或许我们穷尽一生也无法抵达，但它却始终陪伴着漂泊的我们，不会在茫茫星海里迷失最初的航向"。

哈拉尔德·莱施　　约瑟夫·M. 加斯纳

图片索引

Einband: Credit: ESA, NASA, G. 'Tinetti (University College London, UK & ESA) and M.
Kornmesser (ESA/Hubble), http://just4cool.files.wordpress.com/2008/12/dna.png

序　章

1.1　http://commons.wikimedia.org/wiki/File:Lemaitre.jpg

1.2　http://de.wikipedia.org/w/index.php?title=Datei:Nebra_Scheibe.jpg
http://upload.wikimedia.org/wikipedia/commons/d/d8/Nebra-5.jpg

1.3　http://nuclphys.sinp.msu.ru/persons/images/hoyle_fred.jpg

第1章　我们是如何知道这一切的：站在巨人的肩膀上

1.4　http://planck.caltech.edu/epo/epo-cmbDiscovery1.html

1.5　http://www.popsci.com/files/imagecache/photogallery_image/articles/Leavitt_henrietta_b1.jpg

1.6　Quelle unbekannt

1.7　J. M. Gaßner, basierend auf Wikipedia

1.8　J. M. Gaßner, basierend auf Wikipedia

1.9　H. Lesch und J. Müller: Sterne, C. Bertelsmann, München 2008, Abbildung 21

1.10 http://de.wikipedia.org/w/index.php?title=Datei:Redshift.png
1.11 J. M. Gaßner
1.12 http://de.wikipedia.org/w/index.php?title=Datei:Redshift_blueshift.svg
1.13 Hubble, E. P. (1929) Proc. Natl. Acad. Sci. USA 15, 168–173. (Copyright 1929, Huntington Library, Art Collections and Botanical Gardens)
1.14 http://www.universitaetssammlungen.de/wpdimg/Albert_Einstein.jpg
1.15 http://www.ita.uni-heidelberg.de/research/bartelmann/grav_lens.shtml
1.16 http://de.wikipedia.org/wiki/Datei:Drehung_der_Apsidenlinie.svg
1.17 http://www.famousquotesandauthors.com/pictures/sir_arthur_eddington.jpg
1.18 http://www.sjaa.net/eph/0711/retrograde-motion.jpg
1.19 http://www.scienceblogs.de/deutsches-museum/Blog_Bild3_KuT.jpg
1.20 http://www.lhc-facts.ch
1.21 http://www.astronomie.de/typo3temp/pics/a10f96c74c.jpg

第2章 大爆炸：今日无昨夕

2.1 J. M. Gaßner (Überlagerung von drei Fraktalen)
2.2 J. M. Gaßner, basierend auf http://en.wikipedia.org/wiki/File:Universe_expansion.png
2.3 http://planckausstellung.mpiwg-berlin.mpg.de/fotos/pressefotos/01PlanckPortrait_1905.jpg
2.4 http://de.wikipedia.org/w/index.php?title=Datei:Bundesarchiv_Bild183-R57262,_Werner_Heisenberg.jpg
2.5 http://www.lambaward.org/
2.6 Josef M. Gaßner
2.7 Josef M. Gaßner
2.8 http://www.aip.org/history/newsletter/fall2000/webphotos/casimir_hendrik_a2_lg.jpg
2.9 http://www.universetoday.com/wp-content/uploads/2010/01/500px-Casimir_plates_bubbles.png; J. M. Gaßner, basierend auf http://www.calphysics.org/images/casimir.jpg

2.10 http://de.wikipedia.org/w/index.php?title=Datei:Erwin_Schrödinger.jpg

2.11 http://caballo-doc.com/html/assets/images/Bild_atom_quark3.jpg

2.12 http://www.weltmaschine.de/sites/site_weltmaschine/content/e158/e170/e492/0804045_13-A4-at-144-dpi%5B1%5D.jpg

2.13 http://blog.tomtomella.com/wp-content/uploads/ferm.jpg

2.14 J. M. Gaßner basierend auf https://webspace.utexas.edu/cokerwr/www/bosonfermion.gif und http://www.mpq.mpg.de/bec-anschaulich/html/bosonen-_fermionen.html

2.15 J. M. Gaßner, basierend auf http://www.focus.de/wissen/wissenschaft/bdw/tid-8337/entropie_aid_229994.html

2.16 J. M. Gaßner, basierend auf http://commons.wikimedia.org/wiki/File:3D_model_hydrogen_bonds_in_water.svg

2.17 http://www.walter.bislins.ch

2.18 J. M. Gaßner

2.19 http://www.walter.bislins.ch

2.20 J. M. Gaßner, basierend auf http://www.nature.com/nphys/journal/v7/n1/fig_tab/nphys1874_F1.html

2.21 J. M. Gaßner, basierend auf http://boojum.as.arizona.edu/~jill/NS102_2006/Lectures/Cosmology/23-04.jpg

2.22 J. M. Gaßner, basierend auf http://deadfix.com/wp-content/uploads/2011/04/monday.jpg

2.23 http://upload.wikimedia.org/wikipedia/commons/6/62/University_of_Queensland_Pitch_drop_experiment-6-2.jpg

2.24 J. M. Gaßner, basierend auf http://iktp.tu-dresden.de/tp/bilder/Big_Bang.jpg

2.25 J. M. Gaßner, basierend auf http://sci.esa.int/science-e/www/object/index.cfm?fobjectid=47339; http://wmap.gsfc.nasa.gov/media/ 081031/081031_1500B.jpg

2.26 http://bicepkeck.org/media/Dark%20Sector%20Lab__BICEP2.jpg

2.27 http://bicepkeck.org/media/Polarization-diagram-BICEP2.jpg

2.28 http://bicepkeck.org/media/b_over_b_rect_BICEP2.png

第3章 宇宙：该有的一切，不多也不少

3.1 http://commons.wikimedia.org/wiki/File:Expansion_des_Universums.png

3.2 Credit: Jeff Hester and Paul Scowen (Arizona State University), and NASA/ESA

3.3 Credit: GALEX, JPL-Caltech, NASA, http://apod.nasa.gov/apod/ap120518.html

3.4 http://spacetelescope.org (NASA/ESA)

3.5 www.physics.uoregon.edu/~jimbrau/astr122/

3.6 http://upload.wikimedia.org/wikipedia/commons/thumb/f/f8/CNO_Cycle_de.svg/2000px-CNO_Cycle_de.svg.png

3.7 http://de.wikipedia.org/w/index.php?title=Datei:Pauli.jpg

3.8/9 Credit: Kamioka Observatory, ICRR (Institute for Cosmic Ray Research), The University of Tokyo, http://www-sk.icrr.u-tokyo.ac.jp/sk/gallery/index-e.html

3.10 http://www.ps.uci.edu/~tomba/sk/tscan/pictures.html

3.11 http://icecube.wisc.edu/

3.12 www.physics.uoregon.edu/~jimbrau/astr122/

3.13 www.physics.uoregon.edu/~jimbrau/astr122/

3.14 Credit: Bill Snyder

3.15 Hubble Heritage Team (STScI/AURA/NASA/ESA)

3.16 Credit: NASA, ESA, C.R. O'Dell (Vanderbilt University), and M. Meixner, P. McCullough, and G. Bacon (Space Telescope Science Institute).
Credit: NASA/ESA and The Hubble Heritage Team STScI/AURA

3.17 NASA, ESA, and C. Robert O'Dell (Vanderbilt University).

3.18 Credit: ESA/Hubble and NASA

3.19 Credit: NASA, ESA and the Hubble Heritage Team STScI/AURA)

3.20 Credit: NASA/ESA and The Hubble Heritage Team STScI/AURA)

3.21 Credit: NASA, ESA, Andrew Fruchter (STScl), and the ERO team (STScl + ST-ECF)

(for the Hubble Heritage Team). Acknowledgment: J. GaBany

3.40 NASA, ESA and the Hubble SM4 ERO Team

3.41 NASA, ESA, and The Hubble Heritage Team STScI/AURA)

3.42 ESA/Hubble & NASA

3.43 NASA, ESA, and The Hubble Heritage Team STScI/AURA)

3.44 http://commons.wikimedia.org/wiki/File:236084main_MilkyWay-full-annotated.jpg

3.45 http://www.hs.uni-hamburg.de/DE/For/Exg/Igm/absorption.jpg

3.46 Credit: NASA, ESA, G. Illingworth (University of California, Santa Cruz), R. Bouwens (University of California, Santa Cruz, and Leiden University) and the HUDF09 Team, http://

3.47 Credit: IAU/A. Barmettler

3.48 Credit: NASA / JAXA

3.49 Credit: NASA/Johns Hopkins University Applied Physics Laboratory/ Carnegie Institution of Washington

3.50 Wikipedia, Credit: NASA - NSSDC Photo Gallery Venus

3.51 Credit Geoid: https://media.gfz-potsdam.de/gfz/wv/05_Medien_Kommunikation/Bildarchiv/Geoid%20DPS/Geoid+2011.jpg

3.52 Credit: NASA/JPL/MSSS - http://www.jpl.nasa.gov/spaceimages/details.php?id=PIA02653 file NASA/JPL-Caltech/GSFC - http://photojournal.jpl.nasa.gov/jpeg/PIA02031.jpg

3.53 Crdit: NASA/JPL-Caltech/Cornell - http://marswatch.astro.cornell.edu/pancam_instrument/991B_cape_verde.html / http://photojournal.jpl.nasa.gov/catalog/PIA09104

3.54 Credit: NASA/JPL - http://photojournal.jpl.nasa.gov/catalog/PIA02406

3.55 https://de.wikipedia.org/wiki/Jupiter_%28Planet%29

3.56 Credit: NASA, ESA and M. Wong and I. de Pater (University of California, Berkeley)

3.57 https://commons.wikimedia.org/wiki/File:PIA04433_Jupiter_Torus_Diagram.jpg

3.58 Credit: Hubble Heritage Team (AURA/STScI/NASA/ESA)

3.59 Credit: NASA/ESA and Erich Karkoschka, University of Arizona

3.60 https://solarsystem.nasa.gov/multimedia/gallery/Neptune_Full.jpg

3.61 Credit: NASA, Johns Hopkins Univ./APL, Southwest Research Inst. und NASA/JHUAPL/SwRI

3.62 https://de.wikipedia.org/wiki/Vorlage:TNO8

3.63 Credit: NASA/JPL-Caltech

3.64 Credit: Planetary Habitability Laboratory (UPR Arecibo) und NASA / JPL-Caltech

3.65 http://exoplanetarchive.ipac.caltech.edu/cgi-bin/ExoTables/nph-exotbls?dataset=planets

3.66 http://de.wikipedia.org/wiki/Datei:Niels_Bohr.jpg

3.67 Credit: Solar Dynamics Observatory (SDO)

3.68 http://de.wikipedia.org/w/index.php?title=Datei:Primera_foto_planeta_extrasolar_ESO.jpg

3.69 http://de.wikipedia.org/wiki/Datei:Lhborbits.png

第4章　生命：如何从原核细胞成为诗人

4.1 http://commons.wikimedia.org/wiki/File:Creaci%C3%B3n_de_Ad%C3%A1m.jpg

4.2 http://de.wikipedia.org/w/index.php?title=Datei:NASA-Apollo8-Dec24-Earthrise.jpg

4.3 http://www.lpod.org/coppermine/albums/userpics/Goclenius%20AS08-13-2225.jpg

4.4 http://www.schattenblick.de/infopool/natur/astronom/napla438.html

4.5 http://www.sterne-und-weltraum.de/news/wie-ist-der-mond-entstanden/1168095

4.6 Credit: Jack Cook, Woods Hole Oceanographic Institution, Howard Perlman, USGS, http://apod.nasa.gov/apod/ap120515.html

4.7 http://www.uni-koeln.de/math-nat-fak/mineral/museum/sonder.htm

4.8 http://www.esa.int/spaceinimages/Images/2014/12/Deuterium-to-hydrogen_in_the_Solar_System

4.9 http://www.kijk.nl/files/2011/03/Stanley-Miller-UCSD-Archives.jpg
4.10 http://www.digitaljournal.com/img/1/5/1/7/7/5/i/4/3/9/o/UreyMillerExperiment.jpeg
4.11 http://de.wikipedia.org/w/index.php?title=Datei:Aminoacids_table.svg
http://www.allmystery.de/i/t40Qr8C_14loc7_doppelhelix_DW_Wiss_253442p.jpg
4.12 http://www.nordcee.dk/uploads/images/Full_size/AustraliaBIF.JPG
http://ecosystems.wcp.muohio.edu/studentresearch/climatechange02/snowball/images/Snowball-fig9hoffschrag1999-Ironbands.jpg
4.13 http://voiceofrussia.com/2009/02/03/240490/
4.14 http://commons.wikimedia.org/wiki/File:Radiolaria3434.JPG
4.15 http://upload.wikimedia.org/wikipedia/commons/thumb/2/2a/Brothers_blacksmoker_hires. jpg/682px-Brothers_blacksmoker_hires.jpg
4.16 Credit: Chester Harman; PHL at UPR Arecibo, NASA/JPL/APL/Arizona
4.17 http://en.wikipedia.org/wiki/File:Meganyctiphanes_norvegica2.jpg
4.18 http://german.cri.cn/mmsource/images/2013/04/27/6270079f93f74fd6851939c6ca77d06e.jpg
4.19 http://www.nyrture.com/blog/2015/5/23/the-subtle-beauty-of-bacillus-subtilis-part-ii
4.20 http://wiedza.rolnicy.com/m/galeria/category/Bakterie-pod-mikroskopem/23.html
4.21 Wikipedia
4.22 Credit: Berkeley Lab.
4.23 Quelle unbekannt
4.24 http://www.bigear.org/ohsmarkr/Wow-l.jpg
4.25 http://de.wikipedia.org/wiki/Datei:Hydrogen-SpinFlip.svg
4.26 http://1.bp.blogspot.com/_IoU3bEFUwWc/TSnxlTuYIUI/AAAAAAAAK9Q/2sx28PtCrbg/s1600/Jocelyn%2BBell%2BBurnell.jpg
4.27 http://de.wikipedia.org/wiki/Datei:Arecibo_message.svg
4.28 Credit: ddp
4.29 http://de.wikipedia.org/wiki/Massenaussterben

4.30 Credit: ESA/NASA & R. Sahai
http://spacetelescope.org/static/archives/images/large/potw1020a.jpg

4.31 Credit: NASA, ESA and Allison Loll/Jeff Hester (Arizona State University).
Acknowledgement: Davide De Martin (ESA/Hubble)

4.32 Credit: X-ray: NASA/CXC/SAO, Infrared: NASA/JPL-Caltech; Optical: MPIA, Calar Alto, O.Krause et al., http://chandra.harvard.edu/photo/2009/tycho/

4.33 Credit: X-ray: NASA/CXC/Rutgers/G.Cassam-Chenaï, J.Hughes et al.; Radio: NRAO/AUI/NSF/GBT/VLA/Dyer, Maddalena & Cornwell; Optical: Middlebury College/F.Winkler, NOAO/AURA/NSF/CTIO Schmidt & DSShttp://chandra.harvard.edu/photo/2008/sn1006c/sn1006c.jpg

4.34 Credit: Röntgenstrahlung: NASA/CXC/SAO/J. Hughes et al., sichtbares Licht: NASA/ESA/Hubble Heritage Team (STScI/AURA); http://www.starobserver.org/ap120112.html

4.35 Credit: NASA/ESA and The Hubble Heritage Team (STScI/AURA)
http://spacetelescope.org/images/opo0320a/

4.36 Credit: NASA, ESA, and the Hubble Heritage STScI/AURA)-ESA/Hubble Collaboration.
Acknowledgement: Robert A. Fesen (Dartmouth College, USA) and James Long (ESA/Hubble), http://spacetelescope.org/static/archives/images/large/heic0609c.jpg
Credit: X-ray: NASA / CXC / UNAM / Ioffe / D.Page, P.Shternin et al; Optical: NASA / STScI;
Illustration: NASA/CXC/M.Weiss), http://apod.nasa.gov/apod/ap110305.html

4.37 Credit: J-P Metsävainio (Astro Anarchy)
http://apod.nasa.gov/apod/image/1208/NGC6888-hstpalMetsavainio.jpg

4.38 http://commons.wikimedia.org/wiki/File:Meteorit-chebarkul-macro-mix2.jpg

4.39 Credit: ESA/Rosetta/MPS for OSIRIS Team MPS/UPD/LAM/IAA/SSO/INTA/UPM/DASP/IDA

4.40 Credit: ESA/Rosetta/MPS for OSIRIS Team MPS/UPD/LAM/IAA/SSO/INTA/UPM/DASP/IDA

4.41 Credit: NASA/JPL-Caltech/Malin Space Science Systems

4.42 NASA/JPL-Caltech/MSSS, http://photojournal.jpl.nasa.gov/catalog/?IDNumber=PIA01180,
http://photojournal.jpl.nasa.gov/catalog/PIA01211; NASA, JPL, University of Arizona

4.43 http://de.wikipedia.org/wiki/Datei:Taste_of_the_Ocean_on_Europa%27s_Surface.jpg

4.44 Credit: NASA, ESA, Z. Levay and R. van der Marel (STScI), and A. Mellinger
http://apod.nasa.gov/apod/ap120604.html

第5章 现在该如何继续下去：爬上新的海岸！

5.1 J. M. Gaßner, basierend auf www.cern.ch und http://www.firenzemadeintuscany.com/it/itineraries/time-travelling/quattro-viaggi-e-una-scoperta/

5.2 http://apod.nasa.gov/apod/image/chandra_uc.gif

5.3 J. M. Gaßner, basierend auf S. Perlmutter, Physics Today, Vol. 56, Issue 4, pp. 53-62 (2003)

5.4 http://www.n-tv.de/img/44/4450126/O_1000_680_680_27296890.jpg

5.5 Credit: NASA, ESA and A. Riess (STScI)

5.6 http://spiff.rit.edu/classes/phys443/lectures/classic/perlmutter_a.jpg

5.7 http://commons.wikimedia.org/wiki/File:COSMOS_3D_dark_matter_map.jpg

5.8 Credit: European Space Agency, http://spacetelescope.org/images/heic0404b/

5.9 J. M. Gaßner, basierend auf http://upload.wikimedia.org/wikipedia/commons/0/0a/Milky way_pan1.jpg und http://www.raumfahrer.net/

news/images/rotationskurve_galaxien_big.jpg

5.10 http://www.starobserver.org/ap090205.html, Credit: Röntgenstrahlen: NASA/CXC/R.
Tuellmann (Harvard-Smithsonian CfA)et al.; sichtbares Licht: NASA/AURA/STScI

5.11 Quelle unbekannt.

5.12 X-ray: NASA/CXC/M.Markevitch et al., Optical: NASA/STScI; Magellan/U.Arizona/D.
Clowe et al.; Lensing Map: NASA/STScI; ESO WFI; Magellan/U.Arizona/D.Clowe et al.

5.13 http://ww.weltmaschine.de/sites/site_weltmaslchine/content/e92/e70729/e70810/imageobject70812/0609031-A4-at-144-dpi.jpg

5.14 http://de.wikipedia.org/wiki/Datei:Standard_deviation_diagram.svg

5.15 http://www.weltmaschine.de/sites/site_weltmaschine/content/e161/e164/e694/0607006_02-A4-at-144-dpi.jpg

5.16 Credit: Hubble Heritage Team, J. Biretta (STScI) et al., (STScI/AURA), ESA, NASA, http://www.starobserver.org/ap071228.html

5.17 http://quantumaniac.tumblr.com/post/21022746679/peter-higgs-born-on-may-29th-1929-peter-higgs

5.18 http://phys.org/news/2013-10-englert-higgs-nobel-physics-prize.html

5.19 http://commons.wikimedia.org/wiki/File:PSM_V78_D529_James_Clerk_Maxwell.png

5.20 Credit: Ilse Sponsel

5.21 http://de.wikipedia.org/wiki/Standardmodell

5.22-5.29 http://cms.web.cern.ch und www.atlas.ch

第6章　俯瞰边缘：行走在认知的边缘

6.1 http://www.albatros-navigation.ch/aufmerksamkeit-bitte/

6.2 J. M. Gaßner

6.3 http://www.weltmaschine.de/sites/site_weltmaschine/content/e158/e171/

e284/Supersymmetrie_A4.jpg

6.4 http://www.nobelprize.org/nobel_prizes/physics/laureates/2004/phypub4highen.jpg

6.5 Josef M. Gaßner

6.6 Josef M. Gaßner, basierend auf „Cmbr“ von Quantum Doughnut (gemeinfrei)

6.6 S. Blondin et al., Time dilation in type Ia supernova spectra at high redshift

6.7 http://24.media.tumblr.com/tumblr_l2mya345j21qz7xw0o1_500.jpg

6.8 http://upload.wikimedia.org/wikipedia/commons/d/d5/Michael_Faraday_Millikan-Gale-1906.jpg

6.9 Credit: Sidney Harris